CW01642229

Santé et qualité de l'environnement intérieur dans les bâtiments

SCIENCE & INGÉNIERIE DE L'ENVIRONNEMENT

Claude-Alain Roulet

Santé et qualité de l'environnement intérieur dans les bâtiments

2e édition mise à jour et complétée

INGÉNIERIE DE L'ENVIRONNEMENT

PRESSES POLYTECHNIQUES ET UNIVERSITAIRES ROMANDES

L'auteur et l'éditeur remercient l'Ecole polytechnique fédérale de Lausanne (EPFL) qui a soutenu la publication de cet ouvrage.

La collection « Science et ingénierie de l'environnement » est publiée sous la direction des professeurs Christof Holliger (EPFL) et Suren Erkman (UNIL).

Autres titres au catalogue :

Cartographie des sols
Jean-Paul Legros

Le Sol vivant
Bases de pédologie, Biologie des sols
Jean-Michel Gobat, Michel Aragno, Willy Matthey

Analysis and Modelling of Spatial Environmental Data
Mikhail Kanevski & Michel Maignan

Hydrologie
Une science de la nature
André Musy, Christophe Higy

Les grands sols du monde
Jean-Paul Legros

Ingénierie des eaux et du sol
Processus et aménagements
Marc Soutter, André Mermoud, André Musy

Les Presses polytechniques et universitaires romandes sont une fondation scientifique dont le but est principalement la diffusion des travaux de l'Ecole polytechnique fédérale de Lausanne ainsi que d'autres universités et écoles d'ingénieurs.
Le catalogue de leurs publications peut être obtenu par courrier aux Presses polytechniques et universitaires romandes, EPFL – Centre Midi, CH-1015 Lausanne, par E-Mail à ppur@epfl.ch, par téléphone au (0)21 693 41 40, ou par fax au (0)21 693 40 27.

www.ppur.org

Deuxième édition mise à jour et complétée
ISBN 978-2-88074-793-0
© Presses polytechniques et universitaires romandes, 2008
© Presses polytechniques et universitaires romandes, 2004 pour la première édition

Tous droits réservés.
Reproduction, même partielle, sous quelque forme ou sur quelque support que ce soit, interdite sans l'accord écrit de l'éditeur.

Imprimé en Espagne

INTRODUCTION

Houses are built to live in and not to look on.
Les maisons sont faites pour y vivre, pas pour les regarder.
Francis Bacon, *Essays*, (1601).

Les objectifs des études relatives à la qualité de l'environnement intérieur et à la santé dans les bâtiments sont :

- de mieux comprendre les phénomènes physiques influençant l'environnement intérieur, en particulier les flux de chaleur, d'air et de polluants ;
- d'appliquer ces connaissances aux bâtiments, pour améliorer la qualité de l'environnement intérieur et la santé des occupants tout en diminuant l'impact sur l'environnement.

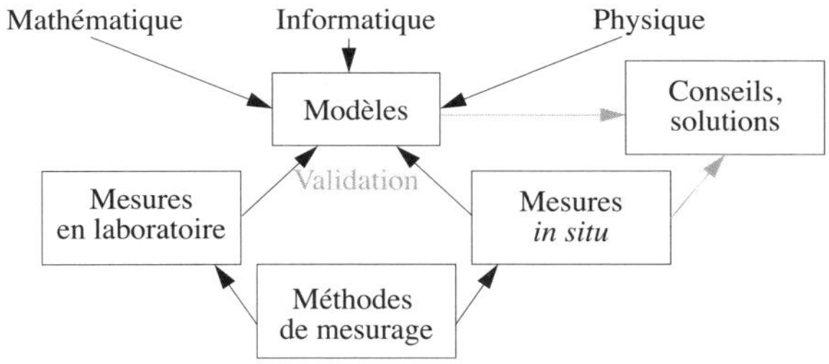

Fig. I.1 Schéma de travail utilisé pour apporter des solutions aux problèmes de physique du bâtiment.

En utilisant les outils offerts par les mathématiques, l'informatique et la physique, des modèles (au sens du physicien) numériques, mathématiques ou physiques sont développés (fig. I.1), qui tentent de prédire, par simulation, le comportement du bâtiment et de ses occupants sous divers aspects (thermique, lumière, aération, etc.).

Par ailleurs, on développe des méthodes de mesurage qui, appliquées soit en laboratoire soit *in situ*, permettent d'acquérir des connaissances utiles pour valider les modèles.

Les résultats des mesures et des simulations nous permettent de fournir aux professionnels du bâtiment des conseils et des outils les aidant à améliorer les prestations et les performances des bâtiments.

Certaines maladies telles que l'asthme et d'autres allergies, peuvent être causées par des polluants, des insectes, des microbes ou des moisissures présents dans les bâtiments. Les conditions physiques propres à favoriser la présence de ces polluants ou la croissance de ces organismes allergènes font partie des thèmes d'études du physicien du bâtiment. Une collaboration entre physiciens du bâtiment, médecins du travail et allergologues avec pour objectif de prévenir les maladies par l'érection de bâtiments sains, doit permettre d'améliorer globalement la santé des occupants de ces bâtiments.

OBJECTIF DE L'OUVRAGE

Vitruve a énoncé les trois piliers de l'architecture, c'est-à-dire les trois qualités qu'un bâtiment doit posséder de manière équilibrée:

Voluptas ou *Venustas*[1]: être beau, esthétiquement bien conçu.
Firmitas ou *Necessitas*[1]: tenir debout, au besoin pendant longtemps.
Comoditas: être confortable et fonctionnel.

La première qualité est particulièrement bien traitée dans l'atelier et dans les traités d'architecture. La deuxième l'est dans les manuels de construction et de statique. Cet ouvrage ne concerne donc que la troisième qualité: la *comoditas*.

Le bâtiment est construit avant tout pour être confortable et sain. C'est en fait sa raison d'être. Le bâtiment doit protéger les occupants de l'environnement extérieur, assurer un climat et une qualité d'air agréables à l'intérieur, et fournir des services tels que les communications et les transports (ascenseurs).

Les monuments comme la tour Eiffel et l'Arc de Triomphe ne sont pas, dans ce sens, des bâtiments car ils sont inhabitables. Par contre, un monument tel que Notre-Dame de Paris est un bâtiment qui est destiné à abriter une activité particulière de ses occupants. Il a été conçu spécialement pour cela. Son environnement intérieur a été protégé pendant des siècles exclusivement par des mesures passives.

C'est un des aspects du travail de l'architecte que d'assurer un environnement confortable à l'intérieur des bâtiments qu'il construit. Ceci limite certes sa liberté d'expression – qui n'est pas aussi grande que celle d'un sculpteur par exemple – mais l'architecte doit appliquer son art à des bâtiments et se doit de le baser sur les trois piliers énoncés par Vitruve.

Une bonne compréhension des phénomènes en jeu permet d'élargir la liberté d'expression de l'architecte dans la conception d'un bâtiment sain et confortable. Un des objectifs de cet ouvrage est d'apporter des outils provenant de la physique et de la technique du bâtiment, en espérant ainsi faciliter l'expression et la création artistiques de bâtiments de haute qualité environnementale.

[1] Ce mot change suivant les sources !

TABLE DES MATIÈRES

INTRODUCTION V

CHAPITRE 1 LE RÔLE DU BÂTIMENT HABITÉ 1

1.1 Confort et architecture 1
1.2 Confort et plaisir 1
1.3 Critères de confort 2
1.4 Autres aspects du confort 2
1.5 Confort naturel 3
1.6 Mesures passives et mesures actives 4
1.7 Quelques exemples illustratifs 6
1.8 Résumé 20
1.9 Bibliographie 20

CHAPITRE 2 SITUATION ACTUELLE DANS LES BÂTIMENTS ADMINISTRATIFS 21

2.1 Syndrome du bâtiment malsain (SBS) et son indice (BSI) . 21
2.2 Santé et qualité de l'air dans les immeubles administratifs. 22
2.3 Santé et énergie dans les immeubles administratifs 29
2.4 Résumé 36
2.5 Bibliographie 37

CHAPITRE 3 EFFETS DE DIVERS POLLUANTS ET MICROORGANISMES 39

3.1 Introduction 39
3.2 Polluants chimiques 39
3.3 Polluants physiques 59
3.4 Biocontaminants 72
3.5 Evaluation des risques 81
3.6 Résumé 82
3.7 Bibliographie 82

CHAPITRE 4 CONFORT ET BESOINS DES OCCUPANTS 85

4.1 Introduction 85
4.2 Confort thermique 85
4.3 Confort aéraulique 98
4.4 Confort visuel 103
4.5 Confort acoustique 112
4.6 Contrôle 119
4.7 Résumé 119
4.8 Bibliographie 120

CHAPITRE 5 COMMENT ASSURER LE CONFORT THERMIQUE? 123

5.1 Objectifs de la thermique du bâtiment 123
5.2 Mesures passives et actives 123
5.3 Protection thermique d'hiver: isolation thermique 124
5.4 Matériaux d'isolation 127
5.5 Ponts thermiques 145
5.6 Isolation des fenêtres 153
5.7 Optimisation de l'isolation thermique 158
5.8 Inertie thermique 162
5.9 Chauffage solaire passif 167
5.10 Protection thermique d'été: refroidissement passif 170
5.11 Contrôle du rayonnement solaire 177
5.12 Installations de chauffage actives 181
5.13 Installations de refroidissement actives 203
5.14 Résumé 216
5.15 Bibliographie 218

CHAPITRE 6 COMMENT ASSURER LA QUALITÉ DE L'AIR? 221

6.1 Effets de l'aération 221
6.2 Conditions générales pour une bonne qualité d'air 222
6.3 Ventilation naturelle 226
6.4 Ventilation mécanique 236
6.5 Résumé 248
6.6 Bibliographie 250

CHAPITRE 7 PROTECTION CONTRE L'HUMIDITÉ ET LES MOISISSURES 251

7.1 Objectifs de la protection contre l'humidité 251
7.2 Protection contre la pluie 252
7.3 Isolation de l'humidité du sol et de la nappe phréatique 253
7.4 Transport convectif de vapeur d'eau 253
7.5 Condensation et moisissures sur les surfaces 254
7.6 Diffusion de vapeur d'eau dans les éléments de construction 259
7.7 Résumé 265
7.8 Bibliographie 266

CHAPITRE 8 COMMENT ASSURER LA QUALITÉ DE L'ÉCLAIRAGE? . . . 267
8.1 Rappel des exigences . . . 267
8.2 Eclairage naturel . . . 267
8.3 Eclairage artificiel . . . 275
8.4 Bibliographie . . . 279

CHAPITRE 9 COMMENT RÉALISER UN BON ENVIRONNEMENT ACOUSTIQUE? . . . 281
9.1 Introduction . . . 281
9.2 Acoustique interne . . . 282
9.3 Isolation acoustique . . . 287
9.4 Interactions . . . 299
9.5 Résumé . . . 299
9.6 Bibliographie . . . 300

CHAPITRE 10 DIAGNOSTIC . . . 301
10.1 Objets et objectifs du diagnostic . . . 301
10.2 Bien-être des occupants . . . 302
10.3 Mesure du confort thermique . . . 303
10.4 Mesure de la perméabilité à l'air de l'enveloppe des bâtiments . . . 307
10.5 Mesure des débits d'air . . . 311
10.6 Qualité de l'air . . . 314
10.7 Mesures acoustiques . . . 317
10.8 Mesures d'éclairage . . . 323
10.9 Mesure de l'isolation thermique . . . 325
10.10 Thermographie . . . 330
10.11 Mesures concernant la consommation d'énergie . . . 332
10.12 Mise en service . . . 334
10.13 Résumé . . . 335
10.14 Bibliographie . . . 336

ANNEXES . . . 337
A.1 Enquête sur la qualité de l'air dans les bâtiments de bureaux . . . 337
A.2 Equation de Fanger . . . 343
A.3 Pression de saturation de la vapeur d'eau en Pa . . . 344
A.4 Diagramme de Carrier . . . 346
A.5 Caractéristiques de quelques matériaux . . . 347
A.6 Caractéristiques de vitrages . . . 348
A.7 Rendement lumineux de diverses sources . . . 349
A.8 Indice d'efficacité pour l'isolation aux bruits de choc . . . 351
A.9 Indice d'affaiblissement acoustique de quelques portes . . . 351
A.10 Coefficients d'absorption acoustique . . . 352
A.11 Indice de dépense d'énergie . . . 354

INDEX . . . 357

Chapitre 1

LE RÔLE DU BÂTIMENT HABITÉ

1.1 CONFORT ET ARCHITECTURE

Il est utile de répéter que le rôle premier d'un bâtiment est d'assurer à ses occupants un climat intérieur agréable et peu dépendant des conditions extérieures, notamment météorologiques et acoustiques. La qualité architecturale participe, à notre avis, aux conditions de confort ou réciproquement, le confort offert par un bâtiment est l'un des aspects de son architecture.

Les exigences actuelles sont plus restrictives que celles acceptées aux siècles passés. Elles peuvent être classées en plusieurs catégories qui interagissent entre elles: exigences de confort thermique, exigences de qualité d'air, besoins en éclairage, protection acoustique et exigences en termes de qualité de l'environnement, tant intérieur qu'extérieur.

La satisfaction des besoins de l'occupant est aussi importante que l'aspect esthétique du bâtiment, son intégration au site et sa solidité. L'architecte construit des bâtiments destinés à être occupés. Il contribue, dans une démarche intégrée, à donner au bâtiment sa qualité esthétique, sa solidité, et sa qualité environnementale. Le confort offert par un bâtiment résulte d'abord de la conception architecturale. L'architecte qui laisse à l'ingénieur ou au technicien spécialiste en chauffage, ventilation, climatisation, éclairage, ou acoustique, le soin d'assurer la qualité de l'environnement intérieur perd le contrôle de l'intégration, et prend le risque que son œuvre soit dénaturée par les contraintes techniques.

Au moyen d'une planification intelligente et multidisciplinaire, il est parfaitement possible d'assurer à la fois une bonne qualité architecturale, une excellente qualité d'environnement intérieur et une très faible consommation d'énergie.

1.2 CONFORT ET PLAISIR

Le confort est un état de bien-être général et stable. Il est mesuré *a contrario* par le taux d'insatisfaction des occupants: si la proportion d'insatisfaits est faible, le confort est jugé acceptable. Il faut toutefois remarquer qu'un confort trop stable peut être ennuyeux, et que des variations sont parfois bienvenues.

Le plaisir est un état de joie intense mais bref: il y a un plaisir certain à tremper sa main dans l'eau froide lorsque l'on est dans un bain trop chaud, et à entrer dans un local climatisé trop froid si l'on vient d'un extérieur tropical. Nous sommes prêts à accepter un certain inconfort si nous y trouvons du plaisir: l'atmosphère d'une boîte techno ou une plage trop chaude sont des exemples connus. Selon Cabanac (1995), le plaisir, plus que le bonheur ou le confort, est un moteur essentiel de nos décisions.

Dans ce chapitre, nous nous limiterons toutefois aux conditions à remplir pour qu'un bâtiment soit confortable, laissant aux occupants le soin de modifier leur environnement ou de choisir d'autres conditions selon leur bon plaisir...

1.3 CRITÈRES DE CONFORT

Les conditions propres à l'individu, qui sont son métabolisme, son activité, son habillement et sa santé, jouent un rôle primordial sur la perception que cette personne aura de son confort. Il convient donc de le reconnaître car l'architecte n'a aucune influence sur ces paramètres.

Par ailleurs, les paramètres suivants, sur lesquels l'architecte peut avoir de l'influence, interviennent dans le confort:

Conditions thermiques	Température de l'air et des surfaces environnantes.
	Sources de rayonnement (radiateurs, poêles, soleil).
	Perméabilité thermique des surfaces en contact avec le corps.
Qualité de l'air	Vitesse relative de l'air par rapport au sujet.
	Humidité relative de l'air.
	Pureté ou pollution de l'air, odeurs.
Acoustique	Niveau de bruit, nuisance acoustique.
	Temps de réverbération (durée d'écho).
Optique	Eclairage naturel et artificiel.
	Couleurs.
	Volumes intérieurs et distribution des volumes.
Autres influences	Degré d'occupation des locaux.
	«Ambiance».

1.4 AUTRES ASPECTS DU CONFORT

Le bien-être des occupants d'un espace ne dépend pas seulement des conditions thermiques, aérauliques, visuelles et auditives. Il est certain que les paramètres suivants entrent aussi en ligne de compte:

- volume de l'espace, proportions spatiales, forme des limites;
- aménagement intérieur, mobilier;
- densité d'occupation de l'espace;
- ambiance sociale, relations avec les autres occupants.

Ces paramètres sont de la compétence de l'architecte, du sociologue ou du directeur des ressources humaines, et sortent du domaine de compétence de l'auteur du présent ouvrage.

De plus, il n'est pas exclu (mais pas scientifiquement prouvé non plus) que certains phénomènes aient une influence encore mal connue sur le bien-être des occupants, tels que les champs électromagnétiques de faible intensité, l'ionisation de l'air, voire des influences encore mal définies scientifiquement, mais dont il est souvent tenu compte, comme par exemple dans l'art du Feng Shui. Ceci sort aussi du domaine de compétence de l'auteur.

1.5 CONFORT NATUREL

Certains bâtiments sont naturellement confortables, alors que d'autres nécessitent d'importantes installations techniques pour garantir des conditions acceptables.

Dans la figure 1.1, la bande représente la marge de température de confort, qui varie avec l'habillement, donc avec la saison. La courbe pleine représente la température extérieure. En point-trait, on représente l'évolution de la température dans un bâtiment bien conçu et en pointillé celle d'un bâtiment inadapté au climat.

En climat tempéré, il est parfaitement possible d'assurer un climat intérieur confortable en été sans aucune installation technique, et de réduire fortement la durée et l'importance de la saison de chauffage. Dans les pays chauds, une conception adéquate permet de réduire les besoins en refroidissement. Le climat tropical (température élevée constante et forte humidité) fait toutefois exception et nécessite d'autres mesures.

Un bâtiment devrait assurer, sans aucune consommation d'énergie, un confort au moins équivalent à celui régnant à l'extérieur (Chatelet, Fernandez *et al.* 1998). Les installations de chauffage et de refroidissement étant déclenchées, l'intérieur du bâtiment ne devrait être ni plus chaud – en saison chaude – ni plus froid – en saison froide – que l'extérieur.

S'il est bien conçu et bien construit, le bâtiment peut fournir un confort nettement supérieur. Un tel bâtiment ne surchauffe pas ou peu en été et profite des gains solaires

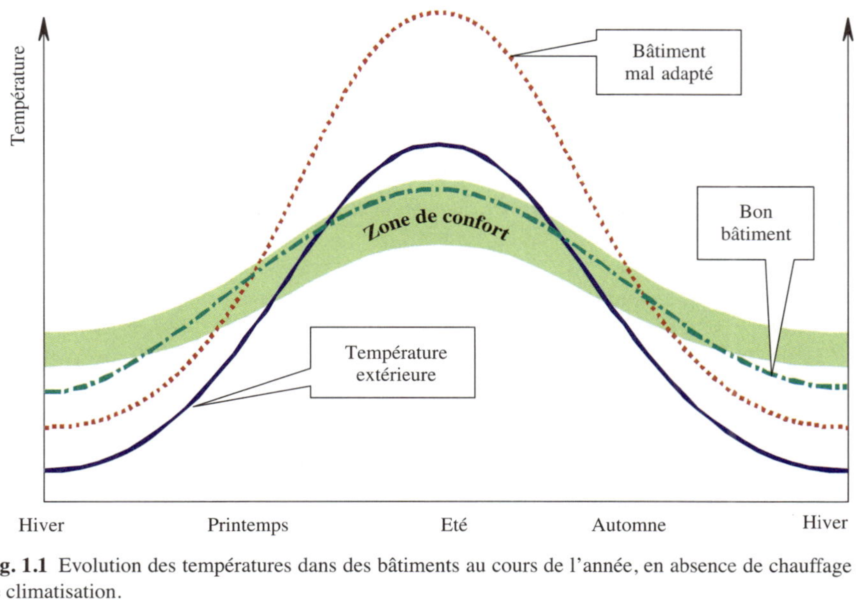

Fig. 1.1 Evolution des températures dans des bâtiments au cours de l'année, en absence de chauffage ou de climatisation.

pendant les périodes froides, pour raccourcir la saison de chauffage. Un bâtiment inadapté à son climat (par exemple un hôtel d'une grande chaîne internationale avec un atrium sans protections solaires) a tendance à surchauffer en saison chaude et à être glacial en saison froide. Un rattrapage technologique coûteux est nécessaire pour assurer le bien-être dans ce bâtiment, en consommant alors de grandes quantités d'énergie pour assurer un confort parfois juste acceptable.

1.6 MESURES PASSIVES ET MESURES ACTIVES

Pour assurer une bonne qualité de l'environnement intérieur, on peut appliquer des mesures passives et des mesures actives:

- Les mesures passives sont des mesures architecturales et constructives qui permettent d'atteindre naturellement le but poursuivi sans ou avec très peu d'apport d'énergie.
- Les mesures actives ou technologiques permettent d'atteindre le but poursuivi par des actions mécaniques, en consommant de l'énergie pour compenser les défauts du bâtiment ou compléter les mesures passives.

Un des objectifs de cet ouvrage est de montrer que pour apporter une bonne qualité de l'environnement intérieur, les mesures passives ou constructives sont préférables aux mesures actives ou techniques, et qu'elles sont en tout cas nécessaires.

Voici quelques exemples de mesures passives:

- La *distribution des volumes* doit être adaptée au climat. Les grandes hauteurs sont recommandées dans les climats chauds, alors que les petits volumes, plus faciles à chauffer, le sont pour les climats froids. La distribution des pièces en hauteur favorise la ventilation par effet de cheminée, mais augmente aussi le gradient de température.
- L'*emplacement des ouvertures* détermine l'éclairage et la ventilation naturels (sect. 6.3 et 8.2). Par exemple, une ouverture tout en haut permet d'évacuer l'air chaud. Des fenêtres hautes éclairent mieux le fond des pièces que des vitrages larges.
- L'*isolation thermique* protège du climat extérieur (sect. 5.3). Si elle est placée à l'extérieur de la structure, elle la protège des variations rapides de température, stabilise la température intérieure, favorise l'utilisation des gains solaires (sect. 5.9), permet le refroidissement passif (sect. 5.10) et supprime les risques de moisissure et de condensation (chap. 7).
- La *ventilation naturelle* (sect. 6.3) est généralement mieux acceptée par les habitants que la ventilation mécanique. Elle permet des débits nettement supérieurs à ceux que la ventilation mécanique peut atteindre, ce qui facilite l'évacuation rapide de grandes quantités de polluants et améliore nettement l'efficacité du refroidissement passif.
- Le *refroidissement passif* (sect. 5.10) consiste à refroidir la structure du bâtiment la nuit pour éviter les surchauffes les jours de canicule. Pour cela, on utilise de grandes ouvertures pendant toute la nuit, une des ouvertures étant située le plus haut possible.
- Le *chauffage solaire passif* (sect. 5.9) consiste à utiliser la chaleur du rayonnement solaire entrant dans le bâtiment par les fenêtres, ou parfois par des dispositifs ad hoc, pour contribuer au chauffage des locaux.

- L'*isolation* et l'*absorption acoustiques* (chap. 9) assurent une ambiance acoustique agréable dans les locaux, évitent les interférences entre voisins et réduisent l'impact des bruits extérieurs.
- L'*éclairage naturel* (sect. 8.2) est parfaitement adapté à nos yeux, bien accepté, voire recherché par les occupants. A éclairement égal, il chauffe moins que l'éclairage artificiel.

Et voici quelques exemples de mesures actives:
- Les *miroirs* et *trompe-l'œil*, ainsi que tout dispositif (écrans) tendant à faire croire que les espaces sont différents de ce qu'ils sont en réalité. Ils sont utilisés en général pour donner l'illusion d'un plus grand espace.
- Le *chauffage local* ou *central* (sect. 5.11) reste indispensable dans les climats froids pour assurer une température confortable en hiver.
- La *ventilation mécanique* (sect. 6.4) supplée à la ventilation naturelle ou la complète dans les locaux de grande dimension ou à fort taux d'occupation. Elle permet aussi de récupérer la chaleur dans l'air extrait.
- Le *conditionnement d'air* (sect. 5.12) permet de refroidir les locaux dans lesquels la charge thermique est trop élevée. On peut aussi utiliser à cet effet les parois radiantes (par exemple des plafonds froids).
- L'*atténuation acoustique active* est une technique consistant à réémettre les sons ambiants avec une demi-période de retard, ce qui compense en grande partie le son ambiant. Cette technique n'est utilisée que dans des cas exceptionnels.
- L'*éclairage artificiel* (sect. 8.3) est bien connu et reste indispensable pour voir la nuit!

Les mesures passives sont généralement bon marché, consomment peu ou pas d'énergie et par définition ne peuvent pas tomber en panne. Par contre, elles dépendent souvent des conditions météorologiques et donc ne fonctionnent pas toujours de façon satisfaisante. Elles nécessitent de la créativité et souvent un surcroît d'étude de la part de l'architecte. Enfin, une erreur de conception peut avoir des conséquences dramatiques.

Les mesures actives sont bien adaptées aux besoins, du moins quand elles sont bien conçues, bien construites et mises en service correctement. L'architecte n'a pas trop à s'en soucier, car ces mesures utilisent des méthodes connues appliquées par d'autres professionnels (chauffagistes, éclairagistes, installateurs, ingénieurs, etc.). Souples et relativement indépendantes des conditions météorologiques, elles permettent de corriger des erreurs de conception architecturale. Par contre, elles sont souvent chères, énergivores et peuvent tomber en panne. Dans ce cas, la situation peut être plus catastrophique que dans un bâtiment «passif». Enfin, et c'est le défaut d'une qualité, elles autorisent les erreurs de conception architecturale....

Les avantages et inconvénients des mesures passives ou des mesures actives sont résumés dans le tableau 1.1. On note que les inconvénients d'un type de mesure sont compensés par des avantages de l'autre type: les mesures passives et actives se complètent.

Les mesures passives étant préférables mais ne pouvant pas toujours garantir des conditions confortables, la stratégie à adopter consiste à aller aussi loin que raisonnablement possible avec les mesures passives, et de pallier les insuffisances résiduelles par des installations actives dont les dimensions seront alors réduites. Cette stratégie permet souvent d'avoir plus de choix quant aux types et aux emplacements des installations actives.

Tableau 1.1 Avantages et inconvénients des mesures passives et actives.

	Mesures passives	Mesures actives
Avantages	Bon marché Consomment peu d'énergie Ne tombent pas en panne	Sont adaptés aux besoins Méthodes connues Souplesse, faciles à contrôler Corrige les erreurs
Inconvénients	Nécessitent de l'imagination Ne sont pas toujours adaptées Ne pardonnent pas d'erreur Difficiles à contrôler	Chères Energivores Pannes possibles Permettent des erreurs

1.7 QUELQUES EXEMPLES ILLUSTRATIFS

Ces exemples ne sont pas choisis pour leur architecture ou leurs qualités esthétiques, mais pour leurs caractéristiques exemplaires (bonnes ou mauvaises) du point de vue de la qualité de l'environnement intérieur, parmi un échantillon de bâtiments observés par l'auteur.

1.7.1 Architecture vernaculaire

L'architecture vernaculaire a toujours su tirer parti des mesures passives pour adapter le bâtiment au climat et protéger les occupants des rigueurs climatiques. Toutefois, les mesures constructives utilisées sont souvent inadaptées aux bâtiments actuels, pour les raisons suivantes :

- elles sont décalées par rapport à l'évolution sociale et parfois inadaptées aux besoins actuels des occupants ;
- elles sont très gourmandes en main-d'œuvre, donc trop chères dans les pays industrialisés ;
- elles utilisent des matériaux démodés (terre battue) ou trop chers (bois massif, pierre de taille, chaume) ;
- enfin, on peut faire mieux avec les matériaux et les techniques modernes !

Le chalet en madriers (fig. 1.2) est particulièrement bien adapté au climat de montagne car le bois brut est un matériau souvent disponible sur place et il a une longue

Fig. 1.2 Construction d'un chalet alpin en fûts de sapin.

Fig. 1.3 Chaumière (photo J. Hogeling).

durée de vie. Le madrier massif, ainsi que la toiture en tavillon, sont de relativement bons isolants thermiques, mais donnent au bâtiment une inertie thermique relativement faible: le chauffage du chalet est rapide. Le madrier permet une construction très robuste, résistant notamment à la pression de la neige. L'isolation acoustique est aussi excellente, dans la mesure où les parois sont étanches à l'air.

Le madrier massif n'est presque plus utilisé dans les constructions modernes en bois, car il est trop cher, et le tavillonnage, nécessitant une main-d'œuvre qualifiée, est réservé à la rénovation de bâtiments historiques.

Le toit des chaumières présente une excellente isolation thermique qui, alliée aux murs massifs de maçonnerie à la chaux ou de terre battue, permet de stabiliser le climat intérieur aussi bien en été qu'en hiver (fig. 1.3).

Autrefois disponible à bas prix (une *humble chaumière*...), la toiture de chaume est actuellement un luxe: il faut cultiver le blé spécialement et moissonner pratiquement à la main pour livrer une qualité de paille appropriée.

Les bâtiments en maçonnerie de moellons et en terre battue utilisent les matériaux locaux, ce qui est une constante de l'architecture vernaculaire (fig. 1.4). Ce type de construction très lourde donne une forte inertie thermique, ce qui stabilise le climat intérieur. Pour celui qui en fait l'expérience, le contraste entre la chaleur torride du désert saharien et la fraîcheur relative régnant à l'intérieur des maisons de terre battue est étonnant.

Fig. 1.4 La plus ancienne casbah en terre battue de la vallée du Draa au Maroc (photo A. Sbai).

Fig. 1.5 Cave à vin (Château la Rivière, Fronsac).

Depuis l'aube des temps, la grotte ou la cave sont utilisés pour leur inertie thermique (fig. 1.5).

Celle-ci provient des grandes épaisseurs de terrain séparant l'intérieur de l'extérieur, assurant aussi bien isolation qu'inertie thermiques.

Ce n'est pratiquement plus utilisé pour les habitations, mais encore d'usage courant pour conserver et mûrir vins et fromages.

Malgré tout le charme de ces vieilles bâtisses, il ne faut pas tomber dans le passéisme. Les matériaux et les méthodes modernes permettent de faire mieux que nos ancêtres, car nous disposons aujourd'hui :

- de matériaux plus solides permettant de nouvelles formes,
- de matériaux plus isolants,
- d'outils de conception et de dimensionnement permettant de s'assurer à l'avance, sans construire de nombreux prototypes ratés, que le résultat cherché sera atteint.

1.7.2 Bâtiments technologiques modernes

Le quartier de la Défense, à Paris (fig. 1.6), illustre bien ce que l'on peut faire en laissant libre cours à l'imagination sans se préoccuper de l'habitabilité. Dans ce genre

Fig. 1.6 La Défense, à Paris, exemple de l'architecture technologique.

Fig. 1.7 Bâtiment principal de l'Université de Singapour.

de bâtiment, le climat intérieur est complètement conditionné, et l'éclairage artificiel est généralisé.

Dans certains bâtiments très vitrés, il faut souvent climatiser pour évacuer les gains solaires excessifs.

Ce genre de réalisation nécessite tout de même d'importantes études pour assurer non seulement l'habitabilité, mais aussi la pérennité de ces ouvrages. Plusieurs de ces bâtiments sont déjà fortement dégradés.

1.7.3 Bâtiments tropicaux

Les façades blanches et les petites fenêtres avec verre antisolaire diminuent les gains solaires du bâtiment principal de l'Université de Singapour (fig. 1.7). Toutefois, les protections solaires intérieures (rideaux) sont peu efficaces.

Par ailleurs, les petites fenêtres et la grande profondeur des locaux rendent l'éclairage naturel insuffisant, ce qui nécessite une utilisation permanente de l'éclairage artificiel, qui chauffe l'intérieur des locaux. Les fenêtres ne s'ouvrent pas, et le bâtiment est entièrement conditionné.

Fig. 1.8 Centre culturel de l'Université de Singapour.

Fig. 1.9 Immeubles coloniaux à Singapour (Esmerald street).

Une serre climatisée occupe toute la façade sud du centre culturel de l'Université de Singapour (fig. 1.8), luxe énergivore qui permet d'avoir un bon contact avec l'extérieur sans être dans un air chaud et humide. Les façades est et ouest, plus exposées au rayonnement solaire (nous sommes sous l'équateur), sont néanmoins opaques.

Les anciens immeubles coloniaux à Singapour sont adaptés au climat tropical (fig. 1.9): construction massive, protections solaires extérieures mobiles, ouvertures grillagées permettant une forte aération naturelle. Les ouvertures en toiture permettent d'évacuer l'air chaud et la construction en hauteur (chaque tranche est une habitation) permet d'augmenter le tirage pour la ventilation par effet de cheminée. Les courants d'air, dans ce climat, améliorent le confort en augmentant la vitesse d'évaporation de la sueur.

1.7.4 La Cité Solaire de Plan-les-Ouates

La cité comprend 3 bâtiments résidentiels et un bâtiment administratif et commercial (fig. 1.10) Ces bâtiments à basse consommation d'énergie ont été conçus au début des années 1990 en collaboration entre la commune de Plan-les-Ouates, le canton de Genève et l'Office fédéral suisse de l'énergie.

L'objectif des concepteurs a été d'emblée de construire un bâtiment écologique, sain et confortable. Une toiture solaire de 1400 m^2 fournit la chaleur à un accumulateur de 100 m^3 pour la préparation de l'eau chaude et pour contribuer au chauffage. Cette installation couvre la totalité des besoins en eau chaude en été, et fournit en moyenne plus de 500 kWh par mètre carré de capteurs solaires. Le prix du kWh est compétitif avec les sources classiques de chaleur (gaz, mazout). Le système de ventilation mécanique à double flux et récupération de chaleur comprend aussi un puits canadien qui préconditionne l'air par passage dans le terrain (§ 6.3.6). Enfin, des mesures ont été prises pour réduire le champ électromagnétique induit par le réseau électrique.

Lors d'une enquête portant sur plusieurs dizaines de bâtiments effectués en Europe en 2003, ce bâtiment s'est révélé être l'un des plus sains et confortables, selon l'opinion de ses occupants.

Fig. 1.10 La cité solaire de Plan-les-Ouates. Architectes: Müller, Stucky et Koeschlen (Genève) (photo Energie Solaire SA).

Caractéristiques

Capacité du bâtiment:	82 logements et 1700 m² de surface commerciale
Surface de référence énergétique	11 250 m²
Indice de dépense d'énergie annuel total:	383 MJ/m²

1.7.5 Le Laboratoire d'énergie solaire et de physique du bâtiment, EPFL

Le LESO est un bâtiment dans lequel on a largement appliqué les mesures passives, tout en restant raisonnable quant aux conséquences budgétaires. L'isolation thermique est optimale du point de vue économique (20 cm, vitrages sélectifs). Il a été construit en 1982, initialement comme bâtiment expérimental pour étudier les performances de différents types de façades, qui étaient interchangeables. Les dernières façades testées en 1997 ont été remplacées par une nouvelle façade fixe homogène, dont la conception intègre les dernières connaissances acquises en 15 ans d'expérience en matière de confort, d'énergétique, d'éclairage naturel et d'impact écologique (Altherr and Gay 2002).

Cette façade sud est largement vitrée et munie de stores extérieurs et intérieurs, permettant de contrôler les gains solaires et l'éclairage naturel (fig. 1.11). Des dispositifs anidoliques améliorent l'éclairage naturel en fond de pièce, la ventilation est naturelle (fig. 1.12). Les ouvertures anti-effraction au rez-de-chaussée et résistant aux tempêtes au dernier étage permettent un refroidissement passif efficace: il a fallu la longue canicule de 2003 pour que la température intérieure dépasse de temps en temps 26°C.

Caractéristiques

Capacité du bâtiment:	22 bureaux, un atelier
Surface de référence énergétique	670 m²
Indice de dépense d'énergie annuel total:	335 MJ/m²

Fig. 1.11 Le LESO vu du sud-est. Architectes: Chiché et Papadaniel, Lausanne, 1982.

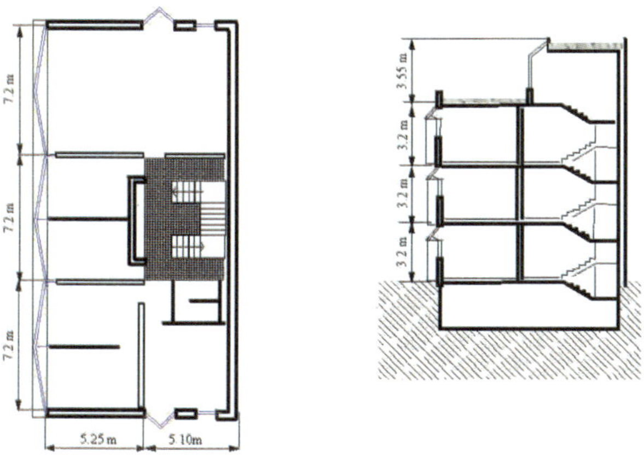

Fig. 1.12 Plan et coupe du bâtiment LESO.

1.7.6 Les Archives cantonales vaudoises, Lausanne

L'immeuble des Archives cantonales vaudoises est conçu de manière à assurer un climat aussi stable que possible aux archives: forte isolation thermique, construction massive isolée à l'extérieur, pratiquement pas de fenêtres aux locaux d'archives (fig. 1.13). L'objectif est de maintenir les archives à une température stable, dans une humidité relative comprise entre 40 et 60%. Pour assurer une bonne conservation des archives, la température et l'humidité relative peuvent varier, mais très lentement seulement. Pour cela, la ventilation des locaux d'archives, qui n'est utile qu'au personnel, reste très faible.

Fig. 1.13 Immeuble des Archives cantonales vaudoises. Architectes: Collomb, Collomb & Vogel, 1981-1985. Sculpture: A. Raboud.

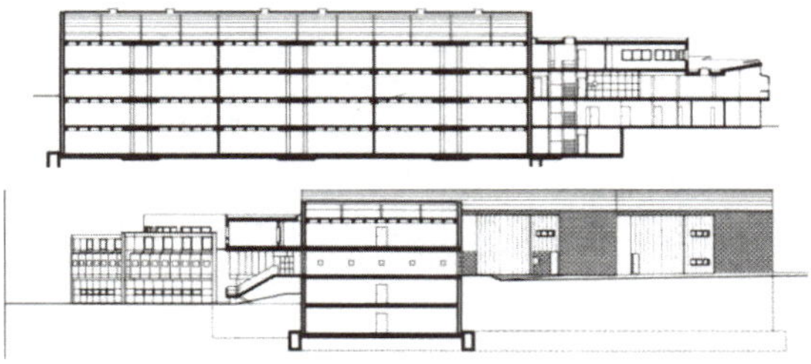

Fig. 1.14 Coupes de l'Immeuble des Archives cantonales vaudoises (Etat de Vaud DINF- SBMA).

Les 24 cellules d'archives de 16 × 16 m sont empilées sur 4 niveaux (fig. 1.14, fig. 1.15). Toute la structure est en béton armé. La double toiture permet de protéger le dernier étage de la chaleur du soleil. Les locaux administratifs et les salles de lecture sont implantés au sud des salle d'archives.

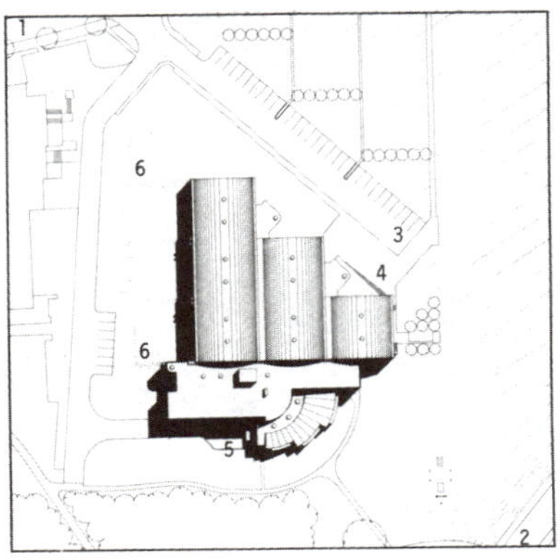

Fig. 1.15 Implantation et plan de l'immeuble des Archives cantonales vaudoises (Etat de Vaud DINF- SBMA).

Caractéristiques :

Surface de plancher chauffé : 7000 m^2

Indice de dépense d'énergie :

- Electricité : 50 MJ / m^2
- Chauffage : 130 MJ / m^2
- Total : 180 MJ / m^2

1.7.7 L'Office fédéral de la statistique, Neuchâtel

Le nouveau bâtiment de l'Office fédéral de la statistique (fig. 1.16), situé à côté de la gare de Neuchâtel, se veut un exemple. Il a été conçu comme un bâtiment à ventilation naturelle à hauts gains solaires passifs et actifs (65 % des besoins), ce qui est rare dans un grand immeuble administratif situé en ville. En été, le refroidissement par ventilation naturelle assure un climat confortable dans les bureaux et circulations représentant plus de 80 % des espaces. Les ouvertures en façades, protégées des intempéries, laissent entrer l'air qui traverse les locaux occupés pour s'échapper ensuite vers le haut du bâtiment par les couloirs, les cours intérieures et les superstructures (Jaboyedoff, Aiulfi *et al.* 2001).

En revanche, les autres espaces, qui sont des locaux à hauts gains internes tels que les salles de réunion, le restaurant, certains locaux techniques, le sous-sol et les toilettes sont ventilés mécaniquement. L'installation de chauffage comprend 1200 m^2 de capteurs solaires thermiques combinés avec un stockage saisonnier et un réservoir d'eau de 2400 m^3, la récupération des gains du centre de calcul et une chaudière à gaz.

Presque tous les matériaux de construction ont été choisis en fonction de leurs caractéristiques écologiques : ossature béton, allèges en panneaux sandwich bois ciment, et isolation cellulose, protégées par du verre, isolation en verre cellulaire pour la toiture, cloisons internes en placoplâtre, parquets huilés. L'eau de pluie est retenue

Fig. 1.16 Office fédéral de la statistique, Neuchâtel. Architectes : Bauart, Bern, 1999, ingénieurs climat : Sorane SA, Lausanne.

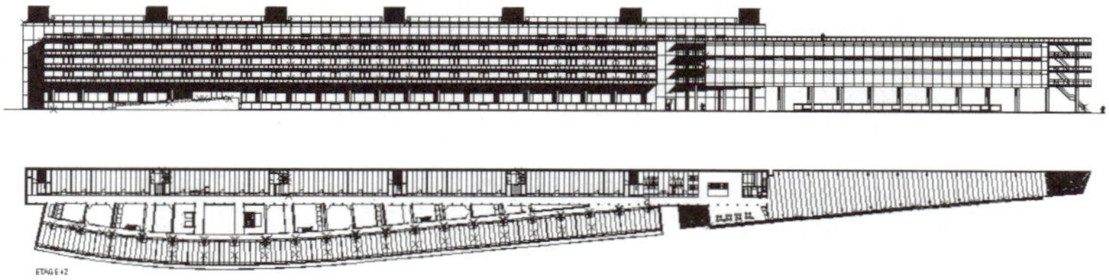

Fig. 1.17 Coupe et plan des étages du bâtiment de l'Office fédéral de la statistique, Neuchâtel.

sur les toitures en partie par une végétalisation, et en partie par des bassins de rétention. Elle est aussi récoltée et stockée pour les toilettes et les postes de nettoyage.

Selon les résultats d'un projet de recherches européen, l'Office fédéral de la statistique se situe en tête des bâtiments administratifs examinés en Suisse, du point de vue de la santé et du bien-être des occupants.

Le plan allongé avec ses cours intérieures (fig. 1.17) facilite la ventilation naturelle: l'air entre par les fenêtres et s'évacue en toiture par les circulations centrales.

Caractéristiques

Volume du bâtiment:	117 000 m^3
Surface de référence énergétique	18 400 m^2
Indice de dépense d'énergie annuel chauffage:	100 MJ/m^2
Indice de dépense d'énergie annuel total:	300 MJ/m^2

1.7.8 Le bâtiment de la Poste Lausanne 1

Le bâtiment de la Poste Lausanne 1 a été rénové en 1998 par le bureau Mosimann (fig. 1.18). La façade menaçait ruine, et le maître de l'ouvrage désirait garder le caractère «ventilation naturelle» du bâtiment, tout en évitant les surchauffes. Une étude a permis de vérifier que la technique du refroidissement passif (sect. 5.10) était applicable, mais il fallait résoudre les problèmes de sécurité, notamment contre les intempéries.

Fig. 1.18 Bâtiment de la Poste Lausanne 1. Architecte: Mosimann, Lausanne.

Fig. 1.19 Détail de la façade du bâtiment de la Poste Lausanne 1.

La rénovation des façades par la pose d'une double peau ventilée a permis d'atteindre les objectifs sans trop déranger les occupants (fig. 1.19). Cette seconde peau a permis d'ajouter une isolation thermique protégée par une plaque de verre en allège, et à placer devant chaque fenêtre des vantelles transparentes qui les protègent des intempéries (fig. 1.20). Les fenêtres peuvent ainsi rester ouvertes la nuit.

Fig. 1.20 Les vantelles permettent de garder la fenêtre ouverte pour le refroidissement nocturne sans craindre la pluie. Elles protègent les stores qui restent refroidis par de l'air extérieur.

Caractéristiques (partie administrative seule)

Surface de référence énergétique:	9010 m^2
Indice de dépense d'énergie annuel chauffage:	130 MJ/m^2

1.7.9 La « Maison du Futur », Zoug

La « Maison du Futur » à Zoug a été conçue pour démontrer les nouvelles possibilités technologiques. C'est, à notre avis, l'antithèse de l'architecture et du développement durable. La plupart des appareils sont commandés par un ordinateur central, lui-même connecté sur Internet. Par exemple, un appareil peut lire le code-barre du produit que l'on vient de consommer et commande par Internet son remplacement. L'armoire frigorifique s'ouvre non seulement sur la cuisine, mais aussi sur l'extérieur, ce qui permet aux livreurs (avertis par Internet) d'y déposer les vivres. Les appareils de cuisine sont réglés au moyen d'un écran tactile, et un petit terminal portable permet de tout commander, ce qui fait qu'il faut toujours l'avoir avec soi.

Fig. 1.21 La « Maison du Futur » Zoug. Initiant : Prof. Dr. Otto Beisheim, direction de projet : Jürg Kallay. Photo LESO.

Cette villa est tout de même équipée d'un chauffe-eau solaire et d'une chaudière à gaz à haut rendement. Pour plus d'information consulter http://www.futurelife.ch

1.7.10 Siedlung Looren, Affoltern a. A.

Cet ensemble résidentiel comprend quarante villas groupées, en bois, avec une maison commune, dans l'étude desquelles l'impact sur l'environnement a été particulièrement bien pris en compte. Conçu et construit pour 16 millions de francs suisses (11 M€) en 1997-1999, cet ensemble montre qu'une haute qualité d'habitat peut être atteinte avec une construction simple.

L'ensemble est chauffé par des pompes à chaleur sol-eau, et des capteurs solaires fournissent une partie importante de l'eau chaude. Les toitures végétalisées améliorent le confort d'été et règlent l'évacuation de l'eau de pluie.

Fig. 1.22 Siedlung Looren, Affoltern a. A. Architectes : Metron, Zurich Photos LESO.

Fig. 1.23 Siedlung Looren, Affoltern a. A, vue intérieure.

Caractéristiques

Volume du bâtiment :	29 000 m^3
Surface de référence énergétique	10 600 m^2
Indice de dépense d'énergie annuel chauffage :	184 MJ/m^2

1.7.11 La maison solaire Guisan, Blonay

La maison de Françoise et Olivier Guisan présente de très nombreuses applications du domaine de l'habitat sain et des énergies renouvelables (Guisan, 2007). Olivier Guisan, professeur de physique du bâtiment de l'Université de Genève, a conçu sa villa en mettant en pratique toutes ses connaissances en matière d'énergétique du bâtiment. C'est un exemple de ce qu'on peut faire en allant au bout de ces intentions (fig. 1.24).

La maison semi enterrée a une structure en bois lamellé chevillé. Une grande serre en arc du sud-est au sud-ouest contribue au chauffage solaire passif (sect. 5.9). La surchauffe est évitée de manière automatique par des vérins thermostatiques qui ouvrent les baies supérieures par dilatation ; des rideaux complètent la protection. Le bâtiment est équipé d'une ventilation à double flux avec récupération de chaleur. Des petits poêles à bois assurent le complément de chauffage. L'excellente isolation thermique et le chauffage solaire passif réduisent la consommation de bois à la portion congrue: 8 stères par an, ce qui correspond à un indice de dépense d'énergie pour le chauffage de 160 MJ/m^2.

Le haut du bâtiment est plaqué de cellules photovoltaïques qui assurent l'essentiel de la consommation électrique. Le raccordement au réseau électrique permet d'exporter l'excès et d'importer si nécessaire. L'eau chaude est fournie par des capteurs solaires thermiques. L'eau de pluie est récupérée et rendue potable par un système de filtration, elle est économisée par la présence de toilettes sèches reliées à un composteur placé plus bas.

Fig. 1.24 Maison Guisan, Blonay. Architecte Gilles Bellmann.

Fig. 1.25 Maison Guisan, Blonay. Vue intérieure de la véranda, qui donne sur deux étages.

Haute isolation thermique, chauffage solaire passif, chauffe-eau solaire, installation photovoltaïque: tout est fait pour réduire la consommation d'énergie non renouvelable dans cette villa originale mais qui ne manque pas de charme et dont l'intérieur est très agréable (fig. 1.25).

1.8 RÉSUMÉ

Pour rendre un bâtiment confortable (ce qui est sa mission première), les mesures passives, visant à concevoir le bâtiment pour le rendre naturellement plus confortable, doivent être exploitées autant que possible avant de recourir aux mesures actives qui pallient les insuffisances résiduelles à l'aide d'installations techniques. De toute manière, le bâtiment devrait, lorsque les installation techniques sont déclenchées, être au moins aussi confortable ou pas plus inconfortable que l'extérieur. Les mesures passives sont en effet plus robustes, généralement mieux acceptées et souvent meilleur marché. Ce sont aussi les mesures que l'architecte contrôle le mieux.

Suivant la latitude, des installations techniques restent nécessaires pour rendre le climat intérieur confortable en toute saison, mais les mesures passives en réduisent fortement la taille et l'impact. Le choix des procédés et l'emplacement des installations sont aussi facilités si ces installations n'ont qu'un rôle complémentaire.

1.9 BIBLIOGRAPHIE

ALTHERR, R. et GAY J.-B. (2002). «A low environmental impact anidolic facade.» *Building and Environment* **37**: 1409-1419.

CABANAC, M. (1995). *La quête du plaisir*. Montréal, Liber.

CHATELET, A., Fernandez P., *et al*. (1998). *Architecture climatique*. Aix-en-Provence, Edisud.

GUISAN, F. et O. Notre maison écologique. Rêver-Réaliser-Partager. Publi-Libris, Lausanne, 2007. ISBN: 2-940251-39-8.

JABOYEDOFF, P., Aiulfi D., *et al*. (2001). *Office Fédéral de la Statistique à Neuchâtel: Nouveau Bâtiment, Mise en Service et Optimisation en Exploitation Réelle*. CISBAT 2001, Lausanne, EPFL.

Chapitre 2

SITUATION ACTUELLE DANS LES BÂTIMENTS ADMINISTRATIFS

L'information donnée dans ce chapitre résulte de trois enquêtes effectuées dans des immeubles administratifs, ces trois enquêtes utilisant des méthodes d'investigation semblables, notamment des questionnaires similaires. Deux de ces enquêtes ont été effectuées dans le cadre de programmes de recherches européens en 1993-1994 (Bluyssen, De Oliveira Fernandes *et al.* 1995; Bluyssen, De Oliveira Fernandes *et al.* 1995) et 2002-2003 (Bluyssen, Cox *et al.* 2003). L'Université de Singapour a procédé à la troisième (Sekhar, Tham *et al.* 1998).

2.1 SYNDROME DU BÂTIMENT MALSAIN (SBS) ET SON INDICE (BSI)

Le but premier d'un bâtiment est (ou en tous cas devrait être) d'assurer un environnement confortable. Pour cela, des exigences de confort optique, acoustique, et thermique doivent être remplies, et une bonne qualité d'air doit être assurée. Dans les bâtiments dits «malsains», certains symptômes, qui ne peuvent pas être reliés à des causes précises, se retrouvent fréquemment. L'Organisation Mondiale de la Santé (OMS) définit la santé comme *un état de bien-être physique, mental et social total et non simplement comme une absence de maladie ou d'infirmité*. L'OMS a aussi défini le SBS comme une réaction de la majorité des occupants d'un immeuble à leur environnement intérieur, réaction qui ne peut pas être directement reliée à des causes évidentes telles qu'une exposition à une concentration excessive d'un contaminant connu ou à une défectuosité d'un système de ventilation.

Le SBS se caractérise par des symptômes d'inconfort et de réactions physiologiques ou sensorielles aiguës. Les personnes qui développent le SBS voient généralement leurs symptômes disparaître lorsqu'elles quittent l'immeuble incriminé. Le tableau 2.1 donne la liste de ces symptômes.

Pour estimer l'impact du bâtiment sur la santé des occupants, on demande aux occupants s'ils ressentent l'un ou l'autre de ces symptômes, et si ces symptômes disparaissent lorsqu'ils quittent le bâtiment. Si c'est le cas, c'est-à-dire si le symptôme n'apparaît que lorsque la personne se trouve dans le bâtiment, il est reconnu lié au bâtiment.

Tableau 2.1 Liste des symptômes du syndrome du bâtiment malsain.

Symptômes les plus fréquents	Autres symptômes observés
Yeux secs, irrités, qui picotent	Yeux larmoyants
Nez bouché, respiration par le nez difficile	Nez qui coule, usage fréquent du mouchoir
Gorge sèche ou irritée	Poitrine oppressée, difficulté à respirer
Mal à la tête	Symptômes de grippe
Peau sèche	Peau irritée, éruptions
Apathie, fatigue	

Pour comparer les bâtiments, des indices des symptômes liés au bâtiment (BSI pour Building Symptom Index) ont été définis. Ces indices donnent le nombre moyen de symptômes liés au bâtiment et ressentis par personne. L'indice complet prend en compte tous les symptômes et prend donc une valeur entre 0 et 11.

2.2 SANTÉ ET QUALITÉ DE L'AIR DANS LES IMMEUBLES ADMINISTRATIFS

2.2.1 Bâtiments examinés

Dans le cadre d'un projet de recherche européen, 56 bâtiments ont été sélectionnés et examinés, dans neuf pays d'Europe (Bluyssen, De Oliveira Fernandes *et al.* 1995): 12 bâtiments en climat nordique (Finlande et Suède), 12 en climat océanique (Pays Bas et Royaume Uni), 20 en climat continental européen (France, Italie et Suisse), et 6 en climat méditerranéen, en Grèce. A ceci s'ajoutent 5 bâtiments examinés à Singapour avec le même protocole (Sekhar, Tham *et al.* 1998). Les examens ont été effectués en un seul jour en Europe pendant l'hiver 1993-1994 et en 1996 et 1997 à Singapour, dans les immeubles normalement occupés, chauffés, le cas échéant conditionnés et ventilés.

Ces bâtiments n'ont en aucun cas été sélectionnés parce qu'ils présentaient des problèmes. Ce sont des bâtiments considérés comme «normaux». Parmi les bâtiments examinés, on trouve une majorité de bâtiments dans lesquels il n'y a aucune restriction liée au tabac (59 %) et 18 % dans lesquels il est interdit de fumer. Dans les autres bâtiments (23 %), il existe des zones fumeurs. La plupart des bâtiments examinés (87 %) sont ventilés mécaniquement, et 77 % sont équipés de refroidissement. La moitié seulement a des fenêtres ouvrables, et le quart de ces immeubles sont aménagés en bureaux paysagers.

L'examen comprenait, en plus d'une liste de contrôle et d'un questionnaire distribué à 100 occupants ou plus, des mesures spécifiques en cinq endroits du bâtiment:

- mesure des débits d'air provenant de l'installation de ventilation, de l'extérieur et des pièces voisines;
- mesure de la qualité olfactive de l'air par un groupe de 12 nez spécialement entraînés;
- mesure de la concentration de divers polluants dans l'air (composés organiques volatils, gaz carbonique, monoxyde de carbone, poussières);
- quantification de paramètres de confort (température, humidité et vitesses de l'air, température radiante, niveau de bruit);

- conditions météorologiques du jour;
- consommation annuelle du bâtiment en énergie.

2.2.2 Indice de bâtiment malsain

La figure 2.1 représente la distribution des indices du bâtiment malsain (BSI) dans les 61 bâtiments administratifs examinés. Dans ces bâtiments, on trouve au moins 1 symptôme par personne en moyenne. La plupart des bâtiments présentent entre 2 et 5 symptômes par personne.

Les différentes catégories de personnel (hommes, femmes, cadres, employés) répondent de manière différente aux questions relatives au BSI. Comme le montre la figure 2.2, dans laquelle chaque bâtiment est représenté par un point placé en fonction du BSI des hommes et des femmes, les femmes annoncent en moyenne 1 symptôme

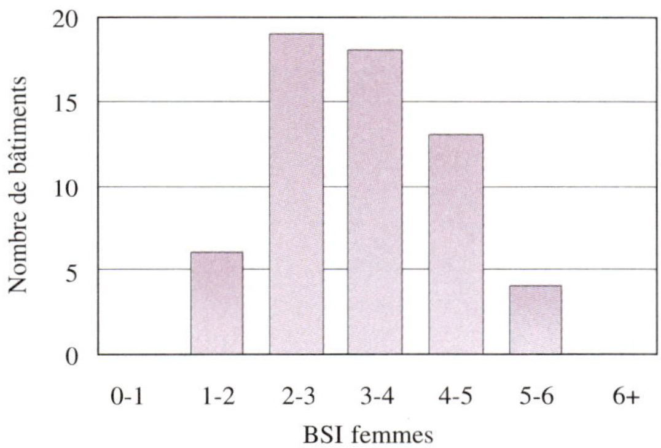

Fig. 2.1 Distribution des BSI (indice du bâtiment malsain) dans les immeubles administratifs examinés.

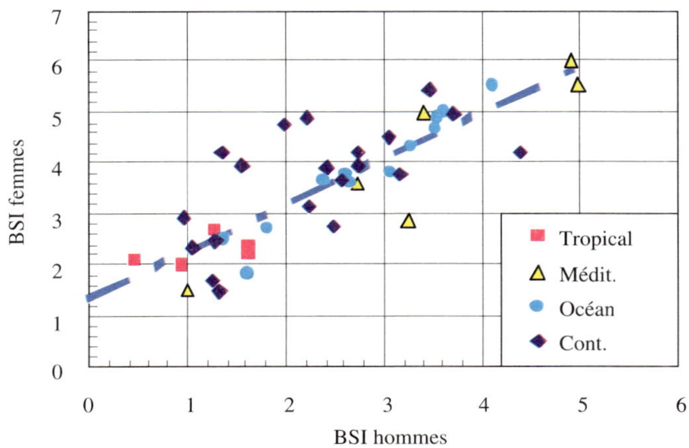

Fig. 2.2 BSI des hommes et des femmes dans chacun des 61 bâtiments examinés. Chaque style de point correspond à un type de climat.

de plus que les hommes. Comme la proportion d'hommes et de femmes change entre les bâtiments, nous avons utilisé le BSI des femmes, généralement plus nombreuses, pour la comparaison entre les bâtiments.

Dans les figures qui suivent, chaque style de point correspond à un type de climat: tropical, méditerranéen, océanique (côte atlantique de l'Europe), continental (Europe) et nordique.

Comme les polluants atmosphériques induisent des symptômes du type rencontré dans les bâtiments malsains, on est tenté d'examiner s'il existe une corrélation entre la concentration de ces polluants et le BSI. Comme le montre la figure 2.3, le BSI n'est pas corrélé avec la concentration en composés organiques volatils totaux (TVOC), du moins dans les bâtiments examinés. Il en est de même pour d'autres indicateurs tels que le CO, le CO_2 ou les poussières. Il convient toutefois de remarquer que les concentrations de ces divers étaient partout en deçà des limites acceptables.

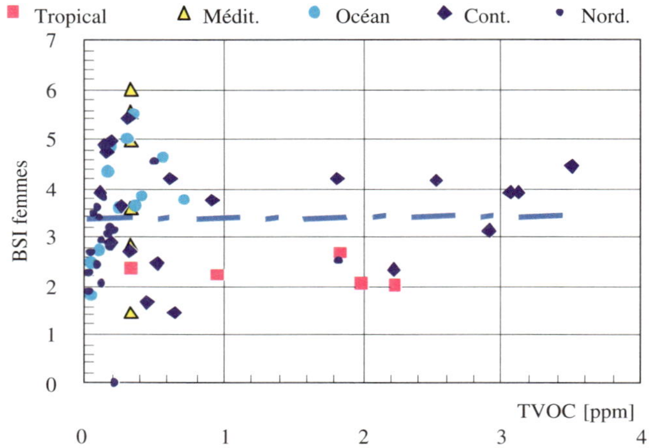

Fig. 2.3 Le BSI n'est pas corrélé avec la concentration en composés organiques volatils totaux (TVOC).

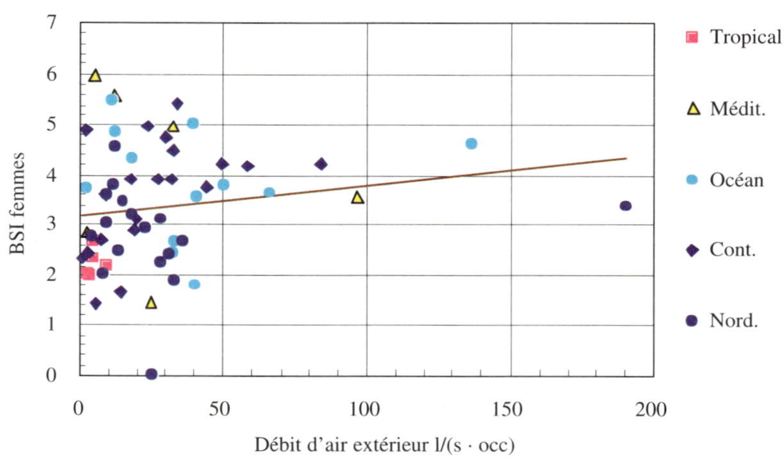

Fig. 2.4 Le BSI ne diminue pas si on augmente le débit d'air extérieur.

On pourrait aussi penser qu'en augmentant le débit d'air neuf, on améliore la qualité d'air intérieur et on diminue le BSI. La figure 2.4 montre que ce n'est pas le cas en général.

2.2.3 Ventilation et pollution de l'air

En admettant que les occupants soient les seules sources de pollution dans le bâtiment, un débit de 1 l/s et par personne est le minimum indispensable (§ 4.3.2). Il est toutefois recommandé de porter ce débit à 10 l/s et par personne (36 m^3/h) voire plus pour réduire les odeurs à un niveau imperceptible à la majorité des personnes entrant dans la salle.

La figure 2.5 représente le pourcentage des bâtiments examinés dans lesquels le débit d'air est inférieur à la valeur indiquée en ordonnée. 12% des locaux examinés ont un débit inférieur à 2 l/s, et 34% ont un débit inférieur à 10 l/s et par personne. On notera que le débit d'air pulsé est supérieur au débit d'air extérieur parce qu'une partie de l'air est re-circulé dans certains bâtiments. On notera aussi que la moitié des bâtiments ont un débit d'air neuf supérieur à 20 l/s et par personne, ce qui représente en principe un certain gaspillage.

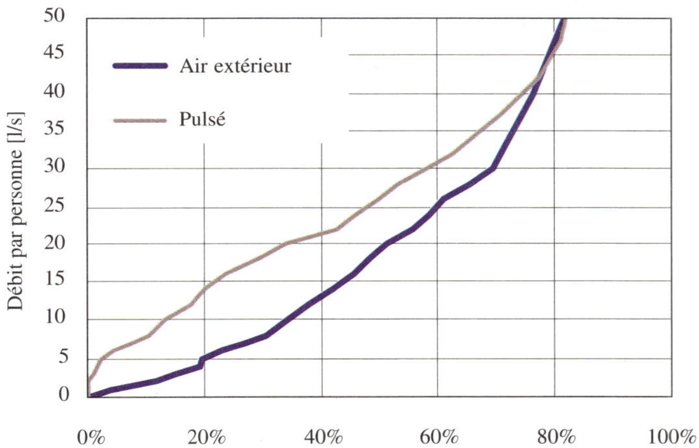

Fig. 2.5 Pourcentage des bâtiments examinés dans lesquels le débit d'air est inférieur à la valeur indiquée en ordonnée.

Afin de quantifier les odeurs désagréables, le professeur O. Fanger a défini l'*olf* (comme *olfactif*) par l'intensité de la source d'odeurs représentée par une personne moyenne qui se lave et change de linge chaque jour. Un *pol* (pour *pollution*) est la concentration en odeurs. C'est la concentration obtenue lorsque les odeurs émises par une personne sont diluées dans un débit d'un litre par seconde d'air pur. Un *décipol* est la concentration obtenue lorsque les odeurs émises par une personne sont diluées dans un débit de dix litres par seconde d'air pur (§ 3.2.2).

La figure 2.6 montre que la pollution olfactive totale (courbe rouge) est nettement plus importante que celle qui provient théoriquement des personnes (courbe verte déduite de la figure 2.5). On en déduit qu'il y a d'autres sources de pollution olfactive

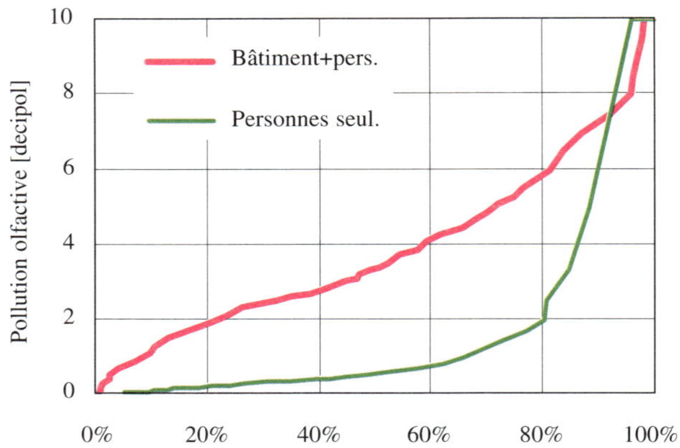

Fig. 2.6 Diagramme représentant le pourcentage des bâtiments examinés, dans lesquels la pollution olfactive est inférieure à la valeur indiquée en ordonnées. La courbe verte correspond à la pollution olfactive générée par les personnes seulement.

dans les bâtiments. Il s'est ainsi avéré que le bâtiment lui-même et ses installations de ventilation sont les principales sources de pollution dans de nombreux bâtiments. Ceci est évidemment inadmissible !

Un examen de la qualité de l'environnement intérieur de nombreux immeubles européens (Bluyssen, De Oliveira Fernandes *et al.* 1995) a montré qu'une grande partie de la pollution intérieure provenait du bâtiment ou de ses installations de traitement d'air (fig. 2.7). Or les normes de ventilation actuelles considèrent les occupants ou le bâtiment comme source principale de pollution; le système lui-même et les matériaux de construction ne sont pas pris en compte.

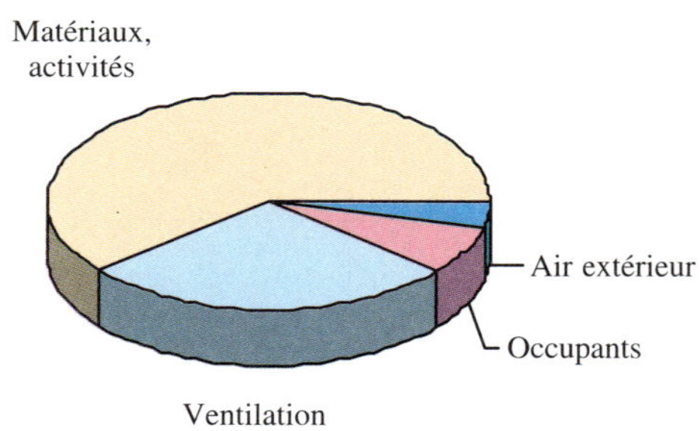

Fig. 2.7 Part de la pollution olfactive provenant de différentes sources dans des bâtiments administratifs en Europe (d'après Bluyssen, De Oliveira Fernandes *et al.* 1995).

2.2.4 Effet du climat

Il peut être intéressant de comparer les résultats obtenus en Europe et à Singapour, car ils sont obtenus dans des conditions très différentes : les mesures ont été effectuées pendant la saison de chauffage et climat hivernal en Europe, alors que les bureaux de Singapour sont refroidis en permanence dans un climat tropical, le taux de recirculation est très élevé à Singapour (90%) alors qu'il est compris entre 0 et 75% en

Europe. Enfin, on trouve en moyenne plus de 30 % de fumeurs dans les bureaux européens alors qu'il n'y en a aucun à Singapour.

Les différences les plus significatives concernent le débit d'air et la concentration en poussières, qui sont plus élevés en Europe, le taux de recirculation, la taille des locaux, la vitesse et l'humidité de l'air, et les concentrations en CO et composés organiques volatils qui sont plus forts à Singapour. On n'observe pas de différence significative pour la concentration en CO_2 ni pour le taux d'occupation. En ce qui concerne la température, les températures d'air sont semblables mais la température radiante (celle des surfaces environnantes) est plus élevée à Singapour (fig. 2.8).

Les courants d'air sont plus souvent gênants en Europe où la température est légèrement trop élevée, alors qu'elle est légèrement trop froide à Singapour (fig. 2.9).

Les Européens ont l'impression de mieux contrôler leur climat intérieur, notamment la lumière et la température (fig. 2.10). Malgré toutes ces différences, la prévalence des symptômes ne diffère que peu, comme le montre la figure 2.11.

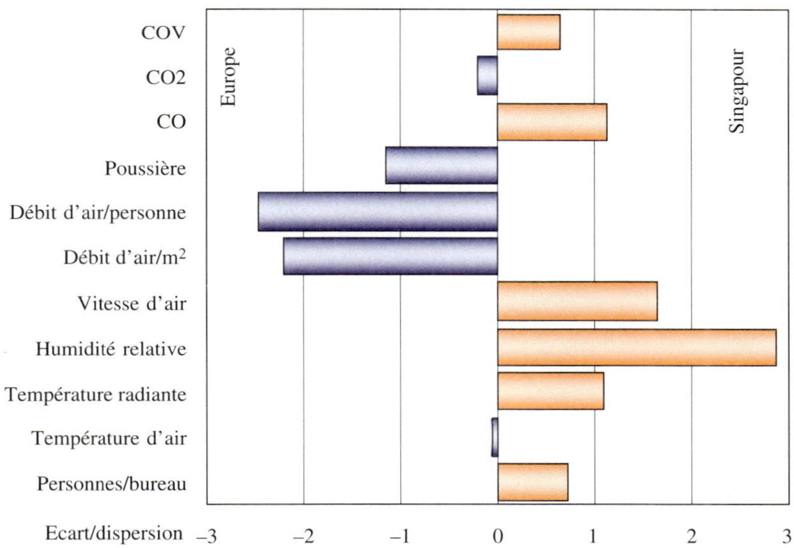

Fig. 2.8 Ecart entre les valeurs obtenues à Singapour et celles obtenues en Europe, divisé par la dispersion totale des résultats, pour les conditions d'environnement intérieur.

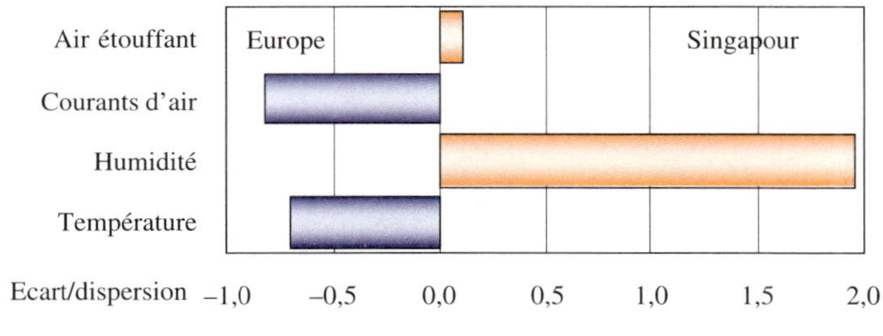

Fig. 2.9 Ecart relatif concernant diverses impressions relatives au climat intérieur.

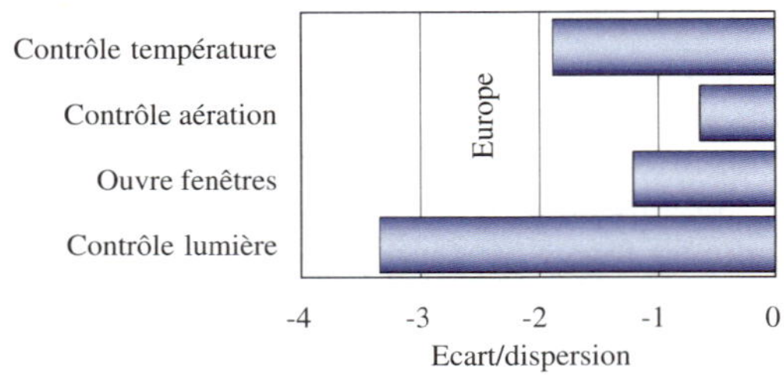

Fig. 2.10 Ecart relatif concernant l'impression de contrôler le climat intérieur.

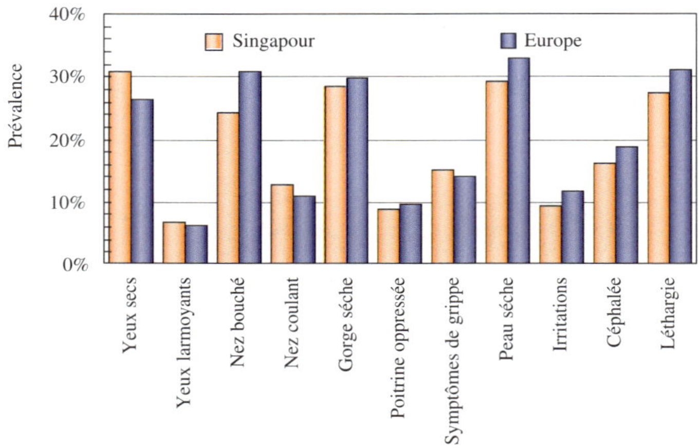

Fig. 2.11 Prévalence[1] des symptômes observés en Europe et à Singapour.

Toutefois, la probabilité pour que la différence observée ne soit pas due au hasard dépasse 75 % pour les symptômes suivants: léthargie, céphalées, irritation de la peau et nez bouché plus fréquents en Europe, et yeux secs plus fréquents à Singapour. L'impression de sécheresse est due probablement à l'air plus sec, mais quelles sont les causes de léthargie et de maux de tête ? Est-ce la fumée, l'air trop chaud, ou autre chose ? D'autre part, on ne voit pas la raison pour laquelle les yeux sont plus fréquemment secs à Singapour.

En règle générale, et sur l'ensemble des bâtiments, le BSI est plus grand dans les bureaux paysagers et bâtiments à ventilation mécanique que dans les bureaux personnels à ventilation naturelle. Ceci est particulièrement visible en Europe continentale et méditerranéenne (§ 2.3.5).

On observe peu de différence dans la perception de la qualité de l'environnement, malgré de grandes différences entre les conditions tropicales et européennes. Il se confirme qu'une recirculation élevée augmente la sensation d'étouffement, mais une augmentation du débit d'air au-delà du nécessaire n'améliore pas la qualité d'air perçue. Enfin, paradoxalement, les bureaux sont jugés trop froids sous les tropiques et trop chauds pendant la saison de chauffage en Europe !

[1] La prévalence est le rapport du nombre de cas d'un trouble morbide à l'effectif total d'une population (Larousse).

2.3 SANTÉ ET ÉNERGIE DANS LES IMMEUBLES ADMINISTRATIFS

2.3.1 Energie dans le bâtiment

Tout passe, tout lasse, tout casse. Cette observation est énoncée de manière plus scientifique dans le deuxième principe de la thermodynamique: l'entropie, image du désordre, ne peut qu'augmenter dans un système fermé, auquel on n'apporte pas d'énergie. En ce qui concerne le bâtiment, on remarque que pratiquement toute l'énergie entrant dans un bâtiment finit par être transformée en chaleur. Etant donné qu'en moyenne, l'intérieur du bâtiment est à température constante, toute cette énergie finit aussi par en sortir. Le bâtiment peut être comparé à un tonneau des Danaïdes dans lequel on maintient un niveau d'eau en le remplissant continuellement (fig. 2.12). Le niveau correspond au confort thermique demandé et le débit d'eau aux flux d'énergie.

Si le bâtiment est mal isolé, le flux d'énergie est plus important, et pire, la température est peu homogène: en hiver, trop chaud près des corps de chauffe et trop froid près des endroits mal isolés de l'enveloppe, trop chaud sous toiture en été. Par contre, si le bâtiment est bien conçu, la température est plus homogène, les vitrages bien exposés, munis de protections solaires bien adaptés et d'ouvertures adéquates, apportent des gains solaires importants en hiver, un contact avec l'extérieur, et permettent d'assurer un climat agréable en été.

Les principaux flux de chaleur traversant le bâtiment sont les déperditions par transmission au travers des parois de l'enveloppe, les déperdition par aération, à savoir la chaleur nécessaire pour conditionner l'air frais provenant de l'extérieur, les gains solaires passifs, essentiellement le rayonnement solaire entrant par les fenêtres, et l'apport d'énergie nécessaire pour maintenir un confort thermique agréable (fig. 2.13).

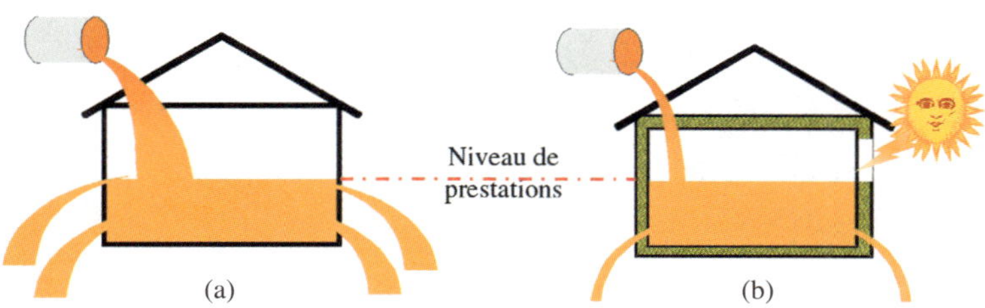

Fig. 2.12 Le bâtiment est un tonneau des Danaïdes: on maintient le confort grâce à un flux d'énergie: (a) bâtiment mal isolé; (b) bâtiment correct.

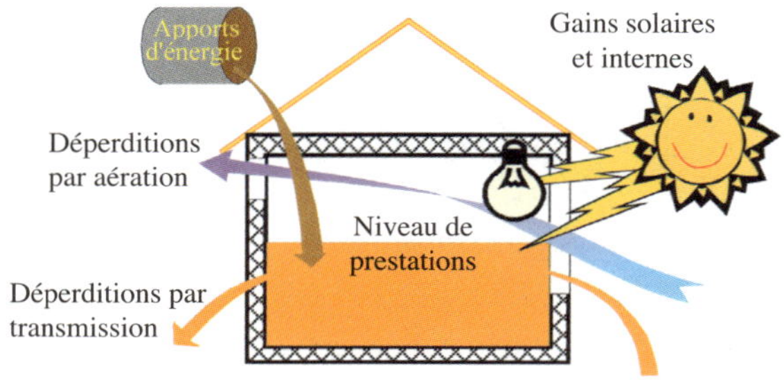

Fig. 2.13 Les principaux flux de chaleur au travers du bâtiment.

2.3.2 Indice de dépense d'énergie (IDE)

Un indice souvent utilisé pour comparer la consommation d'énergie des bâtiments est l'Indice de Dépense d'Energie ou IDE (SIA 1982). On obtient cet indice en divisant la consommation annuelle totale d'énergie (de tous les agents énergétiques) exprimée en MJ (ou en kWh) par la surface brute de plancher chauffé (murs inclus). Cet indice est expliqué plus en détail dans le paragraphe 10.11.2.

Cette mesure simple a surtout un but statistique servant en première analyse. La comparaison de cet indice avec les valeurs statistiques connues permet de savoir si le bâtiment est un gros ou un petit consommateur.

La figure 2.14 montre les distributions d'indices de dépense d'énergie pour différents types de bâtiments suisses ainsi que ceux des 56 bâtiments administratifs examinés en Europe. On observe une grande dispersion de ces indices non seulement entre les types de bâtiment, mais aussi à l'intérieur de chaque type. On trouve aussi bien des bâtiments consommant la moitié de la moyenne de leur type que des bâtiments en consommant le double !

La figure 2.15 montre les gammes d'indices de dépense d'énergie selon diverses normes suisses. Les exigences ont doublé (la consommation maximale est réduite

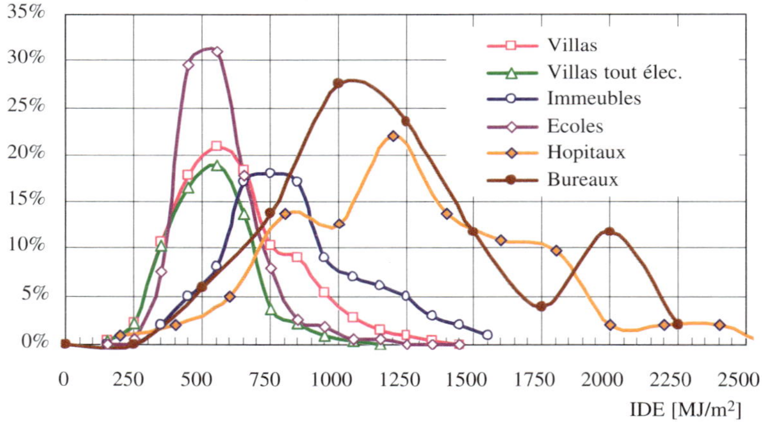

Fig. 2.14 Distribution des IDE pour les villas, des immeubles locatifs, des écoles et des hôpitaux en Suisse, et les immeubles administratifs européens examinés.

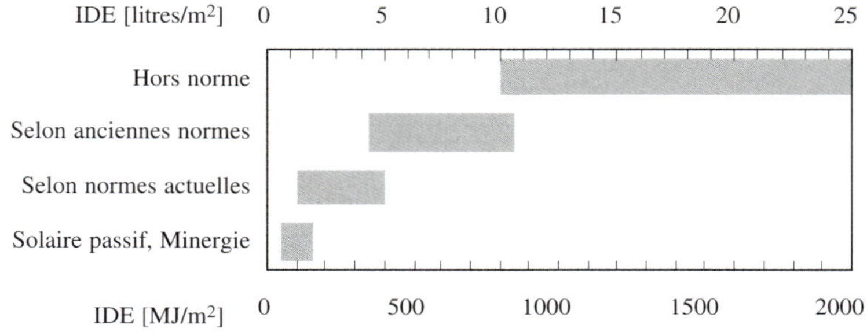

Fig. 2.15 Gammes d'indices de dépense d'énergie de bâtiments.

d'un facteur deux environ) entre l'ancienne norme de 1980 et la nouvelle entrée en vigueur en 2001 (SIA 2001).

La consommation annuelle d'un bâtiment résidentiel moyen suisse est d'environ 700 MJ par mètre carré de plancher chauffé, ce qui équivaut à environ 20 litres de mazout par mètre carré. On peut comparer ce chiffre à la consommation d'une grosse voiture américaine pour 100 km.

Les bâtiments bien isolés, construits selon les nouvelles normes, présentent une consommation annuelle moyenne réduite à moins de la moitié, soit 325 MJ/m^2 ou 10 litres de mazout, soit la consommation d'une voiture européenne moyenne qui roule 100 km.

Les bâtiments à basse consommation d'énergie, non seulement bien isolés mais encore construits pour utiliser au mieux les gains solaires passifs, présentent une consommation annuelle de moins de 160 MJ/m^2, soit environ 4 litres de mazout. Voilà enfin un chiffre comparable à la consommation d'une voiture économique. De tels bâtiments existent, sont habités et les occupants en sont généralement très satisfaits. Leur coût de construction est égal ou très légèrement supérieur (quelques pour cent) à celui d'un bâtiment classique conforme aux normes modernes. Ce surcoût est dû en partie aux frais d'étude, ces bâtiments nécessitant une planification plus soignée que les constructions usuelles. Ils sont toutefois encore rares et il est regrettable que l'on ose encore construire autre chose !

De nombreux exemples montrent qu'une forte consommation d'énergie ne va pas forcément de pair avec un confort élevé. Au contraire, la plupart des bâtiments à forte consommation sont inconfortables, et de nombreux bâtiments à basse consommation offrent un environnement intérieur de très bonne qualité.

2.3.3 Energie et bien-être

Il faut de l'énergie pour assurer le climat intérieur en toute saison. Si on en manque, c'est inconfortable; mais si on en consomme beaucoup, est-ce plus confortable pour autant? Y a-t-il synergie ou antinomie entre la consommation d'énergie et le confort ou le bien-être ?

Une journée d'absence (environ Fr. 400.–) coûte de deux à huit fois plus cher que le coût annuel du chauffage de la place de travail (environ Fr. 50.– à Fr. 200.–). De ce fait, le maître de l'ouvrage est prêt à acquérir de coûteuses installations de conditionnement et à dépenser de l'énergie pour améliorer les conditions de travail.

L'indice de dépense d'énergie des bâtiments inspectés en Europe varie de 400 à plus de 2000 MJ/m^2. Tous les bâtiments examinés dépassent la valeur limite SIA 380/1 de 350 MJ/m^2 pour l'indice chauffage. Les plus bas indices de dépense d'énergie se trouvent dans des bâtiments à ventilation naturelle et les plus hauts dans des bâtiments climatisés. Toutefois, les mesures effectuées ne montrent pas de différence significative globale de consommation d'énergie selon les systèmes de ventilation (naturelle, mécanique, climatisation), car il existe des immeubles à ventilation naturelle à forte consommation et des bâtiments climatisés à basse consommation (fig. 2.16).

A isolation et aération égales, l'indice de dépense d'énergie pour le chauffage est proportionnel à la rigueur du climat, exprimée par les degrés-jours de chauffage. En fait, aucune corrélation significative n'a été trouvée entre la consommation d'énergie et le débit d'air, la température ou le climat (fig. 2.16, fig. 2.17, fig. 2.18). La consommation d'énergie dépend donc plus de la manière dont sont construits et exploités les bâtiments que des climats extérieur ou intérieur.

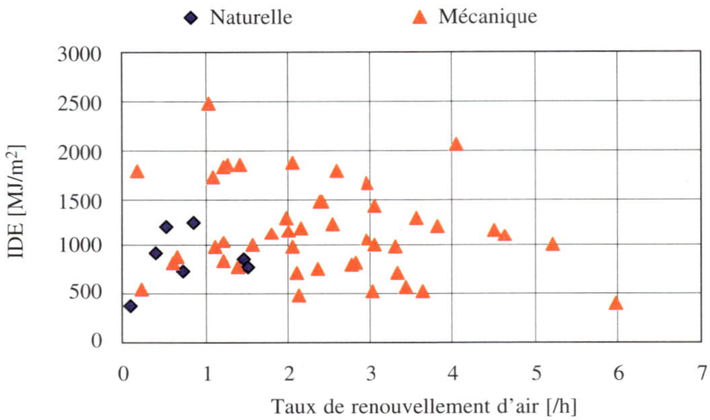

Fig. 2.16 Indice de dépense d'énergie en fonction du taux de renouvellement d'air mesuré dans chaque bâtiment. Les deux classes correspondent aux bâtiments à ventilation naturelle et mécanique.

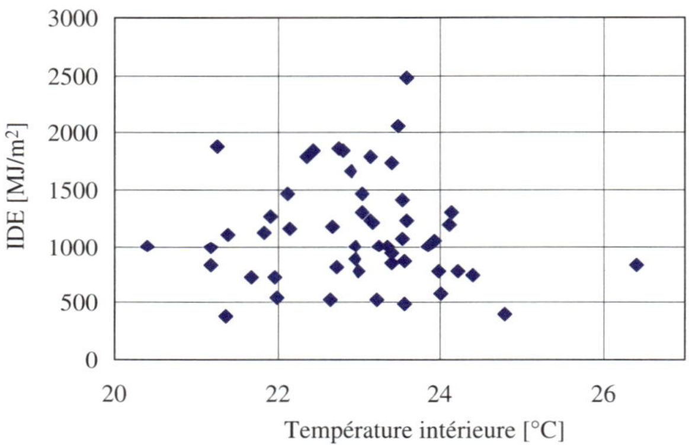

Fig. 2.17 Indice de dépense d'énergie en fonction de la température intérieure.

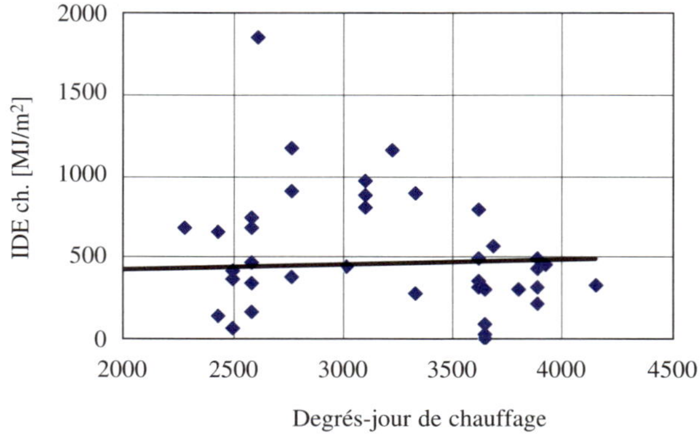

Fig. 2.18 Indice de dépense d'énergie (combustibles seulement) en fonction des degrés-jours de chauffage (rigueur du climat hivernal.

En principe, on dépense de l'énergie pour améliorer le climat intérieur et les conditions de travail. Comme le montre la figure 2.19, le résultat obtenu dans 56 bâtiments examinés en Europe est décevant: il y a une corrélation significative positive entre l'indice de dépense d'énergie et le nombre de symptômes ressentis; donc plus on consomme d'énergie, moins les occupants se sentent bien!

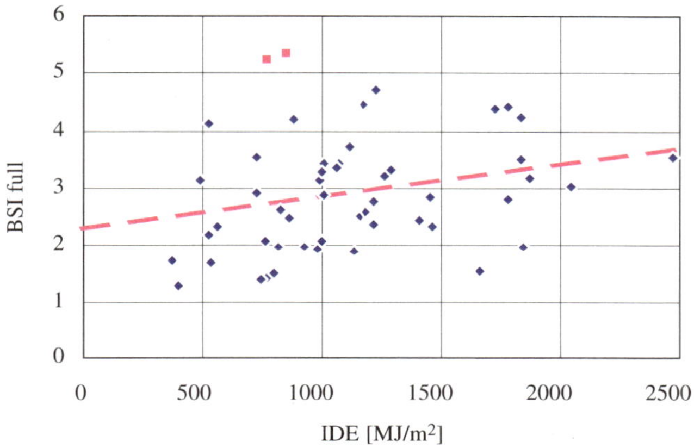

Fig. 2.19 Relation entre le BSI et l'indice de dépense d'énergie. En principe, on dépense de l'énergie pour améliorer le climat intérieur et les conditions de travail…

2.3.4 Pourquoi ce manque de cohérence?

Nous savons que la consommation d'énergie de chauffage devrait augmenter avec la température intérieure, la rigueur du climat hivernal et le débit d'aération. Par ailleurs, beaucoup d'énergie est dépensée pour améliorer le confort intérieur. Or les observations faites en Europe montrent que d'une part le BSI est plus élevé dans les bâtiments à forte consommation d'énergie, et que d'autre part cette consommation est sans relation avec la température intérieure, la rigueur du climat hivernal et le débit d'aération.

Une première explication est que la manière dont le bâtiment est construit et exploité a plus d'influence sur la consommation d'énergie que les climats intérieur et extérieur, et la campagne de mesure a examiné des bâtiments de tous types, du moins bien au mieux isolé, du plus bâclé au mieux conçu.

Une deuxième explication tient à l'inconfort et aux malaises qui peuvent résulter non seulement d'une température inconfortable, mais aussi d'une humidité ou au contraire d'une sécheresse excessive, d'un éclairage inadéquat ou d'un bruit excessif. D'autres facteurs peuvent influer le confort. En particulier le stress, qui provient généralement d'insatisfaction au travail, d'une trop haute densité d'occupation, de manque de sphère privée et de contrôle sur l'environnement peut avoir de l'influence sur la santé des occupants. Enfin, la pollution intérieure qui résulte de mauvais entretien, d'humidité excessive et/ou d'une aération insuffisante peut causer des affections morbides.

Le résultat illustré dans la figure 2.19 n'est en fait pas surprenant: on peut s'attendre à ce qu'un bâtiment mal conçu et médiocrement exploité soit moins sain et consomme plus d'énergie qu'un bâtiment bien conçu et exploité avec compétence. Il est aussi possible que l'on cherche à compenser les plaintes exprimées dans les bâtiments à problèmes en augmentant la température de chauffage, ce qui augmente la consommation.

2.3.5 Comment améliorer le bien-être?

Un des objectifs des professionnels du bâtiment et des occupants est de limiter autant que possible les causes de malaise. En fait, dans l'idéal, le bâtiment devrait être non seulement salubre, mais encore parfaitement sain, offrant du bien-être à ses occupants.

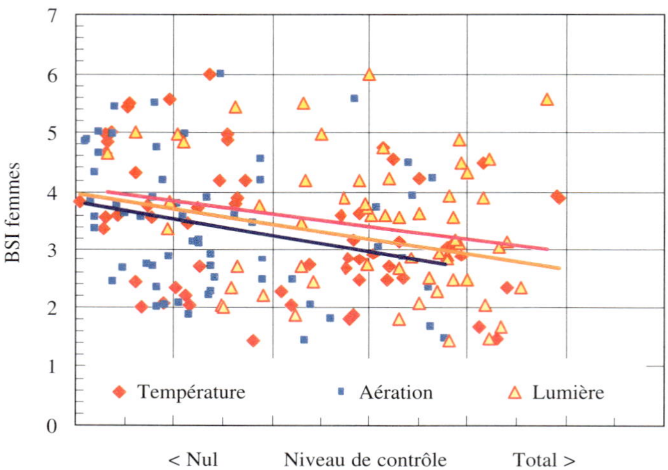

Fig. 2.20 Le BSI diminue lorsque les occupants ont l'impression de contrôler leur environnement. Le niveau de contrôle représente l'opinion des occupants relative à l'impression de contrôler leur environnement.

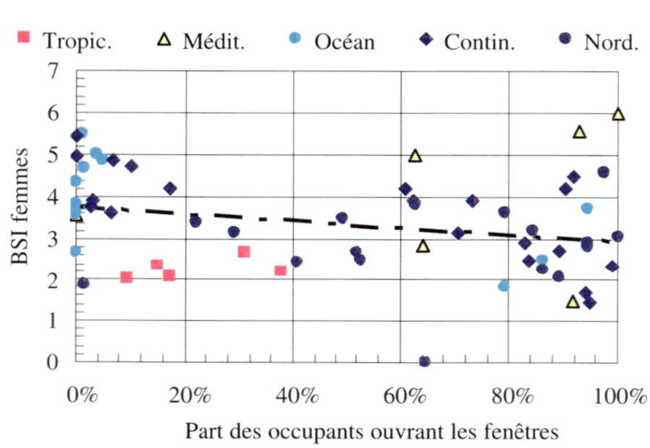

Fig. 2.21 Le BSI diminue légèrement lorsque les occupants ont la possibilité d'ouvrir les fenêtres. C'est d'ailleurs une forme de contrôle sur l'environnement. La pente serait plus forte si on ne tenait pas compte des bâtiments situés en pleine ville d'Athènes.

Les occupants ont rarement la possibilité d'agir sur leur environnement de travail (température, aération, ouverture des fenêtres, etc.), et ceci est ressenti négativement (fig. 2.20). Une amélioration de cette situation permettrait de diminuer le nombre relativement élevé de symptômes liés au lieu de travail qui ont été observés.

Dans des bâtiments de bureau examinés, on a observé une relation significative entre le pourcentage des occupants déclarant ouvrir la fenêtre et le nombre moyen de symptômes ressentis par ces mêmes occupants: moins les occupants ouvrent les fenêtres, plus ils ressentent de symptômes (fig. 2.21).

Il faut probablement interpréter ce résultat de manière plus prudente, à savoir: les occupants acceptent difficilement de ne pas avoir la possibilité d'ouvrir la fenêtre. Ils expriment consciemment ou inconsciemment ce mécontentement en ressentant des symptômes du syndrome du bâtiment malsain.

Le BSI augmente avec le nombre de personnes par bureau (fig. 2.22). Les bureaux paysagers semblent moins bien acceptés par les occupants que les bureaux individuels.

Dans la figure 2.23, les bâtiments sont séparés en deux groupes: 45 bâtiments avec, en moyenne, moins de 6 personnes par bureau, et 11 bâtiments avec plus de

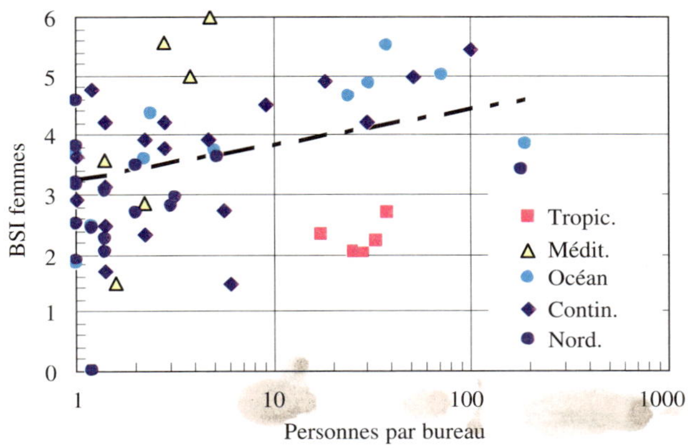

Fig. 2.22 BSI en fonction du nombre de personnes par bureau.

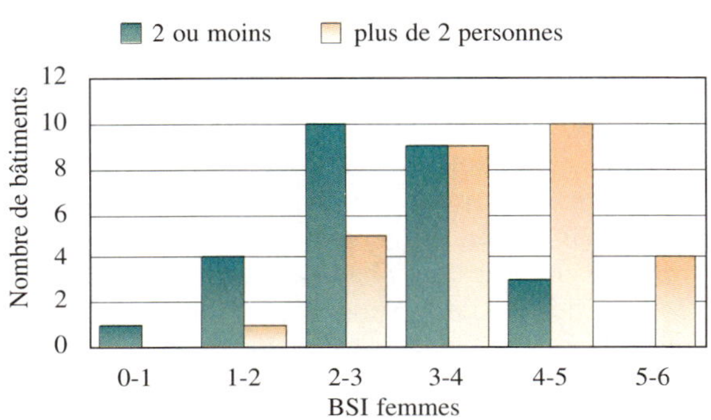

Fig. 2.23 Distribution du BSI dans les bureaux «individuels» et groupés ou paysagers.

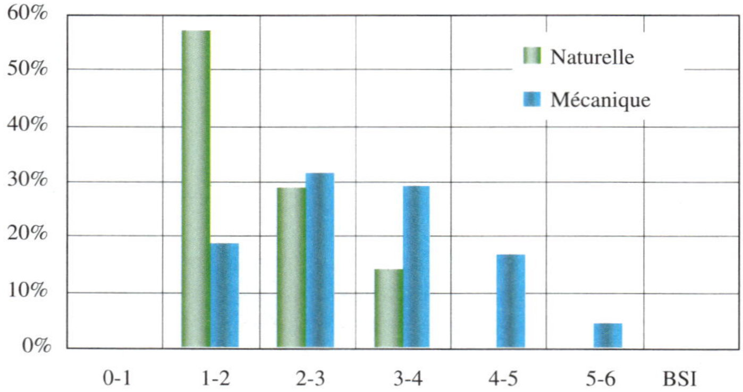

Fig. 2.24 BSI des occupants aérés par ventilation mécanique ou naturelle.

6 personnes par pièce. (Le nombre 6 est arbitraire, et les résultats changent peu si on passe de 4 à 8.) Le BSI est en moyenne plus élevé dans les bureaux paysagers que dans les bureaux individuels (ou à faible occupation). La probabilité que la différence soit due au hasard est nettement inférieure à un pour mille!

Quoique les BSI les plus élevés soient observés dans les bâtiments à ventilation mécanique (systèmes à air pulsé seulement ou à double flux), les BSI bas s'observent également dans les deux types de bâtiments (fig. 2.24). Il est donc possible d'assurer la santé des habitants avec les deux systèmes de ventilation.

2.4 RÉSUMÉ

Le syndrome du bâtiment malsain ou SBS est un ensemble de symptômes atypiques qui augmentent lorsque la personne est dans le bâtiment, mais que ne peuvent pas être attribués à une cause particulière. Actuellement trop d'occupants souffrent d'un ou plusieurs de symptômes du SBS: certains bâtiments rendent malades les plus sensibles de leurs occupants. Ce fait semble peu dépendant du climat et du pourcentage de fumeurs dans le bâtiment.

De l'énergie est utilisée dans les bâtiments pour améliorer le confort (chauffer, refroidir, ventiler, éclairer) et assurer diverses autres prestations (transports, communications, production, etc.). La consommation spécifique (par exemple l'indice de dépense d'énergie) varie fortement d'un bâtiment à l'autre, même à prestations équivalentes, mais les bâtiments les plus énergétivores ne sont ni les plus sains, ni les plus confortables, et on trouve des bâtiments sains et jugés confortables parmi les plus bas consommateurs. D'autre part, l'absence de corrélation significative entre la consommation d'énergie et plusieurs facteurs qui devraient la faire varier (climat, débit d'air) montre que d'autres facteurs propres au bâtiment dominent: ce sont l'isolation thermique, le contrôle et l'efficacité de la ventilation, le rendement des installations de chauffage et de climatisation. Ces facteurs peuvent être améliorés sans nuire au bien-être de l'occupant, et souvent en améliorant ce bien-être.

Le climat et la consommation d'énergie ne semblent donc pas avoir un grand effet sur le SBS. Par contre, certains bâtiments sont clairement plus sains que d'autres, ce qui permet de proposer les recommandations suivantes pour améliorer le bien-être des habitants.

- Assurer la qualité d'air requise, notamment en choisissant des matériaux de construction et de revêtement intérieurs propres, en évitant de polluer l'air intérieur par les activités qui s'y déroulent (machines, produits utilisés) et en assurant le débit d'air neuf et propre nécessaire.
- Eviter les bureaux paysagers et de préférer les bureaux cellulaires pour 1 à 4 personnes.
- Utiliser la ventilation naturelle, éventuellement hybride, en adoptant une architecture qui permette ce type de ventilation (chap. 6).
- Donner aux occupants la possibilité de contrôler leur environnement (thermostats, éclairage, contrôle individuel de la ventilation, ouverture des fenêtres). Guillemin (2003) a montré qu'un contrôleur automatique qui s'adapte aux souhaits des occupants est rapidement adopté, augmente leur confort et leur satisfaction tout en réduisant la consommation d'énergie.

L'amélioration de l'environnement intérieur et du bien-être des usagers diminue l'absentéisme et augmente la productivité. Selon Ph. Bluyssen[2], les économies potentielles en Europe qui pourraient résulter d'une amélioration de la qualité des ambiances sont les suivantes (en milliards d'euros ou G€):

- Réduction du nombre d'allergies, notamment l'asthme: de 3 à 6 G€.
- Réduction du nombre de symptômes du syndrome du bâtiment malsain: de 15 à 45 G€.
- Augmentation de la productivité: de 30 à 240 G€.
- Prévention des dommages dans les bâtiment et diminution des réparations: de 10 à 20 G€.

2.5 BIBLIOGRAPHIE

Bluyssen P.M., Cox C., *et al.* (2003). *European Project HOPE (Health Optimisation Protocol For Energy-Efficient Buildings)*. Healthy Buildings, Singapore.

Bluyssen P.M., De Oliveira Fernandes E., *et al.* (1995). *European Audit Project to Optimise Indoor Air Quality and Energy Consumption in Office Buildings*. Final report of Contract Jou2-CT92-022. Delft (NL), TNO Bouw.

Bluyssen P.M., De Oliveira Fernandes E., *et al.* (1995). *European Audit Study in 56 Office Buildings: Conclusions and Recommendations*. Healthy Buildings '95, Milano.

Guillemin A. (2003). *Using Genetic Algorithms to Take into Account User Wishes in an Advanced Building Control System*. ENAC. Lausanne, EPFL: 185.

Sekhar S.C., Tham K.W., *et al.* (1998). *Integrated Indoor Air Quality and Energy Audits and Targets of Commercial Air-Conditioned Buildings in Singapore*. Singapore, School of Design and Environment, National University of Singapore.

SIA (1982). SIA 180/4 L'indice de dépense d'énergie. Zurich, SIA.

SIA (2001). SIA 380/1: L'énergie thermique dans le bâtiment. Zurich, SIA.

[2] Communication à la conférence EPIC 2002, Lyon.

CHAPITRE 3

EFFETS DE DIVERS POLLUANTS ET MICROORGANISMES

3.1 INTRODUCTION

Le bâtiment peut présenter des risques pour la santé, notamment en étant source ou en contenant divers polluants et microorganismes. En effet, les sources de risque pour la santé y sont nombreuses et variées: contaminants biologiques, pollution de l'air, bruit... Les niveaux des facteurs de risque sont parfois bien plus élevés que dans le milieu extérieur: monoxyde de carbone, fumée de tabac de l'environnement, radon, etc. De plus, il peut y avoir une synergie des effets lorsque plusieurs polluants sont en présence.

Quant à la durée d'exposition, elle est dans l'essentiel des cas bien supérieure au temps passé à l'extérieur: les gens passent en moyenne 80% de leur temps dans des bâtiments, et ce taux est encore plus élevé chez les populations les plus fragiles: jeunes enfants, personnes âgées, malades.

La maison, c'est l'abri, le refuge. Ce doit être un lieu de confort et non de danger. Une habitation saine et sans risque est un facteur fondamental pour la santé et le bien-être de ses occupants.

Dans ce chapitre, nous allons passer en revue les effets des principaux polluants et microorganismes présents dans les bâtiments. L'objectif est de prendre connaissance des sources possibles afin de les éviter, notamment en adoptant des mesures constructives adéquates.

Les informations rassemblées dans ce chapitre ont été recueillies principalement dans quelques ouvrages (Maroni, Seifert *et al.* 1995; Moffat 1997; Spengler, Samet *et al.* 2000) et dans les sites web dont l'adresse est donnée dans la bibliographie. D'autres informations sur les effets du logement sur la santé se trouvent dans (Déoux, 2004), écrit par deux médecins.

3.2 POLLUANTS CHIMIQUES

Les produits chimiques de synthèse font partie de notre environnement. Nous les trouvons tout aussi bien dans notre nourriture que dans l'air que nous respirons et l'eau que nous buvons. Emis par les matériaux de construction, le mobilier, les produits d'entretien et lors de nos différentes activités de bricolage, ils participent largement à la pollution de l'air intérieur de nos maisons. Les effets de cette pollution sont nombreux et vont de la simple stimulation sensorielle à des effets beaucoup plus graves qui peuvent toucher aussi bien le système respiratoire que le système nerveux ou le système gastro-intestinal. Certains polluants chimiques sont classés dans la catégorie des substances cancérigènes. Si on connaît la toxicité de la plupart de ces polluants pris individuellement, on ne connaît pratiquement rien de leur toxicité quand ils sont mélangés et à de faibles concentrations comme ils se présentent le plus souvent dans l'air intérieur de nos maisons. L'évaluation du risque et des effets de ces mélanges complexes est dans ce cas beaucoup plus délicate.

3.2.1 Concentrations : définitions

La concentration est toujours le rapport de la quantité de composé à la quantité du mélange contenant le composé. Les quantités peuvent s'exprimer en masse (concentrations massiques), en nombre molécules (concentrations molaires), en volumes (concentrations volumiques) ou mixtes (masse de composé par unité de volume d'air par exemple).

Une mole d'un quelconque composé chimique contient $N_{av} = 6{,}02486 \cdot 10^{23}$ molécules (***nombre d'Avogadro***) et a une masse de M grammes, M étant la somme de tous les poids atomiques des éléments constituant la molécule. Par exemple la molécule d'azote de l'air, N_2, contient deux atomes d'azote, dont le poids atomique est 14. Elle a donc un poids moléculaire de $2 \times 14 = 28$ g.

Les concentrations de polluants divers dans l'air s'expriment en général soit en concentration volumique C_V, soit en masse v de composé par mètre cube d'air. Ces deux quantités ne sont pas égales, leur rapport dépendant de la masse molaire du composé, ainsi que de la température et de la pression atmosphérique. Elles sont liées par la relation :

$$v = \frac{M\ p_a}{R\,T} C_V \qquad (3.1)$$

où :

R est la constante des gaz parfaits (8,31696 J/mole K),
M la masse moléculaire du composé chimique considéré,
p_a est la pression atmosphérique (101300 Pa au niveau de la mer),
T est la température absolue (K) de l'air.

Le rapport p_a/RT vaut 44,6151 mole/m³ à 0°C et au niveau de la mer (pression normale).

La concentration volumique est exprimée de plusieurs manière données dans le tableau 3.1.

Tableau 3.1 Expressions de la concentration volumique.

Part	–	Rapport en m^3/m^3
Pour cent	%	0,01
Pour mille	‰	0,001
Part par million	ppm	0,000001
Part par milliard	ppb	0,000000001

Une part par million (ppm) correspond à un centimètre cube de composé par mètre cube d'air.

La concentration en masse par mètre cube d'air peut aussi s'exprimer de plusieurs manière (tab. 3.2).

Tableau 3.2 Expressions de la concentration massique.

Unité de masse	Concentration	Rapport au kg/m^3
kilogramme	kg/m^3	1
gramme	g/m^3	0,001
milligramme	mg/m^3	0,000001
microgramme	µg/m^3	0,000000001

3.2.2 Concentrations limites ou acceptables

Une des premières questions que l'on se pose en face d'un risque est «quel est le risque tolérable?». En cas de pollution ceci revient à définir une concentration maximale tolérable. Précisons de suite que cette limite peut varier suivant les circonstances. La limite s'applique-t-elle à des personnes saines ou sensibles? A des adultes ou à toute la population? A des employés exposés pour des raisons professionnelles pendant une durée limitée (par ex. 8 h/jour) ou à des habitants exposés en permanence? Cette limite dépend aussi du contexte culturel: certains polluants très toxiques, comme la fumée du tabac, sont acceptés par une grande partie de la population, alors que d'autres, dont la toxicité n'est pas aussi évidente, ne sont pas tolérés du tout.

Deux principes différents sont appliqués pour déterminer ces limites tolérables, qui dépendent des effets des polluants sur l'organisme ou sur l'environnement:

1. Les effets de certains polluants sont (ou sont supposés être) proportionnels à la concentration: plus celle-ci est élevée, plus grand sera le nombre de cas pathologiques dans une population ou le risque pour un individu de souffrir de cette pollution. C'est par exemple le cas de la radioactivité. On applique alors le principe «aussi peu que raisonnablement possible» (en anglais «ALARA» pour *As Low As Reasonably Achievable*). Pour chiffrer ce qui est raisonnablement acceptable, l'Organisation Mondiale de la Santé a défini le ***risque unité***, comme étant la probabilité d'observer un cas pathologique (par ex. un cancer supplémentaire) pour une exposition unité (par ex. 1 Bq/m^3 ou 1 mg/m^3) pendant toute une durée de vie.
2. Les effets d'autres polluants se réparent en dessous d'une certaine concentration ou d'une certaine exposition (concentration intégrée sur la durée d'exposition). C'est par exemple le cas du monoxyde de carbone, dont les effets sont réparés par l'organisme en dessous d'un certain seuil. Dans ce cas, la limite acceptable est bien évidemment liée à ce seuil, généralement avec une marge de sécurité.

3.2.3 Odeurs

Système olfactif[1]

Apparemment, notre perception olfactive fait bien pâle figure à côté de celle de certains insectes ou d'autres mammifères. Et ce n'est pas la différence de taille de la

[1] Une grande partie du texte de ce paragraphe est dû à la plume de Marie-Cécile Pibiri.

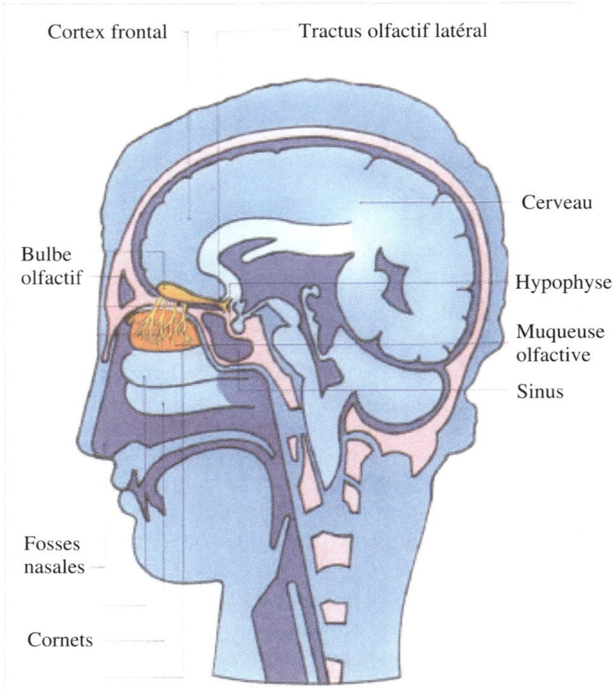

Fig. 3.1 Le système olfactif[2].

muqueuse olfactive d'un humain (5 cm²) et d'un félin (jusqu'à 170 cm²) qui le contredira ! Ce sens n'est plus indispensable à notre survie. Il ne contribue plus à la pérennité de l'espèce et ne régit plus nos comportements comme ce fut le cas pendant une longue période de notre histoire. Et pourtant nous sommes capables :

- de distinguer environ 10 000 odeurs différentes à des concentrations de quelques ppm ou même ppb ;
- d'en reconnaître 2000 ;
- d'en mémoriser 200 (gamme de travail d'un parfumeur).

Même si nous en sommes la plupart du temps inconscients, certaines odeurs peuvent déclencher des stimulations hormonales qui contrôlent l'appétit, le désir sexuel, la température du corps et aussi certaines fonctions supérieures du cerveau, le comportement émotionnel, la pensée, les souvenirs.

Le nez (fig. 3.1) ne nous sert pas qu'à sentir. C'est aussi et surtout l'unité de traitement d'air du corps qui garantit un air propre et exempt de germes dans notre espace ventilé, les poumons. Poussières, bactéries et autres polluants sont projetés sur la muqueuse olfactive. Ils sont ensuite refoulés vers le fond de la gorge sous l'effet de l'ondulation d'un tapis de cellules ciliées avant d'être dénaturés par l'acide gastrique lorsque le mucus est avalé.

[2] Image du laboratoire de Neurosciences & Systèmes Sensoriels, Université Claude Bernard, Lyon.

L'air que nous respirons au débit moyen de 0,250 l/sec pénètre dans l'appareil olfactif par le nez et les cavités formées par les narines ou fosses nasales.

Une odeur est d'abord détectée sur la muqueuse olfactive (épithélium olfactif) située au sommet de chaque fosse nasale par un tapis de récepteurs en forme de cils. Ces récepteurs au nombre de 50 millions sont connectés à des fibres nerveuses attachées aux bulbes olfactifs situés à la surface du cerveau. Ces fibres sont les seules cellules nerveuses du corps en contact avec l'air. Contrairement aux autres neurones, elles se renouvellent continuellement.

Le sens de l'odorat dépend de trois phénomènes intimement liés: la réception, la transmission et la perception d'un signal. Le message olfactif est directement transmis des récepteurs au système limbique, cette partie subconsciente du cerveau qui renferme la mémoire et les émotions.

Odeurs

Les odeurs sont des mélanges chimiques complexes et bien sûr volatils. Généralement ce sont des composés polaires susceptibles d'interagir avec la membrane olfactive. Leur masse moléculaire dépasse rarement 300 g/mole. Certaines structures chimiques sont systématiquement odorantes, comme certains composés benzéniques appelés «aromatiques». Mais les odeurs sont bien trop nombreuses et trop diversifiées pour être répertoriées selon leur structure chimique. Deux professions, la parfumerie et l'œnologie, utilisent une classification très précise, mais exclusivement descriptive.

Les odeurs se distinguent des autres sensations par les réactions à caractère hédoniste et émotionnel qu'elles provoquent. Une odeur plaisante sera souvent associée à quelque chose de positif et de confortable. En revanche, une odeur déplaisante sera qualifiée de «mauvaise odeur» et sera susceptible d'avoir, au-delà de la notion d'inconfort, un effet négatif sur la santé.

Tableau 3.3 Toxicité et seuil olfactif pour quelques composés chimiques (Cong 2001).

Composé	Seuil olfactif (ppm)	VME[3] (ppm)
Benzène	60	1
Ammoniaque	50	25
Toluène	2	50
Formaldéhyde	1	0,3
Naphtalène	0,3	10
Méthylamine	0,02	10
Acétaldéhyde	0,0001	50
Methylmercaptan	0,00002	0,5

La limite de bonnes ou mauvaises odeurs n'est pas si simple. En effet, certaines substances toxiques dégagent une odeur très forte (sulfure d'hydrogène), certaines sont indécelables et d'autres sont tout à fait supportables et même agréables. Pour la

[3] La VME (valeur moyenne d'exposition) est une limite calculée pour les expositions professionnelles, 8 h/j.

majorité des composés organiques volatils (COV), le seuil de toxicité est 10 à 10^6 fois plus élevé que le seuil de détection. Le nez fait office de signal de détresse. Toutefois, si notre nez nous avertit de nombreuses pollutions chimiques, il n'est pas infaillible, comme le montre le tableau 3.3.

Les composés comme le benzène, l'ammoniaque et le formaldéhyde sont détectés par notre nez lorsque la concentration dépasse la valeur admissible. D'autre part, le nez ne détecte pas du tout certains gaz très toxiques comme le monoxyde de carbone ou le radon. C'est pourquoi il faut éviter qu'il y ait de sources de contamination – en particulier pour les polluants inodores – dans les bâtiments occupés.

3.2.4 Quantification des odeurs

A l'heure actuelle, rien ne remplace le nez pour qualifier et même quantifier les odeurs. Une méthode consiste à mesurer la dilution nécessaire pour rendre deux odeurs également perceptibles, ou une odeur totalement imperceptible. Il faut savoir que la relation entre l'intensité perçue et la concentration du composé odorant est non linéaire et différente pour chaque composé.

Une autre (Fanger 1988) consiste à déterminer le pourcentage des personnes incommodées par une odeur à une concentration donnée, et à comparer ce pourcentage à celui obtenu par les odeurs corporelles. Fanger a ainsi défini l'*olf* comme la quantité d'odeurs corporelles émises par un individu moyen, se lavant pratiquement chaque jour et changeant de linge régulièrement. Le *pol* est la concentration en odeurs corporelles résultant d'une émission permanente d'un olf dans un débit de 1 l/s d'air pur.

Le pourcentage d'insatisfaits (PD) de l'odeur de l'air parmi les personnes entrant dans un local est lié à la concentration en odeurs corporelles dans ce local par la relation illustrée dans la figure 3.2.

Pour éviter de dépasser 10% d'insatisfaits parmi les visiteurs, il convient donc d'assurer un débit d'au moins 16 litres par seconde et par olf ou 60 mètre cube par heure et par olf. Par contre, un débit de 4 litres par seconde et par personne ou 15 mètres cube par heure et par personne suffit souvent à garantir une bonne hygiène de l'air, surtout s'il n'y a pas d'autre source de pollution que les occupants. Tant que

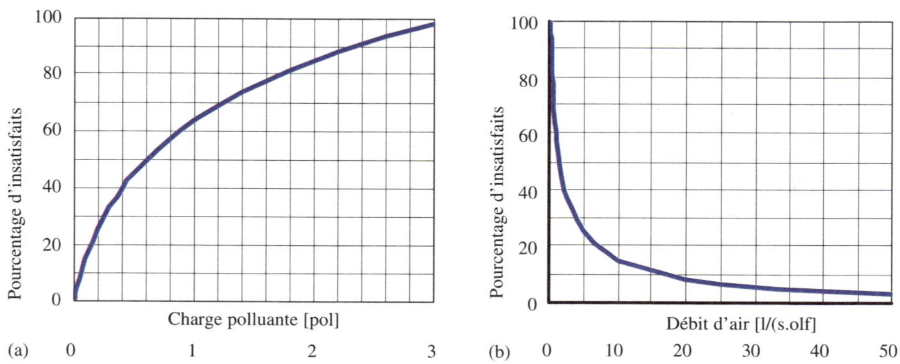

Fig. 3.2 Pourcentage d'insatisfaits de la qualité de l'air dans une population entrant dans un local, en fonction de sa charge polluante (a) et du débit d'air spécifique (par olf) (b).

la pollution olfactive provient des occupants et reste à un niveau acceptable, elle n'est pas dangereuse pour la santé.

Notons que:

- les odeurs désagréables peuvent provenir d'autres sources que les personnes: mobilier, matériaux de construction, cuisine, fumeurs, etc. Pour quantifier ces odeurs, on admet qu'un pol dû à ces odeurs est équivalent à un pol provenant d'une personne, et que l'on peut ajouter ces concentrations. Cette hypothèse d'additivité reste discutable.
- Ceci étant admis, il apparaît qu'un fumeur représente en moyenne une source d'odeurs désagréables correspondant à 6 olf, et cette intensité monte à 25 olf pendant qu'il fume.

3.2.5 Dioxyde de carbone

Le dioxyde de carbone ou CO_2 est un gaz incolore et inodore, résultat de la combustion complète du carbone et de composés organiques. Produit du métabolisme aérobie, il n'est pas très toxique en concentrations usuellement observées.

Formule chimique:	CO_2	Poids moléculaire:	44 g/mole
A 25°C et 1013 mbar:	1 ppm correspond à 1,80 mg de CO_2/m^3		
	1 mg/m^3 correspond à 0,56 ppm		

Sources de CO_2

Toute combustion de composés contenant du carbone produit du CO2, en particulier le métabolisme aérobie. Une personne produit environ 15 litres de gaz carbonique par heure au repos. Cette production est comprise entre 20 et 40 l/h en activité. Il faut compter un dégagement de CO_2 d'environ 20 l/h et par occupant pour une activité de bureau.

Tout combustible contenant du carbone produit du CO_2 lorsqu'il brûle. Chaque gramme de carbone brûlé produit 1,9 l de CO_2. La combustion du gaz (cuisson) produit environ 100 litres de gaz carbonique par kilowattheure de chaleur fournie. Ainsi, un brûleur de cuisine de 1,8 kW produit 180 litres de gaz carbonique par heure.

Effets du CO_2 sur la santé

Le tableau 3.4 montre les effets observés pour diverses concentrations. Aucun effet notable n'est observé aux concentrations usuelles (moins de 2000 ppm ou 0,2%). Notons qu'une concentration de 1% correspond à 10 000 ppm!

Tableau 3.4 Concentrations en CO2 correspondant à diverses observations.

Concentration	Observation
0,5%	Léthargie
1,5%	Respiration plus rapide et difficile
3%	Maux de tête, confusion, nausée
6-8%	Stupeur, puis décès

Concentrations en CO_2

La concentration extérieure augmente continûment, quoique avec une petite oscillation saisonnière (fig. 3.3).

En pleine nature, cette concentration est actuellement de 370 ppm environ. Elle peut monter à 500, voire 700 ppm en ville. Une grande partie de l'augmentation de la concentration de gaz carbonique extérieure est due à l'activité humaine, notamment à l'utilisation des combustibles fossiles.

Le CO_2, facile à mesurer par absorption infrarouge, est souvent utilisé comme indicateur de la pollution provenant des occupants, qui sont souvent la source principale de CO_2 dans les bâtiments. Fanger a notamment publié une relation entre le pourcentage de personnes entrant dans l'espace occupé, incommodées par les odeurs, et la concentration en CO_2 (fig. 3.4) (Fanger 1988). Notons la ressemblance de cette figure avec la figure 3.2(a).

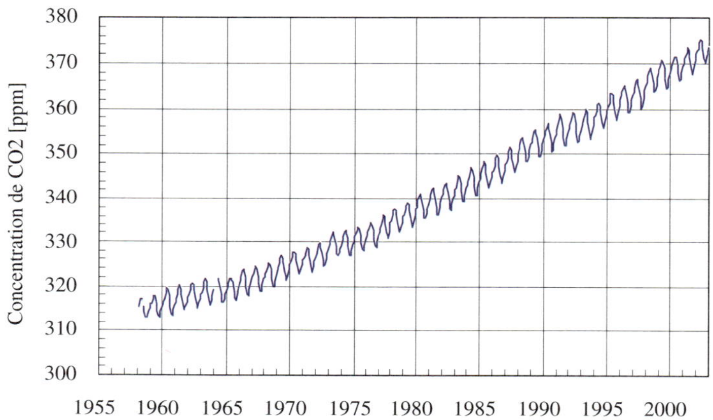

Fig. 3.3 Concentration de gaz carbonique à l'observatoire du Mauna Loa, Hawai (Keeling and Whorf 2003).

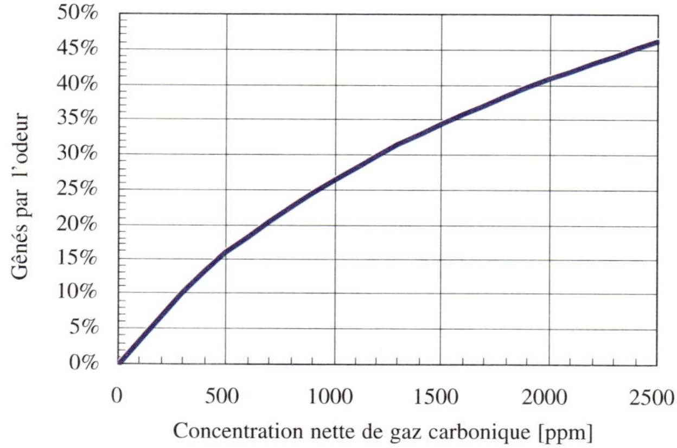

Fig. 3.4 Pourcentage des personnes qui, entrant dans une pièce occupée, sont incommodées par les odeurs qui y règnent, en fonction de la concentration en gaz carbonique. Dans le cas présent, les occupants sont les seules sources d'odeurs et de gaz carbonique.

3.2.6 Monoxyde de carbone

Le CO est un gaz toxique inodore, incolore et insipide. Il résulte de la combustion incomplète d'un corps carbonisé (bois, charbon, pétrole ou gaz). Le CO se mêle à l'air que nous respirons et pénètre dans les poumons, puis dans le sang où il se combine à l'hémoglobine. Il perturbe alors le transport de l'oxygène dont nos cellules ont besoin pour fonctionner. L'intoxication au CO est une cause fréquente de mort toxique accidentelle.

Formule chimique:	CO	Poids moléculaire:	28 g/mole
A 25°C et 1013 mbar:	1 ppm correspond à 1,15 mg de CO/m^3		
	1 mg/m^3 correspond à 0,87 ppm		

Sources de CO

- les appareils de production d'eau chaude: chauffe-eau et chauffe-bains à bois ou à gaz;
- les poêles à charbon qui peuvent provoquer un refoulement des gaz de combustion dans la pièce;
- les appareils de chauffage mobiles: poêles à pétrole, radiateurs à bonbonne;
- les gaz d'échappement des véhicules, surtout en absence de catalyseur d'échappement, et lorsque le moteur de la voiture tourne dans le garage ou lorsque les garages sont sous le bâtiments;
- les incendies.

Effets du CO sur la santé

En cas d'intoxication aiguë au CO, les symptômes sont les suivants:

- maux de tête, vertiges, fatigues, nausées, vomissements (pas de diarrhée), faiblesse musculaire, perte de connaissance;
- douleurs dans la poitrine, anomalies de l'électrocardiogramme;
- confusion mentale;
- coma profond pouvant entraîner la mort.

Pour les personnes exposées chroniquement à de faibles quantités de CO:

- symptômes assez vagues: maux de tête, lourdeurs d'estomac, palpitations, faiblesses musculaires, difficultés de concentration, modifications de l'humeur;
- chez les femmes enceintes, une intoxication au CO est toujours plus grave car le CO s'accumule dans le fœtus; une intoxication peut entraîner la mort du fœtus ou le rendre handicapé.

Concentrations de CO

La concentration extérieure moyenne oscille entre 0,05 et 0,1 ppm. En milieu urbain, la concentration moyenne dépasse rarement 17 ppm, mais on observe des pointes allant jusqu'à 50 ppm. Dans les bâtiments, on trouve en général moins de 6 ppm, mais cette concentration peut souvent atteindre 15 ppm lorsqu'il y a des feux ouverts.

Une exposition à 10 ppm pendant 8 heures par jour est considérée par l'OMS comme une valeur en dessous de laquelle il n'y a pas de risque pour la santé (WHO 2000). Des concentrations plus élevées sont tolérables pendant de courtes durées, par exemple 100 ppm pendant 15 minutes.

Une concentration de 1200 ppm est considérée comme létale.

Conduite à respecter

- Veiller au respect des normes d'installation et à l'entretien régulier des appareils et des conduits de cheminée:
  - ramonage annuel;
  - vérification de l'état de l'orifice de sortie;
  - vérification de l'étanchéité du conduit;
  - vérification de la qualité du tirage.
- Veiller à la bonne aération des locaux disposant d'appareils de production d'eau chaude et tout autre appareil de combustion. Pour que la combustion soit complète, il faut qu'il y ait suffisamment d'oxygène dans la pièce. Pour brûler 1 m^3 de gaz, il faut 10 m^3 d'air.
- Veiller à ce que l'utilisation de chauffages à gaz, pétrole, bois ou charbon sans canal de cheminée se fasse en toute sécurité, c'est-à-dire pendant une période limitée dans des locaux suffisamment aérés.
- En cas d'intoxication ou si on suspecte un appareil:
  - ouvrir portes et fenêtres,
  - arrêter l'appareil en cause,
  - sortir la victime du local,
  - appeler un médecin ou le numéro de téléphone d'urgences.

3.2.7 Anhydrides (SO_2, NO_x)

Ces oxydes d'azote et de soufre se combinent à l'eau pour former des acides (acide sulfureux, acide nitreux et nitrique notamment) qui sont de puissants irritants des muqueuses et des voies respiratoires.

Anhydride sulfureux			
Formule chimique:	SO_2	Poids moléculaire:	64 g/mole
A 25°C et 1013 mbar:	1 ppm correspond à 2,62 mg de SO_2/m^3		
	1 mg/m^3 correspond à 0,38 ppm		
Anhydride nitreux			
Formule chimique:	NO	Poids moléculaire:	30 g/mole
A 25°C et 1013 mbar:	1 ppm correspond à 1.22 mg de NO/m^3		
	1 mg/m^3 correspond à 0,82 ppm		
Anhydride nitrique			
Formule chimique:	NO_2	Poids moléculaire:	46 g/mole
A 25°C et 1013 mbar:	1 ppm correspond à 1,88 mg de NO_2/m^3		
	1 mg/m^3 correspond à 0,53 ppm		

Sources d'anhydrides sulfureux et nitriques

L'anhydride sulfureux (SO_2) résulte de la combustion du soufre, notamment des composés soufrés contenus dans le charbon et les hydrocarbures. Les oxydes d'azote (N_2O, NO, NO_2, génériquement désignés par NO_x) résultent de la combinaison de l'azote et de l'oxygène de l'air dans les flammes des brûleurs (par exemple le brûleur à gaz des cuisinières), la combustion du tabac et du bois, et les chambres de combustion des moteurs, notamment des moteurs à explosion. Le N_2O et le NO ont tendance à s'oxyder naturellement en NO_2.

Effets des anhydrides sur la santé

Irritants des voies respiratoires, les anhydrides modifient la fonction pulmonaire, même à basse concentration. Les enfants et les asthmatiques sont plus sensibles. A forte concentration, ils causent une irritation et une toux immédiate.

Concentrations d'anhydrides

L'air extérieur contient entre 25 et 70 $\mu g/m^3$ de NO_2. Des concentrations dépassant 2000 $\mu g/m^3$ de NO_2 ont été mesurées dans des cuisines avec cuisinière à gaz.

Dans la plupart des villes européennes, la concentration annuelle moyenne en SO_2 dans l'air extérieur ne dépasse plus 100 $\mu g/m^3$, mais elle peut atteindre 2000 $\mu g/m^3$ en pointe.

La concentration à l'intérieur des bâtiments est inférieure à la concentration extérieure, à moins que l'on utilise des calorifères sans cheminée. Dans ces cas, on a mesuré des concentrations dépassant 100 $\mu g/m^3$ en moyenne sur deux semaines.

Des effets sur les personnes sensibles (enfants, asthmatiques) ont été observés à partir de 1000 $\mu g/m^3$ de SO_2 et 300 $\mu g/m^3$ de NO_2. L'OMS (WHO 2000) recommande une exposition au NO_2 inférieure à 40 $\mu g/m^3$ (20 ppb) en permanence ou inférieure à 200 $\mu g/m^3$ (0,1 ppm) pendant une heure. Toujours selon la même source, la concentration moyenne de SO_2 ne devrait pas dépasser 50 µg/m3 (20 ppb) sur l'année et 125 µg/m3 (50 ppb) sur 24 heures.

3.2.8 Ozone

L'ozone est un très puissant oxydant. Il se décompose naturellement en oxygène moléculaire (O_2) et natif (O^{-}). L'odeur caractéristique que l'on sent en sa présence et autour des effluves électriques est en fait due à la formation d'oxydes d'azote.

Formule chimique:	O_3	Poids moléculaire:	48 g/mole
A 25°C et 1013 mbar:	1 ppm correspond à 1,96 mg d'ozone/m^3		
	1 mg/m^3 correspond à 0,51 ppm		

Sources d'ozone

Le rayonnement ultraviolet décompose le dioxyde d'azote en azote et oxygène libre, qui se combine avec l'oxygène moléculaire pour produire de l'ozone. Cette réaction augmente la concentration en ozone autour des zones à forte circulation, surtout en été. La présence de radicaux hydroxyle (OH^-) et de composés organiques volatils (COV) dans l'air augmente la concentration d'ozone.

L'effluve électrique produit aussi de l'ozone et des oxydes d'azote à partir de l'azote et de l'oxygène de l'air. Ceci se produit dans les photocopieuses et les imprimantes à laser, dans lesquelles le pigment en poudre est déposé sur le rouleau imprimeur par un fort champ électrique, et sous l'éclairage de lampes à ultraviolet.

Effets de l'ozone sur la santé

L'effet oxydant de l'ozone s'observe principalement sur les voies respiratoires. Des irritations des yeux, du nez, de la gorge, des difficultés respiratoires et de la toux ont été observées suite à des expositions de quelques heures à plus de 200 $\mu g/m^3$.

Concentrations d'ozone

La concentration extérieure moyenne oscille entre 40 et 70 $\mu g/m^3$, mais des pointes dépassant 120 $\mu g/m^3$ sont trop souvent observées. En pointe, en cas de forte pollution par beau temps, elle peut atteindre 350 $\mu g/m^3$ l'après-midi. 120 $\mu g/m^3$ est la concentration maximale recommandée par l'OMS pour une exposition de 8 h par jour (WHO 2000).

L'ozone étant un puissant oxydant, il se détruit rapidement à l'intérieur des bâtiments en oxydant les matériaux. De ce fait, la concentration d'ozone à l'intérieur des bâtiments est presque toujours nettement inférieure à celle de l'extérieur.

3.2.9 Composés organiques volatils (COV)

C'est un ensemble de composés appartenant à différentes familles chimiques dont le point d'ébullition est relativement bas (50 à 250°C). De ce fait, ils ont tendance à s'évaporer et à s'échapper des matériaux qui les contiennent.

Les COV les plus connus sont les hydrocarbures utilisés comme carburants, le formaldéhyde, l'acétone. Les classes de COV principales, telles que définies par l'OMS, se trouvent dans le tableau 3.5 et quelques COV sont représentés dans la figure 3.5.

Tableau 3.5 Liste des principales classes de COV (WHO 2000).

COV	Gammes de concentrations ($\mu g/m^3$)
Hydrocarbures aromatiques	1-80
Aldéhydes (sauf formaldéhyde)	1-40
Cycloalkènes	1-30
Alkanes, alkènes	1-20
Hydrocarbures chlorés	1-10
Alcools	1-2
Cétones	1
Autres: acides, amines, glycols, siloxanes, etc.	< 1

Certains d'entre eux sont pratiquement inoffensifs, alors que d'autres sont très toxiques. De ce fait, la concentration totale des COV (COVT) a peu de sens.

Sources de COV

Les COV sont présents dans de nombreux produits et matériaux à l'intérieur de la maison. Ils peuvent se dégager des matériaux de construction: mousses isolantes, peintures, moquettes, linoléum, vernis, bois des charpentes et des planchers, etc., parfois pendant plusieurs mois, voire quelques années.

Les bombes aérosols (produits insecticides, cosmétiques, cire, etc.), les colles, les produits de nettoyage (détergents, décapants, détachants, diluants, alcool à brûler,

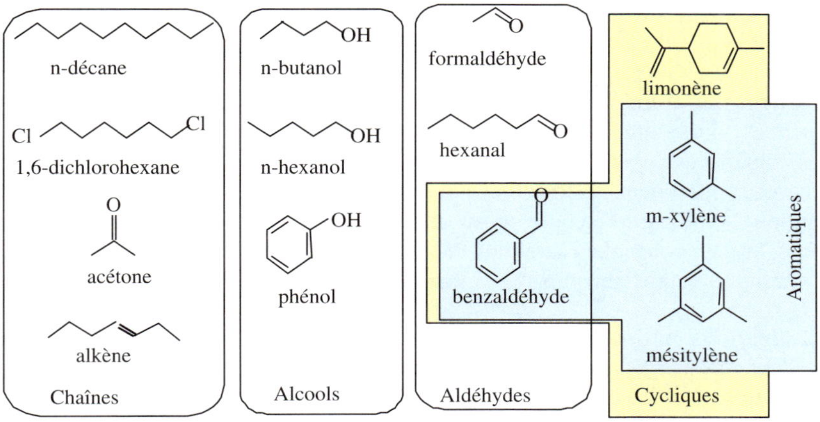

Fig. 3.5 Représentation schématique de quelques COV. Chaque angle et extrémité de segment représente un atome de carbone, à moins qu'il soit noté différemment (O pour oxygène, Cl pour chlore, OH pour groupe hydroxyle).

essence de térébenthine, etc.), constituent des sources ponctuelles de COV. Leur utilisation conduit à une émission instantanée de COV dans l'atmosphère.

Les processus de combustion (feux, cuisson au gaz, tabac) produisent aussi des COV.

3.2.10 Toluène et autres solvants

De nombreux solvants font également partie des Composés Organiques Volatils (COV) qui polluent l'air de nos maisons. Parmi les solvants très toxiques, citons: le white spirit, le trichloréthylène, le perchloréthylène, le monochlorobenzène et le toluène. Le toluène est l'un de ceux que l'on retrouve le plus fréquemment. Il est un hydrocarbure aromatique.

Formule chimique:	$C_6H_5CH_3$	Poids moléculaire:	92 g/mole
A 25°C et 1013 mbar:	1 ppm correspond à 3,17 mg de toluène/m^3		
	1 mg/m^3 correspond à 0,31 ppm		

Sources de toluène

Ces solvants sont émis par les peintures fraîches, les vernis, les vitrifiants, les colles, les encres, les bois traités, etc. On en trouve également dans de nombreux produits d'entretien et de consommation, dans les nettoyants, les décapants, les colles et adhésifs pour tissus muraux et moquettes. Le toluène entre aussi comme solvant dans la composition de certains produits de traitement des bois. L'essence de voiture est un mélange de COV, dont le toluène. Il est donc essentiel que le garage soit bien isolé des autres pièces de la maison (parois et portes de séparation étanches), sinon les vapeurs d'essence et donc le toluène envahissent la zone occupée.

Effets du toluène sur la santé

Les solvants sont toxiques pour le foie, les voies respiratoires, les reins, les yeux, le nez. Ils dégraissent et fragilisent la peau. Ils peuvent provoquer de violentes réactions allergiques et induire des troubles du système nerveux. Certains sont cancérigènes, peuvent porter atteinte au fœtus ou même causer la stérilité.

Le toluène est un toxique du système nerveux. Une exposition chronique au toluène peut provoquer des troubles neurologiques, fatigue, faiblesse générale, perte de mémoire, confusion mentale, maux de tête et nausée. Il peut également, comme le benzène, être responsable d'atteintes hématologiques.

Certains solvants contribuent à la formation d'ozone.

Concentrations en toluène

Les concentrations habituellement rencontrées dans l'air intérieur des habitations sont faibles, de l'ordre de 10 à 40 $\mu g/m^3$. Des concentrations dépassant les 100 $\mu g/m^3$ sont déjà anormales mais peuvent s'expliquer par des travaux récents de peinture et de rénovation, pose de moquette ou de tissus muraux collés, etc.

L'OMS recommande de ne pas dépasser 260 $\mu g/m^3$ pour le toluène, et donne un risque unité pour un cancer de 6 10^{-6} pour 1 mg/m^3 de benzène.

3.2.11 Formaldéhyde

Le formaldéhyde est un composé organique volatil, parfois désigné sous le nom de formaline ou formol. C'est un aldéhyde qui se combine à l'eau pour produire de l'acide formique, qui est le plus fort acide organique connu. Il se distingue des autres composés organiques volatils par le fait qu'il est présent dans de très nombreux produits d'usage courant: mousses isolantes, laques, colles, vernis, encres, résines, papier, produits ménagers, pesticides, etc. Le formaldéhyde est incolore et son odeur piquante est caractéristique.

Lors de l'emménagement, de la finition ou de travaux de rénovation, le taux de formaldéhyde dans la maison peut atteindre des valeurs élevées, qui diminuent lentement dans les mois suivants. Le formaldéhyde peut aussi être émis à partir des matériaux dégradés par la chaleur ou l'humidité.

Formule chimique:	HCOH	Poids moléculaire:	30 g/mole
A 25°C et 1013 mbar:	1 ppm correspond à 1,22 mg de HCOH/m^3		
	1 mg/m^3 correspond à 0,82 ppm		

Sources de formaldéhyde

Certains bois agglomérés et contreplaqués (mobilier, matériaux de construction) en contiennent, et il est également utilisé dans certains médicaments, cosmétiques, et textiles. La mousse isolante urée-formol utilisée pour l'isolation par injection dans les murs et les cloisons peut en dégager de grandes quantités pendant un certain temps. La fumée de tabac contient aussi du formaldéhyde.

Effets du formaldéhyde sur la santé

Le formaldéhyde provoque, même à faible concentration, des irritations et des inflammations des yeux (démangeaisons, larmoiement), des voies respiratoires (nez, gorge, poumons) et de la peau (rougeurs, démangeaisons, eczéma). Il peut également avoir des conséquences neurologiques, se traduisant par une fatigue accrue, des angoisses, des migraines, des nausées, de la somnolence ou des vertiges. L'exposition au formaldéhyde peut aboutir à une sensibilisation et au développement d'une allergie. En contact avec la peau, par le biais de cosmétiques ou de textiles, il peut provoquer une allergie de contact. Certaines études épidémiologiques ont montré une relation avec le cancer chez des personnes exposées en milieu professionnel à de fortes doses. Le formaldéhyde est classé «*probablement carcinogène*» par l'IARC[4].

Concentrations

Les concentrations de formaldéhyde habituellement rencontrées dans l'air extérieur sont très faibles et pratiquement toujours inférieures à 10 $\mu g/m^3$.

Tableau 3.6 Concentrations en formaldéhyde correspondant à diverses observations.

Concentration [mg/m^3]	Observation
0,03-0,6	Odeur perceptible, limite OMS pour 30'
0,6-1,2	Irritation des yeux
5-6	Larmes, pénible à supporter
37-60	Danger immédiat pour la santé
60-125	Décès

Les concentrations observées à l'intérieur sont généralement inférieures à 100 $\mu g/m^3$, valeur maximale, limitée à 30 minutes d'exposition, recommandée par l'OMS pour des personnes normales et non sensibilisées (tab. 3.6). L'OFSP[5] a fixé à 125 $\mu g/m^3$ la concentration limite recommandée pour le formaldéhyde, dans les pièces habitées. Cependant, dans certains cas, ces concentrations peuvent être nettement supérieures et atteindre 1 mg/m^3 (1000 $\mu g/m^3$) et parfois plus.

3.2.12 Produits de traitement des bois

Les bois traités peuvent également émettre des polluants chimiques et affecter la qualité de l'air de nos maisons et donc notre santé. Les produits de traitement des bois ont largement fait appel au siècle passé à des insecticides et à des fongicides très toxiques, tels que le pentachlorophénol, le lindane, l'aldrine, le dieldrine, l'endrine, etc. Le pentachlorophénol, couramment appelé PCP, est un fongicide de la catégorie des organochlorés. Du fait de leur toxicité reconnue, ces composés ont pratiquement disparu des compositions actuelles, fort heureusement. Bien que certains soient encore autorisés, notamment en France, ils y sont sévèrement réglementés.

Pentachlorophénol (PCP)

C'est un fongicide de la famille des organochlorés qui a été largement utilisé dans les préparations de produits de traitement des bois. Il l'est encore dans certains cas. Il est également employé dans l'industrie textile, dans celle du cuir et dans la fabrication de certaines peintures. Le PCP diffuse lentement dans l'atmosphère et contamine non

[4] International Agency for Research on Cancer.

[5] Office Fédéral de la Santé Publique.

seulement notre organisme mais également tous les objets qui se trouvent dans les pièces traitées (tapis, moquettes, rideaux, etc.). La toxicité du PCP serait due essentiellement aux impuretés qu'il contient, comme les dioxines et les furanes.

Formule chimique:	C_6Cl_5OH	Poids moléculaire:	266 g/mole
A 25°C et 1013 mbar:	1 ppm correspond à 9,17 mg de PCP/m^3		
	1 mg/m^3 correspond à 0,11 ppm		

Les principales sources de pentachlorophénol se trouvent dans certains bois traités, bois de charpentes, lambris, poutres, supports de bardages, planchers. On peut également le trouver dans les cuirs et les tissus mais à un degré moindre. Les colles de papier peint peuvent aussi en contenir.

Les symptômes d'intoxication chronique par le pentachlorophénol sont multiples et diffus: fatigue, faiblesse générale, maux de tête, insomnies, nervosité, transpiration excessive, diminution des globules blancs. Le pentachlorophénol est un irritant des muqueuses. Les dioxines présentes comme impuretés dans le PCP provoquent une altération de la fonction hépatique et des lésions de la peau. Elles sont neurotoxiques et peuvent modifier la formule sanguine. Le pentachlorophénol est aussi cancérigène.

La toxicité du pentachlorophénol a conduit de très nombreux pays à l'interdire ou tout au moins à sévèrement réglementer son utilisation. Le pentachlorophénol est totalement interdit aux Pays-Bas depuis 1981, en Allemagne depuis 1986, au Canada (en intérieur) depuis 1981, en Autriche, en Belgique, en Suède, en Suisse, etc., mais pas en France. Son utilisation est sévèrement limitée aux États Unis, au Canada et au Royaume Uni.

Le pentachlorophénol est remplacé par d'autres produits en principe moins toxiques comme le quinoléique de cuivre ou le Borax. Le Borax est actuellement un bon produit de remplacement pour le traitement des bois en intérieur, mais il ne peut pas être utilisé en extérieur car il est vite lessivé par la pluie. D'autres produits à base de chromate de cuivre sont également utilisés. Des produits comme l'octylisothiazoline, le dichlofluanide, le chlorothalonil, l'azaconazole, le carbendazine, s'ils sont reconnus moins dangereux à court terme, présentent peut être des risques à long terme.

Lindane

Le lindane (isomère[6] gamma de l'hexachlorocyclohexane ou HCH technique) est un insecticide qui est ou qui était souvent employé en association avec le pentachlorophénol dans la composition des produits de traitement des bois. Le lindane fait partie de la grande famille des organochlorés dont le plus connu est le DDT.

Formule chimique:	C_6H_6	Poids moléculaire:	285 g/mole
A 25°C et 1013 mbar:	1 ppm correspond à 9,82 mg de lindane/m^3		
	1 mg/m^3 correspond à 0,10 ppm		

Le lindane en tant que polluant de l'air intérieur de nos maisons vient avant tout des bois traités. Le lindane n'est plus employé dans les préparations antimoustiques.

[6] Deux composés sont isomères si les molécules ont la même composition mais pas la même forme.

Il est également un contaminant de l'air extérieur et de l'eau, mais son utilisation en agriculture est maintenant interdite. Comme pour le pentachlorophénol, le lindane peut diffuser pendant des années, surtout par temps chaud.

Le lindane est un poison du système nerveux. Il inhibe le système immunitaire et la formation d'anticorps. Il perturbe également le fonctionnement du foie et endommage la moelle osseuse. Il provoque des maux de têtes, une irritation de la peau et des yeux. Malheureusement, sous la dénomination de lindane on a souvent utilisé l'hexachlorocyclohexane ou HCH technique, dont l'isomère alpha est cancérigène.

Selon les sources fournies par la commission économique des Nations Unies, le lindane est interdit dans les pays suivants: Autriche, Bulgarie, Danemark, Finlande, France, Norvège et Suède. Il est limité en Allemagne, en Belgique, au Canada, aux Etats Unis, en Irlande et au Royaume Unis.

D'autres insecticides comme le dieldrine, l'aldrine, l'endrine et l'endosulfan qui font partie de la même famille d'organochlorés sont aussi toxiques que le lindane et parfois plus. Parmi les insecticides de dernière génération, nous trouvons les pyréthrinoïdes dont la cyperméthrine, la deltaméthrine et la perméthrine. Ces insecticides sont en principe moins toxiques que le lindane, mais la perméthrine et la cyperméthrine auraient un effet sensibilisant sur les personnes exposées.

3.2.13 Fumée de tabac

La fumée, en particulier la fumée de tabac, est l'un des polluants les plus nocifs et les plus fréquents de l'air intérieur. Le tabagisme engendre une grande dépendance et constitue la principale cause de décès prématuré dans les pays développés. Depuis quelques années, on s'intéresse aux conséquences du tabagisme chez les non-fumeurs. Ceux-ci sont exposés à des concentrations élevées de nombreux polluants chimiques de la fumée de tabac. La fumée de cigarette est le polluant oxydant le plus concentré auquel est exposé l'appareil respiratoire.

Du point de vue des odeurs, un fumeur équivaut à 25 personnes pendant qu'il fume et environ 6 personnes en moyenne autrement.

Effets de la fumée sur la santé

A court terme, le tabagisme passif provoque des irritations de la gorge, du nez et surtout des yeux. Le tabagisme passif favorise l'apparition de maladies cardiovasculaires, il augmente le risque d'infarctus, d'artériosclérose et de cancer du poumon. L'IARC classe le tabac «*carcinogène pour les humains*».

Il est actuellement avéré que le tabagisme passif augmente le risque de symptômes respiratoires et de maladies du système respiratoire inférieur chez les enfants. Le syndrome de mort subite du nourrisson est aussi lié à l'exposition à la fumée de tabac: ce syndrome est trois fois plus fréquent si la mère fume pendant la grossesse (Cnattingius 1990). Des études (EPA 1992; WHO 1996; WHO 1998) ont montré un lien entre le nombre de cigarettes fumées à la maison et les symptômes respiratoires des enfants. Les parents fumeurs exposent leurs enfants de moins d'un an à un risque nettement plus élevé d'infections pulmonaires (bronchites, pneumonies). Le tabagisme des parents détermine une élévation significative du plomb dans le sang chez les enfants avec des effets sur le système nerveux.

Il apparaît donc indispensable d'éviter cette exposition à ce polluant toxique et cancérigène, en particulier auprès des enfants. Le risque de cancer par exposition passive (non-fumeur) à la fumée dans un logement où se trouve un fumeur est estimé à 1‰ par l'OMS. Notons que la présence de fumeurs requiert en général une aération nettement plus forte (en principe multipliée par 5 ou 6), donc un gaspillage d'énergie important. L'interdiction de fumer à l'intérieur des bâtiments est donc justifiée.

3.2.14 Le plomb

Le plomb est omniprésent dans l'environnement. Il est l'un des rares métaux dont on ne connaisse aucune utilité en tant qu'oligo-élément dans le métabolisme animal. C'est un toxique puissant.

Sources de plomb

L'intoxication par le plomb, appelée aussi saturnisme, survient le plus souvent par ingestion du métal. Les causes principales d'ingestion du plomb sont:

- L'ingestion de poussières et d'écailles de peinture contenant du plomb. Les petits enfants avalent souvent des substances non comestibles. Notons que la présence du plomb dans les peintures a été réglementée dès 1948 mais que l'utilisation de peintures chargées en plomb (céruse, minium) a continué bien des années plus tard.
- La consommation d'eau de distribution ayant circulé dans des canalisations en plomb. L'eau ayant séjourné dans ces tuyauteries est fortement chargée en plomb.
- Certains khôls (maquillage) contiennent du plomb.
- L'adjonction de métaldéhyde de plomb dans les carburants était une source importante qui a été supprimée lors de l'introduction des catalyseurs.

Effets du plomb sur la santé

Les symptômes sont multiples: pâleur, vomissements, douleurs abdominales, ralentissement de la croissance, troubles du comportement (des troubles de l'apprentissage sont évoqués dans la littérature). Les très jeunes enfants (entre 6 mois et 4-5 ans) sont particulièrement vulnérables du fait que le plomb ingéré est assimilé à raison de 50% contre seulement 10 à 20% chez les adultes.

Dans le cadre des intoxications massives par de très fortes doses de plomb, on peut observer une encéphalopathie aiguë. Chez l'enfant, elle apparaît pour des niveaux de plombémie de l'ordre de 1000 µg/l et parfois moins, en rapport le plus souvent avec l'ingestion de débris de peinture au plomb. L'encéphalopathie, avec hypertension intracrânienne, apathie, ataxie, convulsions, incoordination, vomissement, perte de connaissance peut conduire au coma et parfois au décès. Des séquelles neurologiques ou psychomotrices graves (retard psychomoteur, épilepsie, cécité...) ont été décrits.

Prévention et remèdes

Dans le cas d'une exposition au plomb due à la peinture, il s'agit d'empêcher le contact direct avec la peinture (afin d'éviter l'ingestion accidentelle de peinture par les enfants). Deux techniques pour ce faire:

- encapsuler les vieilles peintures en les recouvrant complètement avec un autre matériau;
- retirer complètement les vieilles peintures et les remplacer par des nouvelles.

Il est conseillé d'éviter le ponçage de surfaces suspectes et d'éviter le décapage thermique, qui augmentent la concentration de plomb dans l'air.

Il est conseillé par ailleurs de laver fréquemment la pièce à l'eau plutôt que de passer l'aspirateur qui remet une partie des poussières en circulation.

Si on se trouve confronté à la présence de tuyaux d'eau en plomb, il est intéressant de connaître le degré de dureté de l'eau. Le calcaire en se déposant dans les canalisations forme une gangue protectrice contre la migration du plomb. Sinon, il faut changer les conduites.

Il est conseillé de ne pas consommer l'eau qui a séjourné une nuit dans les tuyaux. Laisser couler l'eau quelques secondes avant de l'utiliser comme eau de boisson. Il n'est pas recommandé d'utiliser l'eau chaude pour la préparation d'aliments, l'eau chaude ayant une plus grande capacité à dissoudre certaines substances, dont le plomb.

3.2.15 Sensibilisation Chimique Multiple (MCS)

Une exposition aux polluants de l'air intérieur peut avoir des conséquences beaucoup plus graves et conduire à la Sensibilisation Chimique Multiple, plus communément appelée MCS (*Multiple Chemical Sensitivity*).

Le MCS est une sensibilisation acquise à des produits chimiques multiples. L'acquisition de cette sensibilisation se fait par une exposition à un ou plusieurs produits chimiques. Certains experts toutefois pensent qu'elle trouve son origine dans le stress et qu'elle peut être d'origine psychologique. L'exposition peut être une exposition unique et massive à une seule substance chimique, comme elle peut être une exposition répétée à de faibles concentrations de substances chimiques en mélange, ce qui est le plus souvent le cas dans nos habitations. La personne ayant acquis cette sensibilisation devient très vulnérable et réagit à des concentrations de plus en plus faibles de substances chimiques de plus en plus nombreuses, ces dernières n'étant pas nécessairement celles qui ont provoqué la sensibilisation. La personne sensibilisée finit par ne plus tolérer une exposition à des concentrations qui sont acceptées par la majorité des autres personnes.

Les symptômes du MCS touchent aussi bien le système nerveux que le système respiratoire ainsi que d'autres organes. Ils ressemblent à ceux de l'allergie ou peuvent être de nature allergique. En effet, ils apparaissent et disparaissent en fonction des expositions, mais vont généralement en s'aggravant.

Les symptômes du MCS peuvent apparaître immédiatement après une exposition ou sont retardés. Ils se présentent sous forme de fatigue chronique, de maux de tête, de difficultés respiratoires, de difficultés de concentration, de problèmes digestifs ou cardio-vasculaires pour n'en citer que quelques-uns. Les personnes sensibilisées se voient sérieusement handicapées dans leur vie quotidienne. En effet, il leur est très difficile d'échapper aux divers produits chimiques qui font partie de leur environnement et qui peuvent être émis par les gaz d'échappement des diesels, plastiques dans les voitures neuves, éléments nouvellement peints, bois traités, pesticides, moquette neuve, mobilier en panneaux de particules, tissus d'ameublement, isolants et bien entendu la fumée de tabac.

3.2.16 Substances provoquant le MCS

Les substances chimiques qui contribuent à la sensibilisation chimique multiple sont nombreuses. Ces substances sont généralement des substances irritantes et des toxiques du système nerveux. La plupart des substances chimiques que nous rencontrons dans notre environnement intérieur font partie de la famille des Composés Organiques Volatils (COV). Parmi ces COV, le formaldéhyde, du fait de son ubiquité et de son très fort pouvoir sensibilisant, est vraisemblablement l'un des polluants majeurs de notre air intérieur contribuant au déclenchement du MCS.

Une exposition à des pesticides (insecticides, lindane; fongicides, pentachlorophénol) contenus dans les produits de préservation des bois ou à des solvants tels que le toluène ou le benzène, peut également conduire à une sensibilisation. Il peut en être de même des gaz de combustion émis par les chaudières et les véhicules à moteurs, notamment le mazout.

Une fois la sensibilisation acquise, nombreuses sont les substances qui peuvent déclencher des réactions à de très faibles concentrations. Parmi ces dernières, on trouve bien entendu celles qui sont à l'origine de la sensibilisation, mais également de nombreuses autres qui n'ont plus rien à voir avec les précédentes: parfums, détergents et autres produits de nettoyage, solvants émis par les vêtements nettoyés à sec, fumée de tabac, encres d'imprimerie, moquettes neuves, certains médicaments, etc.

3.2.17 Recommandations générales pour éviter la pollution chimique

Un des meilleurs moyens d'éviter la sensibilisation et les intoxications aux produits chimiques est sans doute de veiller à la bonne qualité de l'air intérieur des bâtiments. Il convient notamment de prendre les mesures constructives suivantes:

- Assurer l'étanchéité des parois et des portes séparant les zones habitées de zones polluées (garage, ateliers, chaufferie).
- Placer les ouvertures et canaux de ventilation naturelle ou concevoir la ventilation mécanique de manière à amener de l'air propre (extérieur) dans les zones habitées et extraire l'air vicié près des sources principales de pollution.
- Privilégier des matériaux de construction de bonne qualité et peu toxiques, en éliminant les matériaux déjà installés s'ils émettent des substances chimiques toxiques.
- Utiliser des matériaux ne contenant pas de formaldéhyde. Les fabricants suisses de panneaux de particules garantissent avec le label LIGNUM CH-10, que les panneaux contiennent moins de 100 mg par kg de formaldéhyde. Ces panneaux sont de couleur verte. Les matériaux importés, de classe E1, respectent cette norme. Il existe des panneaux d'agglomérés sans formaldéhyde. De couleur brune, ils sont repérés par le sigle V-100. Les panneaux de classes européennes d'émission E2 et E3 ne doivent pas être utilisés pour l'aménagement intérieur, car ils conduisent à de fortes émanations.
- Privilégier les moquettes ayant un support textile, tendre les moquettes plutôt que les coller. Si la moquette a un support synthétique, la dérouler et la laisser quelque temps à l'air libre avant de la poser. Bien aérer pendant plusieurs jours après la pose.
- Les peintures à l'eau contiennent souvent du formaldéhyde et des pesticides comme agents de conservation. Elles ne sont sans doute pas aussi saines qu'on le dit, même si elles sont sans odeur! Il convient donc de prendre les mêmes précautions qu'avec les peintures à solvants.
- Prévoir des zones fumeurs, bien ventilées par extraction, et des zones non-fumeurs, bien ventilées par air pulsé.
- Veiller au respect des normes d'installation des installations de chauffage.
- Veiller à la bonne aération des locaux contenant des appareils à combustion.

D'autres mesures d'exploitation sont recommandées:
- Ne pas fumer dans les locaux.
- Ne pas dormir dans les locaux pollués (par ex. fraîchement repeints).
- Laisser sécher peintures, colles et matériaux divers avant d'admettre les occupants dans les bâtiments.
- Eviter toute exposition à des concentrations élevées de solvants et autres toxiques chimiques pendant les travaux de peintures ou de traitement du bois.
- Vérifier l'efficacité de la ventilation.
- Veiller au respect des normes d'entretien des appareils et des conduits de cheminée.
- Choisir des produits cosmétiques (surtout les vernis à ongles) sans formaldéhyde.

3.3 POLLUANTS PHYSIQUES

3.3.1 Humidité (voir aussi chap. 7)

Les signes indiquant un problème d'humidité dans un bâtiment sont:
- une odeur de moisi, de terre ou d'alcool;
- des taches d'eau causées par des infiltrations, des inondations ou des refoulements d'égouts;
- l'apparition de moisissures;
- les matériaux, la literie et des vêtements humides;
- de la condensation fréquente d'eau sur les fenêtres ou autres surfaces froides (conduites d'eau).

Sources d'humidité

Les sources d'humidité dans les bâtiments sont nombreuses. Un bâtiment neuf prend un à deux ans pour perdre son eau de chantier. Si la partie habitée n'est pas séparée du terrain par une couche étanche ou des espaces ventilés, l'eau phréatique peut s'infiltrer et s'évaporer dans la zone occupée. Enfin, les inondations causées par des crues, des fuites du toit ou de conduites peut entraîner de graves problèmes d'humidité si le bâtiment n'est pas rapidement asséché.

Les occupants eux-mêmes sont source d'humidité. Un adulte évapore entre 40 et 60 gramme d'eau par heure pour une activité calme. La vapeur émise augmente proportionnellement à l'activité, à savoir environ 500 g/kWh. La cuisson des aliments produit environ 2 kg de vapeur d'eau par jour, auxquels il faut ajouter s'il y a lieu la vapeur d'eau produite par la combustion du gaz de cuisson, à savoir environ 1 kg par jour. Le séchage du linge à l'intérieur ou l'utilisation d'un séchoir sans évacuation de la vapeur produit en plus environ 1,5 kg/jour(CEN 2003).

Humidité relative et humidité absolue

Pour comprendre les phénomènes liés à l'humidité dans les bâtiments, il convient en premier lieu de bien distinguer l'humidité absolue de l'humidité relative.

L'***humidité absolue*** est la quantité de vapeur d'eau présente dans une certaine quantité d'air. On l'exprime souvent en g/m^3 (grammes de vapeur d'eau par mètre cube d'air) ou en g/kg (teneur en eau, en grammes de vapeur d'eau par kilogramme d'air). La densité de l'air étant proche de 1 kg/m^3 (en fait 1 kg/m^3 à 30°C et 1,25 kg/m^3

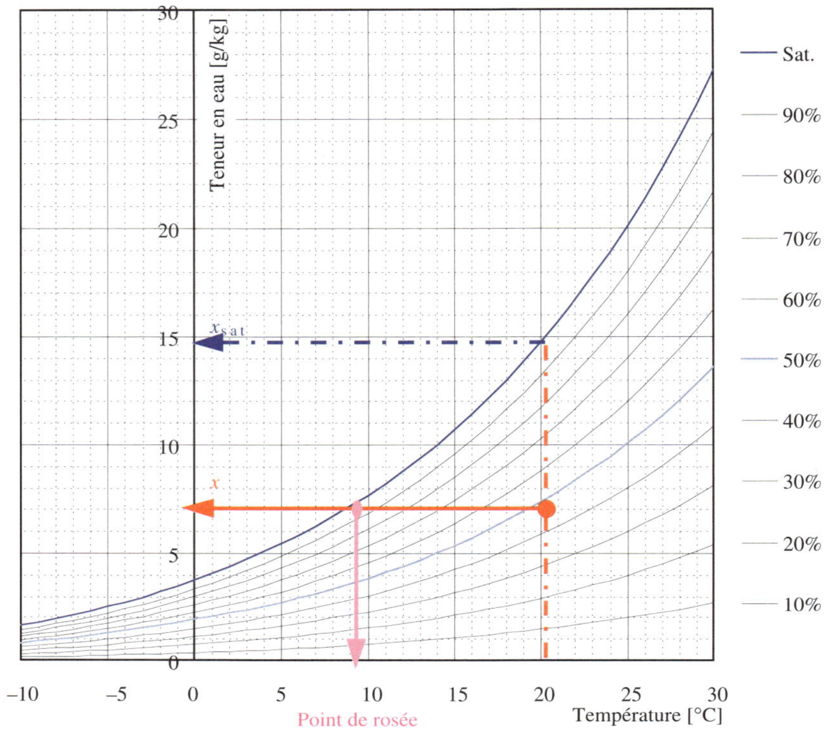

Fig. 3.6 Relation entre l'humidité absolue, la température et l'humidité relative (diagramme de Carrier).

à 0°C), ces deux quantités sont presque égales, mais la première change un peu avec la température.

L'***humidité relative*** est le rapport de la teneur en eau de l'air considéré à la teneur en eau maximale, qui ne dépend que de la température. Ce rapport est exprimé en pour cent.

Comme on peut le voir dans la figure 3.6, la variation de l'humidité absolue maximale avec la température est très forte, en fait elle augmente presque exponentiellement avec la température absolue. Ce qui fait que si on chauffe de l'air sans changer sa teneur en eau (donc sans le faire passer par un humidificateur ou un dessiccateur), son humidité relative diminuera rapidement alors que l'humidité absolue reste constante. Le contraire se produit si on refroidit de l'air, ou si l'air passe près d'une surface froide: même si l'humidité absolue reste constante, l'humidité relative augmente fortement. Elle peut même atteindre 100% lorsque l'air atteint la température à laquelle sa teneur en vapeur d'eau correspond à la teneur maximale. Cette température s'appelle le ***point de rosée***, parce que de la rosée apparaît alors sur la surface qui refroidit d'air.

L'humidité absolue dans un bâtiment est déterminée par:

- Les sources de vapeur d'eau dans le bâtiment: la teneur en eau augmente proportionnellement au débit de production de ces sources.

- Le débit d'air de ventilation ou d'aération: l'air extérieur se mélange à l'air intérieur et apporte ou dilue la vapeur d'eau.
- L'humidité absolue de l'air extérieur: plus elle est élevée, moins l'air extérieur peut diluer l'humidité intérieure.

L'humidité relative en un endroit du bâtiment dépend en plus de la température intérieure locale, elle-même influencée par:
- la température et l'ensoleillement à l'extérieur,
- les caractéristiques du bâtiment: isolation thermique, présence de ponts thermiques, etc.
- la température de l'air intérieur.

La plupart des phénomènes liés à l'humidité (assèchement, condensation, moisissures, déformation du bois, humidité des matériaux poreux tels que le papier et les tissus, etc.) dépendent en fait plus de l'humidité relative que de l'humidité absolue. Ainsi, même si l'air intérieur n'est pas trop humide, des moisissures peuvent apparaître sur des surfaces suffisamment froides (par ex. les ponts thermiques) dès que l'humidité relative locale dépasse 80%.

Dans les années 1970, des mesures urgentes d'économie d'énergie ont été prises, parfois à la hâte et sans suffisamment réfléchir. Le fait d'avoir étanché des bâtiments sans les avoir mieux isolés thermiquement a eu pour effet de ramener l'aération à un niveau correct pour limiter la concentration en polluants, mais insuffisant pour éviter que l'air ne soit trop humide près des ponts thermiques, ce qui a entraîné parfois l'apparition de moisissures, attribuée à tort au manque d'aération.

Humidité optimale

La figure 3.7 montre qu'une humidité trop faible ou trop élevée augmente les risques de problèmes.

Un air sec permet à certains microbes de se conserver en sporulant, il augmente le risque d'infection et d'allergies (poussières, pollens) et la concentration d'ozone. Une

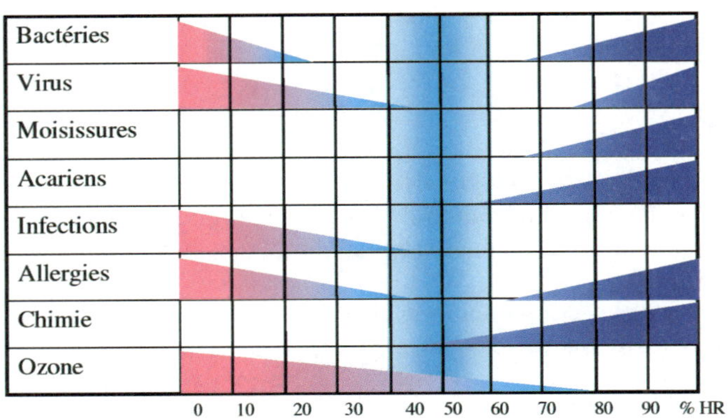

Fig. 3.7 Zone d'humidité optimale, à laquelle le développement de microbes ou les réactions chimiques sont le moins favorisés (valable pour une température de 20 à 22°C).

humidité trop élevée favorise le développement des microbes et des acariens, favorise les réactions chimiques et les allergies aux composés chimiques.

L'humidité relative a néanmoins peu d'effet sur le sentiment de confort (§ 4.2.5), pour autant qu'elle se situe entre 30 et 70% et que la température soit confortable. Nous verrons dans le chapitre 7 qu'il est dangereux de maintenir 50% d'humidité pendant la saison froide. Un air frais et sec est mieux perçu qu'un air chaud et humide, ce qui permet de sérieuses économies: en abaissant la température et l'humidité de 23°C et 50% à 20°C et 40%, on peut diminuer le débit d'air par personne de 10 à 3,5 l/s (36 à 13 m^3/h) sans que les occupants jugent que la qualité d'air diminue (Fang, Clausen *et al.* 2000).

Mesures à prendre pour éviter les dégâts causés par un excès d'humidité

Mesures constructives:

- Isoler suffisamment le bâtiment (voir la norme SIA 180) et surtout éviter les ponts thermiques graves (sect. 5.5).
- Prévoir un concept de ventilation, naturelle ou mécanique, permettant d'assurer une aération suffisante des locaux occupés.
- Eviter toute fuite du toit et des façades soumises à la pluie battante.
- Eviter toute fuite des réseaux d'eau.
- Eviter que la structure se sature d'eau pendant le chantier, et laisser sécher le bâtiment avant de l'occuper. L'assèchement d'une maçonnerie saturée d'eau peut prendre un à deux ans. Un bâtiment sèche mieux l'hiver, s'il est chauffé et aéré, que l'été.

Mesures d'exploitation:

- Identifier les sources d'excès d'humidité imputables au bâti (vices de construction, infiltration d'eau).
- Identifier les sources d'excès d'humidité imputables au comportement de l'habitant (ventilation inadéquate).
- Maintenir un taux d'humidité entre 40 et 60% (fig. 3.7).
- Aérer régulièrement. Ventiler après les activités qui produisent beaucoup d'humidité comme le bain, la douche, la cuisson, la vaisselle ou après une nuit de sommeil.
- Assécher le plus rapidement possible tout dégât causé par l'eau et remplacer si nécessaire les matériaux et les tapis endommagés par l'eau.

3.3.2 Radon

Le radon est un gaz dit «noble» (fig. 3.8), inodore et incolore, chimiquement inerte, provenant de la désintégration de l'uranium et qui se désintègre lui-même en d'autres produits radioactifs solides (Polonium 218 et Polonium 214 entre autres, fig. 3.9).

Parmi ces particules, les particules alpha (noyaux d'hélium formés de 2 protons et 2 neutrons) sont particulièrement nocives pour les tissus vivants. Heureusement, elles sont relativement grosses et ne pénètrent pas à travers la peu. Par contre, lorsqu'un atome de radon est présent dans le poumon et s'y désintègre, les particules alpha atteignent directement la paroi des alvéoles pulmonaires et peuvent y provoquer des dégâts.

I	II	III	IV	V	VI	VII	VIII			I	II	III	IV	V	VI	VII	
1	2	3	4	5	6	7	8	9	10	11	12	13	14	15	16	17	18
H																	**He**
Li	Be											B	C	N	O	F	**Ne**
Na	Mg											Al	Si	P	S	Cl	**Ar**
K	Ca	Sc	Ti	V	Cr	Mn	Fe	Co	Ni	Cu	Zn	Ga	Ge	As	Se	Br	**Kr**
Rb	Sr	Y	Zr	Nb	Mo	Tc	Ru	Rh	Pd	Ag	Cd	In	Sn	Sb	Te	I	**Xe**
Cs	Ba	La*	Hf	Ta	W	Re	Os	Ir	Pt	Au	Hg	Tl	Pb	Bi	Po	At	**Rn**
Fr	Ra	Ac#	Rf	Db	Sg	Bh	Hs	Mt	Uun	Uuu	Uub		Uuq		Uuh		
Lanthanides *			Ce	Pr	Nd	Pm	Sm	Eu	Gd	Tb	Dy	Ho	Er	Tm	Yb	Lu	
Actinides #			Th	Pa	U	Np	Pu	Am	Cm	Bk	Cf	Es	Fm	Md	No	Lr	

Fig. 3.8 Table périodique des éléments. Le radon est le plus lourd des gaz nobles.

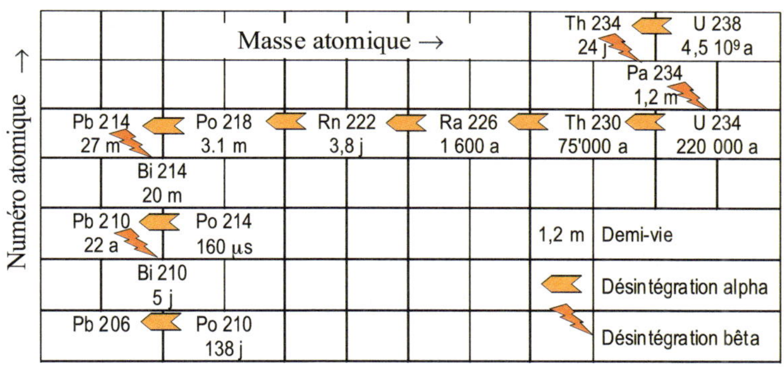

Fig. 3.9 Schéma de désintégration de l'uranium 238.

Sources de radon

Le radon et ses dérivés proviennent principalement des *terrains sous-jacents* (fig. 3.10), mais peuvent aussi être émis par certains matériaux de construction (tuf, granite, béton comportant une forte proportion de schistes alunifères, phosphogypse

Fig. 3.10 Le radon provient du sol (OFSP).

utilisé pour la fabrication de panneaux de plâtre et d'agglomérés). L'*eau* peut avoir été contaminée par le radon lors de son cheminement à travers les formations géologiques. Si cette contamination dépasse les limites, elle n'est pas potable.

Concentration et valeurs limites

La concentration des matériaux radioactifs s'exprime par le nombre de désintégrations par seconde. 1 becquerel (Bq) représente une désintégration par seconde. 1 Bq/m^3 correspond donc à une désintégration par seconde dans un mètre cube d'air. Le radon ayant une demi-vie de 3,8 jours ou 330 000 secondes, une activité de 1 Bq/m^3 signifie qu'il y a à cet instant 660 000 atomes de radon par mètre cube (il n'en restera que la moitié dans 3,8 jours). Ceci correspond à $4 \cdot 10^{-17}$ mole ou $8{,}8 \cdot 10^{-15}\ g/m^3$.

La concentration de radon dans l'air dépend principalement de la concentration d'*uranium* dans les roches et de la perméabilité des terrains. Le radon circule facilement dans le sol, surtout dans les terrains peu compacts comme le *gravier*. Dans les sols plus imperméables, il s'infiltre dans les fissures et les fentes, jusqu'à la surface du sol et se répand dans l'air.

Les concentrations dans l'air extérieur varient donc sensiblement d'une région à l'autre. Dans les régions tempérées, les concentrations à l'intérieur des habitations sont en moyenne 8 à 10 fois plus élevées qu'à l'extérieur. En effet, le radon se concentre dans l'atmosphère des bâtiments en contact direct avec le sol et qui sont peu ventilés. Il pénètre dans les bâtiments par toutes les zones non étanches de l'enveloppe : fissures dans les dalles et les murs, interstices au niveau des conduites ou des passages de câbles, etc. (fig. 3.10). Il se concentre particulièrement dans les pièces en sous-sol (cave, garage, atelier) et de plain-pied.

En Suisse, la concentration moyenne dans l'air ambiant est d'environ 20 Bq/m^3 d'air mais certaines régions sont caractérisées par des taux de radon assez élevés (fig. 3.11). Ainsi, la région des Grisons, les zones karstiques du Jura occidental et quelques communes tessinoises présentent des concentrations de plus de 200 Bq/m^3 d'air.

Dans les pièces d'habitation, la concentration moyenne est estimée à 60 Bq/m^3, mais des taux de plusieurs milliers de Bq/m^3 ont été mesurés dans des bâtiments situés dans les zones à risque. Le radon constitue en moyenne 40 % de l'exposition totale aux radiations en Suisse.

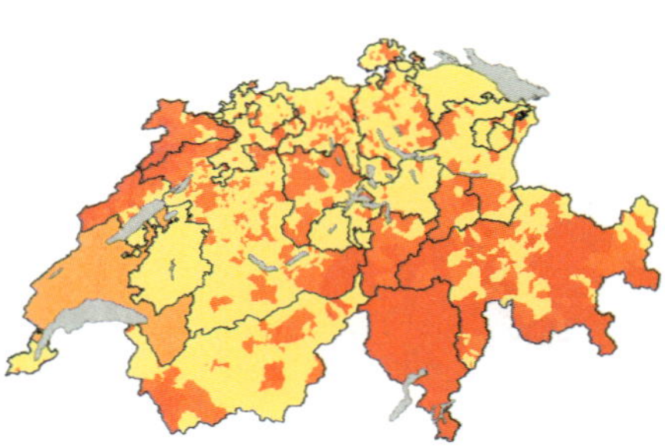

© Office fédéral de la santé publique, 2008

(a)

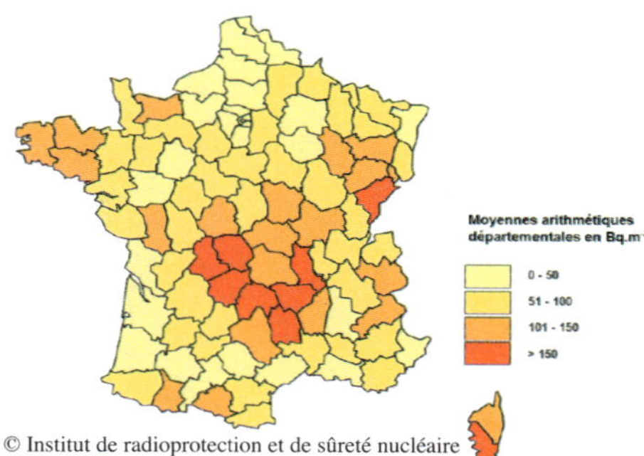

© Institut de radioprotection et de sûreté nucléaire IRSN, 2000

(b)

Fig. 3.11 Zones à risque plus ou moins élevé en Suisse et en France. Rouge risque élevé, orange risque moyen et jaune clair risque moindre.

Le risque unité est défini par l'OMS comme la probabilité d'observer un cas supplémentaire de cancer pour une exposition augmentée d'une unité pendant la durée de vie. Une exposition permanente augmentée de 1 Bq/m^3 augmente le risque de cancer de 30 à 60 pour un million. Une exposition permanente à 1000 Bq/m^3 correspond donc à une probabilité de 3 à 6%, ce qui est relativement élevé.

Plusieurs états ont fixé des normes ou recommandé des valeurs à ne pas dépasser dans les locaux pour la concentration en radon. L'Ordonnance suisse de 1994 sur la radioprotection fixe la limite de concentration de radon à 1000 Bq/m^3 dans les pièces d'habitation et de séjour. La valeur recommandée par l'Union européenne est de 400 Bq/m^3, et ce niveau est considéré comme valeur directrice en Suisse pour toutes les constructions nouvelles et les rénovations. Il est recommandé d'assainir les bâtiments dépassant cette concentration.

Effets sur la santé

Le radon est classé comme «cancérigène prouvé chez l'homme» par l'IARC. Le radon et les particules radioactives issues de sa désintégration sont inhalés puis se déposent dans les poumons et irradient les tissus pulmonaires, accroissant le risque de cancer du poumon. Le risque dépend de la quantité de radon inhalé, il est donc en relation avec la concentration de radon dans l'air et le volume d'air respiré (qui augmente par exemple en cas d'activité physique).

Le radon et les produits de sa désintégration sont considérés comme la cause la plus fréquente de cancer du poumon après le tabac.

Mesures à prendre

Il est aisé de procéder à une mesure de la concentration de radon dans la maison. Attention: chaque maison est un cas particulier, et les concentrations de radon peuvent varier dans de fortes proportions d'un bâtiment à l'autre, même s'ils sont contigus. Si une concentration trop forte est détectée, c'est-à-dire supérieure à 1000 Bq/m^3, des mesures doivent être impérativement engagées. Plusieurs voies sont possibles:

- Augmenter la ventilation (naturelle ou forcée) des locaux, dans la mesure où le bâtiment est insuffisamment ventilé. S'il est déjà normalement ventilé (pas d'odeurs désagréables, humidité de l'air en dessous des limites), cette mesure ne suffira pas, car il n'est pratiquement pas possible de multiplier le débit de ventilation par 10, voire 100.
- Augmenter l'aération du sous-sol et du vide sanitaire.
- Améliorer l'étanchéité des parois et portes séparant la zone habitée du sous-sol.
- Etancher le sous-sol par injection de béton, résines, bentonite.

Dans les zones à risque, il est impératif de prévoir un vide sanitaire ou un sous-sol ventilé, séparé de la zone habitée par des parois et portes étanches.

3.3.3 Poussières

L'air peut être chargé de diverses poussières ou aérosols, dont les dimensions varient du centième de micron à une centaine de microns (fig. 3.12). Si les grosses particules sont filtrées par les muqueuses nasales, les plus fines arrivent dans les poumons.

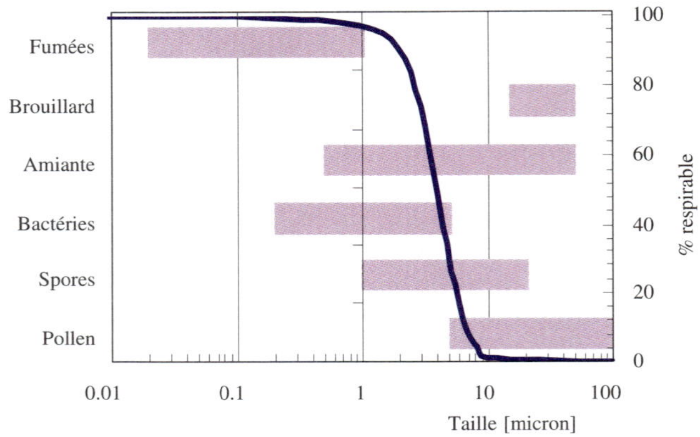

Fig. 3.12 Tailles de divers types de particules et pourcentage arrivant aux poumons en fonction de la taille.

Sources de poussières

Les sources de poussières son très nombreuses. Certaines petites particules sont créées telles quelles (microorganismes, pollens). D'autres résultent de combustion (fumées) ou d'usure. La poussière de maison est un cocktail de particules diverses: fumée, fibres de tissus, bactéries, moisissures, pollens, débris de peau, de cheveux, acariens et déchets d'acariens, allergènes d'animaux et d'insectes, etc.

Effets des poussières sur la santé

Certaines de ces poussières sont irritantes même à basse concentration, notamment les fibres. Les poussières sont aussi support de microbes (bactéries, moisissures) qui peuvent ainsi se propager. Certaines personnes sont allergiques à divers types de poussières, comme les pollens ou les squames d'animaux. Les acariens (§ 3.4.6) vivent et meurent dans la poussière domestique. Ils y déposent leurs excréments qui sont allergènes, de même que leurs cadavres.

Concentrations

On pourrait imaginer que plus la concentration de poussières est grande, plus graves seront les effets sur la santé. Toutefois, une revue récente de nombreux travaux scientifiques (Schneider, Sundell *et al.* 2003) montre que la concentration massique ou numérique ne peut pas être mise en rapport avec des effets sur la santé en milieu non industriel. Ceci provient probablement de la grande variété de poussières: une très faible concentration de poussières d'amiante est beaucoup plus dangereuse qu'une concentration relativement élevée de farine.

La législation limite souvent les concentrations de poussières plus petites que 10 micron (PM 10) qui peuvent entrer dans les bronches et bronchioles ou 2,5 micron (PM 2,5) qui atteignent les alvéoles pulmonaires. L'OMS (WHO 2000) mentionne que l'on a observé des effets sur la santé à des concentrations en PM 2,5 inférieures à 20 $\mu g/m^2$. Pour cette raison, l'OMS ne recommande pas de seuil de tolérance, la consigne étant «la plus basse concentration possible».

Mesures à prendre

Un nettoyage fréquent à l'aspirateur et au chiffon humide permet de réduire la quantité de poussière dans les endroits accessibles. La conception du bâtiment et de ses aménagements intérieurs doit donc réduire autant que possible les endroits inaccessibles au nettoyage. Il faut aussi éviter les revêtements accumulant et créant de la poussière tels que moquettes, tapisseries (le papier peint n'est pas une tapisserie, et est donc admissible !), etc.

Une chambre sans poussière pour personnes allergiques doit être particulièrement soignée : toutes les parois (sol, murs, plafond) lavables, matelas compact protégé par une housse hermétique, literie lavable en machine à +58°C, pas de duvet, le moins possible de meubles rembourrés et bien sûr pas d'animaux.

Si son filtre n'est pas de très bonne qualité, l'aspirateur remet en circulation dans l'air les poussières les plus fines, celles qui sont respirables. Pour améliorer la situation, préférer un aspirateur central situé en dehors de la zone habitable, à défaut utiliser un aspirateur à eau ou équipé d'un filtre HEPA (§ 6.4.3).

3.3.4 Fibres, notamment l'amiante[7]

Les fibres, du fait de leur petite taille, peuvent être inhalées et causer des dommages aux voies respiratoires. L'amiante est un matériau fibreux d'origine naturelle (famille des silicates), qui regroupe deux familles de minéraux : le crysotile et les amphiboles. Ces fibres sont très fines et facilement respirables (fig. 3.13).

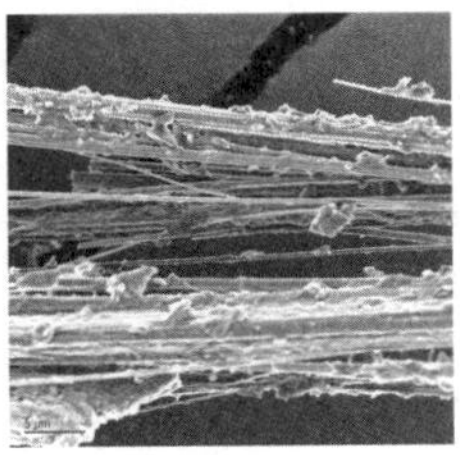

Fig. 3.13 Microphotographie de fibres d'amiante (Gordon Vrdoljak, Electron Microscope Lab, University of California, Berkeley).

Les laines minérales sont formées de fibres fines obtenues par étirage de verre, qui est relativement pur pour la laine de verre, obtenu par fusion de mélange de roches pour la laine de roche, et par fusion de basalte (verre volcanique naturel) pour la laine de basalte. Ces fibres, dont le diamètre est contrôlé pour dépasser 6 microns, sont agglomérées au moyen de différents liants.

Sources d'amiante

Dans les bâtiments construits avant l'interdiction de son usage, l'amiante peut se retrouver comme isolant thermique, dans la couverture du bâtiment, appliqué sur les parois ou gainant les conduits d'eau chaude. Il peut avoir été utilisé comme isolant électrique, au niveau des passages de câbles. L'amiante a aussi été utilisé dans certains revêtements acoustiques.

Le flocage à l'amiante dans les bâtiments a été interdit en Suisse et aux USA en 1975, en France en 1977 et en Belgique en 1980, en même temps que plusieurs autres pays Européens. La fabrication de tous les types d'amiante est interdite dans l'Union

---

[7] Plusieurs excellents articles sur l'amiante dans *Ingénieurs et Architectes Suisses* 127 (2001) pp. 334 et suivantes voir aussi http://www.azimutconcept.com/amiante/

Européenne depuis 2005, mais l'amiante continue à être utilisée dans les pays producteurs tels que le Canada ou le Brésil.

Le vieillissement, les éventuelles infiltrations d'eau, les vibrations, et surtout les travaux réalisés par les occupants sur les revêtements et les matériaux d'isolation, peuvent générer des dispersions de fibres d'amiante dans le bâtiment.

Le cas du fibrociment est à considérer séparément. L'amiante est dans ce cas-ci fixé dans le ciment. A moins d'être manipulé – poncé, foré, cassé – il ne présente pas un danger important, ce d'autant plus que le fibrociment se trouve généralement à l'extérieur.

Effets de l'amiante sur la santé

Toutes les fibres causent des irritations de la peau, du nez et des yeux, et peuvent causer des problèmes pulmonaires en cas d'exposition prolongée et intense. Les effets sur la santé des bâtiments isolés avec des laines minérales sont négligeables au point de ne pas pouvoir être mesurés.

Par contre, trois types de pathologies sont associés à une exposition professionnelle à l'amiante: l'asbestose (fibrose pulmonaire), le cancer broncho-pulmonaire et le mésothéliome (spécifique de l'amiante). Ces maladies se caractérisent par un temps de latence très long (de 15 à 40 ans). L'IARC[8] classe l'amiante *«carcinogène pour les humains»*, au même titre que le tabac et le rayonnement gamma.

Aucun effet n'a été démontré jusqu'à présent dans les conditions normales d'exposition domestique, sauf dans des situations très particulières, par exemple dans des bâtiments où les occupants avaient effectué eux-mêmes et sans protection des travaux sur l'amiante. L'OMS estime le risque de mésothéliome à 1 à $4 \cdot 10^{-5}$ pour une exposition à 100 fibres/m^3 (mesure optique) pendant une vie. Le risque de cancer du poumon, pour la même exposition, est estimé à $2{,}2 \cdot 10^{-5}$ pour les non-fumeurs et $4 \cdot 10^{-5}$ pour les fumeurs.

Conduite à tenir

Dans les bâtiments anciens à rénover, il faut être prudent en présence de tout matériau de structure fibreuse et, dans l'incertitude, consulter un expert qui déterminera s'il s'agit ou non d'amiante.

Si des travaux nécessitent l'arrachage d'amiante, il faut absolument confier la tâche à des spécialistes, qui effectuent le travail selon des mesures de protection très strictes (masque et survêtement de protection, étanchement de la pièce, aspiration et filtration de l'air). L'enlèvement de l'amiante ne constitue pas forcément la solution la mieux adaptée. En effet, tant que le flocage est en bon état, il n'y a pas de dégagement de fibres et donc pas de raison de s'inquiéter. Une couche de peinture peut avantageusement remplacer l'arrachage.

3.3.5 Champs électromagnétiques

Les champs électromagnétiques sont présents partout. Ils proviennent de sources naturelles (champ magnétique de la terre, champ électrique dans l'atmosphère, orages, vent solaire) ou artificielle (lignes de transport d'électricité, émetteurs radio, radars, téléphones portables, fours micro-ondes, etc.). Il faut distinguer les champs stationnaires (invariable ou très lentement variables), les champs à basse fréquence (par ex. ceux induits à 50 Hz par les lignes de transport d'énergie électrique, et les champs à plus haute fréquence résultant des émissions radio, radar, micro-ondes, téléphones portables, etc.

[8] International Agency for Research on Cancer.

Champs électriques et magnétiques stationnaires

Ces champs peuvent être relativement intenses dans la nature. Des champs électriques de plusieurs milliers, voire dizaines de milliers de volts par mètre sont souvent observés. Le champ lui-même reste sans danger, mais le contact direct et simultané avec deux points dont le potentiel diffère de plusieurs dizaines de volts cause l'électrocution. A plus basse tension, l'effet n'est pas immédiat mais le courant peut à la longue produire des dégâts, notamment par électrolyse si le courant est continu.

L'intensité du champ magnétique terrestre vaut en moyenne, à la surface du globe, 50 microteslas. Ces intensités sont sans danger pour la santé, les êtres vivant sur la planète y sont habitués depuis longtemps.

Champs électromagnétiques à basse fréquence

Le réseau électrique à 50 Hz induit des champs électromagnétiques dans notre environnement. Les champs électromagnétiques variables produisent, par induction, des courants électriques dans tout matériau conducteur, et le corps est conducteur. D'autre part, des courants électriques circulent naturellement dans les corps vivants, ce que l'on observe dans les électrocardiogrammes et électroencéphalogrammes. Ainsi, tant que l'intensité des courants induits dans le corps humain ne dépasse pas celle des courants produits normalement dans le cerveau, le système nerveux et les tissus cardiaques, on suppose qu'il n'y a pas lieu de s'inquiéter outre mesure. C'est sur cette base que sont fixées les normes d'exposition aux champs électromagnétiques (tab. 3.7).

Tableau 3.7 Normes d'exposition aux champs électrique et magnétique (à 50 Hz) selon la Commission internationale de protection contre les rayonnements non ionisants (ICNIRP).

	Grand public	Travailleurs
Induction magnétique [µT ou microtesla]	83	420
Champ électrique [kV/m]	4	8

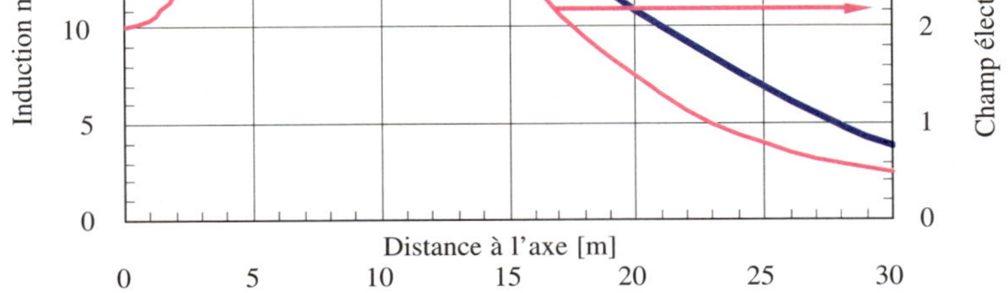

Fig. 3.14 Valeurs efficaces des champs électriques et d'induction magnétique à 1 m du sol sous une ligne à haute tension 2 × 380 kV, 2000 A, 50 Hz et 1 × 132 kV, 380 A et 16 $^{2}/_{3}$ Hz., en fonction de la distance à l'axe (*Cahiers de l'électricité* N° 55, 2004).

Comme le montre le tableau 3.8, les appareils ménagers peuvent dépasser ces normes, mais en général leur utilisation est de courte durée. Les lignes de transport d'énergie électrique et les sous-stations de transformation peuvent par contre entraîner une exposition permanente. Le champ électromagnétique induit par une telle ligne est proportionnel au courant qui y circule et diminue avec la distance (fig. 3.14).

Par exemple, si un champ de 1 μT est induit à 200 m d'une ligne où circule un courant de 1000 A, on trouvera 20 μT sous cette même ligne.

Tableau 3.8 Intensité du champ magnétique produit par différentes sources (Bureau régional de l'OMS pour l'Europe).

Source	Induction magnétique [μT]
Séchoir à cheveux*	6 à 2000
Rasoir électrique*	15 à 1500
Four à micro-ondes*	4 à 8
Ordinateur*	< 0,01
Téléviseur couleur*	0,01 à 0,15
Champ magnétique terrestre (champ continu)	30 à 65

* à distance d'utilisation normale.

Certaines personnes attribuent néanmoins de nombreux symptômes à une exposition plus faible que la norme aux champs électromagnétiques à basse fréquence : migraine, fatigue, dépression, diminution de la libido, etc. Les nombreuses études scientifiques effectuées et encore en cours[9] ne permettent néanmoins pas de confirmer ou d'infirmer ces allégations. Il faut noter que ces symptômes bien réels ne sont pas caractéristiques de l'exposition aux champs électromagnétiques et pourraient avoir d'autres causes.

On soupçonne un risque accru de leucémie infantile pour une exposition prolongée à plus de 0,2 microtesla d'induction magnétique à 50 Hz. L'IARC classe les champs électromagnétiques à basse fréquence comme *potentiellement carcinogènes,* ce qui signifie que l'on dispose de preuves crédibles mais que d'autres causes sont aussi possibles.

Selon Åkerstedt, Arnetz *et al.* (1999), un champ magnétique alternatif à 50 Hz de 1 microtesla perturbe le sommeil, sans toutefois affecter la concentration d'hormones telles que la mélatonine, l'hormone de croissance, la testostérone, la prolactine ou la cortisone.

Pour toutes ces raisons, et en vertu du principe de précaution, les limites imposées aux réseaux électriques sont souvent nettement plus strictes que les limites de l'ICNIRP. Par exemple, en appliquant ce principe, une ordonnance suisse limite le champ magnétique à 50 Hz à 1 microtesla dans les lieux habités régulièrement.

Champs électromagnétiques à haute fréquence

Les champs électromagnétiques à haute fréquence résultent des émissions radar, micro-ondes, téléphones portables, etc. Ces micro-ondes pénètrent à une certaine profondeur dans l'organisme. A haute dose, on observe un échauffement des tissus, qui est d'ailleurs utilisé par les physiothérapeutes. Un téléphone portable émet 2 W, dont une par-

[9] Voir notamment http://www.who.int/peh-emf/en/

tie pénètre dans la tête près de l'oreille. L'échauffement local est proportionnel à la puissance absorbée par kg de matière (par ex. par une partie de la tête). Si la conversation est assez longue, il peut en résulter un échauffement local allant jusqu'à 1°C, ce qui est comparable aux variations naturelles de température, donc a priori parfaitement supportable.

Des dommages à la cornée et à la rétine ont été observé sur les singes, soumis à une puissance absorbée allant jusqu'à 4 W/kg à 2,45 GHz (12 cm de longueur d'onde).

Huber, Treyer *et al.* (2002) ont soumis des volontaires à un champ électromagnétique à 900 MHz (33 cm de longueur d'onde) pulsé à basse fréquence (de manière semblable aux émissions des téléphones cellulaires), de manière à obtenir une puissance absorbée d'au maximum 1 W/kg. Leurs résultats montrent que ce type de rayonnement a une influence sur la circulation du sang dans le cerveau, et modifie certains aspect de l'électroencéphalogramme pris en veille ou en sommeil. Le champ non pulsé n'a pas ces effets.

L'intensité du champ électromagnétique peut être donnée sous forme de densité de puissance, P en W/m^2, mais elle est le plus couramment quantifiée par l'intensité du champ électrique associé, E en V/m. La relation entre les deux est, dans le vide et en première approximation dans l'air:

$$E = \sqrt{377P} \quad [\mathrm{V/m}]$$

et

$$P = \frac{E^2}{377} \quad [\mathrm{W/m^2}]$$

L'ICNIRP (1998) ainsi que l'OMS recommandent les valeurs limites d'immission données dans le tableau 3.9. Pour les lieux occupés souvent (habitations, écoles, lieux de travail), ces valeurs sont divisées par 10 en Suisse, en application du principe de précaution, ce qui entraîne une division de la puissance des ondes par 100.

Tableau 3.9 Valeurs limites d'immission aux champs électromagnétiques à haute fréquence selon la Commission internationale de protection contre les rayonnements non ionisants.

Technologie utilisée pour les téléphones portables	Valeur limite ICNIRP [V/m]	Limite pour emplacements sensibles en Suisse
GSM 900 MHz	42	4
GSM 1800 MHz	58	6
UMTS	61	6

Certaines personnes attribuent un ensemble de problèmes réversibles au champ électromagnétique émis par les antennes pour téléphones cellulaires: maux de tête, transpiration, instabilité émotionnelle, irritabilité, fatigue, somnolence, problèmes sexuels, perte de mémoire, difficultés de concentration et d'esprit de décision, insomnies, tendances hypocondriaques, dépressives, etc. Il n'est toutefois pas certain que les effets démontrés mentionnés plus haut aient pour résultat ces problèmes physiologiques. A ce jour aucune étude épidémiologique n'a pu confirmer que ces symptômes, qui peuvent résulter de nombreuses autres causes, soient dus à ce type de rayonnement.

Mesures à prendre

Les mesures contre les accidents et celles consistant à éviter les exposition intenses qui ont un effet bien connu sont décrites dans les prescriptions de sécurité pour les professionnels, et en général affichées près des installations dangereuses (sous-stations électriques, antennes de radar, etc.). Les mesures décrites ci-dessous sont peut-être superflues, puisque la preuve des effets néfastes des expositions faibles n'est pas faite. Elles peuvent toutefois être prises en vertu du principe de précaution.

- Eviter de prévoir des constructions à proximité des sources telles que lignes à très haute tension, sous-stations électriques, émetteurs de radio, radiophares, etc.
- Eloigner les sous-stations électriques installées dans les bâtiments, des chambres habitées, notamment des chambres à coucher.
- Vérifier que les antennes de téléphones cellulaires n'émettent qu'une intensité très faible en direction des zones voisines habitées.
- Eviter d'utiliser fréquemment un téléphone portable, et ne pas les laisser aux mains des enfants.

3.4 BIOCONTAMINANTS

3.4.1 Introduction

Par biocontaminant, on entend polluant d'origine biologique. Ceux-ci comprennent:

- Les êtres humains: les personnes en bonne santé et les malades émettent dans l'air des microbes, qui peuvent être pathogènes (c'est-à-dire susceptibles de provoquer une maladie). Cette émission est particulièrement intense lors d'éternuements et de quintes de toux.
- Les chats, chiens, oiseaux et autres cochons d'Inde contribuent comme leurs maîtres à la pollution intérieure: les poils, les plumes, la salive, les squames (particules de peau) qui contiennent des allergènes. Les microbes des animaux domestiques se répandent aussi, mais n'attaquent généralement pas les êtres humains.
- Les acariens, et surtout leurs excréments sont des biocontaminants allergènes présents dans les poussières domestiques.
- Les végétaux: les plantes et les bouquets émettent des pollens et des odeurs. La terre des pots contient des micro-organismes.
- Les microbes (bactéries, bacilles, virus).
- Les moisissures et levures.

3.4.2 Toxicologie, symptômes

Les effets possibles sont nombreux:

- Infections: la transmission aérienne des virus et bactéries est le mode de contamination le plus courant pour de nombreuses maladies infectieuses: grippe, pneumonie, légionellose, etc.
- Inflammations: conjonctivites, rhinites, bronchites, et autres symptômes respiratoires peuvent être causés par des substances qui se trouvent dans les bactéries ou les moisissures.

- Maux de tête, une fatigue excessive, de la fièvre.
- Allergies: les biocontaminants sont parfois allergéniques, c'est-à-dire qu'ils peuvent induire une réaction allergique respiratoire (rhinites, sinusites, asthme) ou cutanée (eczéma). Certains symptômes, en particulier pour l'asthme, peuvent être sévères et impliquer une hospitalisation et une médication permanente.

3.4.3 Prévention

- Une ventilation suffisante évitera les excès d'humidité et la condensation et, partant, le développement de moisissures.
- Le balayage, qui remet en suspension dans l'air une grande partie des particules biologiques et des poussières, sera avantageusement remplacé par l'utilisation de l'aspirateur, qui peut être muni de filtres efficaces évitant la rediffusion des particules dans l'air.
- Le nettoyage régulier des systèmes de ventilation et des humidificateurs évite le développement des micro-organismes et leur dispersion dans toute la maison.
- Les matériaux qui absorbent la poussière (moquettes, tapis, tissus muraux) ou qui sont difficiles à nettoyer (crépis) conviennent généralement fort bien au développement des bactéries et moisissures et à la prolifération des acariens. Il sera parfois nécessaire de les éviter si un des occupants est allergique. Les matelas constituent un lieu de prédilection pour les acariens, qui peuvent être détruits en grande partie en exposant régulièrement la literie au soleil.

3.4.4 Les animaux domestiques

La cohabitation avec les animaux domestiques provoque certaines nuisances. Outre le bruit (les aboiements sont souvent mal perçus), la défécation canine pose parfois problème, notamment en ville.

Cette cohabitation a aussi d'autres impacts sur la santé. Ainsi, les allergènes d'animaux qui sont des particules microscopiques de peau (squames) que l'on trouve dans la poussière (tab. 3.10) se déplacent dans l'air et déclenchent les symptômes d'allergie dans le nez ou les poumons. On a remarqué plus d'allergies aux petits chiens à poils longs qu'aux grands chiens à poils courts. On peut l'expliquer par le fait que les petits chiens sont acceptés dans la plupart des espaces de vie (fauteuils, lits, coussins) qui deviennent autant de nids d'allergènes. Les grands chiens au contraire se verront interdire les chambres à coucher ou les fauteuils, ce qui diminuera d'autant le risque de propagation d'allergènes.

Tableau 3.10 Concentrations d'allergènes de canidés (Can), de félins (Fel) et d'acariens (Der) observées dans des logements (d'après Wanner, Verhoef *et al.* 1993).

Catégories de concentrations	Can f I [µg/g poussière]	Fel d I [µg/g poussière]	Der p I ou Der f I [µg/g poussière]
Très basse	< 0,3	< 0,1	< 0,5
Basse	< 10	< 1	< 5
Intermédiaire	< 100	< 10	< 15
Haute	< 100	< 100	< 20
Très haute	> 100	> 100	> 20

Il convient de préciser que les catégories du tableau 3.10 sont basées sur les valeurs observées dans des bâtiments. Ces catégories ne sont en aucun cas des évaluations et ne peuvent pas être utilisées comme valeurs cibles pour des bâtiments sains.

Effets des animaux domestiques sur la santé

Les réactions allergiques aux animaux domestiques vont de l'inflammation des parois du nez et des yeux aux crises d'asthme.

Conduite à tenir

- Si l'un des occupants de votre foyer est allergique, la seule solution efficace est d'éloigner l'animal.
- On peut réduire la quantité d'allergènes dans l'air en aérant les pièces, mais cette méthode a ses limites. Il est en effet inconfortable d'augmenter l'aération d'un facteur supérieur à dix !
- Le retrait du tapis ou du sofa, le recouvrement du matelas, et le nettoyage soigné permettent aussi de réduire la quantité d'allergènes.
- Une bonne information peut aider les personnes allergiques sur les dangers des animaux domestiques. Toutefois l'information apportée ne suffit pas toujours à faire changer les comportements.
- Il est fortement déconseillé d'exposer continuellement les enfants en bas âge aux allergènes d'animaux (chats et chiens).

Par contre, des études récentes (Spertini 1999) semblent montrer que l'augmentation dramatique du nombre d'allergiques pourrait résulter d'une trop grande hygiène dès le premier âge. Un bébé doit développer son système immunitaire, et ne peut le faire qu'en étant exposé à des attaques microbiennes. Si le système immunitaire ne se développe pas bien dès le début, il peut avoir des réactions aberrantes (les allergies) plus tard. Dans cette optique, il faudrait mettre les bébés en présence d'autres enfants.

3.4.5 Blattes ou cafards

Cité parmi les animaux les plus antipathiques de notre environnement proche, le cafard réveille de nombreuses craintes (fig. 3.15). Même si la plupart de ces craintes relèvent de l'irrationnel ou du simple dégoût, on s'interroge de plus en plus sur son impact sur la santé humaine.

Les blattes ont un régime alimentaire éclectique et mangent tout ce qu'elles trouvent à leur portée: papiers peints, restes de nourriture, cheveux, peau, cuir, etc. De plus elles sont cannibales, n'hésitant pas à se dévorer entre elles. Leur mode de vie et les endroits insalubres que les blattes fréquentent, leur font véhiculer de nombreuses maladies comme diarrhée, salmonellose, gastro-entérite et bien d'autres encore. Les blattes fuient la lumière, nichent dans des endroits obscurs (canalisations, conduits, moteurs...) et circulent partout dans le bâtiment. Si un appartement est infesté, les autres le sont sûrement aussi.

La prévalence de la sensibilisation aux blattes varie selon les auteurs entre 14 et 60%: ces différence peuvent s'expliquer par des méthodes de diagnostics et par l'hétérogénéité des populations étudiées. En effet, la sensibilisation aux blattes varie beaucoup d'une communauté urbaine à l'autre et d'un quartier à l'autre: elles est plus importante quand les conditions socio-économiques sont mauvaises.

Effets des blattes sur la santé

Les blattes peuvent être responsables d'allergies, et on retrouve chez les blattes la présence d'allergènes proches de ceux des acariens. Depuis quelques années, on s'inquiète du rôle pathogène des blattes en milieu urbain. A Paris, 20 % des enfants souffrant de rhinite ou d'asthme seraient allergiques à ce type d'insectes.

Conduite à tenir

Une conduite préventive consiste à respecter une hygiène stricte des sols de la cuisine et des salles d'eau et à éviter le stockage des ordures.

Le traitement de l'allergie à la blatte repose sur la désinsectisation. Pour être efficace dans les immeubles collectifs, elle doit être pratiquée dans tous les appartements et couloirs. Les produits habituels, irritants, doivent être utilisés en dehors de la présence des habitants.

3.4.6 Acariens

Les acariens sont des insectes minuscules dont la taille est en générale proche du demi-millimètre (fig. 3.16). Contrairement à une idée répandue, ils ne sont donc pas invisibles à l'œil nu. Proche parent des araignées, ils s'en distinguent néanmoins par toute une série de caractères morphologiques. Il y a autant de similitudes entre un acarien et une araignée qu'il y en a entre un homme et un singe.

Il existe près de 500 000 espèces différentes d'acariens, susceptibles de coloniser une quantité impressionnante de biotopes. Parmi les acariens domestiques, on en distingue deux grandes familles: les acariens des céréales et les acariens des poussières. Ceux-ci peuvent se trouver sur les moisissures, le long des murs ou sous le papier peint, sur les plantes, dans nos armoires à provision, etc. Parmi les acariens des poussières, le plus célèbre est le *Dermatophagoides pteronyssinus*. Il est présent dans les matelas, les tapis, les canapés, les vêtements, les peluches, etc. Le *Dermatophagoides farinae* est également fort répandu dans nos milieux intérieurs.

Les quelques espèces présentes dans nos habitations ont besoin d'un milieu chaud et humide pour se développer. Elles se nourrissent de pellicules, animales et humaines, de fragments de nourriture, de moisissures, etc. La desquamation constante de la peau produit des particules qui sont consommées par les acariens.

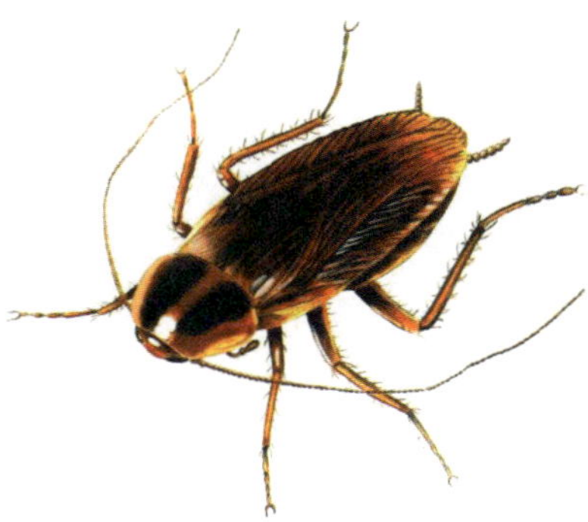

Fig. 3.15 Blatte (dessin de David Kha).

Fig. 3.16 Acarien (Allergopharma).

Effets des acariens sur la santé

L'acarien est connu pour être la principale cause d'allergies dans les pays d'Europe occidentale. Les allergènes d'acariens ne sont pas uniquement présents dans leurs déjections. Le corps de l'acarien, ses exuvies (peaux perdues après la mue) contiennent également de grandes quantités d'allergènes.

Les effets sur la santé sont de plusieurs ordres: dermatites, rhinites ou asthme. Il a été rapporté que l'ingestion accidentelle d'acariens (contamination d'aliments) peut provoquer des chocs anaphylactiques.

D'après Platts-Mills and Weck (1988):

- Avec 2 microgrammes de Der pl par gramme de poussière (ou 100 acariens par gramme), il y a risque d'allergie chez les personnes génétiquement prédisposées.
- Avec 10 microgrammes de Der pl par gramme de poussière (soit 500 acariens par gramme), il y a un risque majeur d'asthme aigu chez les personnes sensibles.

Eviction des acariens et de leurs allergènes

Il est essentiel de localiser les foyers d'acariens afin d'éviter des dépenses inutiles et de remédier efficacement au problème (exemple: il est inutile de changer de matelas lorsqu'en fait, seul le fauteuil est contaminé).

Néanmoins, quelques mesures de base peuvent empêcher la colonisation de l'habitat par les acariens, ou diminuer le stock d'allergènes présents dans l'environnement:

- Réduire l'humidité, ne pas utiliser d'humidificateur, contrôler la température (20°C max.) et surtout ventiler correctement le local en hiver. Les acariens ne survivent pas en dessous de 45% d'humidité relative.
- Limiter la présence de poussières en nettoyant le plus possible avec un chiffon légèrement humidifié ou avec un aspirateur avec filtre HEPA[10] afin de limiter la remise en suspension d'allergènes dans l'air.
- Eliminer le mobilier contaminé.
- Nettoyer les textiles pendant une heure à 60°.
- Nettoyer régulièrement la literie (aspirer, changer les draps, aérer).
- Utilisation éventuelle de housse anti-acariens (bien se renseigner avant d'en acheter une, car il existe une grande diversité de qualité et il n'existe pas de label certifié anti-acariens).
- Il est conseillé de placer les peluches dans un sac en plastique au congélateur pendant 24 ou 48 heures afin de tuer tous les acariens. Après avoir sorti le sac du congélateur, attendre un petit quart d'heure avant d'en sortir les peluches. Les peluches seront ensuite passées à l'aspirateur pour en extraire si possible les acariens morts. En effet, même les cadavres d'acariens sont allergènes.
- Eviter les tapis, les peluches, les bibliothèques non fermées, l'accumulation de bibelots, les canapés ou fauteuils en tissu ainsi que les revêtements muraux avec aspérités.
- Disposer de placards fermés pour ranger les vêtements.
- Les épurateurs d'air ont démontré leur efficacité pour les particules en suspension dans l'air tels que pollens, allergènes de chat et pour autant qu'ils disposent de filtre HEPA. Leur efficacité en ce qui concerne les allergènes d'acariens prête à discussion.

---

[10] HEPA signifie «haute efficacité pour l'absorption de particules» (*High Efficiency Particulate Adsorption*). Ce sont des filtres qui retiennent efficacement même les particules de très petite taille.

Des mesures dans des logements en Suisse ont montré qu'en moyenne, la concentration d'allergène Der P1 et Der f1 est significativement plus faible dans les logements à basse consommation d'énergie, équipés de ventilation mécanique à double flux avec récupération de chaleur que dans les autres logements (Spertini *et al.*, 2005). Des mesures dans des logements en Suisse ont montré qu'en moyenne, la concentration d'allergène Der P1 et Der f1 est significativement plus faible dans les logements à basse consommation d'énergie, équipés de ventilation mécanique à double flux avec récupération de chaleur que dans les autres logements (Spertini *et al.*, 2005).

3.4.7 Moisissures

Les moisissures sont des champignons microscopiques qui, contrairement aux plantes, ne peuvent tirer leur source de nourriture du soleil et de l'air. Elles sont constituées d'un réseau de filaments et vivent sur les plantes ou sur la matière animale en décomposition desquelles elles se nourrissent. Les moisissures font partie des organismes vivants les plus répandus et comprennent des dizaines de milliers d'espèces différentes.

Fig. 3.17 Moisissures.

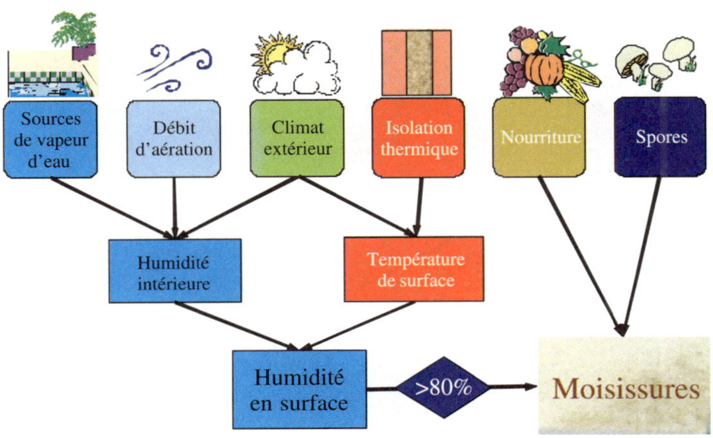

Fig. 3.18 Facteurs favorisant l'apparition de moisissures.

Dans les bâtiments, on observe parfois des moisissures sous forme de taches noires dans les endroits humides (fig. 3.17).

Les moisissures se reproduisent en relâchant des spores dans l'air qui se posent sur la matière organique et qui germent en développant de nouveaux réseaux de filaments: le mycélium. Le développement de moisissures dépend de plusieurs facteurs: l'humidité, la température, et la présence de spores et d'éléments nutritifs (fig. 3.18). Les spores sont présentes partout et pratiquement inévitables, et leur nourriture se trouve partout. C'est pourquoi l'humidité est le facteur déterminant dans le développement des moisissures.

Sources de moisissures

On peut trouver des moisissures dans la plupart des environnements (tab. 3.11). Les spores de moisissures produites à l'extérieur se dispersent sur une grande étendue et peuvent entrer à l'intérieur des bâtiments.

Tableau 3.11 Catégories de concentrations de moisissures (UFC/m^3 d'air) observées (d'après Wanner, Verhoef *et al.* 1993).

Catégories	Logements	Bureaux
Très basse	< 50	< 25
Basse	< 200	< 100
Intermédiaire	< 1000	< 500
Elevée	< 10 000	< 2000
Très élevée	> 10 000	> 2000

Les moisissures domestiques se retrouvent surtout dans les endroits où l'humidité est élevée. La température et l'humidité conditionnent leur prolifération (fig. 3.19).

Il est actuellement généralement admis que, à température ambiante, les moisissures ne peuvent proliférer que si l'humidité relative locale dépasse 80% pendant

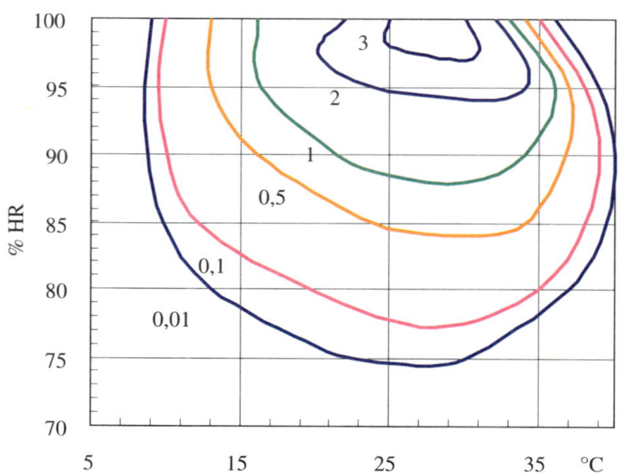

Fig. 3.19 Vitesse de croissance (en mm/jour) de la moisissure Aspergillus versicolor en fonction de la température et de l'humidité (d'après Smith and Hill 1982).

plusieurs semaines. L'humidité relative locale dépend de l'humidité absolue de l'air intérieur et de la température locale, par exemple de la température d'une surface froide parce que mal isolée. L'humidité absolue de l'air intérieur dépend des sources de vapeur d'eau à l'intérieur, du débit d'aération et de l'humidité absolue de l'air extérieur.

Les pièces sensibles sont donc la salle de bains, la cuisine, la buanderie, la cave, voire la chambre à coucher si on y dort la fenêtre fermée. Les endroits sensibles sont les ponts thermiques (sect. 5.5).

Effets des moisissures sur la santé

Les spores sont souvent irritantes et toxiques. Différents symptômes peuvent apparaître:

- atteintes respiratoires: rhinites, alvéolites, bronchites, asthme, pneumopathie d'hypersensibilité;
- symptômes non respiratoires: irritation des yeux, lésions et infections des tissus;
- allergies cutanées: irritation de la peau, dermatite;
- effets toxiques généraux: fièvre, frissons, maux de tête, nausées, vomissements, diarrhée, déficiences du système immunitaire, fatigue, perte des cheveux.

A noter que les moisissures sont rarement perçues comme toxiques par la population.

De plus, certaines moisissures s'attaquent aux matériaux de construction, notamment au bois, et le détruisent. Un rapport du ministère allemand de la construction (BMBau, 1996) estimait le coût annuel des dommages dus aux moisissures à plus de 200 millions d'euros par an!

Mesures constructives

- Bien isoler les parois séparant les zones chauffées de l'extérieur ou de zones froides.
- Eviter les ponts thermiques. S'ils sont inévitables, s'arranger pour que la surface intérieure ne soit jamais trop froide.
- Appliquer un concept de ventilation permettant à l'habitant de bien aérer son logement sans courants d'air et sans gaspiller le chauffage.

Le chapitre 7 contient plus de détails relatifs à la protection contre l'humidité.

Conduite à tenir

Chez les personnes allergiques aux moisissures ainsi que chez les sujets sensibles, il est important que le taux d'humidité ne s'élève pas trop dans la maison. Les conseils suivants peuvent diminuer leur concentration dans l'environnement intérieur:

- Identifier les sources d'excès d'humidité: vices de construction, activités des occupants, ventilation inadéquate, dégât ou infiltration d'eau.
- Assurer une bonne ventilation. Ouvrir les fenêtres en même temps que les ventilateurs d'extraction de la cuisinière et de la salle de bains. Brancher la sécheuse à un évent extérieur. Ventiler après les activités produisant beaucoup d'humidité comme le bain, la douche et la cuisson.

- Assécher et nettoyer dans les 24 heures tout dégât d'eau et remplacer, si nécessaire, les matériaux et tapis endommagés par l'eau. Corriger les infiltrations d'eau.
- Essuyer les surfaces humides après la douche, et faire sécher le chiffon dehors !
- Vider et nettoyer régulièrement les bassins de réception d'eau des déshumidificateurs, réfrigérateurs, systèmes de ventilation et de chauffage, où l'eau peut stagner; changer l'eau et nettoyer des humidificateurs selon les recommandations du fabricant; ne les utiliser qu'en cas de besoin.
- Nettoyer les moisissures à mesure qu'elles apparaissent, avec une solution constituée d'eau de Javel diluée dans 2 à 4 mesures d'eau et d'un peu de détergent à vaisselle. Porter des gants, bien ventiler la pièce. Appliquer sur la surface, attendre 15 minutes et rincer. Garder les surfaces sèches et exemptes de poussière. Maintenir la maison propre.
- Procéder à des analyses pour identifier le type de moisissures auquel on est confronté afin de déterminer sa dangerosité.

3.4.8 Microorganismes

Les microbes (bactéries, virus, organismes unicellulaires) sont présents partout et c'est normal (tab. 3.12 et tab. 3.13) ! En général, on supporte bien leur compagnie, sauf quand ils deviennent trop nombreux. Il faut aussi distinguer les bactéries pathogènes (qui causent des maladies) et les autres, nombreuses, qui font normalement partie de notre biotope.

Tableau 3.12 Concentrations de bactéries observées en différents endroits.

Concentration [UFC[11]/m^3]	Endroit
20-700	Extérieur
25-20 000	Intérieur de bâtiments
100-1000	Bureaux, habitations propres
1000-16 000	Ecoles, garderies, vieux bâtiments

Tableau 3.13 Catégories de concentrations de bactéries (Wanner, Verhoef *et al.* 1993).

Catégories	Logements [UFC/m^2]	Bureaux [UFC/m^2]
Très basse	< 100	< 50
Basse	< 500	< 100
Intermédiaire	< 2500	< 500
Elevée	< 10 000	< 2000
Très élevée	> 10 000	> 2000

11 UFC ou unité formant colonie : nombre de colonies de bactéries observées sur un milieu de culture adéquat.

Il convient de préciser que les catégories du tableau 3.13 ne font qu'illustrer des valeurs observées dans des bâtiments. Elles ne représentent pas une évaluation de risque pour la santé.

Tous les êtres vivants, notamment les êtres humains, sont porteurs de bactéries qui se transmettent par contact, par ingestion ou par voie aérienne dans les aérosols. Certaines d'entre elles sont pathogènes et leur développement devrait être évité.

C'est le cas de la ***légionelle*** qui a été découverte de façon assez dramatique lors d'un congrès de légionnaires (d'où son nom) à Philadelphie en 1976. Les participants ont été exposés aux bactéries disséminées par le système de climatisation du bâtiment dans lequel se tenait la réunion. La prise d'air de l'installation de ventilation était localisée trop près des tours de refroidissement, elles-mêmes mal entretenues. La légionelle provoque une pneumonie à fort taux de mortalité. Cette bactérie est présente en permanence dans l'environnement, et le danger provient du fait que son taux de multiplication est très élevé dans les eaux tièdes (40-55°C). Le risque de développement de légionelles est donc élevé dans tout endroit chaud et humide, notamment dans les ballons d'eau chaude si celle-ci reste trop longtemps tiède.

La ***fièvre des humidificateurs*** est causée par des endotoxines produites par des bactéries proliférant dans l'eau des humidificateurs mal entretenus.

Pour éviter la prolifération de bactéries, une bonne hygiène est indispensable. Il faut aussi bien sûr (mais ce n'est pas évident pour tout le monde) placer les entrées d'air frais dans un courant d'air pur !

3.5 ÉVALUATION DES RISQUES

La figure 3.20 montre la probabilité de mort prématurée pour un individu exposé à divers risques, allant de l'exposition à l'amiante domestique ou à la fumée, en passant par les accidents domestiques et une forte exposition au radon. Cette figure reflète des estimations qui sont d'autant moins précises que le risque est plus faible.

On notera que la probabilité d'écourter sa vie reste très faible, pratiquement non mesurable pour l'exposition à l'amiante, la fumée passive, les solvants couramment présents dans les logements et le radon extérieur, qui est inévitable.

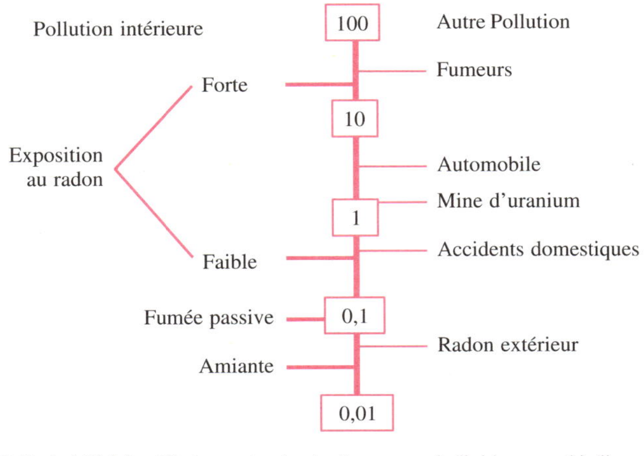

Fig. 3.20 Probabilité (en %) de mort prématurée pour un individu exposé à divers risques.

Cette probabilité devient mesurable, et comparable, pour les accidents domestiques et une faible exposition au radon. Il faut remarquer que les accidents automobiles, dont la fréquence ne semble scandaliser personne, dépassent de loin ces deux dernières causes. Enfin, une forte exposition au radon représente un risque élevé, mais néanmoins inférieur à celui qu'accepte allégrement un fumeur.

Toutefois, la santé n'est pas l'absence de maladie ou de décès, mais un sentiment général de bien-être selon la définition de l'OMS. En conséquence, toute cause de pathologie ou de malaise doit être évitée dans la mesure du possible. De plus, il ne faut pas oublier que les enfants sont particulièrement sensibles, et donc que les bâtiments dans lesquels ils se trouvent doivent être particulièrement bien soignés.

3.6 RÉSUMÉ

On trouve de nombreux composés chimiques dans l'air des bâtiments, qui peuvent avoir des effets désagréables. De plus, les organismes vivants tels que les animaux, les insectes ou les moisissures génèrent des allergènes ou des composés toxiques. Les risques liés à ces polluants sont a priori plus grands si la concentration en polluant est plus grande.

On s'efforce donc à maintenir les concentrations de polluants en dessous d'un niveau acceptable, en évitant d'introduire des sources de pollution dans les bâtiments, en éliminant ces sources autant que possible, et enfin en évacuant les polluants par une aération suffisante.

La concentration acceptable dépend du polluant. Pour certains d'entre eux, il existe une limite en dessous de laquelle les éventuels dégâts à l'organisme sont réparables, et le risque de dégâts est alors nul. Pour d'autres polluants, le risque de dégât est proportionnel à la concentration, et ne s'annule jamais. Dans ce cas, fixer une concentration acceptable revient à accepter un certain risque.

3.7 BIBLIOGRAPHIE

ÅKERSTEDT T., ARNETZ B., *et al.* (1999). «A 50-Hz electromagnetic field impairs sleep» *Journal of Sleep Research* **8**(1): 77-81.

CEN (2003). *EN 14788 Ventilation for buildings – design and dimensioning of residential ventilation systems*. Brussels, CEN.

CNATTINGIUS S. (1990). «Cigarette smoking as a risk factor for sudden infant death syndrome: a population – based study» *Am J Public Health* **80**(1): 29-39.

CONG K.H. (2001). «Matériaux de construction et impact sur la santé» *Ingénieurs et Architectes Suisses* **127**: 330.

CONNER D.E. et BEUCHAT L.R. (1984). «Sensitivity of heat-stressed yeasts to essential oils of plants» *Appl. environ. microbiol.* **47**(2): 229-233.

EPA (1992). *Respiratory Health Effects of Passive Smoking: Lung Cancer and Other Disorders*. Washington DC, Environmental Protection Agency.

FANG L., CLAUSEN G., *et al.* (2000). «Temperature and humidity: Important Factors for Perception of Air Quality and for Ventilation Requirements» *ASHRAE Trans.* **106 P. 2**: 503-510.

FANGER P.O. (1988). «Introduction of the olf and decipol units to quantify air pollution perceived by human indoors and outdoors» *Energy and Buildings* **12**: 1-6.

HUBER R., TREYER V., *et al.* (2002). «Electromagnetic fields, such as those from mobile phones, alter regional cerebral blood flow and sleep and waking EEG» *Journal of Sleep Research* **11**(4): 289.

ICNIRP (1998). EMF guidelines, Health Physics, **74**, 494-522.

KEELING C.D. et WHORF T.P. (2003). Atmospheric CO2 records from sites in the SIO air sampling network. *Trends : A Compendium of Data on Global Change*. Oak Ridge, Tenn., Oak Ridge National Laboratory, U.S. Department of Energy.

MARONI M., SEIFERT B., *et al.* (1995). *Indoor Air Quality – A Comprehensive Reference Book*. Amsterdam, Elsevier.

MOFFAT D.W. (1997). *Handbook of indoor air quality management,* Prentice Hall.

PLATTS-MILLS T.A.E. et WECK A.L.D. (1988). «Dust mite allergens and asthma: a worldwide problem» *Bull. W. H. O* **66**: 769-780.

SCHNEIDER T., SUNDELL J., *et al.* (2003). «EUROPART: Airborne Particles in the Indoor Environment. A European I8nterdisciplinary Review of Scientific Evidence on Associations Between Exposure to Particles in Buildings and Health Effects» *Indoor Air* **13**(1): 38-48.

SMITH S.L. et HILL S.T. (1982). «Influence of temperature and water activity on germination and growth of Aspergillus restrictus and Aspergillus Versicolor» *Trans. British Mycological society* **79**: 558-560.

SPENGLER J.D., SAMET J.M., *et al.* (2000). *Indoor Air Quality Handbook*. New York, McGraw-Hill.

SPERTINI F. (1999). «Société en mouvance et allergie» *Revue Médicale de la Suisse Romande* **119**: 613-617.

SPERTINI, F., M. BERNEY, N. COUSIN, A. OOSTRA, F. FORADINI, et C.-A. ROULET, 2005, Low-Versus High-Energy Use Buildings and Mite Allergens: Journal of Allergy and Clinical Immunology, v. 115 (2), p. S235.

WANNER H.-U., VERHOEF A., *et al.* (1993). *Biological Particles in Indoor Environments*, CEC: 81.

WHO (1996). *Health Hazards of Tobacco : Some Facts*, World Health Organisation.

WHO (1998). *The Tobacco Epidemic : A Crisis of Startling Dimensions*, World Health Organisation.

WHO (2000). *Air Quality Guidelines for Europe*. Copenhagen, WHO Regional Publications, European Series.

CHAPITRE 4

CONFORT ET BESOINS DES OCCUPANTS

4.1 INTRODUCTION

Assurer une bonne qualité de l'environnement intérieur, c'est entre autres satisfaire les besoins des occupants, donc assurer leur confort. Le confort est une notion subjective qui résume tout un ensemble de sensations: le confort thermique consiste à n'avoir ni trop chaud, ni trop froid, le confort aéraulique assure une qualité de l'air intérieur acceptable ou mieux, agréable, le confort visuel garantit un environnement bien visible et agréable aux yeux, et le confort acoustique consiste en un environnement pas trop bruyant et dans lequel les sons utiles sont clairement audibles.

On trouvera dans ce chapitre les notions permettant de définir les besoins des utilisateurs et des indications relatives à ces besoins.

4.2 CONFORT THERMIQUE

4.2.1 Modes de transfert de chaleur (rappel)

Le ***confort thermique***, comme son nom l'indique, est le confort lié à une répartition de température et de flux de chaleur agréables. On ne peut pas en discuter sans comprendre la nature de la chaleur et de la température.

La ***chaleur*** est la forme d'énergie liée à l'agitation (vibration) aléatoire des molécules constituant la matière. Cette agitation se mesure par la température, et la chaleur par l'augmentation de température obtenue dans un matériau donné. La chaleur est donc l'énergie nécessaire pour augmenter l'agitation des molécules. Au zéro absolu, l'agitation thermique est nulle, la plupart des matériaux sont sous forme solide, généralement cristalline. A moins basse température, l'agitation est telle que la structure cristalline bien ordonnée disparaît, les matériaux fondent ou s'évaporent, tout en gardant assez de liens entre atomes pour conserver la structure moléculaire (la composition chimique) malgré l'agitation. A plus haute température, les molécules se décomposent en atomes, puis, plus haut, les atomes eux-mêmes se décomposent en ions et électrons: c'est l'état de plasma. Dans ce chapitre, nous resterons dans une gamme de température restreinte, relativement confortable, à savoir entre 10 et 40°C environ (280 à 310 K).

Pour chauffer une masse m d'un matériau d'une température T_1 à une température T_2, il faut une quantité de chaleur (énergie en Joule):

$$Q = m\,c\,(T_2 - T_1) \tag{4.1}$$

où c est la ***chaleur spécifique*** du matériau, à savoir la quantité de chaleur qu'il faut pour chauffer un kilogramme de ce matériau de 1 degré.

Notons que la chaleur spécifique de la plupart des matériaux de construction, ainsi que de l'air, est de 1000 J/(kg · K) environ. L'eau fait exception avec 4180 J/(kg · K). Il en est de même des matériaux humides ou contenant beaucoup d'eau structurelle, comme le bois (2500 J/(kg · K)) ou la neige (2000 J/(kg · K)).

Comme l'eau coule de haut en bas, la chaleur passe naturellement de zones chaudes aux zones froides, en utilisant essentiellement quatre modes de transport:

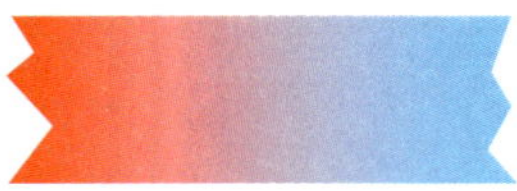

la ***conduction*** qui est la transmission de proche en proche de l'agitation moléculaire par chocs entre molécules;

la ***convection*** qui est le transport de chaleur par transport (naturel ou forcé) de matière chaude vers une zone froide ou vice versa;

le ***rayonnement***, ou transport de chaleur par émission et absorption de rayonnement électromagnétique par les surfaces des corps;

l'***évaporation-condensation***: la chaleur cédée à un matériau pour l'évaporer est restituée à la surface sur laquelle la vapeur se condense.

Le transfert de chaleur se quantifie par le ***flux de chaleur*** (en Watt) qui exprime la quantité d'énergie passant chaque seconde au travers d'une surface quelconque, ou, localement, par une ***densité de flux de chaleur*** (en W/m^2) qui exprime la quantité d'énergie transmise chaque seconde au travers d'une surface unité.

4.2.2 Thermique du corps humain

L'***activité métabolique*** consiste à transformer la nourriture consommée d'une part en constituants du corps (protéines, tissus) et d'autre part en énergie. Cette transformation produit aussi de l'eau, du gaz carbonique et des déchets divers (fig. 4.1).

L'énergie ainsi produite nous permet d'une part de travailler (au sens physique du terme, donc à nous mouvoir, à tirer et à pousser des objets) et d'autre part à maintenir la température interne de notre corps à 37°C, pour que les réactions biochimiques nécessaires puissent se faire dans de bonnes conditions.

Le corps est ***homéotherme***: il tend à maintenir une température constante. Pour cela, il faut impérativement éliminer la chaleur produite dans le corps. Cette élimination se fait au travers de la peau et par la respiration. La chaleur dégagée par le métabolisme, plus ou moins grande selon l'activité, est éliminée, directement ou au travers des habits, par convection et conduction vers l'air ambiant, par rayonnement vers les

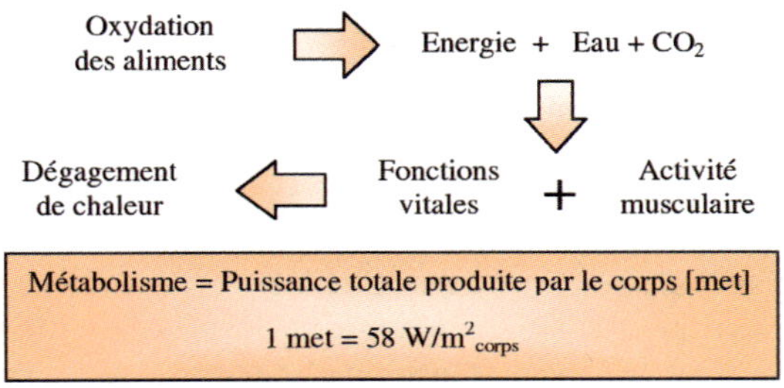

Fig. 4.1 Représentation schématique du métabolisme humain.

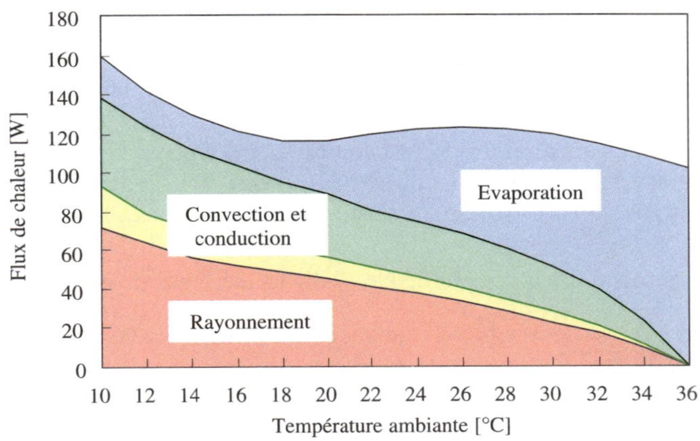

Fig. 4.2 Répartition des échanges de chaleur d'une personne assise en fonction de la température ambiante, supposée homogène.

surfaces voisines et par évapotranspiration dans l'air (fig. 4.2). On notera que dans la zone confortable, les échanges par rayonnement, convection-conduction et évapotranspiration se répartissent en trois parts approximativement égales.

L'homme dispose de deux capteurs pour réguler sa température interne:

- l'hypothalamus déclenche les fonctions de rafraîchissement du corps lorsque la température interne dépasse 37°C;
- les capteurs sensoriels de la peau déclenchent les fonctions de protection contre le froid lorsque la température superficielle descend en dessous de 34°C.

Si la température ambiante monte, les échanges par rayonnement, convection et conduction, qui dépendent directement de la différence de température entre la peau et l'ambiance, diminuent. L'évacuation de chaleur a lieu essentiellement par évapotranspiration, ce mode de transport étant le seul possible si la température ambiante dépasse la température de la peau, à savoir environ 36°C. Le corps réagit de la façon suivante lorsque la température ambiante ou le métabolisme augmente:

- les vaisseaux sanguins se dilatent et le sang devient plus fluide;
- l'irrigation de la peau et des poumons augmente;
- la température de la peau augmente, ce qui augmente les déperditions thermiques du corps;

- les glandes sudoripares éjectent de la sueur, qui requiert 2500 J/g pour s'évaporer; l'évaporation de 1 g/h permet d'évacuer 0,75 W; l'évaporation de 1 litre d'eau par jour permet d'évacuer près de 30 W;
- si la température est trop haute, le corps se met en syncope («coup de chaleur») et se limite au métabolisme basal pour assurer la survie.

Si la température baisse au-dessous de la valeur de confort, les échanges par rayonnement, convection et conduction augmentent avec la différence de température, et l'organisme diminue l'évapotranspiration pour maintenir, autant que possible, les déperditions au niveau de la production de chaleur métabolique. Au-dessous de 16°C toutefois, les déperditions sont trop grandes et le métabolisme augmente. Lorsque la température baisse, le corps réagit de la manière suivante:

- les vaisseaux sanguins se contractent et le sang devient plus épais;
- de ce fait, l'irrigation de la peau et des poumons diminue;
- la peau refroidit, ce qui diminue les déperditions thermiques du corps;
- le métabolisme augmente: nous nous hérissons, nous frissonnons, et nous consommons les réserves de carburant (par ex. graisse);
- si la température est vraiment trop basse, nous nous endormons et la température interne du corps baisse; la survie est possible dans certaines limites.

Les échanges de notre corps ont lieu avec divers éléments de notre environnement:

- Les échanges de chaleur par conduction se font au contact de la peau (le cas échéant au travers des habits) avec des objets. Si l'objet est froid ou absorbe facilement la chaleur (métal, pierre), nous aurons un sentiment de matériau froid. Si, au contraire, il est chaud ou isolant thermique, nous aurons une sensation de chaud.

- La chaleur est transportée par convection (et conduction) entre notre peau et l'air ambiant (ou l'eau lorsque nous sommes immergés). S'il y a du vent ou si nous bougeons par rapport à l'air, ces échanges augmentent. La sensation de froid (ou de chaud si l'air est trop chaud) est aggravée par le vent relatif.

- Le transport de chaleur par rayonnement a lieu entre notre peau et les surfaces environnantes. Si ces surfaces sont froides, elles nous rafraîchissent (plafonds froids). Elles nous réchauffent dans le cas contraire (soleil, surface du calorifère, radiateur).

- L'évapotranspiration nous permet d'évacuer de la chaleur même si l'air ou les surfaces environnantes sont plus chauds que notre peau. Il faut toutefois que l'air ne soit pas trop humide, car l'évaporation devient alors impossible. C'est ce qui rend le climat tropical pénible à supporter. Si le point de rosée dépasse la température de la peau, c'est la vapeur qui s'y condense, en chauffant la peau. C'est ce qui arrive notamment dans le sauna ou le bain turc.

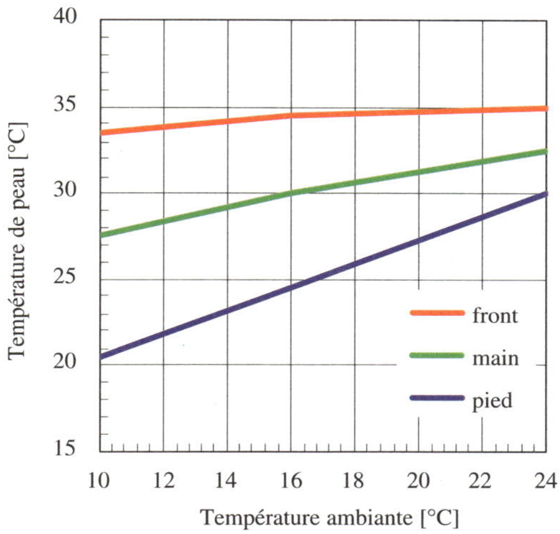

Fig. 4.3 Température de la peau en fonction de la température ambiante.

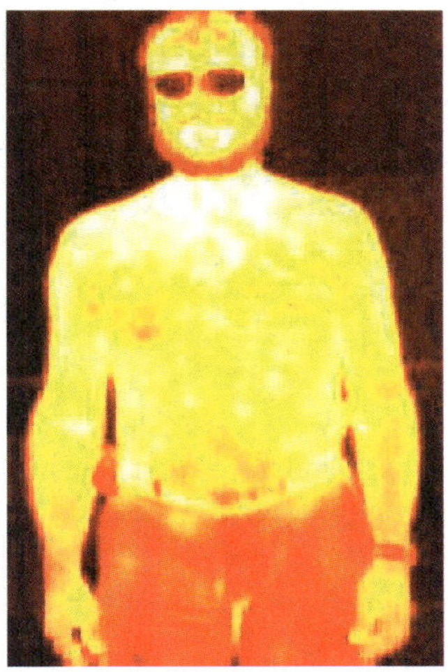

Fig. 4.4 Thermographie de l'auteur, montrant les différences locales de température de peau. Le noir correspond à 25°C ou moins, et le blanc à 35°C ou plus.

Si la température du corps a tendance à rester très stable, la température de la peau varie en fonction des circonstances (fig. 4.3 et fig. 4.4).

4.2.3 Paramètres influant le confort thermique

Ainsi, contrairement à ce qui est généralement admis, il est erroné de vouloir satisfaire les exigences de confort par une simple régulation de la température de l'air intérieur de l'habitation. Le confort thermique dépend de tous les facteurs suivants.

Les facteurs liés à l'individu :

- son activité et le rendement de cette activité ;
- son habillement.

Les facteurs liés à l'environnement :

- températures de l'air et des surfaces environnantes ;
- vitesse relative de l'air et le degré de turbulence ;
- pression de vapeur d'eau ou humidité relative.

4.2.4 Notion de confort

Le confort est une notion essentiellement subjective. Il peut être défini de diverses manières :

- l'absence de plaintes pour inconfort ;
- une sensation de bien-être général ;
- les conditions pour lesquelles les mécanismes d'autorégulation du corps sont à un niveau minimum d'activité.

D'après la norme ISO 7730, il y a situation de confort thermique si deux conditions sont satisfaites :

- Le bilan thermique de l'individu est équilibré sans que ses mécanismes autorégulateurs ne soient trop sollicités.
- Il n'existe pas d'inconforts locaux dus :
  - à la sensation de courant d'air,
  - à l'asymétrie du rayonnement,
  - au gradient vertical de température,
  - à la température du sol.

4.2.5 Mesure du confort

Il est généralement admis de quantifier la sensation de confort en utilisant l'échelle de –3 à +3 proposée par Fanger (Fanger 1982) et officialisée par la norme internationale ISO 7730 (ISO 1993) :

–3	très froid	
–2	froid	insatisfait parce que trop froid
–1	frais	
0	confortable	satisfait
1	tiède	
2	chaud	insatisfait parce que trop chaud
3	très chaud	

Une autre méthode consiste à compter le pourcentage de personnes insatisfaites des conditions de confort. Ce pourcentage est directement lié au vote moyen d'une population donnée. On a ainsi deux paramètres permettant de mesurer le confort thermique :

- Le ***vote moyen***, appelé ***PMV*** (*Predicted Mean Vote*), qui est l'appréciation moyenne d'une population dans un environnement donné, sur l'échelle de –3 à + 3. Le confort optimal correspond à un PMV nul.
- Le ***pourcentage prévisible d'insatisfaits***, appelé ***PPD*** (*Predicted Percentage of Dissatisfied*), qui exprime la part des sujets insatisfaits dans une condition donnée. La figure 4.5 montre la relation entre le PPD et le PMV.

A cause des différences physiologiques, il s'avère impossible de satisfaire tout le monde en réunissant des conditions «idéales». Par contre, il est possible de créer un environnement dans lequel le pourcentage de personnes satisfaites est maximal.

Il reste néanmoins, en moyenne, 5 % d'insatisfaits lorsque le PMV est nul. Même dans les conditions de confort optimales, on trouvera donc 2,5 % des personnes ayant trop chaud, et 2,5 % ayant trop froid. Le pourcentage d'insatisfaits monte à 10 % pour un PMV = ± 0,5 et 20 % pour un PMV = ± 0,84.

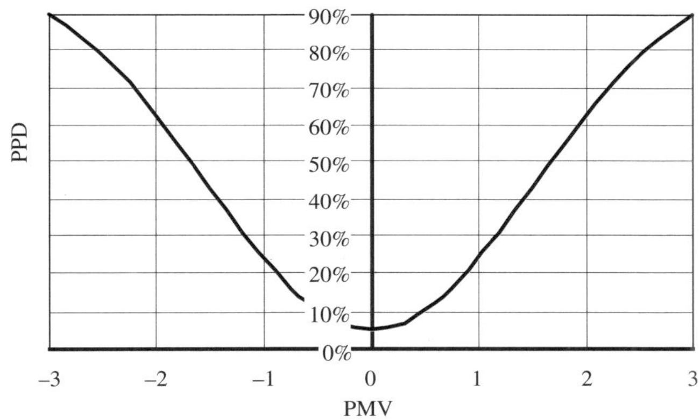

Fig. 4.5 Relation entre le pourcentage d'insatisfaits (PPD) et le vote moyen (PMV).

En comparant le vote d'un grand nombre de personnes mises dans des conditions de confort diverses avec leur bilan thermique donné par des relations bien connues de la physique, Fanger a établi une équation prédisant le PMV à partir des paramètres de confort. L'équation de Fanger (voir annexe A.2) est complexe et sa résolution nécessite l'usage d'un ordinateur. Ainsi, pour des applications pratiques, un diagramme de confort a été calculé pour une combinaison courante des paramètres physiques (fig. 4.7).

La ***température opérative*** est une moyenne pondérée de la température de l'air T_a et de la température radiante T_r:

$$T_{op} = a\, T_a + (1 - a)\, T_r \quad \text{où} \quad a = 0{,}5 + 0{,}25v \tag{4.2}$$

v étant la vitesse relative de l'air. Si cette vitesse est nulle ou négligeable, ce qui est souvent le cas lorsqu'il n'y a pas de courants d'air, la température opérative est la moyenne arithmétique de la température de l'air et de la température radiante. Si la vitesse de l'air vaut 2 m/s ou plus, la température opérative est égale à la température de l'air, les surfaces environnantes n'ont plus d'effet sensible.

Pièce réelle Pièce virtuelle

Fig. 4.6 Définition de la température radiante moyenne.

Il peut arriver que les diverses surfaces délimitant une chambre ne soient pas à la même température. La ***température radiante*** moyenne en un endroit d'une pièce qui a plusieurs surfaces à différentes températures est la température homogène qu'aurait une pièce imaginaire dans laquelle le rayonnement reçu à cet endroit serait le même que dans la pièce réelle (fig. 4.6).

L'humidité de l'air n'a que peu d'influence sur la sensation de confort tant qu'elle est comprise entre 30 et 70% et que les autres paramètres de confort donnent un PMV inférieur à 1.

La figure 4.7 donne la température opérative idéale, c'est-à-dire celle qui donne un PMV nul en fonction de l'activité et de l'habillement, et ce pour une vitesse de l'air basse (moins de 0,1 m/s) et une humidité relative normale (35 à 65%). Les

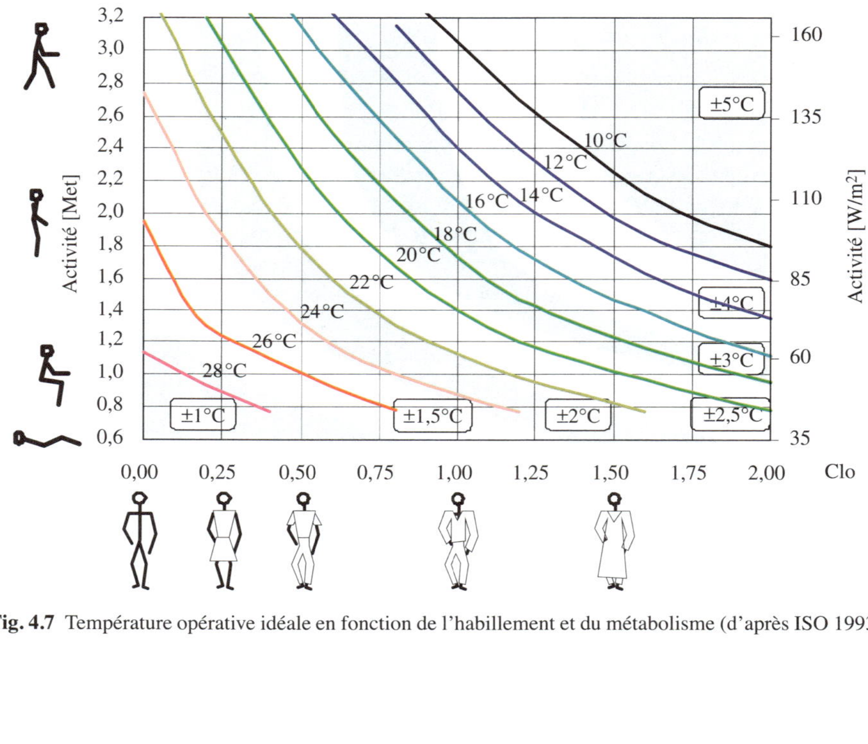

Fig. 4.7 Température opérative idéale en fonction de l'habillement et du métabolisme (d'après ISO 1993).

parties ombrées donnent l'écart acceptable autour de la température idéale tel que $-0{,}5 < PMV < 0{,}5$, donc les domaines où il n'y aurait que 10 % d'insatisfaits.

Pour utiliser l'équation de Fanger, il faut connaître les valeurs des différentes variables. Les températures, l'humidité et la vitesse de l'air se mesurent sur place ou se calculent au moyen de modèles. On utilisera le tableau 4.1 pour les taux de métabolisme et le tableau 4.2 pour l'habillement. Ces valeurs ont été mesurées en laboratoire.

Le taux de métabolisme ou l'activité peut être rapporté à un taux conventionnel, par exemple celui d'un individu assis tranquille. L'unité est alors le ***met***, qui correspond à une puissance de 58 W dissipée par mètre carré de surface du corps.

Les valeurs proposées sont relatives à un homme de 70 kg dont la surface de corps est 1,8 m^2. Pour d'autres personnes, ajouter 1 W par kg supplémentaire, et diminuer de 20 % pour les femmes et 20 à 40 % pour les enfants.

Tableau 4.1 Taux de métabolisme moyen correspondant à diverses activités (ISO 1993).

Activité	Dégagement de chaleur		
	(ASTM)	[W/m^2]*	[W/pers]**
Couché, inactif, sommeil	0,8	46	83
Assis, inactif	1,0	58	104
Activité sédentaire (bureau, lecture, études)	1,2	70	126
Debout, inactif	1,2	70	126
Activité légère, debout (magasin, établi, laboratoire)	1,6	93	167
Travail debout (ménage, atelier)	2,0	116	209
Marche (4 km/h)	2,8	162	292
Travail intensif (mécanique lourde)	3,0	174	313
Marche (5 km/h)	3,4	197	354
Course (10 km/h)	8,0	464	834

* par rapport à la surface du corps.

** valable pour une personne de 1,8 m^2 de surface corporelle (par ex. taille 1,7 m, poids 69 kg).

Tableau 4.2 Valeurs en clo pour quelques habillements (ISO 1993).

Tenue vestimentaire	[clo]	[m^2K/W]
Nu, debout	0,0	0,0
Shorts, costume de bain	0,1	0,015
Tenue tropicale: slip, chemise courte à col ouvert, shorts, chaussettes légères et sandales	0,3	0,045
Tenue d'été: slip, chemise courte à col ouvert, pantalons longs légers ou jupe, chaussettes légères et chaussures	0,5	0,08
Tenue de travail légère: sous-vêtements légers, chemise courte à col ouvert, pantalons de travail, chaussettes et chaussures	0,7	0,11
Tenue d'intérieur pour l'hiver: sous-vêtements, chemise à manches longues, pull-over, pantalons ou robe, chaussettes et chaussures	1,0	0,15
Tenue de ville: sous-vêtements à manches et jambes longues, chemise à manches longues, pantalons et gilet ou robe, veste, chaussettes épaisses et chaussures	1,5	0,23
Tenue d'hiver fourrée	3,0	0,45

L'habillement représente une résistance thermique entre la surface de la peau et l'environnement. On peut donc, à l'aide de mannequins chauffants, mesurer cette résistance thermique et l'exprimer en m^2K/W. Il est aussi usuel de l'exprimer en ***clo*** (pour clothing). 1 clo correspond à la résistance thermique du complet-veston, ou à une résistance thermique de 0,155 m^2K/W. Quelques exemples sont donnés dans le tableau 4.2.

L'équation de Fanger est utilisable dans le domaine de variation suivant:

- métabolisme de 46 à 230 W/m^2 (0,8 à 4 met);
- habillement de 0 à 2 clo ou résistance thermique des habits de 0 à 0,310 m^2K/W;
- température de l'air de 10 à 30°C;
- température radiante moyenne de 10 à 40°C;
- vitesse relative de l'air inférieure à 1 m/s;
- pression partielle de vapeur d'eau de 0 à 2700 Pa.

4.2.6 Températures opératives forfaitaires

En tenant compte de l'activité et de l'habillement usuels, on peut donner des conditions de confort thermique pour certains locaux typiques. Le tableau 4.3 donne quelques exemples.

Tableau 4.3 Températures opératives forfaitaires pour quelques espaces typiques (CEN 1998.).

Espace	Habillement [clo]		Activité [met]	Classe de confort	Température en	
	Eté	Hiver			Eté	Hiver
Bureau	0,5	1,0	1,2	A (haute)	24,5 ± 0,5	22,0 ± 1,0
				B (moyenne)	24,5 ± 1,5	22,0 ± 2,0
				C (minimum)	24,5 ± 2,5	22,0 ± 3,0
Cafétéria ou Restaurant	0,5	1,0	1,4	A	23,5 ± 1,0	20,0 ± 1,0
				B	23,5 ± 2,0	20,0 ± 2,5
				C	23,5 ± 2,5	20,0 ± 3,5
Dépôt	0,5	1,0	1,6	A	23,0 ± 1,0	19,0 ± 1,5
				B	23,0 ± 2,0	19,0 ± 3,0
				C	23,0 ± 3,0	19,0 ± 4,0

La conséquence pratique pour les bâtiments commerciaux et les logements (où l'activité avoisine 1,1 met) est que la température opérative idéale en hiver (habillement de 1 clo) est comprise entre 20 et 24°C, alors qu'en été (habillement de 0,5 clo) elle est comprise entre 22 et 26°C. Rappelons qu'il ne s'agit pas de la température de l'air seulement, mais d'une combinaison entre celle-ci et la température radiante.

4.2.7 Facteurs d'inconfort supplémentaires

L'équation de Fanger ne tient pas compte de certains facteurs d'inconfort supplémentaires tels que les gradients de température, les contacts avec les surfaces froides, l'effet désagréable de courants d'air ou les effets dynamiques.

Les figures suivantes sont basées sur des expériences portant sur un nombre relativement restreint d'individus (une centaine). Elles donnent une indication sur l'influence de divers paramètres sur la satisfaction des usagers (Fanger 1983).

Dans ces figures, les paramètres de confort non mentionnés sont supposés «normaux», à savoir: vitesse de l'air nulle, gradients de température nuls, température radiante égale à la température de l'air et humidité relative «normale». De plus, les conditions thermiques étaient telles que le PMV soit nul. Par exemple, des surfaces chaudes sont compensées par des surfaces froides ou de l'air plus froid. Le pourcentage d'insatisfaits donné par les figures s'ajoute donc au 5 % usuels pour un PMV nul.

Ces diagrammes permettent de définir des conditions de confort acceptables ou d'estimer le PMV ou le PPD dans une condition donnée, à un instant donné. Dans de nombreux pays ayant adopté la méthode de Fanger, on admet que l'habitation est satisfaisante si le PPD ne dépasse pas 20 % au total.

L'***asymétrie de température radiante*** par elle-même peut engendrer une sensation d'inconfort (fig. 4.8). Cette asymétrie est définie par la différence de température radiante moyenne entre les deux faces d'une petite surface, chacune des faces voyant la moitié de la pièce.

On notera qu'un plafond chaud est nettement moins bien supporté qu'un plafond froid, alors qu'une paroi chaude est préférée à une paroi froide.

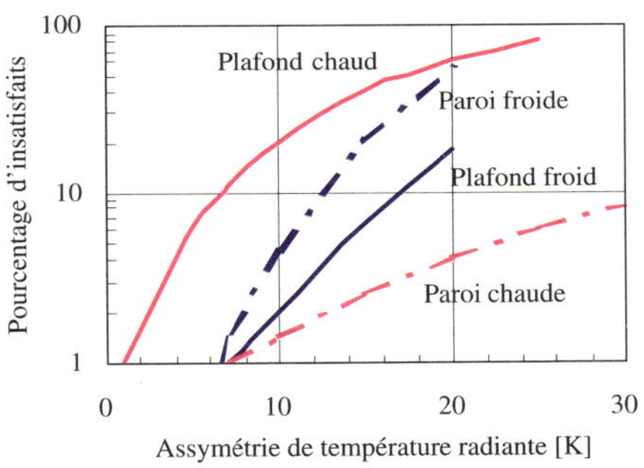

Fig. 4.8 Effet de l'asymétrie de température radiante.

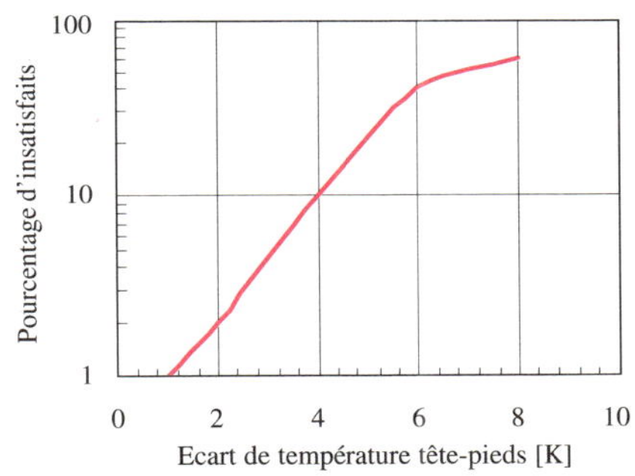

Fig. 4.9 Effet d'une différence de température entre la tête et les chevilles.

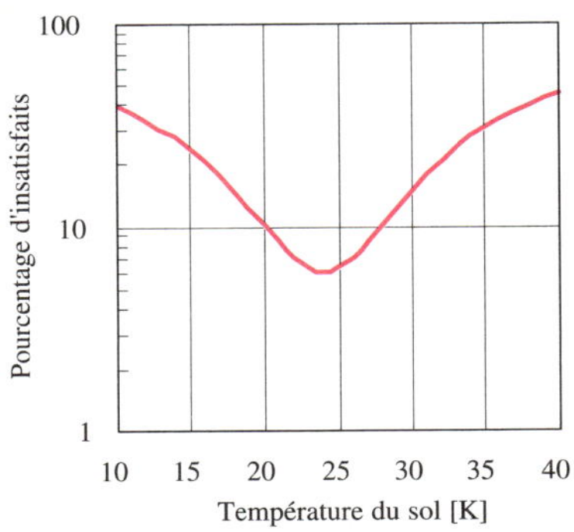

Fig. 4.10 Effet de la température du sol (d'après Fanger 1982).

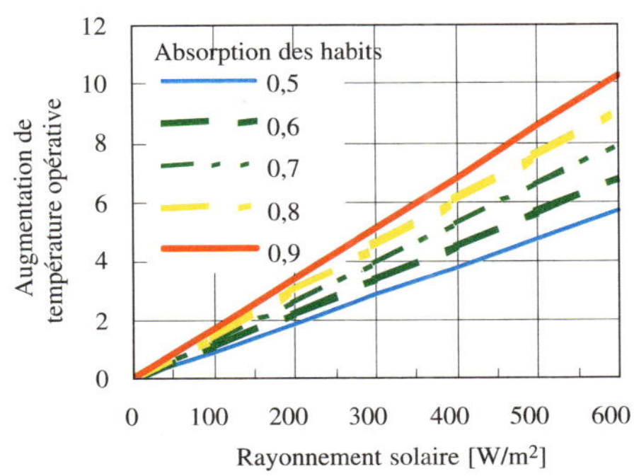

Fig. 4.11 Effet du rayonnement solaire sur la température ressentie.

Un écart de température de 4 K entre la tête est les pieds génère déjà 10 % d'insatisfaits, comme le montre la figure 4.9, où l'on représente le pourcentage d'insatisfaits parmi des personnes assises présentant un écart de température entre la tête (1,1 m) et les chevilles (0,1 m).

La ***température du sol*** est ressentie au travers des semelles des chaussures. Son effet est particulièrement important si l'on porte des chaussures légères (fig. 4.10).

L'influence du ***rayonnement solaire*** incident sur un occupant est importante. Il modifie sensiblement la température ressentie, comme on peut le voir sur la figure 4.11, qui représente l'augmentation de la température opérative due au rayonnement solaire incident et absorbé par les habits.

4.2.8 Conditions de confort thermique forfaitaires

Dans son rapport technique 1752 (CEN 1998.), la Commission européenne de normalisation propose trois catégories ou classes de confort, correspondant à des exigences élevées, moyennes ou minimales. Ces classes correspondent à celles mentionnées dans le tableau 4.3 et le tableau 4.4.

La nouvelle norme EN 15251 (2006) reprend ces classes de confort comme données à utiliser pour les calculs de consommation d'énergie. Elle fournit aussi de nombreuses autres données relatives au confort thermique, à la qualité de l'air, l'éclairage et le bruit.

Tableau 4.4 Les trois classes d'environnement intérieur proposées dans le rapport (CEN 1998.).

Classe de confort	Equilibre thermique global du corps		Inconforts locaux supplémentaires, pourcentages de plaintes pour			Asymétrie de temp. Radiante [°C]
	PPD	PMV	Courants d'air	Gradients de température verticaux	Température du sol	
A (haute)	< 6 %	−0,2 à + 0,2	< 15 %	< 3 %	< 10 %	< 5
B (moyenne)	< 10 %	−0,5 à + 0,5	< 20 %	< 5 %	< 10 %	< 5
C (minimum)	< 15 %	−0,7 à + 0,7	< 25 %	< 10 %	< 15 %	< 10

4.2.9 Acclimatation

Le modèle de Fanger est basé sur des expériences effectuées en chambre climatique et en régime stationnaire, les occupants réagissant de manière passive aux stimuli. L'expérience journalière montre que la température idéale n'est pas constante. Les habitants aiment adapter les conditions climatiques intérieures à leurs besoins et réciproquement, ils adaptent leur habillement et leur activité aux conditions ambiantes. De plus, ils acceptent des variations de températures différentes suivant leur environnement.

Des données observées dans 160 bâtiments dans le monde entier ont été compilées dans le cadre du projet de recherche ASHRAE 884. De Dear et ses collègues ont séparé ces bâtiments en deux catégories: les bâtiments à ventilation naturelle et les bâtiments avec air conditionné (De Dear et Brager 2002). Dans ces derniers, les températures observées correspondent à celles que l'on peut prédire à l'aide du modèle de Fanger (Fanger 1982) repris dans la norme ISO 7730 (ISO 1993) (fig. 4.12(a)).

Par contre, dans les bâtiments avec ventilation naturelle, le modèle ne prédit pas la température idéale correcte. Il semble que les habitants s'adaptent aux conditions locales en utilisant des moyens qui ne sont pas pris en compte dans le modèle ISO 7730. (fig. 4.12(b)). (McCartney et Nicol 2002) ont abouti à des conclusions semblables à partir d'études sur des bâtiments européens.

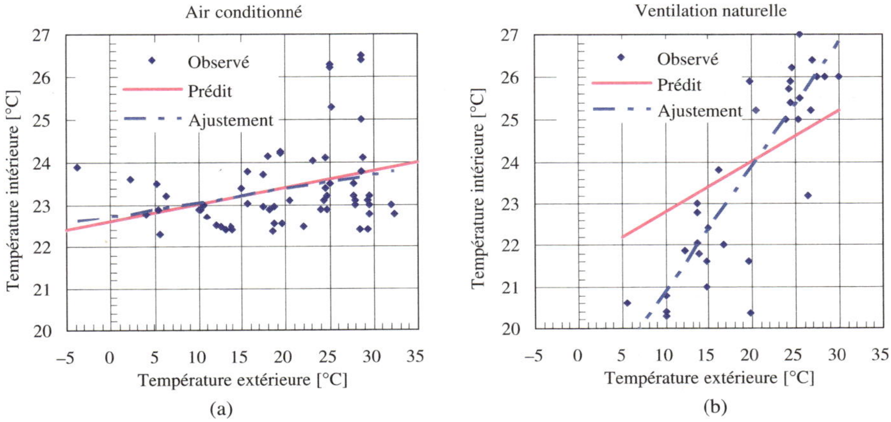

Fig. 4.12 Températures observées et prédites dans des bâtiments avec air conditionné (a) et à ventilation naturelle (b). Les lignes en trait point sont ajustées sur les points expérimentaux. D'après De Dear and Brager (2002).

Ainsi, en tenant compte de l'adaptation des occupants, la température opérative idéale dans les bâtiments à ventilation naturelle ne suit pas le modèle ISO 7730, mais dépend plutôt de la température extérieure, comme le propose De Dear (fig. 4.13):

$$\theta_{op} = 17{,}8 + 0{,}31\,\theta_e \tag{4.3}$$

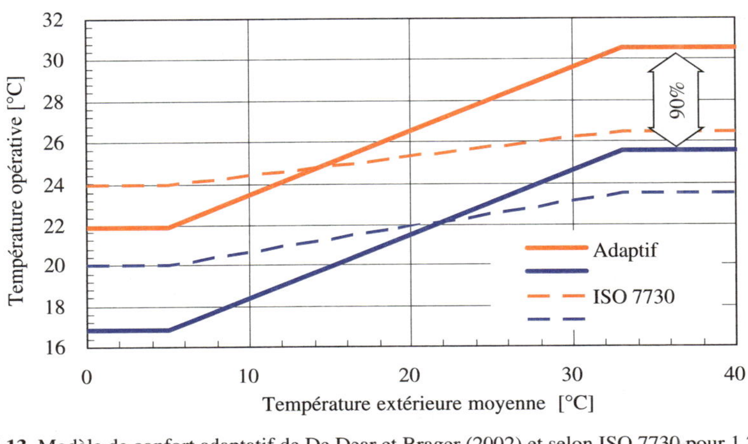

Fig. 4.13 Modèle de confort adaptatif de De Dear et Brager (2002) et selon ISO 7730 pour 1,2 met.

où θ_{op} est la température opérative idéale et θ_e la température extérieure en moyenne mensuelle. L'intervalle d'acceptation pour 90% des occupants est ±2,5 K. Il s'élève à ±3,5 K pour 80%. Ce modèle n'est valable qu'entre 8 et 32°C de température extérieure moyenne, et la température idéale pour 90% de la population reste comprise entre 17 et 22°C par temps très froid et entre 25,5 et 30,5°C pendant la canicule (fig. 4.13). La norme EN 15251 (2006) propose un modèle très proche de celui de De Dear comme base de dimensionnement pour les installations teechniques.

Comme le montre la figure 4.13, les prédictions de la norme ISO 7730 sont différentes de celles du modèle adaptatif, même si on tient compte des variations saisonnières de l'habillement (1 clo en hiver et 0,5 clo en été).

Ce modèle de confort adaptatif propose de nouvelles règles de conception pour les bâtiments non conditionnés et permet des économies d'énergie importantes, spécialement en été. En effet, on voit qu'il est possible d'assurer un confort d'été admissible sans refroidir les bâtiments: il suffit de ne pas dépasser 30°C. Par contre, dès que le bâtiment est conditionné, il sera nécessaire de le refroidir en tous cas à 26°C.

4.2.10 Utilité des modèles de confort thermique

Il est maintenant prouvé que, à activité et habilement égaux, des facteurs tels que l'âge, le sexe, la corpulence, l'origine, la race, etc. ne modifient pas les exigences de confort de façon significative. Les modèles exposés ci-dessus permettent donc de prédire, déjà au niveau de l'avant-projet, les conditions de confort qui régneront dans un bâtiment. Ceci permet d'imaginer une architecture sortant des sentiers battus tout en apportant certaines garanties quant au confort obtenu.

L'étude et la prédiction du confort thermique permettent donc:

- la conception d'habitations offrant déjà un bon confort sans l'intervention des habitants, et permettant aux occupants d'agir à bon escient pour améliorer leur confort;
- le calcul de bilans énergétiques réels, tenant compte des occupants et de leurs exigences justifiées;
- le calcul des températures minima et maxima acceptables permettant de diminuer les besoins en énergie.

Il faut toutefois rappeler que de nombreuses recherches restent à faire dans ce domaine. Par exemple, ces modèles ne tiennent pas compte explicitement des effets dynamiques (effet de la variation temporelle des paramètres sur le confort). L'interaction du confort thermique (défini par une température opérative) et des autres paramètres de confort (visuel, auditif, olfactif, etc.) n'est pratiquement pas connue.

4.3 CONFORT AÉRAULIQUE

4.3.1 Nécessité de l'aération

Le but de l'aération est d'assurer un environnement intérieur confortable, maintenant les occupants en bonne santé. Un air sans cesse renouvelé à l'intérieur des bâtiments est nécessaire, non seulement pour assurer l'apport d'oxygène indispensable à la vie, mais surtout pour éliminer au fur et à mesure les divers polluants générés dans le bâtiment et qui rendent l'atmosphère malodorante et toxique.

En l'absence d'aération, l'***oxygène*** est la dernière chose qui manque. Les occupants seront incommodés en premier lieu par une concentration trop élevée en polluants divers, dont notamment les odeurs, la vapeur d'eau et la chaleur (fig. 4.14).

Ces nuisances sont essentiellement générées par l'activité des occupants. Elles sont notamment:

- les odeurs auxquelles les personnes entrant dans les locaux sont très sensibles,
- la vapeur d'eau qui augmente l'humidité relative, donc le risque de moisissures,
- le gaz carbonique qui, en trop grande concentration, rend les occupants léthargiques,
- les poussières, aérosols et gaz toxiques provenant des activités et du bâtiment lui-même.
- la chaleur en excès, provenant des activités humaines et des gains solaires.

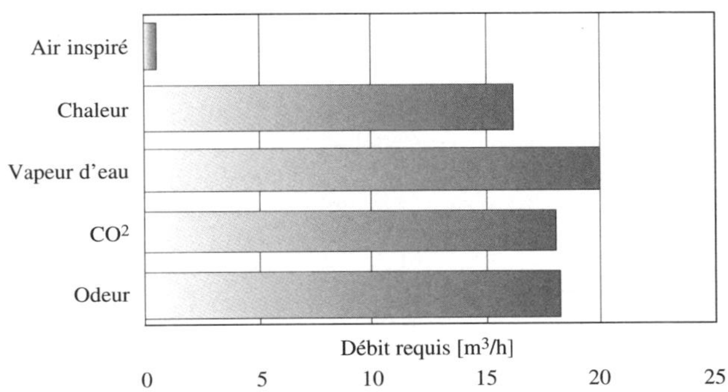

Fig. 4.14 Débit d'air requis pour évacuer les divers polluants produits par une personne assise ayant une activité de bureau, lorsque l'air extérieur est pur, à 0°C et 100% d'humidité relative.

En principe, les matériaux de construction et les installations techniques ne devraient pas être sources de nuisances. Ce n'est malheureusement pas toujours le cas.

4.3.2 Débit d'air requis

En régime permanent, le débit d'air pur nécessaire pour maintenir la concentration d'un polluant donné en dessous d'une certaine limite est donné par la relation:

$$\text{Débit d'air extérieur} = \frac{\text{Débit de la source de pollution}}{\text{Concentration limite nette}} \tag{4.4}$$

Par exemple, une personne en activité de bureau produit 18 litres de gaz carbonique par heure. Pour maintenir une concentration de CO_2 inférieure à 1400 ppm (ou 1,5‰) alors que la concentration extérieure est de 400 ppm, il faut un débit d'air de:

$$\text{Débit d'air extérieur} = \frac{18 \text{ l/h}}{(1400-400)\,10^{-6}} = 18\,000 \text{ l/h} = 18 \text{ m}^3\text{/h} \tag{4.5}$$

Les personnes sensibles peuvent avoir mal à la tête à partir de 5000 ppm de CO_2. Si on tolère une telle concentration, et que les autres polluants n'ont pas d'effet grave, le débit nécessaire est alors:

$$\text{Débit d'air extérieur} = \frac{18 \text{ l/h}}{(5000 - 400)\ 10^{-6}} \cong 4000 \text{ l/h} \cong 4 \text{ m}^3/\text{h} \quad (4.6)$$

En général, plusieurs polluants sont émis dans le volume étudié, le débit requis est alors celui nécessaire pour éliminer le polluant le plus exigeant et non la somme des débits. En effet, qui peut le plus peut le moins, et chaque mètre cube d'air contient le mélange des polluants.

En pratique, plusieurs unités peuvent être utilisées pour exprimer les débits de polluant et les concentrations dans l'équation (4.4). Il est important, pour obtenir un résultat correct, d'utiliser des unités cohérentes ou, à défaut, des facteurs de conversion (tab. 4.5).

Tableau 4.5 Expression de l'équation (4.4) et unités pour l'intensité de la source, la concentration et le débit pour divers polluants. Pour chaque polluant, la première ligne donne les unités cohérentes, alors que la seconde montre les unités pratiques.

Polluant	Intensité de la source	Concentration	Débit d'air	Pour l'avoir en m^3/h, multiplier le débit par
Odeur	olf	pol,	l/s	1
	olf	décipol	m^3/h	36
Gaz quelconque	kg/s	kg/kg	kg/s	1
	cm^3/h	ppm	m^3/h	1
Vapeur d'eau	kg/s	kg/kg	kg/s	1
	g/h	g/kg	m^3/h	$1/\rho_{air}$
Chaleur	W	J/kg	kg/s	1
	W	°C	m^3/h	0,34 $Wh/(m^3K)$

A titre d'exemple, considérons les polluants émis par une personne moyenne en activité de bureau. Les polluants émis par cette personne dont donnés dans le tableau 4.6. Cette table donne aussi des concentrations limites acceptables et les débits qui en résultent.

Tableau 4.6 Quelques polluants émis par une personne en activité de bureau.

Polluant	Odeurs	CO_2	Vapeur d'eau	Chaleur
Intensité de source	1 olf	18 l/h	72 g/h	120 W
Concentration limite	0,3 pol	1400 ppm	7 g/kg	22°C
Concentration extérieure	0,1 Pol	400 ppm	4 g/kg	0°C
Débit d'air (m^3/h)	18 m^3/h	18 m^3/h	20 m^3/h	16 m^3/h

En détail, les calculs sont les suivants.

La personne émet 1 olf, on tolère un accroissement de 0,2 pol par rapport à l'air extérieur. On aura donc:

$$\text{Débit nécessaire} = \frac{1 \text{ olf}}{0{,}2 \text{ pol}} = 5\ {}^{1}\!/_{s} \text{ ou } 18 \text{ m}^3/\text{h} \quad (4.7)$$

Elle transpire environ 72 g d'eau par heure. L'air extérieur, à 0°C et 100% HR, contient 4 g/kg d'air sec (fig. 3.6). L'air intérieur à 22°C et limité à 40% d'humidité relative contient 7 g/kg

$$\text{Débit nécessaire} = \frac{72 \text{ g / h}}{(7-4) \text{ g / kg}} = 24 \ \text{kg}/\text{h} \quad \text{ou} \quad 20 \quad \text{m}^3 / \text{h} \tag{4.8}$$

car la masse spécifique de l'air intérieur est d'environ 1,2 kg/m^3.

Enfin, cette personne dégage 120 W. Pour éliminer cette chaleur il faut:

$$\text{Débit nécessaire} = \frac{120 \text{ W}}{(22-0) \text{ K} \cdot 0{,}34 \text{ Wh} / (\text{m}^3 \text{K})} = 16 \ \text{m}^3/\text{h} \tag{4.9}$$

Le débit minimal est le plus grand des quatre, donc celui nécessaire pour éliminer la vapeur d'eau dans le cas présent. Ces calculs présupposent que, dans chaque zone, le mélange est total.

Il faut noter que nous avons été assez peu exigeants concernant les odeurs. Si nous tolérons 0,2 pol dans l'espace habité pour ne pas incommoder les personnes entrant dans la pièce, le débit nécessaire pour évacuer les odeurs est:

$$\text{Débit nécessaire} = \frac{1 \text{ olf}}{0{,}1 \text{ pol}} = 10 \ \text{l}/\text{s} \quad \text{ou} \quad 36 \text{ m}^3 / \text{h} \tag{4.10}$$

Et c'est alors l'élimination des odeurs qui requiert le débit le plus grand.

Débits d'air forfaitaires

En tenant compte des charges polluantes usuelles dans certains locaux typiques et des concentrations couramment admises, il est possible de calculer des débits d'air forfaitaires, comme ceux données dans le tableau 4.7. Ces débits sont valables tant que la pollution réelle correspond aux hypothèses de calcul.

Tableau 4.7 Débits d'air forfaitaires en litre par seconde et mètre carré de plancher pour des locaux administratifs, en fonction de la charge polluante (CEN 1998).

Classe de qualité	Occupants seuls	Matériaux peu polluants	Matériaux polluants	
A (haute)	1	2	3	
B (moyenne)	0,7	1,4	2,1	l/(s · m^2)
C (minimum)	0,4	0,8	1,2	

Courants d'air

Le pourcentage d'individus ressentant des courants d'air alors que, à vitesse d'air nulle, leur confort est idéal, dépend non seulement de la vitesse et de la température de l'air mais aussi de son degré de turbulence.

La vitesse de l'air par rapport au sujet varie en fonction du temps à cause de l'écoulement tourbillonnaire de l'air. A partir de nombreuses mesures de la vitesse

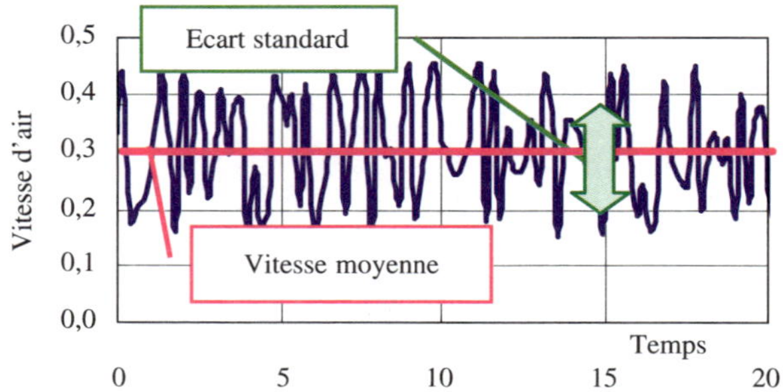

Fig. 4.15 Vitesse d'air dans un écoulement turbulent, mesurée avec un anémomètre rapide.

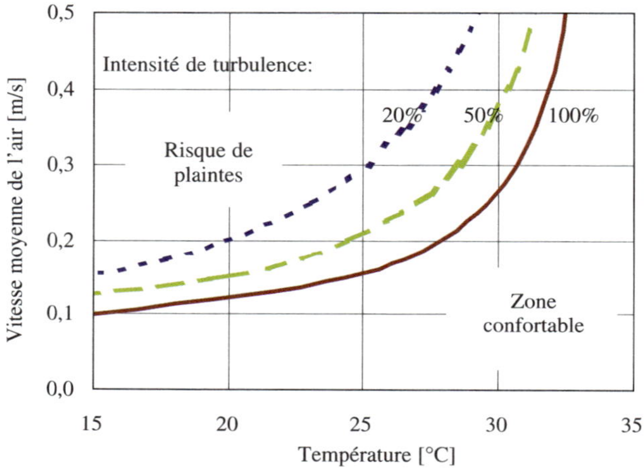

Fig. 4.16 Combinaisons de vitesse moyenne, d'intensité de turbulence et de température qui cause 10% d'insatisfaits.

considérée comme une variable aléatoire, on peut définir la vitesse moyenne et l'écart standard des variations de cette vitesse (fig. 4.15). L'***intensité de turbulence*** est définie par le rapport de l'écart standard à la vitesse moyenne.

Le pourcentage d'insatisfaits est alors donné par une relation empirique développée aussi par Fanger (Fanger, Melikov *et al.* 1988), qui fait aussi intervenir la température de l'air. On peut déduire de cette relation celle entre la température nécessaire pour limiter le pourcentage d'insatisfaits à une valeur donnée et la vitesse moyenne de l'air. Cette relation est à la base de la figure 4.16. On voit par exemple que pour limiter le pourcentage d'insatisfaits à 10% si la vitesse de l'air est de 0,4 m/s, il faut une température d'au moins 28°C par faible turbulence ou 33°C par forte turbulence.

En règle générale, on évite de causer des courants d'air dont la vitesse excède 0,2 m/s dans la zone occupée. Il est même recommandé de ne pas dépasser 0,1 m/s. Il faut aussi savoir qu'il est très difficile d'obtenir un écoulement d'air ayant moins de 20% de turbulence.

4.4 CONFORT VISUEL

4.4.1 L'œil

L'œil est une caméra numérique biologique (fig. 4.17). Le cristallin, la cornée et l'humeur vitrée forment un objectif. La mise au point est obtenue en faisant varier la forme du cristallin. La quantité de lumière admise est contrôlée par l'iris. Les rayons lumineux qui pénètrent dans l'œil sont focalisés sur la rétine. Cette dernière est formée de terminaisons nerveuses photosensibles: les cônes, sensibles à la couleur, et les bâtonnets, sensibles à l'intensité de la lumière. Les signaux de ces cellules sont prétraités dans la rétine, puis envoyés au cerveau par le nerf optique.

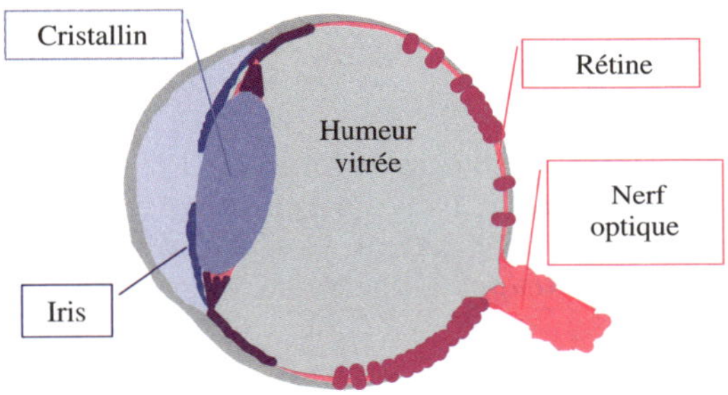

Fig. 4.17 Coupe schématique de l'œil.

4.4.2 Rappel des notions de base

Spectre

La lumière est composée d'ondes électromagnétiques, dont la longueur d'onde se situe entre 0,4 et 0,7 micron (400 et 700 nm ou nanomètres) environ. Un rayon lumineux est caractérisé par son intensité et sa teinte, mesurée par son spectre. Le ***spectre*** d'une source de lumière est la répartition de l'intensité de la source dans les diverses couleurs, ou longueurs d'onde. C'est la forme du spectre qui donne la ***teinte*** d'une lumière (fig. 4.18).

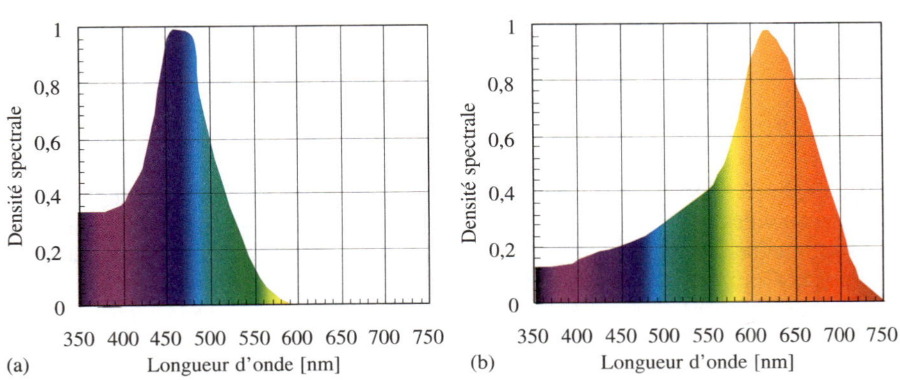

Fig. 4.18 Spectres continus d'une lumière plutôt bleue (a) et plutôt rouge (b).

On distingue les spectres de raies, discontinus, comme ceux obtenus par décharge électrique dans une atmosphère de gaz pur à relativement basse pression et température, et les spectres continus comme celui du soleil, des lampes à incandescence, des bons tubes fluorescents, etc. (fig. 4.19).

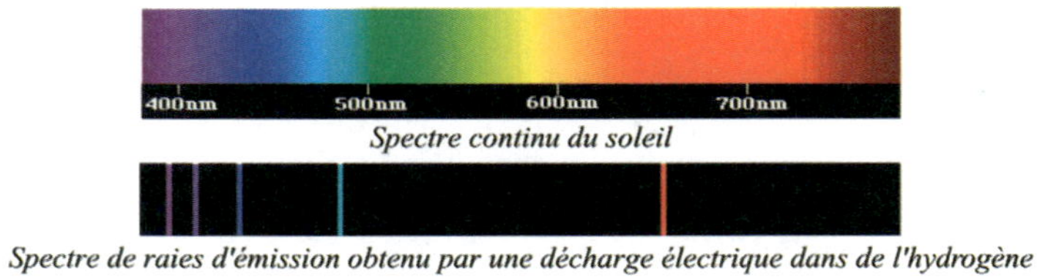

Fig. 4.19 Spectres.

Couleur

Les capteurs de lumière constituant la rétine de l'œil sont de deux types: les cônes, sensibles aux couleurs, et les bâtonnets, plus sensibles mais ne distinguant pas les couleurs. Un troisième type de capteurs, à faible résolution et réagissant lentement, sert à mettre l'horloge interne à l'heure du jour (Lubkin, Beizai *et al.* 2002).

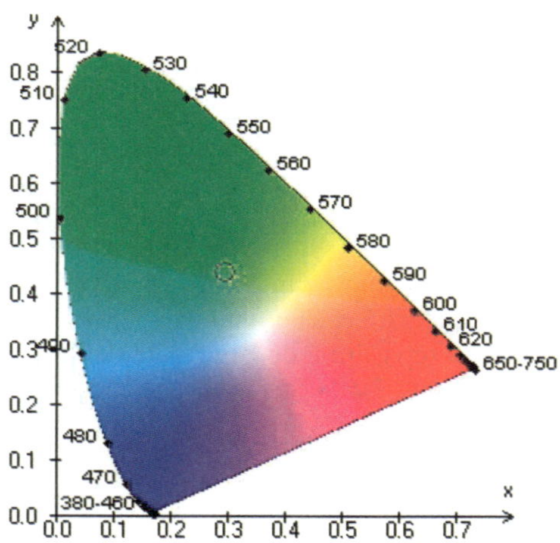

Fig. 4.20 Diagramme CIE des couleurs.

Il y a trois types de cônes qui ont trois sensibilités spectrales différentes. Les couleurs peuvent dès lors être classées en fonction des parts de mélange de trois couleurs dites fondamentales. On peut donc donner à chaque couleur un ensemble de coordonnées, comme le montre la figure 4.20, qui représente le diagramme des couleurs élaboré par la Commission Internationale de l'Eclairage (CIE). Les deux axes donnent les coordonnées x et y, la deuxième étant corrélée avec la luminosité ressentie. Les trois couleurs pures rouge, vert et bleu occupent les «coins» de la plage coloriée, dont le contour est occupé par les couleurs pures, monochromatiques, pour lesquelles la longueur d'onde est donnée (en nm).

Température de couleur

La température de couleur d'une source lumineuse est la température qu'aurait un corps noir (que l'on peut se représenter par l'intérieur d'un four vu par une petite ouverture) qui émet une lumière de même teinte que la lumière émise par la source en question. Paradoxalement, les teintes dites «chaudes» ont une température de couleur basse (3500 K ou moins), alors que les teintes «froides» ont une température de couleur élevée (plus de 5500 K, fig. 4.21).

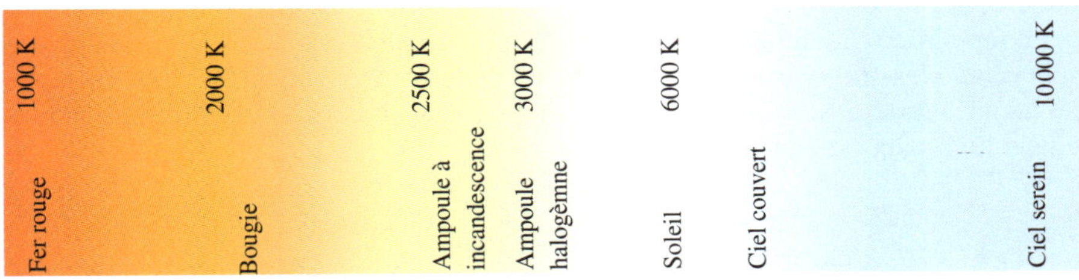

Fig. 4.21 Température de couleur.

Unités de photométrie

L'éclairagiste ne considère que la lumière visible. Les unités photométriques sont donc basées sur la ***sensibilité spectrale*** de l'œil humain (fig. 4.22).

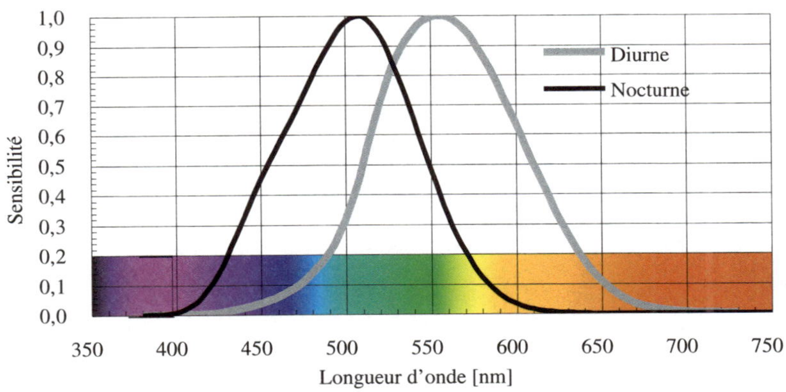

Fig. 4.22 Sensibilité spectrale normalisée de l'œil humain.

Les cônes et les bâtonnets ne perçoivent que les longueurs d'ondes comprises entre 380 nm[1] (violet) et 780 nm (rouge), avec un maximum de sensibilité à 555 nm (vert) si l'intensité est suffisante pour exciter les cônes. A faible luminosité, seuls les bâtonnets détectent un signal, et ce maximum se déplace vers le bleu, vers 500 nm. Ceci explique pourquoi, de nuit, tous les chats sont gris.

[1] 1 nm (nanomètre) = 10^{-9} m, un millionième de millimètre ou un millième de micron.

Un rayon de lumière transporte de l'énergie. Un flux lumineux pourrait donc s'exprimer en Watt. Cependant, comme toutes les unités photométriques sont rapportées à la sensibilité spectrale de l'œil, elles portent des dénominations particulières. Par exemple, le flux lumineux n'est pas donné en W mais en lumen (lm).

Flux lumineux

Le flux lumineux d'une source est la quantité de lumière émise par unité de temps (fig. 4.23). C'est aussi la puissance que celle-ci fournit sous forme de rayonnement, pondérée par la sensibilité spectrale de l'œil. Il est mesuré en ***lumen*** (lm).

Le rapport du flux lumineux à la puissance consommée par une source de lumière est le ***rendement lumineux***, qui s'exprime en lumens par Watt (lm/W). Par exemple, une lampe à incandescence de 100 W fournit un flux lumineux de 1200 lm. Son rendement lumineux est donc 12 lm/W.

Fig. 4.23 Flux lumineux.

Intensité lumineuse

L'intensité lumineuse d'une source dans une direction donnée est le rapport du flux rayonné Φ dans un angle solide Ω axé autour de la direction en question et de l'angle solide correspondant (fig. 4.24):

$$I = \frac{\Phi}{\Omega} \tag{4.11}$$

L'intensité s'exprime en ***candela*** (cd). La candela était définie par l'intensité lumineuse émise par une bougie (chandelle ou *candela* en latin) normalisée. Cette définition manquant de précision, elle est actuellement définie par l'intensité lumineuse d'une source qui émet un rayonnement monochromatique vert, à 555 nm de longueur

Fig. 4.24 Intensité lumineuse.

d'onde, et dont l'intensité énergétique dans cette direction est de 1/683 Watt par stéradian. En effet, pour cette longueur d'onde correspondant au maximum de sensibilité de l'œil, un flux lumineux de 683 lumens correspond à un flux énergétique de 1 watt. 683 lm/W est donc le rendement lumineux maximal qu'une source puisse avoir.

Eclairement

L'éclairement est le quotient du flux lumineux tombant uniformément sur une surface par l'aire de cette surface:

$$E = \frac{\mathrm{d}\Phi}{\mathrm{d}A} \tag{4.12}$$

Si la surface est petite, à distance r de la source, et sous un angle d'incidence i, on obtient:

$$E = I\frac{\cos(i)}{r^2} \tag{4.13}$$

L'éclairement s'exprime en ***lux*** (lx). Le lux est défini par l'éclairement obtenu sur une surface de 1 m^2 recevant uniformément un flux de 1 lm (fig. 4.25).

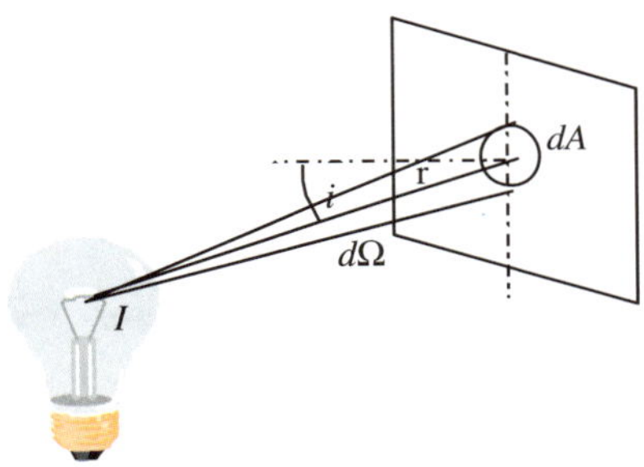

Fig. 4.25 Calcul de l'éclairement.

Quelques valeurs typiques:

Nuit de pleine lune:	0,1 lx
Valeur normale pour la lecture	300 lx
Ciel couvert, de jour:	8000 à 20 000 lx
Plein soleil	jusqu'à 100 000 lx

On notera que notre œil voit déjà assez clair à 0,1 lux et supporte 100 000 lux. Il a donc une dynamique dépassant 1 million!

Luminance

La luminance d'un élément de surface dans une direction donnée est le rapport de l'intensité émise dans cette direction à la surface apparente de l'élément vu de cette direction (fig. 4.26):

$$L = \frac{I(i)}{A\cos(i)} \tag{4.14}$$

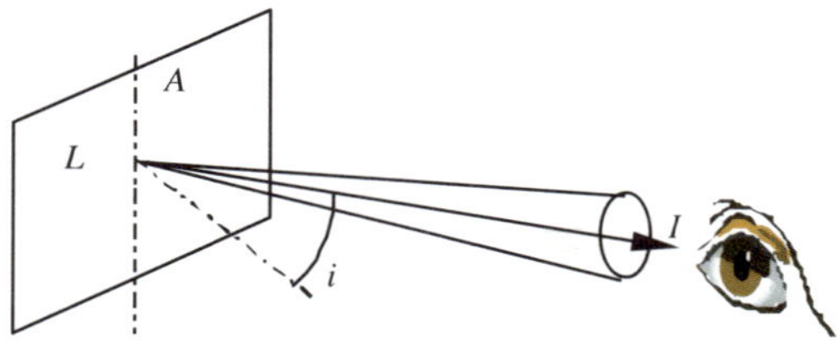

Fig. 4.26 Calcul de la luminance.

L'unité de luminance est la candela par mètre carré, qui est la luminance obtenue dans une direction normale à une surface d'une source uniforme de 1 cd et d'une surface de 1 m^2.

Le diagramme de luminance représente la luminance d'une source en fonction de la direction (fig. 4.27). Si la luminance est indépendante de l'angle *i*, on dit que la source suit la ***loi de Lamber*t**. Son diagramme polaire d'intensité est alors une sphère tangente à la surface. La plupart des surfaces mates (plâtre, dispersion, papier) suivent approximativement cette loi.

Fig. 4.27 Diagrammes de luminance.

Résumé des définitions photométriques

Toutes les unités photométriques sont rapportées à la sensibilité spectrale de l'œil. On passe des unités énergétiques aux unités photométriques en opérant la moyenne pondérée par cette sensibilité spectrale et en multipliant par le facteur de 683 lm/W à 555 nm.

Unité énergétique	Unité photométrique
Flux d'énergie	Flux lumineux [lm]
Intensité [W/sr]	Intensité lumineuse [cd]
Densité de flux [W/m²]	Eclairement [lx]
«Intensité surfacique» [W/sr · m²]	Luminance [cd/m²]

Les relations entre les diverses unités photométriques peuvent se résumer par la figure 4.28.

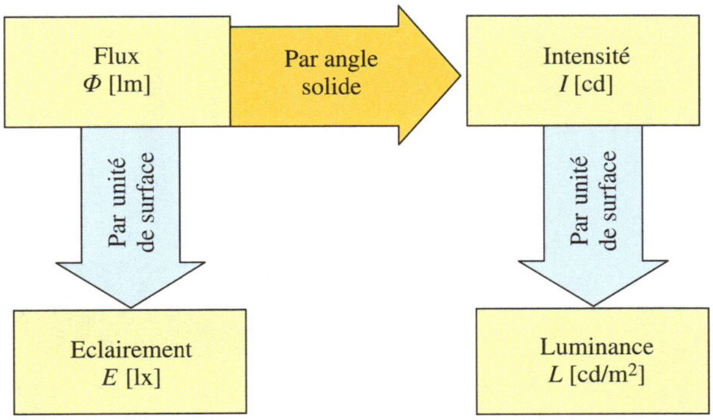

Fig. 4.28 Relations entre les unités photométriques.

4.4.3 Conditions de confort visuel

Eclairement

Les conditions d'éclairage nécessaires pour assurer la satisfaction des usagers dépendent de l'utilisation des locaux. La caractéristique la plus importante quantifiant la qualité de l'éclairage est l'éclairement local (tab. 4.8) et sa répartition.

L'Union Suisse pour la Lumière (USL) recommande les valeurs du tableau 4.8 pour l'éclairement artificiel des locaux. Ces valeurs se retrouvent dans de nombreuses normes nationales.

Tableau 4.8 Eclairements recommandés.

	Eclairement requis [lux]		
Type de locaux et d'activité	Min.	Moyenne	Max.
Circulation, corridors, théâtres, salle de concert	50	100	200
Ateliers, halles de montage, magasins	200	300	400
Ecoles, bureaux, travaux courants, lecture, écriture, travail sur écran, etc.	300	400	500
Travaux délicats, dessin, tracés, travaux techniques, etc.	500	750	1000
Ateliers de précision, mécanique fine, contrôle des couleurs, contrôle visuel de qualité, etc.	1000	à	5000

Température de couleur, spectre de la lumière

Pour de nombreuses applications, il est important que la lumière rende bien les couleurs. Pour cela, il faut que le spectre de la lumière contienne toutes les couleurs, de préférence également distribuées. En effet, un pull-over rouge éclairé avec une lumière monochromatique jaune (dont le spectre est représenté à la figure 4.29(a)) semblera noir, car il ne réfléchit que le rouge, absent de la lumière qui l'éclaire. La lumière solaire, avec sa température de couleur de 6000 K, est blanche et rend bien toutes les couleurs.

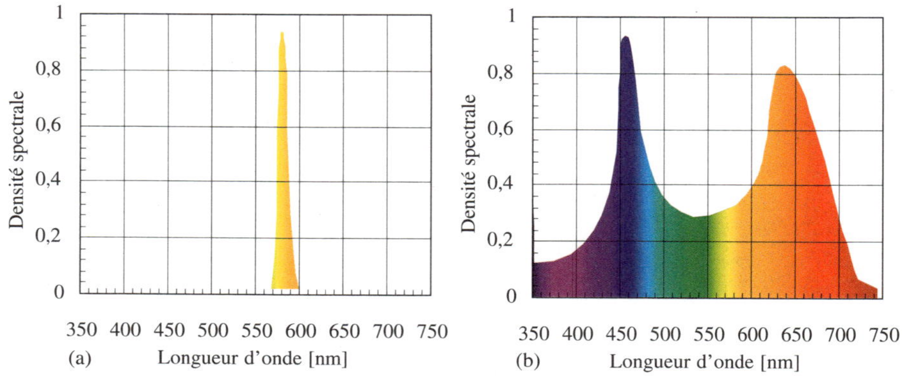

Fig. 4.29 Spectres d'une lumière monochromatique (lampe au sodium (a)) et bichromatique (b).

L'œil n'est pas parfaitement achromatique : s'il met au point sur une image bleue, l'image rouge peut être un peu trouble et vice versa. Si la lumière ne contient que deux bandes de longueurs d'ondes (par exemple bleu et rouge, comme sur la figure 4.29(b)), l'œil met au point alternativement sur l'une et l'autre image, et se fatigue rapidement.

La température de couleur est aussi importante pour l'ambiance et le confort visuel. A faible éclairage, nous préférons les couleurs dites « chaudes », de basse température de couleur. Par contre, si l'éclairement est fort, nous préférons les couleurs « froides », dont la température de couleur dépasse 5500 K (fig. 4.30). Cette préférence est à mettre en relation avec la sensibilité de l'œil (fig. 4.22). A faible éclairement, nous sommes sensibles dans le bleu et moins sensibles dans le rouge, et nous avons donc besoin de plus de lumière rouge. A fort éclairement, la sensibilité de l'œil est adaptée aux sources de lumière de 6000 K et plus.

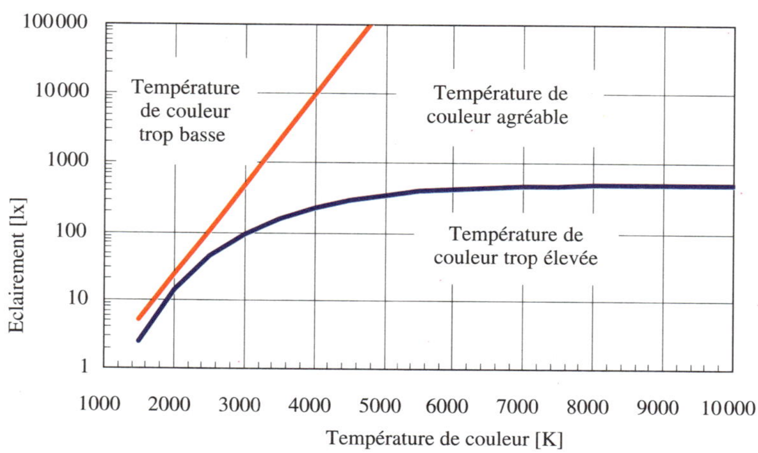

Fig. 4.30 Température de couleur et confort visuel (diagramme de Krieger).

Répartition de luminance

La luminance L, à savoir l'intensité lumineuse par mètre carré de surface vue, ne doit pas trop varier dans le champ visuel. Dans le champ visuel, on distingue (fig. 4.31):

- Le ***champ central***, d'une ouverture de 1° centré sur l'axe de vision. L'image de ce champ est focalisée sur la fovéa, endroit de la rétine à grande densité de capteurs, permettant de distinguer les détails.
- L'***ergorama***, champ de 60° d'ouverture, qui est utilisé pour le travail.
- Le ***panorama,*** champ de 120° d'ouverture dans lequel seuls les mouvements sont détectés.

Fig. 4.31 Champ central, ergorama et panorama.

Les ***contrastes*** de luminance, à savoir le rapport entre la luminance la plus élevée et la plus basse, ne doivent pas excéder les valeurs suivantes:

- 3 dans l'ergorama,
- 10 dans le panorama.

L'***éblouissement***, à savoir un flux lumineux trop important reçu directement dans les yeux, doit être évité. Ce phénomène peut apparaître dans les locaux à grandes fenêtres, en hiver, lorsque le soleil est bas sur l'horizon (fig. 4.32 et fig. 4.33).

Fig. 4.32 Bon confort visuel. Les contrastes dans l'ergorama sont modérés, et la source de lumière est vue dans le panorama.

Fig. 4.33 Mauvais confort visuel. Les contrastes dans l'ergorama sont exagérés, et la source de lumière éblouissante est proche de l'axe de vision.

Pour plus d'information concernant le confort visuel, voir CNBE (1974); Paule, Bodart *et al.* (1998) ou le très complet *Handbuch für Beleuchtung* (SLG 1992).

4.5 CONFORT ACOUSTIQUE

4.5.1 L'oreille

Les ondes sonores atteignant le pavillon sont guidées dans le conduit auditif vers le tympan, membrane qui est mise en mouvement par la pression acoustique (fig. 4.34). Ce mouvement est transmis à la cochlée par les osselets (série de leviers). La cochlée est un récipient en spirale plein de liquide, qui contient les terminaisons du nerf auditif, cils de diverses longueurs qui vibrent chacun à une fréquence d'excitation différente.

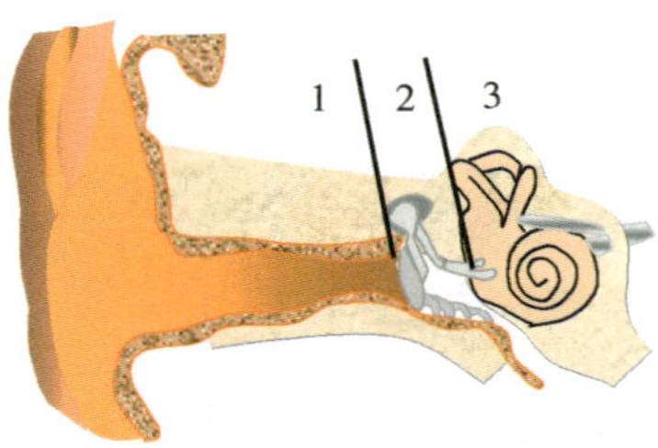

Fig. 4.34 L'oreille: 1) pavillon; 2) tympan et osselets; 3) oreille interne.

4.5.2 Rappel des notions de base

L'acoustique du bâtiment s'occupe de deux domaines particuliers: l'acoustique interne des salles et la protection contre le bruit (fig. 4.35). Il est établi que la satisfaction des utilisateurs dépend notamment de deux grandeurs: le niveau de bruit causé par les sources extérieures et le temps de réverbération à l'intérieur du local.

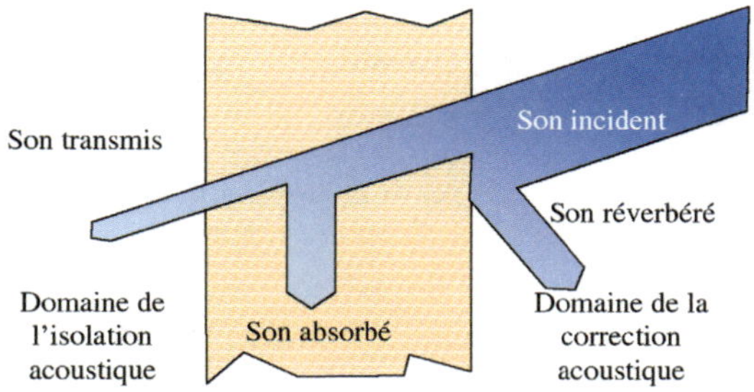

Fig. 4.35 Le confort acoustique a deux aspects: la qualité de l'acoustique intérieure et l'atténuation des bruits provenant de l'extérieur.

Sons et bruit

Le son est une sensation auditive produite par une variation rapide de la pression de l'air. L'origine de cette variation est engendrée par la vibration d'un corps qui met en vibration l'air environnant. Ainsi se crée une succession de zones de pression et de dépression qui constituent l'onde acoustique.

La ***fréquence*** est le nombre de cycles complets qu'un phénomène vibratoire (le son par exemple) effectue en une seconde. Elle s'exprime en périodes par seconde ou Hertz (Hz). La fréquence des sons audibles va de 16 à 16 000 Hz.

Un son pur est la sensation auditive produite par une variation sinusoïdale de la pression de l'air (fig. 4.36(a)). Un son aigu a une haute fréquence, et un son grave une basse fréquence.

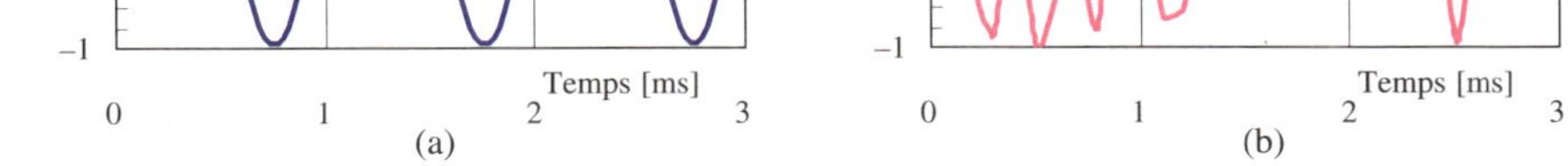

Fig. 4.36 Variation dans le temps de la pression correspondant à un son pur (a) et au bruit (b).

Un bruit est le résultat d'une variation aléatoire de la pression (fig. 4.36(b)). Physiologiquement on attribue au mot «bruit» un caractère gênant.

Le ***spectre d'un son*** (amplitude de la variation de pression en fonction de la fréquence de la variation) est formé de raies, à la fréquence fondamentale du son (fig. 4.37) et à ses multiples. Un son pur n'a qu'une seule fréquence. Le bruit est un mélange de sons, toutes les fréquences sont représentées.

On appelle ***bruit blanc*** un bruit dont le spectre de fréquence présente une densité spectrale indépendante de la fréquence (fig. 4.38). Analysé par un filtre par octave, il présentera un niveau augmentant avec la fréquence de 3 dB/octave à cause de la largeur des filtres qui double pour chaque octave.

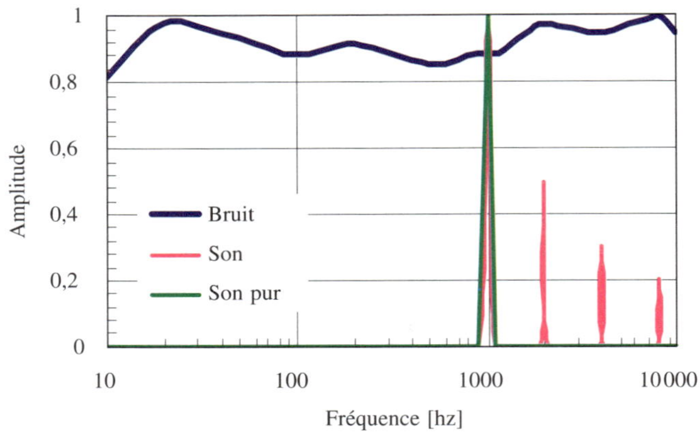

Fig. 4.37 Spectre acoustique.

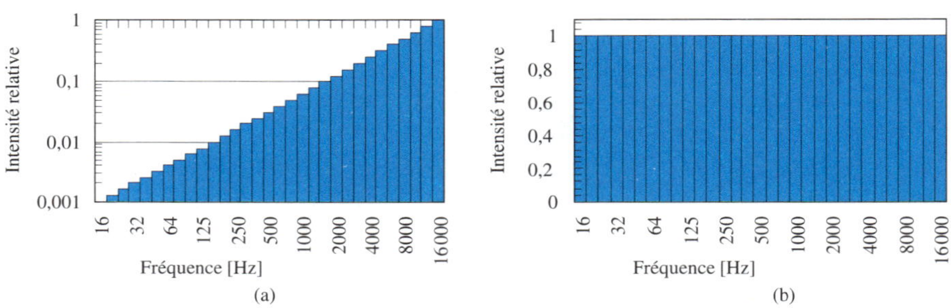

Fig. 4.38 Spectres de bruit normalisés, par tiers d'octave : (a) bruit blanc ; (b) bruit rose.

Le ***bruit rose*** est un bruit blanc pondéré par une fonction de –3 dB/octave de façon à obtenir lors de sa mesure par filtre d'octave un spectre dont les niveaux sont égaux pour chacun des filtres (fig. 4.38). Son application principale se trouve dans le domaine de l'acoustique du bâtiment pour la mesure des isolations.

Définitions

La variation de pression qui engendre un son est faible par rapport à la pression atmosphérique (10^5 Pa). Par contre, elle peut varier dans un grand domaine : entre 10^{-5} et 10^3 Pa. La sensation auditive n'est pas linéaire mais varie pratiquement comme le logarithme de l'excitation (***loi de Fechner***). L'utilisation d'une échelle logarithmique s'impose donc pour éviter la manipulation de nombres peu pratiques. On a choisi d'autre part une échelle relative car la perception du son de l'oreille humaine est proportionnelle à un changement relatif de pression plutôt qu'à la variation absolue de la pression.

Le ***niveau de pression sonore*** ou ***niveau acoustique*** est donc défini comme le logarithme de la pression ou de l'intensité de l'onde acoustique. Pour la définition du ***décibel*** acoustique, le niveau de référence est le seuil d'audibilité à 1000 Hz, pour lequel l'intensité acoustique est I_0 = 10^{-12} W/m^{-2} (intensité qui correspond à une variation de pression $p_0 = 2 \cdot 10^{-5}$ Pa). Un facteur 10 multiplie le logarithme pour obtenir des décibels. Le niveau acoustique en décibels vaut donc :

$$L = 10 \log\left(\frac{I}{I_0}\right) = 20 \log\left(\frac{p}{p_0}\right) \tag{4.15}$$

Comme le montre la figure 4.39, la perception de l'oreille est extrêmement complexe car elle dépend de façon non linéaire aussi bien de la fréquence que du niveau sonore. Fletcher et Munson ont déterminé le niveau acoustique à donner à un son sinusoïdal pur d'une fréquence donnée, pour avoir la même sensation auditive qu'avec un son pur de fréquence 1000 Hz, d'un niveau acoustique déterminé. On l'appelle le ***niveau sonore pondéré***. Le résultat illustré dans la figure 4.39 montre qu'il faut un niveau de 60 dB pour percevoir un son à 50 Hz alors que 0 dB suffisent à 1000 Hz. En terme d'intensité sonore, le rapport est de un million ! Le ***seuil de douleur*** dépend peu de la fréquence, et se situe vers 120 dB, soit une intensité sonore 10^{12} fois plus grande !

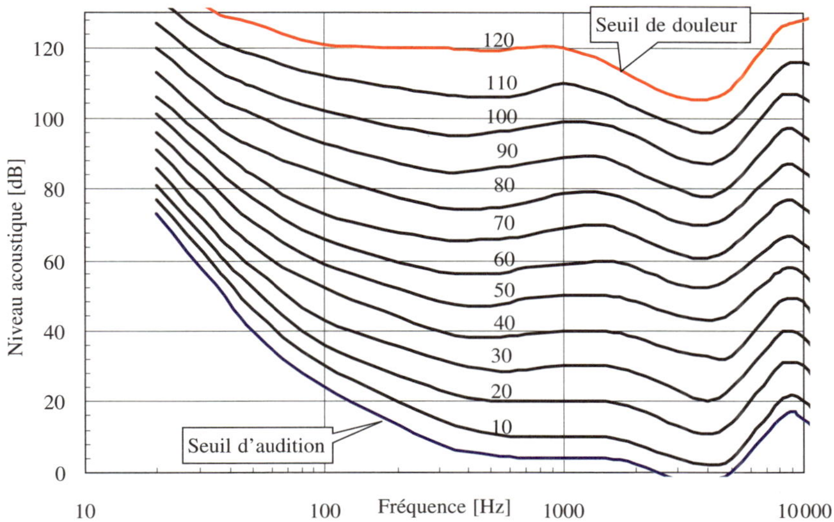

Fig. 4.39 Diagramme de Fletcher-Munson : perception des sons par l'oreille humaine.

Le but des mesures étant de quantifier objectivement le bruit perçu par l'oreille humaine, il a fallu créer pour les instruments de mesure (sonomètres) des courbes de correction s'approchant aussi bien que possible des caractéristiques de l'ouïe : ce sont les courbes de pondération en fréquences (fig. 4.40) qui sont désignées par les lettres A, B, C et normalisées selon CEI 651.

A l'origine, chacune de ces pondérations avait son domaine d'application plus ou moins bien défini : filtre A pour les bruits de faible niveau, puis B et C pour les niveaux plus élevés. A l'heure actuelle seule la courbe A est utilisée pour la mesure des nuisances.

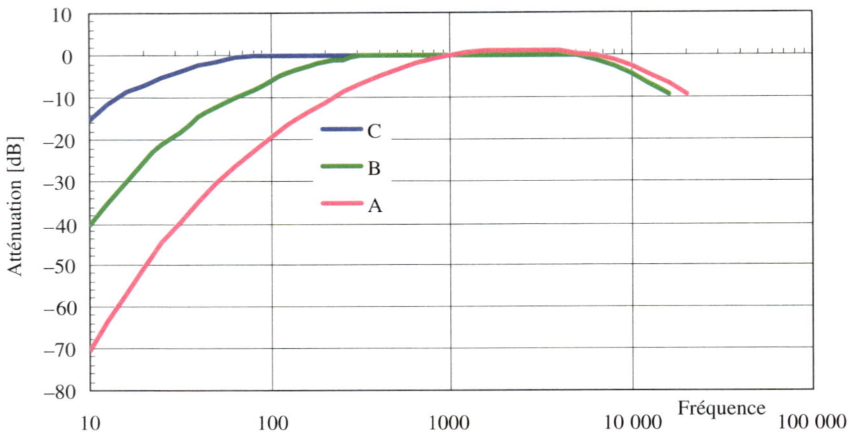

Fig. 4.40 Filtres acoustiques normalisés.

Le niveau sonore mesuré avec la courbe de pondération en fréquence A s'appelle niveau sonore pondéré A noté L_A, et son unité est le dBA. On utilise souvent par simplification le symbole L mais l'unité doit être dBA.

Le ***niveau d'exposition sonore SEL*** est une «dose de bruit» correspondant au logarithme de l'énergie sonore reçue:

$$SEL = 10 \log \left[\int_0^T 10^{0,1L(T)} \mathrm{d}T \right] \tag{4.16}$$

où t est le temps de mesure en secondes et T la durée de l'exposition. SEL est mesuré avec la pondération A.

Lorsque le niveau sonore fluctue en fonction du temps, on remplace ce niveau variable par un niveau moyen de même contenu énergétique que le niveau variable pour une durée de mesure T. C' et le ***niveau sonore continu équivalent*** L_{eq}:

$$L_{eq} = 10 \log \left[\frac{1}{T} \int_0^T 10^{0,1L(t)} \mathrm{d}t \right] = SEL - 10 \log T \tag{4.17}$$

Le ***niveau d'évaluation*** L_r est un indice agrégé de l'exposition au bruit qui contient non seulement la description physique du bruit ($L_{éq}$ dB(A)), mais aussi l'appréciation subjective du genre de bruit. Par exemple, pour le bruit industriel, L_r introduit des corrections (pénalisations) allant jusqu'à +10 dB(A) quand il s'agit de la ventilation, de 0 à +6 dB(A) pour les sons purs (composantes tonales) et de 0 à +6 pour les bruits impulsifs (bruits d'impact). Par contre, pour le bruit du trafic ferroviaire, qui est mieux toléré que celui des routes, on applique une correction négative de –5 dB(A) au niveau $L_{éq}$ mesuré.

Les ***niveaux statistiques*** L_N sont souvent appelés ***niveaux de dépassement*** parce qu'ils désignent le niveau sonore qui est dépassé pendant N% du temps de mesure, N pouvant prendre toutes les valeurs entre 0,1 et 99,9%. Les plus utilisés sont:

L_1: niveau dépassé pendant 1 % du temps, donc par les pointes de bruit.
L_{10}: niveau dépassé pendant 10 % du temps.
L_{50}: niveau de bruit médian
L_{99}: bonne approximation du niveau de bruit de fond.

Ces niveaux statistiques donnent les informations sur les fluctuations des niveaux durant le temps de mesure. Par exemple, la différence entre les niveaux L_1 (pointes rares) et L_{99} (bruit de fond) permet de juger de la gêne due au bruit avec plus de sûreté qu'avec le seul niveau L_{eq}.

L'***addition*** et la ***soustraction de niveaux sonores*** sont des additions et soustractions énergétiques. On ajoute donc les intensités acoustiques (et pas les niveaux sonores !) Elles peuvent s'effectuer à partir des niveaux sonores au moyen d'un diagramme (fig. 4.41) par correction du niveau le plus élevé.

Ces opérations peuvent aussi se faire par le calcul :

$$L = 10\log\left(10^{0,1L_1} \pm 10^{0,1L_2}\right) \qquad (4.18)$$

ou si on définit ΔL par la différence entre les niveaux L_1 et L_2:

$$L - L_1 = 10\log\left(1 \pm 10^{-0,1\Delta L}\right) \qquad (4.19)$$

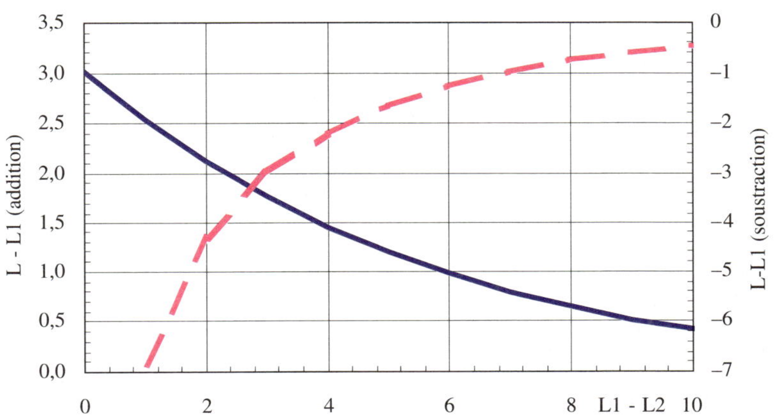

Fig. 4.41 Addition et soustraction de niveaux sonores.

4.5.3 Niveaux caractéristiques

Quelques exemples de bruits typiques ainsi que l'impression qu'ils donnent et leurs effets sur le système auditif sont donnés dans le tableau 4.9.

Des dégâts irréversibles de l'oreille peuvent se produire suite à des expositions répétées ou prolongées à des niveaux de bruit dépassant 90 dB.

Le tableau 4.10 donne les niveaux de bruit perturbateurs généralement admis dans divers endroits.

Tableau 4.9 Quelques exemples de niveaux de bruit.

Niveau	Impression	Effets	Exemples
130 dB	Très douloureux	Lésions irréversibles du système auditif	Banc d'essai de réacteur
120 dB	Douloureux		Burin pneumatique
110 dB	Insupportable	Perte d'audition après une brève exposition	Atelier de tôlerie Atelier de presses
100 dB	Difficilement supportable		
90 dB	Très bruyant	Perte d'audition après une longue exposition	Poids lourd à 3 m
80 dB	Bruyant		Réfectoire scolaire
70 dB	Acceptable	Gamme de bruits et sons parfaitement supportables	Forte conversation
60 dB	Bruit courant		Rue bruyante
50 dB			Bureau
40 dB	Faible		Radio à faible niveau
30 dB	Calme		Zone résidentielle calme
20 dB	Très calme		Pièce très protégée
10 dB	Silence	L'observateur entend le bruit de son propre organisme	Ne peut être obtenu qu'en laboratoire
0 dB	Silence absolu		

Tableau 4.10 Niveau de bruit perturbateur généralement admis [dB A].

Dans les chambres à coucher	30-40
Pour le travail intellectuel	50-70
Pour le travail manuel	80

Une variation du niveau de l'ordre de 1 dB est inaudible. Une variation de 3 dB (facteur 2 en intensité) est faiblement audible. Un accroissement (ou une baisse) de 10 dB est perçu par une majorité de personnes comme un niveau de bruit deux fois plus (ou moins) intense.

4.5.4 Absorption acoustique

L'acoustique interne d'une salle est caractérisée par la manière dont les ondes sonores s'y propagent et notamment par son ***temps de réverbération*** ou durée d'écho, qui est le temps nécessaire pour que le niveau sonore baisse de 60 dB après l'extinction de la source. Ce temps dépend du volume de la salle, des surfaces absorbantes (parois, sol, plafond, mobilier) et de leur coefficient d'absorption du son. Le temps de réverbération optimal dépend de l'utilisation et du volume de la salle (§ 9.2.3).

Les *salles* beaucoup trop *sourdes*, à très faible temps de réverbération, qui sont utilisées pour des expériences et essais acoustiques, ont une ambiance acoustique oppressante. Les temps de réverbération courts, de 0,5 à 1 seconde, améliorent l'intelligibilité de la parole, alors que des temps de réverbération plus longs sont recherchés pour le rendu de la musique. Les temps très longs, caractéristiques des cathédrales, permettent de donner son ampleur à la musique de l'orgue, mais rendent la parole difficilement intelligible.

4.6 CONTRÔLE

Nous avons vu aux paragraphes 2.3.5 et 4.2.9 que le bien-être des occupants s'améliore et que leur tolérance augmente s'ils ont des moyens de contrôle sur leur environnement. Dans les bâtiments anciens, le contrôle de la température, de l'aération et de la lumière résulte uniquement des actions de l'occupant, qui met du bois dans le fourneau, ouvre et ferme les fenêtres et les volets, allume et éteint les luminaires. Afin de réduire ces tâches qui peuvent être fastidieuses, les bâtiments modernes sont équipés d'installations automatiques qui contrôlent tout ou partie des prestations du bâtiment: un thermostat règle la température, un hygrostat l'humidité, des horloges ou des détecteurs de pollution contrôlent la ventilation mécanique et des capteurs de luminance et de présence allument et éteignent l'éclairage artificiel si nécessaire.

Il faut savoir que l'efficacité de ces organes de contrôle est très variable. Par exemple, un thermostat dont l'action est proportionnelle à l'écart entre la température réelle et la température de consigne contrôle mieux la température avec une consommation d'énergie moindre qu'un thermostat tout ou rien. Un contrôleur de température prévisionnel (Morel, Bauer *et al.* 2001), qui peut anticiper sur le temps qu'il va faire et les besoins des occupants, permettra encore une nette amélioration du confort tout en diminuant la consommation d'énergie de manière significative. Toutefois, l'utilisateur ne sera satisfait que s'il peut agir sur la température de consigne pour l'adapter à ses besoins.

Les défauts de fonctionnement les plus graves proviennent souvent de l'indépendance des contrôleurs. Dans la plupart des bâtiments, chaque grandeur est contrôlée indépendamment, sans lien entre les différents contrôleurs. L'auteur a observé des installations qui chauffent et refroidissent simultanément la même pièce, ou qui humidifient et assèchent simultanément le même local. Ce risque bien réel de disfonctionnement est d'autant plus grand que le système de contrôle est complexe. On peut le réduire en concevant et en installant un système de contrôle intégrant toutes les fonctions.

Il n'en reste pas moins qu'il est nécessaire de laisser à l'utilisateur la haute main sur le système. Dans l'idéal, chaque occupant devrait pouvoir agir sur son environnement. S'il n'a pas accès aux contrôles installés, il trouve en général un moyen de se satisfaire, en général en contrariant l'effet des installations: obturation des entrées d'air, ouverture inopinée des fenêtres, installations sauvage de chauffages électriques ou de climatiseurs, voire sabotage des installations.

Des expériences récentes (Guillemin and Morel 2002; Guillemin 2003) ont montré qu'il est possible d'atteindre les performances des meilleurs contrôles automatiques avec une excellente satisfaction des occupants au moyen d'un système automatique intégrant le contrôle de la température, de l'éclairage et des protections solaires, qui apprend les désirs de l'usager. Le contrôleur prend en compte chaque action de l'occupant tendant à modifier son réglage, ce qui fait qu'après quelques jours d'apprentissage, il agit comme le ferait l'occupant, qui n'a alors plus le désir ni le besoin d'intervenir.

4.7 RÉSUMÉ

Le ***confort thermique*** dépend d'abord de chaque individu, en particulier de son habillement et de son activité métabolique. Ceci lui permet de s'adapter à son environnement. L'environnement intérieur doit aussi être adapté aux besoins des occupants, donc à leur habillement et à leur activité. Pour cela, il faut assurer une température de l'air et des températures des surfaces environnantes agréables. L'indicateur principal est la température opérative, moyenne pondérée de la température de l'air et des surfaces entourant l'occupant. La vitesse de l'air et son degré de turbulence, ainsi que les gradients de température ont aussi un effet.

Il faut noter que les exigences de confort ne sont pas les mêmes dans les bâtiments complètement conditionnés et dans les bâtiments à ventilation naturelle. Dans ces derniers, les occupants s'adaptent et tolèrent de plus grandes variations de température que dans les premiers.

Une bonne ***qualité de l'air*** est obtenue en évacuant les polluants aériens produits par l'activité humaine, les appareils et les matériaux de construction en contact avec l'intérieur. Le débit d'air neuf requis pour remplacer l'air vicié dépend donc de l'intensité des sources de pollution et de la pureté de l'air requise, ainsi que de la qualité de l'air extérieur. Si les occupants sont les seules sources de pollution, le débit d'air nécessaire est compris entre 10 et 40 m^3/h dans les zones non-fumeurs. Il peut largement dépasser ces valeurs en cas de pollution supplémentaire.

Le ***confort visuel*** est obtenu en donnant un éclairement adapté à l'activité dans le champ visuel, en évitant des contrastes trop marqués, notamment l'éblouissement. Le spectre de la lumière utilisée doit être continu, et d'une température de couleur adaptée à l'éclairement. L'éclairage naturel est particulièrement confortable, dans la mesure où son intensité est contrôlée.

Le ***confort acoustique*** nécessite d'une part d'éviter les bruits gênants ou de s'en isoler, de manière à maintenir leur niveau en dessous d'une limite acceptable, et d'autre part à assurer une ambiance acoustique agréable dans les locaux. Pour cela, il faut notamment éviter une trop grande part de parois réverbérantes (béton, maçonnerie) à l'intérieur.

Le ***contrôle*** que l'occupant a sur son environnement intervient pour une grande part dans sa satisfaction. Le réglage automatique permet certes d'optimiser le rapport prestation/coût, et son usage se généralise à juste titre, mais l'occupant doit garder la haute main sur les valeurs de consigne.

D'autres paramètres peuvent influencer le bien-être des occupants. Les plus évidents sont certainement la dimension et la forme des espaces intérieurs, l'aménagement de ces espaces et le taux d'occupation. L'ambiance sociale a aussi de l'importance: il suffit de penser à l'atmosphère parfois irrespirable et surchauffée des cafés ou des dancings où les clients restent néanmoins volontiers. Enfin, s'il n'est pas prouvé que de faibles champs électromagnétiques, voire d'autres «champs» aient de l'influence, il n'est pas non plus exclu qu'ils en aient! *«There are more things in heaven and earth, Horatio, than are dreamt of in your philosophy» (Hamlet. Act I. Sc. 5).*

4.8 BIBLIOGRAPHIE

ASTM (1988). ASTM E 741-83: Standard test method for determination of air leakage rate by tracer dilution. *Annual Book of Standards*. ASTM. Philadelphia, PA, ASTM. **1988**.

CEN (1998). *CR 1752, Ventilation for Buildings: Design Criteria for the Indoor Environment*. Brussels, CEN.

CEN (2006) *EN 15251 – Criteria for the indoor environment, including thermal, indoor air quality (ventilation), light and noise*, CEN, Brussels.

CNBE (1974). *Technique de l'éclairage*. Liège, Vaillant-Carman.

DE DEAR, R.J. et BRAGER G.S. (2002). «Thermal comfort in naturally ventilated buildings: revisions to ASHRAE Standard 55» *Energy and Buildings* **34**: 549–561.

FANGER P.O. (1982). *Thermal Comfort*. Florida, USA, R. E.Krieger.

FANGER P.O. (1983). *Thermal comfort requirements*. ICBEM international Conference on Building Energy Management, Ames, Iowa, University of Ames.

FANGER P.O., MELIKOV A.K., *et al*. (1988). «Air turbulence and the sensation of draught» *Energy and Buildings* **12**: 21-30.

GUILLEMIN A. (2003). *Using genetic algorithms to take into account user wishes in an advanced building control system*. Thèse *ENAC*, Lausanne.

GUILLEMIN A. et MOREL N. (2002). «Experimental results of a self-adaptive integrated control system in buildings: a pilot study» *Solar Energy* **72**(5): 397-403.

ISO (1993). Norme ISO-7730: *Ambiances thermiques modérées. Détermination des indices PMV et PPD et spécifications des conditions de confort thermique*. Genève, CEN et ISO.

LUBKIN V., BEIZAI P., *et al*. (2002). «The eye as metronome of the body» *Survey of Ophtalmology* **47**(1): 17-25.

MCCARTNEY K.J. et NICOL J.F. (2002). «Developing an adaptive control algorithm for Europe» *Energy and Buildings* **34**: 623–635.

MOREL N., BAUER M., *et al*. (2001). «NEUROBAT, A predictive and adaptive heating control system using artificial neural networks» *International Journal of Solar Energy* **21**.

PAULE B., BODART M., *et al*. (1998). *«Leso-Dial» Daylighting design software*. Daylighting'98, Ontario, Canada.

SLG (1992). *Handbuch für Beleuchtung*. Landsberg, Ecomed Fachverlag.

CHAPITRE 5

COMMENT ASSURER LE CONFORT THERMIQUE?

5.1 OBJECTIFS DE LA THERMIQUE DU BÂTIMENT

Une bonne conception thermique du bâtiment a pour objectif d'assurer en tout temps un bon confort thermique, donc de limiter le pourcentage de personnes insatisfaites de ce confort à un minimum. Plus précisément, il faut:

- assurer une température opérative moyenne adaptée à l'activité et à l'habillement des occupants, ainsi qu'au type de conditionnement, surtout en été (ventilation naturelle ou refroidisseur artificiel),
- limiter les asymétries de température radiante et les gradients de température à des valeurs acceptables,
- éviter que les occupants soient en contact avec des surfaces trop chaudes ou trop froides,
- éviter les courants d'air.

Rappelons que pour satisfaire ces conditions, il ne suffit pas d'assurer que la température du thermostat soit égale à une consigne donnée. Il faut que l'air et les surfaces vues par les occupants soient à des températures telles que la sensation thermique qui résulte de la combinaison de toutes ces températures soit agréable.

5.2 MESURES PASSIVES ET ACTIVES

Nous avons vu que pour assurer une bonne qualité de l'environnement intérieur, on peut appliquer des mesures passives et des mesures actives. En ce qui concerne le confort thermique, on peut préciser la nature de ces mesures de la manière suivante:

- Les ***mesures passives*** – à savoir les mesures architecturales et constructives qui permettent d'assurer un bon confort thermique, sans, ou avec très peu, d'apport d'énergie – sont une isolation thermique suffisante, une inertie thermique adaptée aux besoins, les moyens de gestion des gains solaires passifs, et les moyens de gestion de l'aération naturelle du bâtiment.
- Les ***mesures actives*** – à savoir les technologiques permettant de garantir le confort thermique par des actions mécaniques, en consommant de l'énergie

pour compenser les défauts du bâtiment ou compléter les mesures passives – sont les installations de chauffage et de refroidissement.

Dans ce chapitre, nous décrivons en détail les mesures passives et actives les plus courantes.

5.3 PROTECTION THERMIQUE D'HIVER: ISOLATION THERMIQUE

En hiver, l'enveloppe du bâtiment doit limiter les déperditions de chaleur, pour trois raisons importantes:

- Eviter que la température intérieure des parois extérieures soit trop basse, ce qui crée un inconfort.
- Eviter les moisissures et la condensation, qui créent un climat intérieur malsain.
- Limiter la consommation d'énergie pour le chauffage, aussi bien pour des raisons économiques que pour protéger l'environnement.

La mesure passive par excellence pour limiter ces déperditions est l'isolation thermique, à savoir l'utilisation systématique, dans l'enveloppe du bâtiment, de composants qui laissent difficilement passer la chaleur.

Une mesure active utilisée dans certains cas exceptionnels consiste à chauffer la surface intérieure de la paroi. Ceci augmente les déperditions thermiques mais réduit les risques de moisissure, de condensation et d'inconfort.

5.3.1 Coefficient de transmission thermique

En régime stationnaire (températures intérieure et extérieure constantes), la ***densité de flux de chaleur*** q passant au travers d'une paroi plane en régime est proportionnelle à la différence entre les températures intérieure, θ_i, et extérieure, θ_e:

$$q = U\,(\theta_i - \theta_e) \tag{5.1}$$

Le coefficient de proportionnalité U donne le flux de chaleur au travers d'un mètre carré de paroi pour une différence de température de 1 Kelvin entre les deux environnements. C'est le ***coefficient de transmission thermique***[1] de la paroi. Pour diminuer les déperditions thermiques par transmission, il faut diminuer le coefficient U.

Réciproquement, la chute de température au travers d'un élément traversé par une densité de flux de chaleur q vaut:

$$\theta_i - \theta_e = \frac{q}{U} = R_T \;\; q \tag{5.2}$$

Le ***coefficient*** U des composants est l'inverse de la ***résistance thermique*** totale d'environnement à environnement:

[1] Jusqu'à la fin du 2e millénaire, le coefficient de transmission thermique était symbolisé en Europe continentale par la lettre ***k***. On l'appelait souvent «coefficient *k*».

$$U = 1/R_T \tag{5.3}$$

La résistance thermique totale d'un composant plan formée de couches homogènes perpendiculaires au flux de chaleur est la somme des résistances des différentes couches du composant:

- De surface à surface:

$$R_t = R_1 + R_2 + ... + R_n \tag{5.4}$$

- D'environnement à environnement:

$$R_T = R_{si} + R_t + R_{se} \tag{5.5}$$

où R_1, R_2... R_n sont les résistances thermiques des couches homogènes, R_{si} et R_{se} sont les résistances thermiques superficielles intérieure, respectivement extérieure. Rappelons que la résistance thermique d'une couche d'épaisseur d de matériau dont la conductivité thermique est λ vaut:

$$R = \frac{d}{\lambda} \tag{5.6}$$

Une forte résistance thermique, donc une bonne isolation thermique, s'obtient donc avec une épaisseur suffisante de matériau isolant, de faible conductivité thermique.

Les résistances thermiques superficielles R_{si} et R_{se} varient avec la rugosité et l'état des surfaces, ainsi qu'avec la vitesse du vent. Pour les calculs de déperdition de chaleur, on utilise les valeurs conventionnelles suivantes:

$$R_{si} = 0{,}13 \text{ m}^2\text{K/W} \quad \text{et} \quad R_{se} = 0{,}04 \text{ m}^2\text{K/W} \tag{5.7}$$

Pour le calcul des risques de moisissure ou de condensation, des valeurs de R_{si} allant jusqu'à 0,5 m^2K/W doivent être prises, pour tenir compte de l'effet des coins ou du mobilier.

5.3.2 Coefficients de transmission thermiques admissibles

Les coefficients de transmission thermiques admissibles sont définis au plan national. Les valeurs maximales autorisées en Suisse, en W/m^2K, sont données dans le tableau 5.1. Les diverses normes ont des exigences différentes pour les raisons suivantes:

- La norme ***SIA 180*** «Isolation thermique et protection contre l'humidité dans les bâtiments» est une norme qui veille exclusivement à assurer le confort et à éviter les risques de dégâts, notamment en évitant la condensation de vapeur d'eau ou la croissance de moisissures. Les valeurs données dans le tableau 5.1 sont celles de l'édition valable dès le 1.1.2000.
- La norme ***SIA 380/1*** «L'énergie dans le bâtiment» est une norme qui vise à diminuer la consommation d'énergie. Les valeurs données dans le tableau 5.1 sont celles de l'édition en vigueur dès le 1.1.2007.

- Le ***standard Minergie***® a été élaboré par une association pour pousser les promoteurs à construire des bâtiments présentant la plus basse consommation d'énergie possible.

Tableau 5.1 Coefficients de transmission thermiques maximaux admissibles selon diverses normes appliquées en Suisse.

Position	Type d'élément	SIA 180	SIA 380/1	Minergie®
		Neuf et transformations		Neuf
Air libre	toit	0,4*	0,25 (0,25)	0,20
	paroi verticale	0,4	0,25 (0,25)	0,20
	porte	2,4	1,5 (1,2)	1,2
	fenêtre	1,7	1,5 (1,2)	1,0
Enterré < 2 m de la surface	toutes parois	0,4	0,25 (0,25)	0,20
Enterré > 2 m de la surface	plafond	0,6	0,35 (0,30)	0,25
	paroi verticale	0,6	0,35 (0,30)	0,28
	plancher	0,6	0,35 (0,30)	0,28 (0,25)
Local non chauffé	toit	0,5	0,35 (0,30)	0,25
	paroi verticale	0,6	0,35 (0,30)	0,28
	plancher	0,6	0,35 (0,30)	0,28 (0,25)
	porte	2,4	2,0	1,60
	fenêtre	2,4	2,0 (1,6)	2,0

() désigne les valeurs pour les éléments chauffants (chauffage par le sol, plafond radiatif, fenêtre avec corps de chauffe placé juste devant, etc.).
* Le coefficient de transmission thermique dynamique des toitures sur locaux habités doit être inférieur à 0,2 W/(m²K). Ceci implique que *U* est inférieur ou égal à 0,2 W/(m²K) pour les toitures légères.

Les valeurs limites du tableau 5.1 pour la norme SIA 380/1 et le label Minergie peuvent être dépassées à condition que ls besoins en chauffage ne dépassent pas une limite donnée. Par contre, les limites SIA 180 ne devraient pas être dépassées, vu les risques que cela implique pour la santé du bâtiment et de ses occupants.

5.3.3 Facteur de température superficielle

La chute de température au travers de chaque couche est, en régime permanent[2], proportionnelle à sa résistance thermique et au flux de chaleur (fig. 5.1). Ainsi, la différence de température entre l'ambiance intérieure et la surface intérieure d'une paroi extérieure vaut:

$$\theta_i - \theta_{si} = R_{si} \;\; q \; = R_{si} \; U\left(\theta_i \; - \theta_e\right) \tag{5.8}$$

où U est le coefficient de transmission thermique de la paroi, en W/(m^{2}K) et R_{si} la résistance thermique superficielle intérieure (entre 0,1 et 0,5 m^{2}K/W).

La température de surface intérieure est d'autant plus basse que:

- la température extérieure sera plus basse;
- le coefficient *U* plus élevé (c. à. d. l'isolation plus faible);
- la résistance superficielle plus élevée (par ex. derrière un tableau, une tenture, dans les coins, etc.).

[2] Le régime permanent est atteint quand la température est constante en tout point de la paroi.

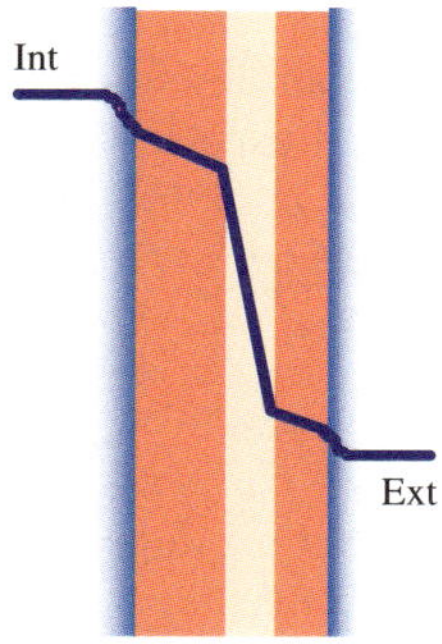

Fig. 5.1 Répartition de température dans une paroi extérieure en hiver.

Le facteur de température superficielle est défini par:

$$f_{Rsi} = \frac{\theta_{si} - \theta_e}{\theta_i - \theta_e} \tag{5.9}$$

C'est donc le rapport de la différence de température entre la surface intérieure et l'extérieur à la différence de température entre l'intérieur et l'extérieur. En utilisant l'équation (5.8), on voit que, pour les parois formées de couches planes et homogènes, ce facteur vaut:

$$f_{Rsi} = 1 - R_{si}U \tag{5.10}$$

Ce facteur vaut donc 1 si le coefficient de transmission thermique est nul, donc si l'isolation et parfaite. Il est nul s'il n'y a pas d'isolation du tout, donc si $U = 1/R_{si}$. Ce facteur est donc un indicateur du ***niveau d'isolation thermique***. Il a l'avantage de pouvoir se calculer ou se mesurer en tout endroit de l'enveloppe, même près des ponts thermiques.

5.4 MATÉRIAUX D'ISOLATION

5.4.1 Principes d'isolation thermique

Par définition, un matériau isolant thermique est un matériau qui conduit mal la chaleur, que ce soit par conduction, convection ou rayonnement. Avec une épaisseur relativement faible, il présente une résistance thermique suffisante pour les besoins envisagés. Les principes physiques utilisés dans les matériaux isolants sont les suivants:

- Pour éliminer la *conduction*, il faut éliminer la matière. Le vide ne conduit pas la chaleur. On diminue la conduction en utilisant des matériaux peu conducteurs (notamment les gaz, de préférence lourds, ou des solides non métalliques).
- Pour éliminer la *convection*, il faut immobiliser ou supprimer les fluides. Il n'y a de convection possible ni dans le vide, ni dans un fluide immobilisé.
- Pour éliminer le *rayonnement*, il faut des écrans opaques au rayonnement, ou des surfaces non émissives (donc réfléchissantes) au rayonnement thermique.
- Pour éliminer l'*évaporation-condensation*, il faut utiliser des matériaux secs.

Ces conditions sont partiellement contradictoires, et ne peuvent être bien réalisées que dans l'espace intersidéral, en traitant les surfaces des corps à isoler pour les rendre réfléchissantes. Dans le bâtiment, l'aspect économique est primordial: *c'est l'air immobilisé qui est l'isolant utilisé dans le bâtiment*. L'air est immobilisé dans des mousses ou entre des fibres. Les parois des alvéoles des mousses, ainsi que les fibres, font aussi écran au rayonnement.

5.4.2 Conductivité thermique

Dans un matériau isolant, la chaleur est donc transportée par les trois modes possibles (conduction, rayonnement et convection), le premier étant souvent dominant. Pour des raisons pratiques, on attribue la totalité du transfert de chaleur au travers du matériau à la conduction, en déterminant, par la mesure, une ***conductivité thermique apparente*** du matériau.

La conductivité thermique est la quantité de chaleur qui passe en 1 seconde au travers de 1 m^2 d'une couche de matériau homogène de 1 mètre d'épaisseur, soumis à une différence de température de 1 degré (fig. 5.2). La conductivité thermique de quelques matériaux courants est donnée dans le tableau 5.2.

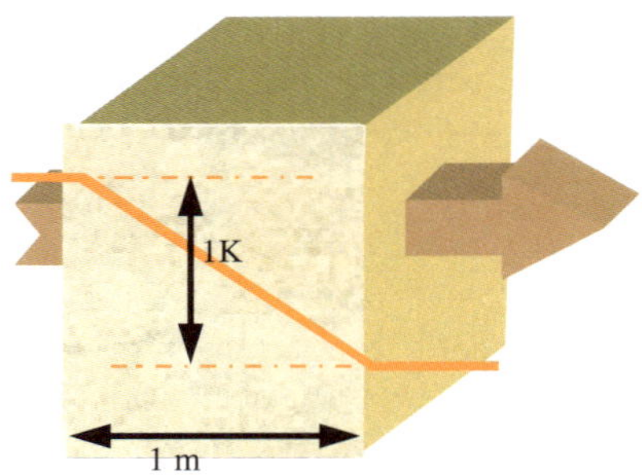

Fig. 5.2 Conductivité thermique.

Tableau 5.2 Conductivité thermique de quelques matériaux.

Matériau	Masse volumique [kg/m^3]	Conductivité thermique [W/m · K]
Air immobile	~ 1	0,024
Isolant typique	20-100	0,03 à 0,04
Sapin	500	0,15
Béton cellulaire	600	0,17
Brique	1100	0,44
Plâtre	1200	0,58
Neige	500	0,69
Plot de ciment	1200	0,70
Verre	2500	0,81
Béton, pierre	2400	1,80
Acier	7850	58
Aluminium	2750	204

Il faut remarquer qu'il y a un rapport d'environ 5000 entre la conductivité thermique de l'aluminium et celle d'un isolant ordinaire. Un support d'aluminium de 2 cm^2 de section traversant un isolant transmet autant de chaleur que 1 m^2 d'isolant!

A quelques exceptions près (voir «Isolants exceptionnels» dans le paragraphe 5.4.4), la conductivité thermique apparente ne peut pas être inférieure à celle de l'air immobile, à savoir 0,024 W/(m · K). Pour un matériau isolant donné, elle varie avec la densité apparente (fig. 5.3): les matériaux très légers permettent une part appréciable de rayonnement et de convection, mais présentent une faible conduction dans le solide. Les matériaux plus denses sont totalement opaques au rayonnement et la convection y est négligeable, mais la conduction dans le solide (fibres et parois) devient importante. Pour chaque type de matériau isolant, la conductivité thermique est minimale pour une densité donnée. Cette densité optimale dépend toutefois fortement du type de matériau, et peut être totalement irréaliste pour certains matériaux, parce que tellement basse qu'elle correspond à un matériau sans cohésion.

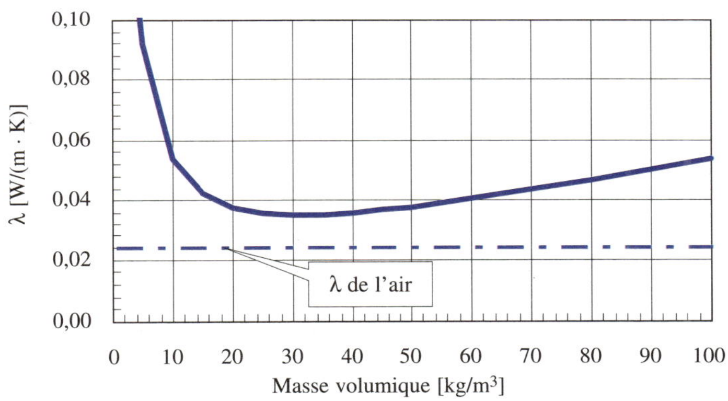

Fig. 5.3 Conductivité thermique apparente d'un isolant fibreux donné en fonction de sa masse volumique apparente.

5.4.3 Qualité des isolants thermiques

La conductivité thermique n'est pas la seule propriété à prendre en compte dans le choix d'un isolant. Le tableau 5.3 résume plusieurs qualités pour les matériaux isolants les plus courants.

Les caractéristiques suivantes sont au moins aussi importantes, et peuvent être primordiales suivant les applications:

- Résistance au feu.
- Résistance mécanique (traction et compression).
- Etanchéité à l'air.
- Résistance à la diffusion de vapeur d'eau.
- Faible absorption d'eau par immersion, par flottaison et par diffusion.
- Stabilité dimensionnelle et comportement à la chaleur.
- Qualités acoustiques.
- Prix.

Tableau 5.3 Qualités des matériaux isolants.

Applications / Matériau	Pouvoir isolant	Densité	Résistance au feu	Résistance à la diffusion de vapeur d'eau μ	Résistance à l'eau	Résistance à 10 % de compression [kPa]	Résistance à la traction [kPa]	Etanchéité à l'air	Résistance à la chaleur	Absorption acoustique bruits de choc	Absorption acoustique bruits aériens
Laine minérale légère	+	—	++	—	0	—	—	—	+		++
Laine minérale dense	++	–	++	—	0	0	–	—	++	++	+
Mousse de verre	+	+	++	++	++	++	++	++	++	—	
Béton cellulaire	—	++	++	–	–	++	+	+	++	—	
PUR	++	–	0	–	0	+	+	0	++	–	—
Urée Formaldéhyde	+	—	+	—	–	—	—	—	0		
PS expansé	+	—	+	+	0	+	+	0	0	–	—
PS extrudé	++	0	+	++	+	+	++	0	0	–	—
Fibres de bois	0	+	0	0	—	+	—	–	+	+	++
Paille et ciment	0	++	+	0	—	+	0	–	+	0	+
Liège	+	+	+	+	–	+	0	+	++	+	–

++: très élevé +: élevé 0: moyen, acceptable –: bas —: très bas
Case vide: ne s'applique pas. D'après «Essais comparatifs», OFQC 1983.

Résistance au feu

Pour des raisons de sécurité évidentes, il est interdit d'utiliser des matériaux de construction facilement inflammables. En Suisse, on distingue 6 classes d'inflammabilité:

I S'enflamme très facilement et se consume très rapidement (nitrocellulose).
II S'enflamme très facilement et se consume rapidement.
III Facilement inflammable (laine de bois, papier en feuilles).
IV Moyennement combustible (épicéa).
V Difficilement combustible (bois de chêne).
VI Incombustible (métal, pierre). La classe VIq signifie quasiment incombustible.

L'absorption de la lumière par la fumée produite par la combustion est indiquée par un chiffre arabe: 1: forte absorption, fumées opaques; 2: absorption moyenne et 3: faible absorption (mois de 50 %).

Résistance mécanique

L'isolation des dalles, des planchers, ou des ouvrages souterrains nécessite des matériaux qui résistent à la compression. La résistance des isolants à la compression est mesurée par la contrainte nécessaire pour diminuer l'épaisseur d'un échantillon de 10 %. Cette contrainte s'exprime en milliers de Pascals (kPa). La résistance à la compression doit être d'au moins 110 kPa pour l'utilisation en toiture plate. Certains isolants comme la mousse de verre ou semi-isolants comme le béton cellulaire autoclavé sont peu élastiques et ne se compriment pas autant. On utilise alors la contrainte à la rupture.

L'isolation extérieure compacte et les toitures plates non chargées nécessitent un isolant qui résiste dans une certaine mesure à la traction, de manière que les couches d'isolant ne se séparent pas sous l'effet des forces de succion du vent. La résistance à la traction est donc mesurée dans le sens de l'épaisseur des panneaux. C'est la contrainte (en kPa) nécessaire à séparer le panneau en deux ou plusieurs parties. Un matériau isolant doit avoir une résistance supérieure à 6 kPa pour être utilisé en isolation extérieure compacte.

Etanchéité à l'air

L'étanchéité à l'air n'est pas, en principe, attendue d'un matériau isolant, car cette fonction doit généralement être remplie par une autre couche de l'enveloppe, à savoir la structure porteuse de la paroi (béton, maçonnerie), une feuille d'étanchéité ou un revêtement intérieur (crépis ou enduit par ex.). Même si le matériau isolant est étanche à l'air, les joints entre les lés ou les panneaux sont perméables à l'air, à moins d'être jointoyés (cas de la mousse de verre collée au bitume).

Résistance à la diffusion de vapeur d'eau

La vapeur d'eau diffuse au travers des matériaux, surtout s'ils sont poreux, et tend à se condenser dans les zones froides, donc notamment du côté froid de la couche isolante (section 7.6). Pour limiter les risques de dégâts dus à la condensation, on peut réduire le flux de vapeur d'eau en plaçant des matériaux qui offrent une forte résistance à la diffusion de vapeur d'eau. L'étanchéité à l'air doit être conjointement assurée.

Absorption d'eau

Un matériau humide perd son pouvoir isolant. Les isolants en contact avec de l'eau (en toiture inversée ou en contact avec le terrain) ne doivent donc pas absorber d'eau. Le pouvoir absorbant des matériaux isolants est mesuré soit par immersion d'échantillons dans l'eau, par flottation d'échantillons sur un bac d'eau ou enfin par diffusion de vapeur d'eau dans un gradient de température.

Stabilité dimensionnelle et résistance à la chaleur

Les matériaux isolants utilisés en toiture plate doivent résister à long terme aux températures élevées (70°C et plus) obtenues par grand soleil et à court terme aux températures encore plus élevées utilisées pour souder les lés d'étanchéité posés sur la couche isolante (120°C pour les matières plastiques, 180°C pour les lés bitumineux). Par ailleurs, ils ne doivent pas trop se déformer (dilater, rétrécir) sous l'effet des variations de température ou d'humidité.

Qualités acoustiques

Certains matériaux isolants sont utilisés soit pour atténuer les bruits de chocs, soit pour absorber les bruits aériens (chap. 9). Dans le premier cas, ils doivent être mous tout en présentant une certaine résistance à la compression. Dans le second cas, ils doivent être perméables à l'air tout en offrant une certaine résistance, ce qui permet d'absorber les ondes acoustiques par frottement de l'air contre les composants (fibres, parois de bulles ouvertes) du matériau.

5.4.4 Matériaux isolants

Matériaux fibreux inorganiques ou laines minérales

La ***fibre de verre*** (Isover, Saglan)[3] et la ***laine de roche*** (Rockwool, Flumroc) sont toutes deux fabriquées en filant par centrifugation un liquide vitreux obtenu par fusion de minéraux, un peu comme on fabrique la «barbe à papa» dans les foires. C'est du verre (dont une grande partie est du verre recyclé) qui forme la base de la fibre de verre, alors que c'est plutôt une lave de type basaltique qui forme la laine de roche (fig. 5.4).

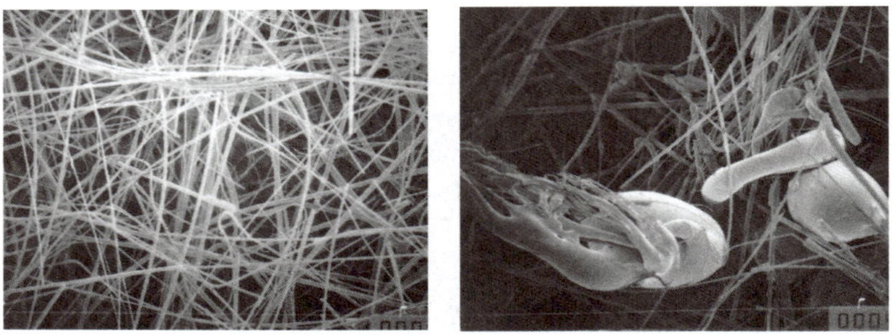

(a) (b)

Fig. 5.4 Microphotographies de laine minérale (a) et laine de roche (b). (Photo Isover St Gobain.)

Les fibres sont enduites d'une colle (bakélite) et calandrées pour en faire des nattes ou des plaques. Ces matériaux présentent une excellente résistance au feu et de bonnes qualités d'isolation thermique et d'absorption acoustique. De très grande durabilité, ces matériaux résistent à la pourriture, aux moisissures et à la vermine. Perméables à l'air et à la vapeur d'eau, ils absorbent facilement de l'eau par immersion mais s'égouttent et sèchent facilement.

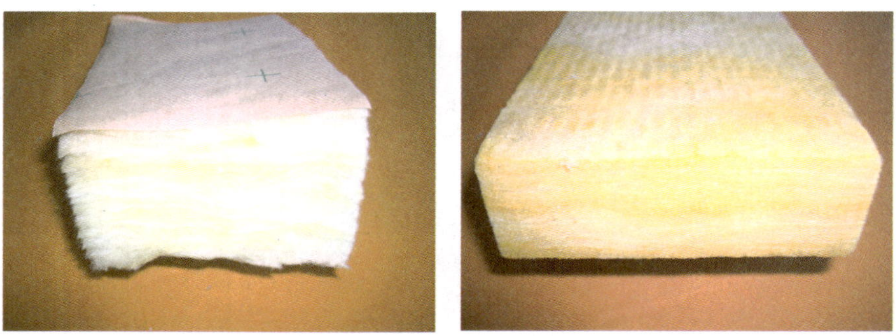

(a) (b)

Fig. 5.5 Laine minérale légère (a) et dense (b).

[3] Les noms de marque ne sont pas donnés ici pour des raisons publicitaires, mais parce qu'ils sont souvent utilisés par les professionnels comme noms génériques.

Leur densité peut varier d'un facteur 10, ce qui permet de nombreuses applications (fig. 5.5). Les rouleaux de matelas de fibre légère et les panneaux légers sont utilisés pour les isolations en toiture inclinée ou dans les parois verticales. Les panneaux denses servent d'isolation là où une résistance mécanique est nécessaire: dalles, toitures plates, etc.

Matériaux fibreux organiques

Les ***fibres organiques*** naturelles ne sont plus guère utilisées dans le bâtiment, mais gardent un marché marginal dans la construction écobiologique. La laine, le coton, la ***cellulose*** (papier mâché), la paille, et autres fibres de plantes dont le chanvre, peuvent être utilisés comme matériaux isolants. La cellulose connaît maintenant un regain d'intérêt. Des mesures doivent être prises pour que ces matériaux résistent au feu, à l'humidité et aux parasites.

Mousses inorganiques

La ***mousse de verre*** (FOAMGLAS, CORIGLAS) est obtenue en faisant cuire au four un mélange de fine poudre de verre avec un peu de poudre de graphite, placé dans un moule rectangulaire en métal réfractaire. La surface supérieure du mélange fond en premier et empêche le gaz carbonique résultant de la combustion du carbone de s'échapper. Ce gaz reste alors occlus dans des bulles de verre et le mélange lève comme un cake. Les pièces de formes diverses sont ensuite découpées dans ce «cake» (fig. 5.6). Le verre cellulaire est aussi livré sous forme de granulat utilisable comme matériau de remplissage.

Fig. 5.6 Mousse de verre FOAMGLAS.

Ce matériau, relativement cher, est totalement étanche à l'eau et à la vapeur d'eau (sauf aux joints et fissures). Il présente une bonne résistance à la compression mais il est fragile. Il est utilisé en toiture plate et pour l'isolation de fondations et de dalles soumises à de fortes charges, ainsi que dans les endroits où l'étanchéité à l'eau et à la vapeur d'eau est essentielle. Incombustible, il peut être utilisé jusqu'à des températures de service de 450°C, pour autant que la fixation permette la dilatation et supporte la température. Très durable, il résiste aux solvants et aux acides (excepté l'acide fluorhydrique) ainsi qu'à la pourriture, aux moisissures et à la vermine.

La ***vermiculite*** est un mica (minéral transparent à structure lamellaire) expansé 10 à 20 fois en volume par chauffage. Relativement cher, il est utilisé comme matériau de remplissage pour l'isolation thermique à haute température. Incombustible il résiste à des températures allant jusqu'à 1400°C. C'est un matériau hygroscopique (absorbe l'humidité), mais il est très durable, et résiste aux acides et alcalis.

La ***perlite*** est obtenue par expansion à haute température d'une roche volcanique. Ce sont de petites sphérules vitrifiées mais poreuses, comme de la pierre ponce. Incombustible, elle résiste à des températures allant jusqu'à 850°C. Perméable à la vapeur d'eau et hygroscopique, mais hygrophobe lorsqu'elle est liée au bitume. Très stable et durable, elle résiste à la pourriture, aux moisissures et à la vermine.

Le ***béton cellulaire*** autoclavé (YTONG) est expansé par addition de poudre d'aluminium à un mortier. L'aluminium réagit avec l'eau et le ciment et dégage de l'hydrogéne. La mousse ainsi obtenue est durcie à l'autoclave, puis découpée en blocs (fig. 5.7). Ce matériau est utilisé d'une part comme béton léger, et d'autre part pour construire des parois homogènes. Il est sensible à l'eau, et au gel lorsqu'il est humide.

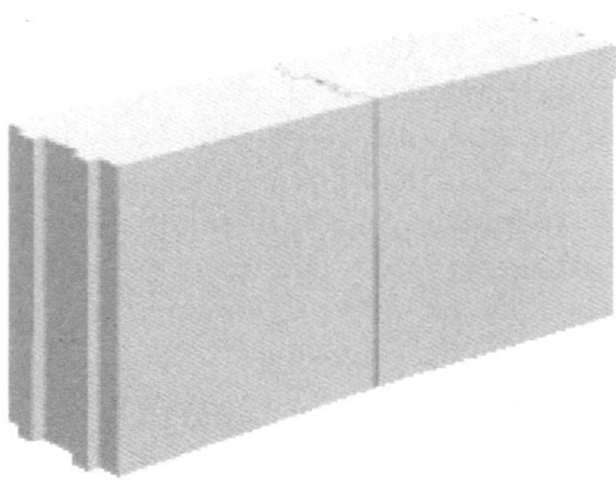

Fig. 5.7 Plots de béton cellulaire.

Mousses organiques

Ce sont les mousses de matières plastiques telles que le polyuréthane (PUR), le polystyrène (PE), l'urée formaldéhyde (UF), le ***PVC***, le ***polyéthylène***, etc. Le PE et le PUR sont très employés dans le bâtiment. L'UF est utilisé exclusivement pour des injections in situ. Les autres mousses, plus chères, sont d'utilisation marginale, surtout industrielle.

Le ***polystyrène*** peut être expansé à la vapeur d'eau puis découpé pour faire des plaques d'isolant d'usage général, mais peu résistantes à l'eau (SAGEX, STYROFOAM, LUXITEPS, etc., fig. 5.8(a)). Il peut aussi être extrudé directement en plaques, qui possèdent alors une pellicule les rendant résistantes à l'eau (ROOFMATE, STYRODUR, SWISSPORXPS). Le polystyrène extrudé est le matériau par excellence pour l'isolation des toitures plates inversées, car il supporte bien les intempéries. La mousse de polystyrène résiste bien aux moisissures et pourriture, mais peut être détruite par des rongeurs ou des insectes. Elle résiste mal aux solvants et aux températures dépassant 80°C. La polystyrène expansé graphité (fig. 5.8(c)) présente une conductivité thermique plus basse que le non graphité.

Le ***polyuréthane*** expansé (fig. 5.8(d)) possède une conductivité thermique apparente très basse, du moins lorsqu'il est jeune. Il a aussi une bonne résistance à la compression. Naturellement inflammable, il est rendu difficilement combustible par

(a) (b) (c) (d)

Fig. 5.8 Structure du polystyrène expansé (a) extrudé (b), expansé graphité (c) et du polyuréthane expansé (d). (Photos SWISSPOR.)

l'adjonction d'additifs. Il absorbe relativement facilement l'eau, mais résiste aux acides, alcalis et à de nombreux solvants. Durable et résistant à la moisissure, il est très sensible au rayonnement ultraviolet et ne doit pas être exposé aux intempéries. Il est utilisé en toiture, sous des dalles, en isolation industrielle et en injections ou projections in situ.

La mousse d'***urée formaldéhyde*** est relativement facile à produire in situ et peut s'injecter dans les cavités sans causer de grande surpression, contrairement à la mousse PUR. La mousse obtenue est à pores ouverts, légère, dure mais sans résistance mécanique. Difficilement combustible, elle résiste à des températures allant jusqu'à 100°C, mais a un fort coefficient de dilatation. Elle est perméable à la vapeur d'eau et hygroscopique. De plus, elle devient fragile lorsqu'elle est mouillée mais reste imputrescible. Elle résiste à un grand nombre de solvants, mais ni aux acides ni aux alcalis.

Matériaux ligneux

Les bois légers, la paille agglomérée, les panneaux de fibre de bois légers peuvent être utilisés comme isolants et comme absorbants acoustiques. La conductibilité thermique de ces matériaux est généralement plus élevée que celle des isolants spécifiques tels que les laines minérales ou les mousses organiques. Les plus courants sont les panneaux de fibre de bois et la ***paille agglomérée*** au ciment, utilisés directement en fond de coffrage. Ces panneaux (SCHICHTEX) adhérent bien au béton et mortiers. Les isolants ligneux sont sensibles à l'humidité qui les gonfle et les rend propice à la croissance de moisissure et à la pourriture. Ces panneaux qui peuvent être apparents absorbent en partie les bruits aériens.

Liège

Le liège est un isolant naturel (écorce du chêne liège), qui est utilisé sous forme brute pour faire des bouchons, sous forme de granulats comprimés et liés pour des sols, pour l'isolation aux bruits d'impact et des joints, et sous forme expansée par la chaleur comme isolant thermique (fig. 5.9).

(a)

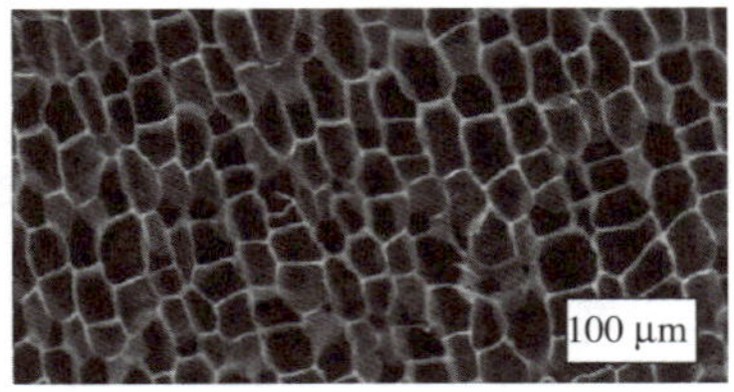

(b)

Fig. 5.9 Liège : (a) morceaux d'écorce ; (b) microstructure (Museum of Paleontology, University of California, Berkeley).

Les panneaux de liège expansé sont difficilement inflammables et résistent à une température de 130°C. Ils ont une faible dilatation thermique et peuvent de ce fait être directement crépis. Le liège absorbe peu l'eau, mais il pourrit s'il reste trop longtemps humide. Il a beaucoup été utilisé, notamment en panneaux de déchets agglomérés au bitume, pour les toitures plates. Son prix fait qu'il est actuellement remplacé par les matériaux synthétiques.

Isolation mince réfléchissante

On trouve sur le marché des matelas isolants comportant des feuilles réfléchissantes (fig. 5.10). Leur fonction est de réfléchir le rayonnement infrarouge, et donc de supprimer la transmission de chaleur par rayonnement. Certains escrocs n'hésitent pas à attribuer des qualités isolantes miraculeuses à ces matériaux : une publicité[4] prétend que 2 cm d'épaisseur d'un de ces matériaux a le pouvoir isolant équivalant à 16 cm de laine minérale !

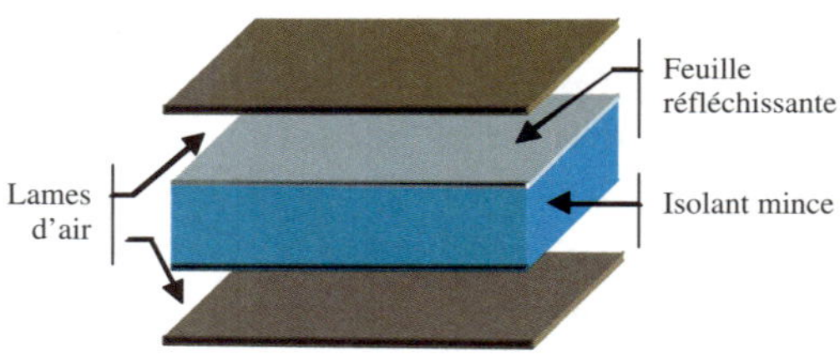

Fig. 5.10 Isolation mince réfléchissante en place entre deux lames d'air. A droite, un exemple d'une telle isolation mince réfléchissante.

Toutefois, les autres modes de transfert de chaleur demeurent, notamment la conduction dans l'air et les matériaux du matelas. Il s'ensuit que ces matelas, dans le meilleur des cas, n'ont un pouvoir isolant, à épaisseur égale, que légèrement supérieur aux matériaux isolants classiques. De plus, ces matelas nécessitent, pour être efficaces, une lame d'air de chaque côté, ce qui fait qu'à encombrement égal ils n'isolent pas mieux qu'un matériau classique de bonne qualité.

Il n'en reste pas moins que ces matelas isolent très bien dans le vide, ce qui justifie leur emploi dans les applications spatiales, car la conduction dans l'air est alors

4 *Ingénieurs et Architectes Suisses* n° 13, 1997, p. 9.

supprimée. Ils sont aussi en général étanches à l'air, ce qui explique la réduction de consommation d'énergie importante obtenue dans certains cas en isolant des toitures peu étanches à l'air.

Isolants exceptionnels

En y mettant les moyens, on peut diminuer fortement la conduction, supprimer la convection et réduire presque à zéro les échanges par rayonnement. On obtient ainsi des isolants thermiques exceptionnellement efficaces.

L'isolation thermique dans l'espace est particulièrement facile à réaliser. En effet, le vide spatial interdit la convection et la conduction, et seul le rayonnement reste. Une feuille réfléchissante assure alors une isolation thermique presque parfaite.

Chacun connaît le ***vase de Dewar***, ou la bouteille «Thermos®» qui est formée en fait de deux bouteilles l'une dans l'autre, dont on soude les bords et entre lesquelles on fait le vide (fig. 5.11). La surface contre le vide est de plus métallisée. Ainsi, les échanges par convection, conduction et rayonnement entre les deux bouteilles sont fortement réduits. Il ne reste que la conduction au travers du col et du bouchon.

L'***isolation sous vide*** consiste à évacuer l'air d'un support fibreux ou cellulaire emballé dans une feuille étanche (fig. 5.12). La conduction de l'air est ainsi supprimée, et le rayonnement ne passe pas au travers de l'enchevêtrement des fibres ou des parois des cellules. Il ne reste que la conduction des parois des cellules ou des fibres. Le support est indispensable pour éviter que l'emballage ne s'écrase sur lui-même sous l'effet de la pression atmosphérique (10 t/m^2!). Les supports actuellement envisagés sont le polystyrène expansé (PSEx), le polyuréthane (PUR), le nanogel de silice, et la fibre de verre.

Un getter (absorbant physico-chimique) maintient le vide malgré le dégazage et la diffusion de gaz au travers de l'enveloppe. La conductivité thermique de tels matériaux est nettement plus basse que celle des isolants traditionnels (fig. 5.13 et tab. 5.4).

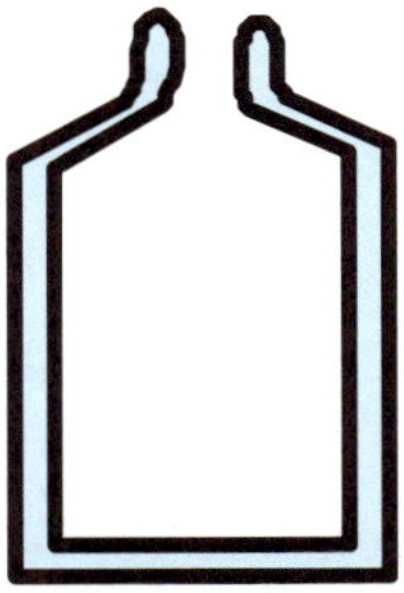

Fig. 5.11 Coupe d'un vase de Dewar.

Fig. 5.12 Isolation sous vide.

Tableau 5.4 Propriétés de quelques isolants sous vide (0,13 mBar ou 13 Pa).

	PSEx	PUR	Nanogel	Fibre Verre
λ[mW/(m · K)]	5-6	10	6	2,5
ρ [kg/m^3]	80-150	64	190	130
Coût relatif	Bas	Moyen	Moyen	Elevé

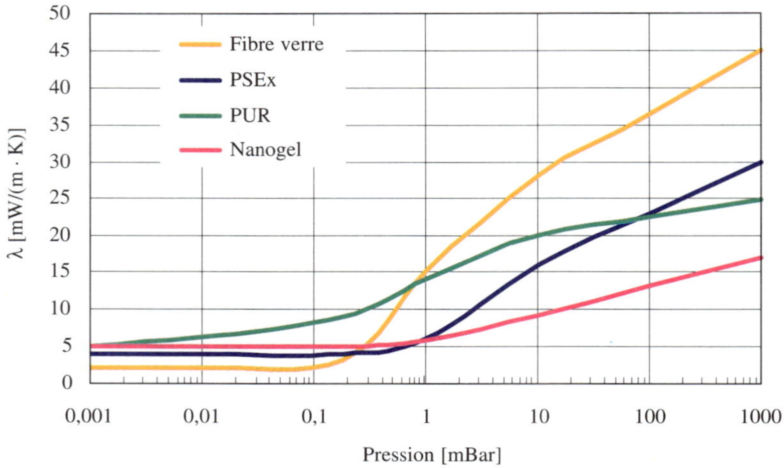

Fig. 5.13 Conductivité thermique de divers types d'isolants, en fonction de la pression.

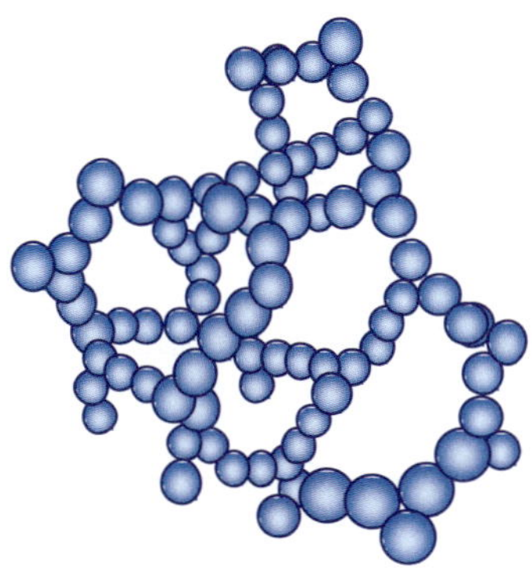

Fig. 5.14 Microstructure du nanogel de silice.

Parmi ces isolants, le ***nanogel de silice*** présente des propriétés particulières. Il est en effet moins conducteur que l'air, même à pression normale. Cette caractéristique remarquable vient du fait que la dimension des pores est plus petite que la longueur du trajet que parcourent les molécules d'air entre deux chocs (fig. 5.14). De ce fait, les molécules d'air heurtent le plus souvent les parois de silice, beaucoup plus massives qu'elles, auxquelles elles ne peuvent pas transférer facilement leur énergie cinétique.

Les ***gaz lourds*** (argon, krypton, xénon, fréons, hexafluorure de soufre, etc.) conduisent moins bien la chaleur que les gaz légers (hydrogène, hélium, azote, oxygène). Cette propriété est utilisée dans les double ou triple vitrages pour améliorer leur pouvoir isolant. La mousse de polyuréthane (PUR) doit aussi son excellent pouvoir isolant initial (à sortie d'usine) au gaz utilisé pour l'expansion (fréon HCFC 41B, pentane). Toutefois, si l'isolant n'est pas emballé dans une feuille étanche, ce gaz diffuse progressivement au travers des parois des cellules et est remplacé par de l'air.

5.4.5 Application des isolants thermiques

Il n'y a pas de mauvais matériau isolant, il n'y a que de mauvaises applications. Le matériau isolant idéal dépend de son application. La mousse de verre ou le polyuréthanne sont beaucoup trop chers pour être placée entre deux murs, où la laine minérale ou le polystyrène expansé conviennent parfaitement. Par contre, il serait insensé d'utiliser ces deux derniers matériaux dans une application où ils seraient exposés à l'eau, car ils seraient rapidement détrempés. Certains isolants sont destinés à des applications très spécifiques: le polystyrène extrudé s'utilise en toiture inversée, car il supporte bien les intempéries. La mousse de verre convient aux applications où une résistance à la compression élevée ou une étanchéité à l'eau parfaite est essentielle.

Parois homogènes

Certains matériaux présentent une conductivité thermique apparente relativement faible tout en ayant une résistance mécanique suffisante pour en faire des parois. Ce sont le bois massif, la brique alvéolée, la brique en terre cuite porosifiée, et le béton cellulaire. La conductivité thermique apparente de ces matériaux n'est toutefois pas aussi basse que celle des isolants spécifiques, et l'épaisseur des parois doit être suffisante (40 cm et plus) pour garantir une isolation conforme aux normes actuelles.

Des bâtiments anciens ont été construits en parois homogènes de maçonnerie à la chaux, de torchis, voire de pierre de taille. Ces derniers matériaux n'assurent pas une isolation thermique suffisante selon les critères modernes, mais leur épaisseur souvent très importante leur donne une inertie thermique telle que le confort intérieur reste agréable.

Le bois massif présente de bonnes qualités tant statiques que thermiques, et a été largement utilisé pour les chalets. Cette solution est toutefois trop coûteuse actuellement.

Dalles toitures

L'isolant dans les dalles toitures plates classiques est placé entre une barrière à la diffusion de vapeur, elle-même posée sur la dalle, et la couche d'étanchéité (fig. 5.15). L'isolant doit résister à la compression, et aux températures élevées qui peuvent survenir, soit à cause du soleil, soit lors de la pose de l'étanchéité bitumineuse.

On a beaucoup utilisé le liège pour cette application. Maintenant, on utilise le polyuréthane, la mousse de verre, les fibres minérales et le polystyrène, ces derniers à hautes densités.

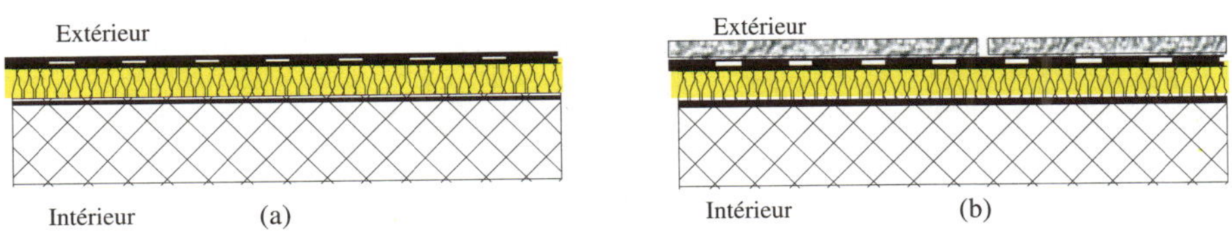

Fig. 5.15 Dalles toiture plates classiques sans protection (a), avec protection de l'étanchéité (b).

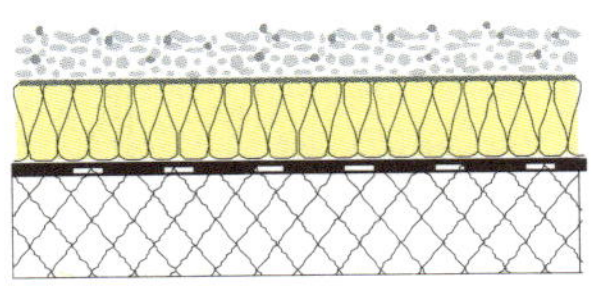

Fig. 5.16 Toiture inversée.

Toiture inversée

Dans la toiture plate inversée, l'isolant est placé au-dessus de l'étanchéité, elle-même directement posée sur la dalle (fig. 5.16). Cette dalle est souvent recouverte d'une chape de pente. Des dalles de béton ou du gravier chargent les plaques d'isolant, les protégeant du soleil et les empêchant de s'envoler.

Seul le polystyrène extrudé, ayant une pellicule étanche à l'eau sur ses deux faces, convient à cette application. Un feutre drainant est posé sous l'isolant, l'empêchant de se coller à l'étanchéité. Un autre feutre doit être placé sous le gravier, pour éviter que celui-ci ne se glisse entre les plaques.

Suite à l'interdiction des chlorofluorocarbones, ce matériau est maintenant expansé à l'air. Ce nouveau matériau est moins isolant et absorbe plus d'humidité, ce qui diminue sa résistance thermique. On peut compenser ceci par une surépaisseur, mais cette épaisseur, de même qu'une pose en deux couches, ralentit le séchage, d'autant plus que les épaisseurs d'isolant courantes actuellement sont déjà fortes. Il s'ensuit que selon Eichenberger (1996), *«la question de savoir si la toiture inversée est justifiable et avantageuse se pose à nouveau»*.

Toiture verte

L'ensemencement des toitures plates, soit sur une certaine épaisseur de terre (toiture jardin), soit sur du gravier à faible teneur en terreau (toiture verte maigre) permet d'une part de stabiliser la température de la toiture, et d'autre part d'amortir les crues suite aux averses en gardant l'eau plus longtemps sur les toits. Ce genre de toiture est donc recommandable, mais nécessite des précautions particulières quant à son isolation thermique et à son étanchéité. Il faut en premier lieu éviter que des racines puissent percer l'étanchéité, en évitant de planter des espèces perforantes et en posant une couche anti-racines sur l'étanchéité. D'autre part, la toiture inversée n'est pas appropriée dans ce cas, car l'isolation ne peut pas s'assécher entre les pluies, puisque l'eau est retenue par le terrain ou le gravier avec humus.

Toitures et parois ventilées

L'isolant posé dans ces éléments de construction est bien protégé des intempéries par les tuiles et une sous-toiture ou par un bardage. Les charges mécaniques de la toiture ou du bardage sont supportées par le lattage et le contre-lattage ou par des supports ad hoc (fig. 5.17).

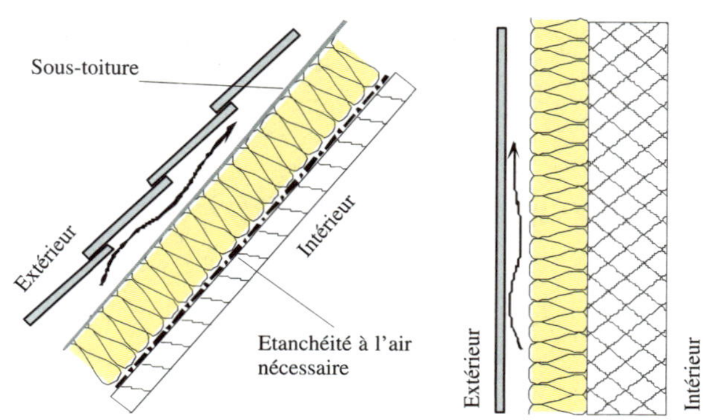

Fig. 5.17 Toiture et parois ventilées.

Tout isolant convient donc, notamment les moins chers. On utilise souvent des fibres minérales légères en rouleaux, faciles à poser entre les chevrons. Le polystyrène expansé à faible densité convient aussi.

Pour ces parois, il faut particulièrement veiller à assurer l'*étanchéité à l'air*, en particulier dans les constructions en bois. Si le plafond n'est pas étanche de lui-même (comme par exemple un plafond en plâtre), il faut poser une feuille d'étanchéité à l'air (feuille de polyéthylène à joints collés) entre le lambris intérieur et la couche isolante.

Dalles planchers

L'isolation posée sous un plancher ou une chape doit résister à la compression (fig. 5.18). On utilise le polyst yrène expansé et les laines minérales relativement denses.

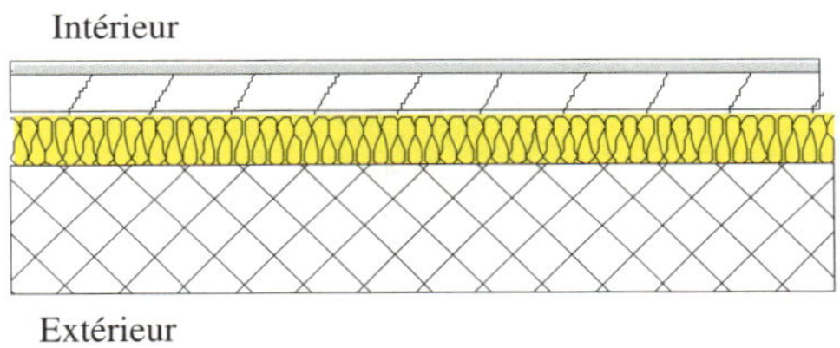

Fig. 5.18 Dalle plancher.

Une couche de fibres minérales de faible épaisseur est souvent utilisée sous la chape pour amortir la propagation des bruits d'impacts (§ 9.3.9).

Isolation entre deux parois

Dans ces éléments, l'isolant est bien protégé, et pratiquement n'importe quel isolant convient. Pour des raisons pratiques, on préfère des panneaux de moyenne densité.

En principe, il est préférable de poser l'isolant à l'extérieur de la structure porteuse, car cette disposition évite de nombreux ponts thermiques, diminue les risques de condensation et augmente l'inertie thermique interne du bâtiment.

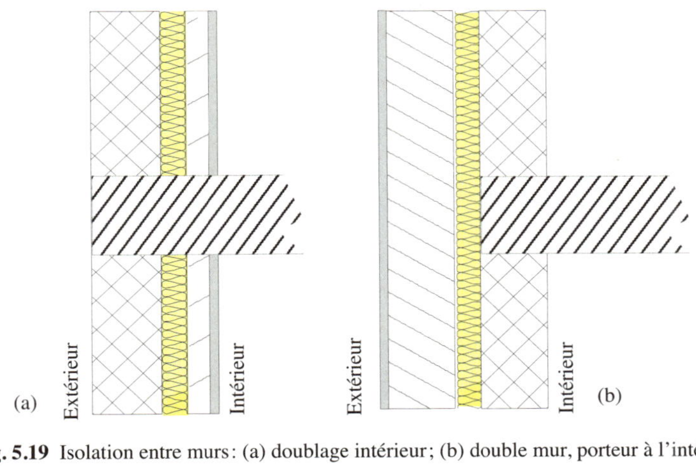

Fig. 5.19 Isolation entre murs: (a) doublage intérieur; (b) double mur, porteur à l'intérieur.

L'ancienne méthode consistant à poser l'isolant à l'intérieur de la structure porteuse et à le protéger par un galandage (à gauche sur la figure 5.19) ne se justifie plus avec les épaisseurs d'isolant posées actuellement (§ 5.5.4).

Certains matériaux se prêtent bien à l'***injection*** après coup d'espaces d'air inaccessibles autrement. Ainsi, d'anciens murs doubles et des toitures comportant des espaces vides peuvent être isolés après coup en injectant, suivant les cas, des flocons de fibres minérales ou des mousses organiques (polyuréthanne, urée-formaldéhyde). Il est important, pour assurer le succès de ces opérations, de les faire effectuer par des spécialistes ayant de l'expérience.

Eléments d'enveloppe légers

Des éléments de façade légers sont préfabriqués en collant des feuilles ou des plaques de revêtement sur les faces intérieure et extérieure d'un matériau isolant (fig. 5.20).

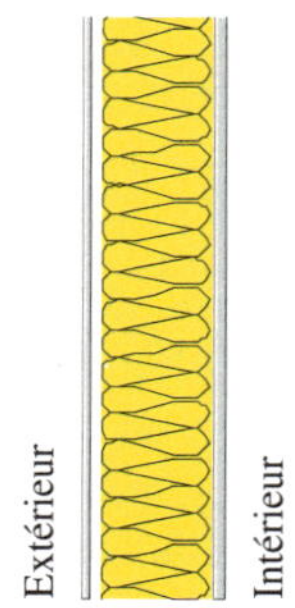

Fig. 5.20 Panneau léger.

Pour cette application, le matériau isolant doit être rigide, donc présenter une résistance mécanique suffisante à la traction et à la compression. On utilise essentiellement les mousses organiques telles que le polyuréthanne et le polystyrène expansés.

Isolation extérieure compacte

L'isolation extérieure compacte ou crépie est constituée de plusieurs couches: le matériau isolant est collé sur la face extérieure de la façade, à l'aide d'un ciment-colle (fig. 5.21).

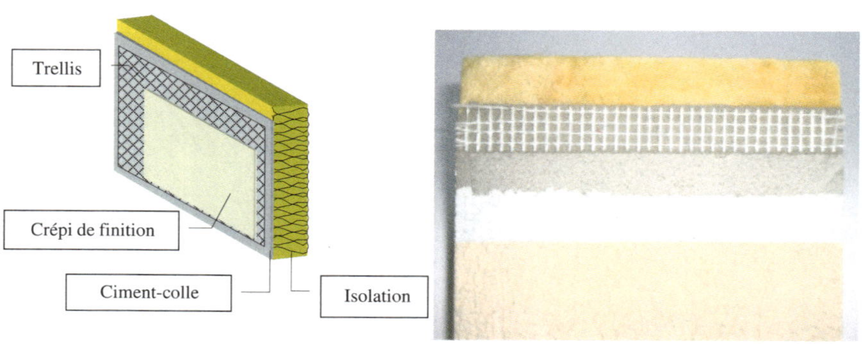

Fig. 5.21 Isolation extérieure compacte: principe et exemple d'un produit.

Des clous de matière plastique sont parfois utilisés pour fixer l'isolant. L'isolant est ensuite enduit d'un crépi synthétique armé d'un treillis de fibre de verre pour le protéger des intempéries et lui donner son aspect final.

Des systèmes d'isolation extérieure compacte existent pour tous les isolants principaux (fibres minérales, mousses organiques et inorganiques), mais les systèmes utilisant polystyrène expansé dominent actuellement. Il est essentiel, pour la durabilité du système, que toutes les couches, depuis le revêtement de façade jusqu'au crépi final, soient posées par des spécialistes ayant de l'expérience dans le système. Tous les matériaux utilisés doivent faire partie du système proposé par le fabricant. Le bricolage dans ce domaine est pratiquement voué à l'échec. Ce mode de faire est relativement bon marché, mais certainement plus fragile et moins durable que l'isolation entre murs.

Isolation transparente

Les gains solaires d'une paroi opaque ordinaire, pendant la saison de chauffage, sont toujours une fraction des déperditions. Il n'y a donc aucun intérêt à diminuer l'isolation d'une paroi sud pour augmenter les gains solaires, car on augmentera aussi les déperditions dans une proportion plus importante. En effet, le rayonnement solaire se transforme en chaleur à la surface extérieure de la paroi, et une grande partie de cette chaleur repart immédiatement dans l'air extérieur.

Par contre, en plaçant un isolant transparent ou un vitrage isolant devant une paroi foncée, on convertit celle-ci en capteur solaire (fig. 5.22). Le rayonnement solaire traverse, du moins en partie, la couche d'isolant et se transforme en chaleur à la surface de la paroi, derrière l'isolant. Cette chaleur pouvant difficilement ressortir au travers de la couche isolante pénètre dans le bâtiment au travers de la paroi.

Dans ce cas, une paroi non ombragée, exposée entre le sud-est et le sud-ouest, présente un bilan positif pendant la saison de chauffage en climat tempéré.

Le coût de cette technique est encore relativement élevé, notamment parce qu'une protection solaire amovible est nécessaire pour contrôler l'apport de chaleur.

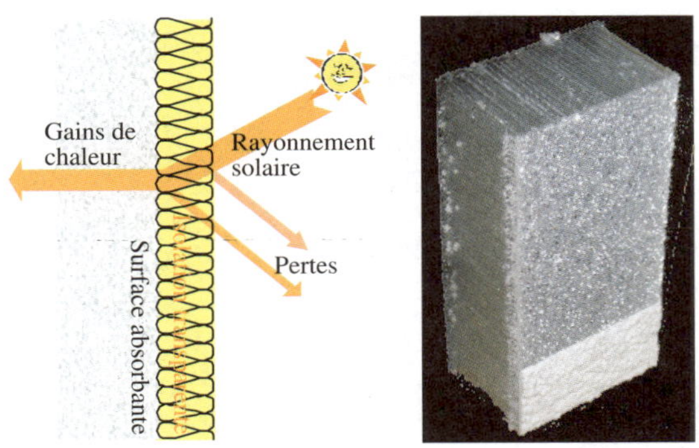

Fig. 5.22 Isolation transparente: principe et exemple d'un produit.

5.4.6 Autres effets des isolants thermiques

Protection incendie

Les matériaux isolants sont aussi utilisés pour protéger la structure du bâtiment contre le feu, et pour améliorer les performances de parois coupe-feu. Les matériaux utilisés dans ce cas sont toujours inorganiques : fibres minérales, mousse de verre, et anciennement amiante.

En tout état de cause, les matériaux facilement inflammables ne sont pas admis dans le bâtiment. On ajoute donc un agent pare-feu aux isolants fabriqués de matériau inflammable (par exemple polystyrène, cellulose, fibre de bois, etc.).

Fonctions acoustiques

La transmission des ondes acoustiques est fortement amortie dans les matériaux mous et par des changements de densité. Les matériaux isolants mous et légers sont placés entre des parois lourdes et rigides pour éviter la propagation des bruits aériens et des ondes de choc.

Les matériaux fibreux, qui de plus absorbent les ondes acoustiques, conviennent très bien à cette application. Ils sont aussi utilisés pour diminuer la réverbération sonore à l'intérieur des salles (panneaux acoustiques).

5.4.7 Résumé relatif aux applications des matériaux isolants

Le tableau 5.5 montre les applications des différents matériaux isolants. On remarque une fois de plus qu'il n'y a pas de matériau totalement polyvalent, mais que chaque matériau a ses applications. Il n'y a pas de mauvais matériau, mais il y a parfois de mauvaises applications !

Tableau 5.5 Applications des matériaux isolants.

Applications Matériau	Paroi homogène	Toits plats classiques	Toiture inversée	Isolation ventilée	Isolation entre murs	Isolation injectée	Planchers	Panneaux légers	Isolation compacte	Protection incendie	Absorption acoustique	Isolation aux bruits de choc
Laine minérale légère	×	×	×	☺	☺	☺	×	×	×	😐	😐	×
Laine minérale dense	×	☺	×	😐	😐		☺		😐	☺	☺	☺
Fibres organiques	×	×	×	☺	☺		☹	×	×	×	☺	
Fibre de cellulose	×	×	×	☺	☺	☺	×	×	×	×	☺	
Mousse de verre	×	☺	×	😐	😐	😐	☺	😐	😐		×	×
Béton cellulaire	☺	☹	×	😐	😐		☺	😐		☺	×	×
PUR	×	☺	×	😐	😐	☺	☺	☺	😐	×		☹
Urée Formaldéhyde	×	×	×			☺	×	×	×	×		×
PS expansé	×	☹	×	☺	☺	😐	☺	☺	☺	×	☹	😐
PS extrudé	×	☺	☺	😐	😐		😐	☺	😐	×	☹	😐
Bois	☺		×				☺	☺	×	☹		
Paille et fibres de bois	×	×	×	😐	😐		😐	☺	×	×	☺	☺
Liège	×	☺	×	☺	😐	😐	☺	☺	×	😐	😐	☺

☺ : convient bien.
😐 : peut être utilisé, mais il existe des matériaux mieux adaptés à cette application.
☹ : ne convient pas bien car il n'a pas les performances requises.
× : à exclure pour cette application, les risques de dégâts sont trop élevés.
□ case vide : ne s'applique pas.

5.5 PONTS THERMIQUES

5.5.1 Qu'est-ce qu'un pont thermique?

Comme l'eau coule de haut en bas en passant par le chemin le plus facile, la chaleur «coule» des zones chaudes aux zones froides en suivant le chemin de moindre résistance thermique. Comme le niveau d'un lac s'abaisse près d'un déversoir, la température baisse près des endroits présentant une moindre résistance thermique.

Dans les parois formées de couches planes et homogènes, la chaleur passe perpendiculairement à cette paroi, les lignes de flux de chaleur sont perpendiculaires aux couches, le flux de chaleur est régulièrement réparti sur toute la surface et les isothermes, à savoir les surfaces de même température, sont planes.

Un pont thermique est constitué par toute discontinuité dans la couche isolante, par tout endroit où la résistance thermique présente une faiblesse. Au voisinage d'un pont thermique, les lignes de flux se resserrent: plus de chaleur passe par unité de surface. Les isothermes se déforment en s'écartant les unes des autres. Les lignes de flux restent néanmoins perpendiculaires aux isothermes.

Fig. 5.23 La chaleur coule comme de l'eau.

5.5.2 Ponts thermiques géométriques et matériels

On distingue les *ponts thermiques géométriques* tels que les angles et les coins, et les *ponts thermiques matériels*, dans lesquels un matériau conducteur de la chaleur traverse la couche isolante. On classe aussi les ponts thermiques en *ponts linéaires*, qui ont une certaine longueur, et les *ponts ponctuels*, dans lesquels l'interruption de la couche isolante reste locale.

Toute courbure dans la couche isolante ou dans la paroi constitue un pont thermique géométrique. Les isothermes doivent suivre la courbure de la paroi et les lignes de flux, qui leur sont perpendiculaires, se resserrent vers l'intérieur de la courbure.

(a) 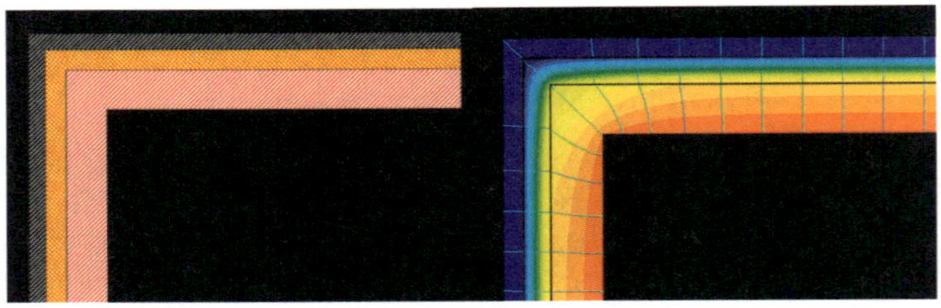 (b)

Fig. 5.24 Pont thermique géométrique: angle d'un bâtiment: (a) en plan, (b) isothermes et lignes de flux.

La figure 5.24 montre un pont thermique géométrique typique, constitué par un angle entre deux parois, le mur étant constitué de briques avec de la laine minérale et un doublage extérieur en plots de ciment. Le rouge correspond à 20°C et le bleu à 0°C. La teinte change à chaque degré. Les lignes minces sont des lignes de flux, tracées tous les W/m. On voit que les températures intérieure et extérieure du coin sont légèrement inférieures à celles en pleine paroi. On constate aussi que les lignes de flux sont un peu plus serrées vers l'intérieur du coin qu'en pleine paroi.

Les ponts thermiques géométriques n'ont en général pas d'effets importants, notamment sur les déperditions, parce que la couche isolante n'est pas interrompue, elle n'est que déformée. Toutefois, lorsque les conditions sont critiques, l'abaissement de température à la surface intérieure peut être suffisant pour favoriser l'apparition de moisissures.

Les ponts thermiques matériels se trouvent à tout endroit où la couche isolante est interrompue ou traversée par un matériau plus conducteur.

La figure 5.25 montre un pont thermique matériel constitué d'une dalle reposant sur un mur avec isolation intérieure. Le rouge correspond à 20°C et le bleu à 0°C. La teinte change à chaque degré. Les lignes minces sont des lignes de flux. On voit très bien que les lignes de flux se concentrent fortement au travers du pont, comme une rivière dans une gorge, et que les isothermes s'écartent, comme le niveau de l'eau baisse près d'une rupture de digue. On observe un net refroidissement et une concentration des lignes de flux de chaleur près du pont thermique. Les ponts thermiques matériels ont souvent des conséquences plus graves que les ponts géométriques.

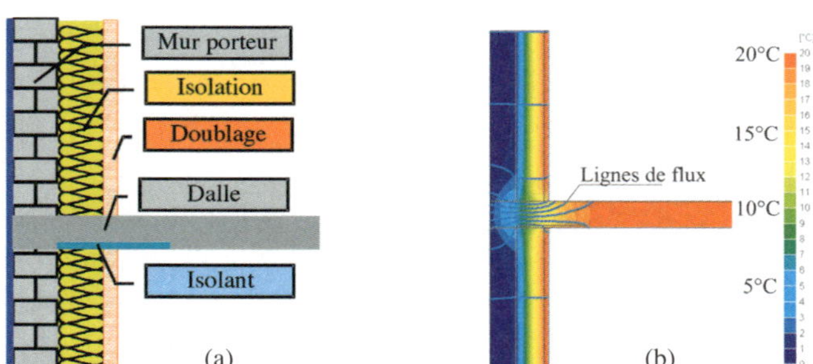

Fig. 5.25 Pont thermique matériel: dalle posée sur un mur porteur avec isolation intérieure: (a) coupe; (b) isothermes et lignes de flux.

5.5.3 Ponts thermiques linéaires et ponctuels

Du point de vue des déperditions thermiques, l'exemple ci-dessus peut être modélisé (ou représenté) par une fuite de chaleur supplémentaire localisée le long d'une ligne horizontale insérée dans une paroi. C'est un pont thermique linéaire, auquel on peut attribuer un coefficient de déperdition linéique (en W/(m · K)) et une longueur (fig. 5.26).

Une barre de fixation métallique traversant une paroi peut être modélisée par une déperdition supplémentaire ponctuelle, localisée. C'est un pont thermique ponctuel, auquel on attribue un coefficient de déperdition en W/K (fig. 5.27).

Fig. 5.26 Pont thermique linéique (balcon).

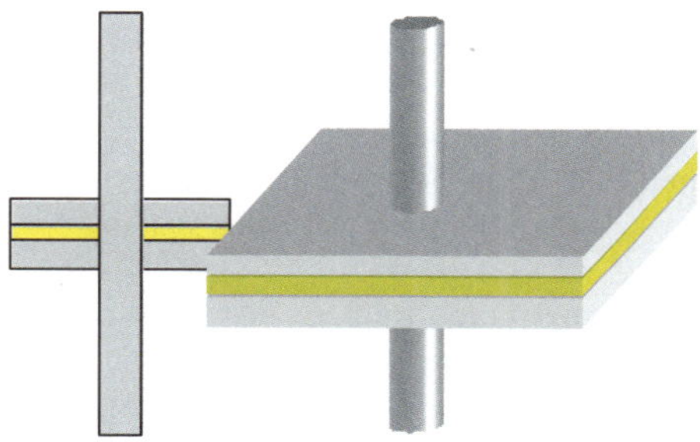

Fig. 5.27 Pont thermique ponctuel (poteau).

5.5.4 Déperditions de chaleur dues aux ponts thermiques

La figure 5.28 montre une thermographie d'un bâtiment. La thermographie est une image de la température de surface extérieure. Comme cette température est d'autant plus élevée que la surface extérieure est mieux chauffée, notamment par les ponts thermiques, c'est aussi, dans une certaine mesure, une image des ponts thermiques. Les ponts thermiques de la dalle, des allèges et des fenêtres sont bien visibles. Le radiateur est enclenché contre l'allège de la deuxième fenêtre du rez depuis la gauche et sous les deux fenêtres à droite de l'étage. Par contre, le toit près de la cheminée n'est pas un pont thermique, il est chauffé par la cheminée ! Remarquez le refroidissement du coin du bâtiment (pont thermique géométrique). On notera aussi les fortes

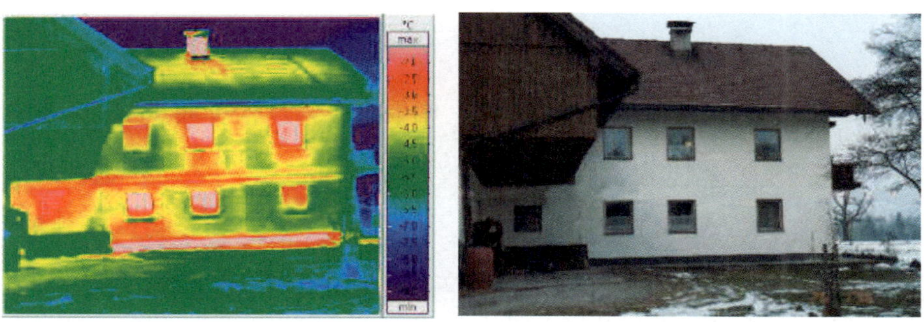

Fig. 5.28 A gauche, thermographie de la partie habitation de la ferme photographiée à droite.

déperditions par le sous-sol, qui sont souvent observées dans les anciens bâtiments, où l'on n'isolait pas le sous-sol parce qu'il n'est pas chauffé et on n'isolait pas la dalle du rez-de-chaussée parce qu'elle ne donne pas sur l'extérieur.

Le flux de chaleur traversant une zone comprenant un pont thermique, de même que la température en tout endroit, peut se calculer en résolvant une équation différentielle, l'équation de Poisson. Il existe des programmes d'ordinateur permettant de faciliter ces calculs.

Un cas classique de pont thermique résulte de la technique d'isolation intérieure. Les dalles, voire les murs de refend, traversent la couche isolante pour s'accrocher au mur porteur extérieur. L'exemple illustré dans la figure 5.25 est utilisé pour les diagrammes qui suivent.

Pour cet exemple, on a calculé les déperditions de chaleur sur une hauteur d'étage et par mètre courant de façade. Les résultats de ces calculs sont illustrés dans la figure 5.29. La ligne pointillée indique ces déperditions en absence de pont thermique, et la ligne continue en tenant compte du pont thermique. On notera que la différence entre ces deux courbes est presque indépendante de l'épaisseur d'isolant, à savoir environ 10 W/m.

L'importance relative des déperditions de chaleur supplémentaires résultant du pont thermique augmente fortement avec l'épaisseur d'isolant, comme le montre la figure 5.29. Elles passent de quelques pour cent s'il n'y a pas d'isolation à 60% pour 10 cm et presque 100% avec 20 cm d'isolation, qui est en fait l'épaisseur économique optimale pour le Plateau suisse et au coût actuel de l'énergie. Le système d'isolation intérieure n'a plus de sens si l'épaisseur d'isolant dépasse 5 cm.

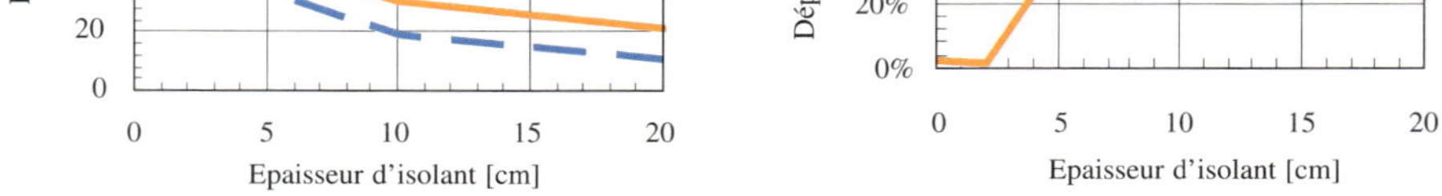

Fig. 5.29 Déperditions pour une hauteur d'étage, avec ou sans le pont thermique illustré à la figure 5.25.

Les déperditions thermiques (en Watt) d'une paroi plane sans pont thermique sont calculées en multipliant l'aire de cette paroi par son coefficient U et par la différence de température entre l'intérieur et l'extérieur:

$$\Phi_T = A\,U\,(\theta_i - \theta_e) \tag{5.11}$$

Une méthode simplifiée permettant de tenir compte des ponts thermiques dans le calcul des déperditions de chaleur consiste à attribuer aux ponts thermiques de ce type un coefficient de transmission thermique linéique ψ (prononcer psi), en W/(m · K), qui, multiplié par la longueur du pont thermique (par exemple le périmètre de la dalle), s'ajoute aux déperditions des parois.

On attribue de même un coefficient de transmission thermique ponctuel χ (prononcer ksi), en W/K, aux ponts thermiques locaux constitués par des fixations ou des éléments en forme de barres traversant la couche isolante. Si on tient compte de tous les éléments de l'enveloppe, les déperditions par transmission de celle-ci sont:

$$\Phi_T = (\Sigma_j A_j U_j + \Sigma_l l_l \psi_l + \Sigma_k \chi_k)(\theta_i - \theta_e) \text{ [W]} \tag{5.12}$$

- $\Sigma_j A_j U_j$: Parois pleines
- $\Sigma_l l_l \psi_l$: Ponts thermiques linéaires
- $\Sigma_k \chi_k$: Ponts thermiques ponctuels

Le coefficient ψ du pont thermique de notre exemple (la dalle sur mur avec isolation intérieure) vaut 0,58 W/(m · K) pour 10 cm d'épaisseur d'isolant, et 0,55 W/(m · K) avec 20 cm d'isolant (fig. 5.30). A partir de 5 cm, cette épaisseur a peu d'effet sur le coefficient de transmission linéique de ce type de pont thermique. En dessous de 5 cm d'isolation, l'effet relatif du pont thermique diminue, ce qui n'est pas étonnant, puisque la paroi est moins isolée et ressemble de plus en plus au pont thermique!

Les coefficients ψ ou χ d'un pont intégré à une paroi sont calculés en déduisant les déperditions thermiques de la paroi sans pont thermique des déperditions totales de la paroi avec pont thermique, elles-mêmes calculées avec un logiciel adéquat. Cette différence est divisée par la longueur du pont linéique pour obtenir le coefficient ψ. Ces coefficients sont donnés dans des catalogues, par exemple (OFEN 2003).

Il est important de toujours mesurer les dimensions de la même manière, à savoir toujours à l'intérieur ou toujours à l'extérieur du bâtiment, car la valeur de ces coefficients dépend de la manière dont on mesure les dimensions de la paroi. En Suisse, il a été décidé d'utiliser les dimensions extérieures. En France par contre, on utilise les dimensions intérieures. Ainsi, un catalogue de ponts thermiques français n'est pas applicable sans autre à la manière de calculer helvétique, et vice versa.

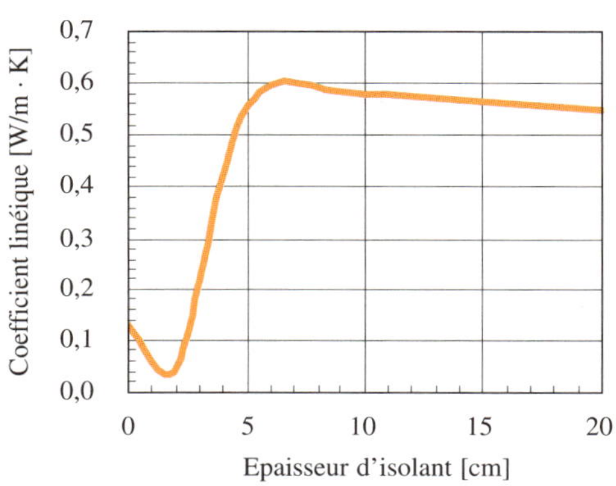

Fig. 5.30 Coefficient ψ du pont de la figure 5.25 en fonction de l'épaisseur d'isolant.

5.5.5 Autres effets des ponts thermiques

Les ponts thermiques ne causent pas seulement des pertes de chaleur inutiles, mais peuvent être sources de dégâts: moisissures, taches de poussière, etc. résultant de l'abaissement de la température superficielle intérieure.

Les ponts thermiques ont aussi l'inconvénient de refroidir la surface intérieure, comme l'illustrent les deux thermographies de la figure 5.31. Cet abaissement de la température superficielle intérieure peut causer des problèmes de *condensation* et de *moisissure*, à l'origine de taches, de coulures, voire d'efflorescences.

Comme nous le verrons au chapitre relatif à la protection contre l'humidité (chap. 7), il faut réunir tout un ensemble de conditions pour que les moisissures se développent: Il faut des spores et de la nourriture, ce qui ne pose aucun problème, les spores étant omniprésentes et les moisissures se nourrissant de n'importe quoi. Il faut aussi que l'humidité relative locale dépasse 80% pendant une longue durée. Cette humidité superficielle dépend de l'humidité de l'air et de la température de la surface.

L'humidité de l'air se contrôle en réduisant les sources d'humidité et en aérant suffisamment. La température de surface des parois extérieure est contrôlée, pour un climat donné, par le niveau d'isolation thermique.

En hiver, les parois donnant sur l'extérieur présentent une température de surface d'autant plus basse que l'isolation est moins forte. Si l'isolation est faible et que l'humidité de l'air intérieur est relativement élevée, deux types de dégâts peuvent apparaître:

- Dès que la température de surface intérieure est égale ou inférieure au point de rosée de l'air intérieur, l'humidité de l'air condense sur la surface, rendant celle-ci humide. A l'extrême, des coulures et des taches se produisent.
- Si l'humidité relative de l'air dépasse environ 80% près de la surface pendant une longue période, alors des moisissures peuvent croître sur cette surface, sans qu'il y ait condensation, comme le montre la figure 5.32.

Ces dégâts apparaissent lorsque l'isolation est trop faible pour une aération donnée, ou lorsque l'aération est trop faible pour une isolation donnée.

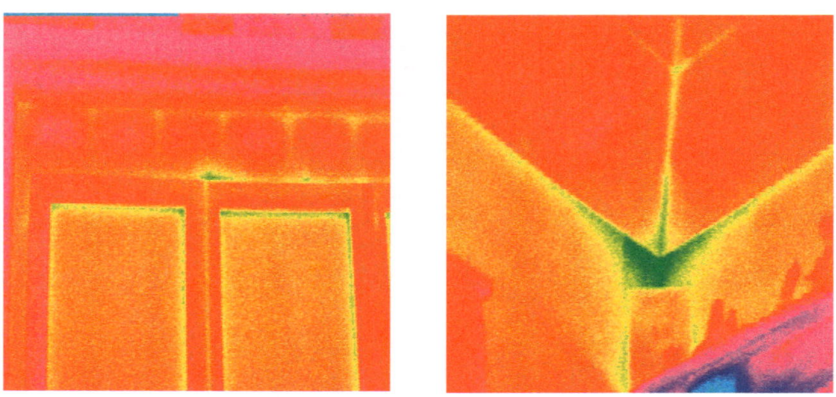

Fig. 5.31 Thermographies montrant des ponts thermiques. La température superficielle augmente du noir au blanc en passant par le rouge et le jaune. A gauche, une porte vitrée avec un bandeau supérieur en menuiserie, à droite un coin d'une pièce.

Fig. 5.32 Exemple de moisissures se développant près d'un pont thermique. A gauche en haut, on distingue le pourtour d'une plaque d'isolant posée en fond de coffrage de la dalle.

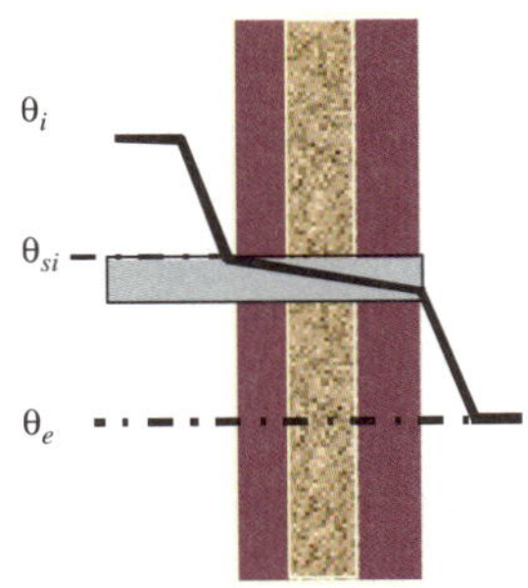

Fig. 5.33 Température superficielle près d'un pont thermique.

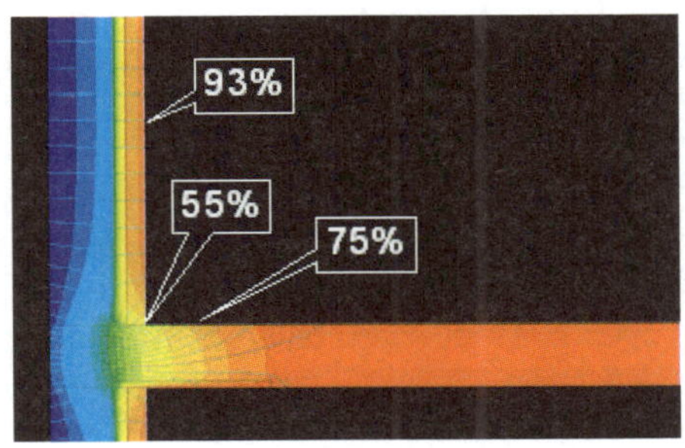

Fig. 5.34 Facteurs de température superficielle dans le cas du pont thermique de la figure 5.25.

Le facteur de température superficiel (§ 5.3.3), qui peut se calculer relativement facilement pour chaque endroit de l'enveloppe et notamment aux ponts thermiques, caractérise le degré d'isolation thermique en relation avec les risques de moisissures ou de condensation superficielle.

Toujours pour notre exemple, on notera (fig. 5.34) que si le degré d'isolation est excellent en pleine paroi, il est loin d'être suffisant près du pont thermique.

Pour éviter le risque de moisissure, la norme SIA 180 exige que l'humidité superficielle (humidité relative de la couche d'air proche de la surface) ne dépasse pas 80 % pendant une période prolongée. Si l'aération est suffisante, cette exigence est remplie lorsque :

- les coefficients de transmission thermique U maximaux (tab. 5.1) sont respectés pour les composants en partie pleine et les ponts thermiques géométriques ;
- le facteur de température superficiel f_{Rsi} est plus grand ou égal à 0,75 en tout endroit de l'enveloppe du bâtiment, notamment au droit des ponts thermiques, à l'exception des fenêtres.

5.5.6 Comment éviter les ponts thermiques ?

Selon la norme SIA 180 : «*Les composants d'enveloppe assurant l'isolation thermique (murs, plafonds et planchers, ainsi que les fenêtres et les portes) doivent envelopper entièrement le volume chauffé. Les espaces non chauffés peuvent être inclus dans le volume chauffé. Les jardins d'hiver et vérandas doivent être l'objet d'une attention particulière.*

Le mode de construction choisi doit permettre d'éviter autant que possible les ponts thermiques. Les ponts thermiques résiduels doivent toujours être pris en compte dans le calcul du coefficient de transmission thermique.

Dans des conditions normales, les valeurs maximales du coefficient de transmission thermique des éléments de construction des locaux chauffés permettent de satisfaire les exigences de confort thermique et d'absence de condensation superficielle. De plus, l'absence de condensation aux ponts thermiques doit être assurée.»

Il convient donc de concevoir l'enveloppe de manière à réduire autant que possible les ponts thermiques. Une conception prévoyant de poser l'***isolation à l'extérieur*** de la structure porteuse permet très souvent d'éviter la plupart des ponts thermiques (fig. 5.35).

De plus, l'isolation extérieure présente de nombreux autres avantages :

- Augmentation de l'inertie thermique intérieure, donc amélioration du confort d'été et meilleure utilisation de gains solaires passifs en hiver.
- Stabilisation de la température de la structure, donc vieillissement plus lent de celle-ci.
- Diminution, et dans la plupart des cas, élimination totale des risques de condensation dans les éléments de construction.

La place de l'«emballage» isolant le bâtiment doit être prévue dès le début de la conception, chaque détail de l'enveloppe devant être pensé en fonction de cet emballage. On évitera ainsi de devoir rattraper, par des artifices souvent compliqués et coûteux, les défauts d'isolation d'un projet conçu sans penser à son isolation thermique.

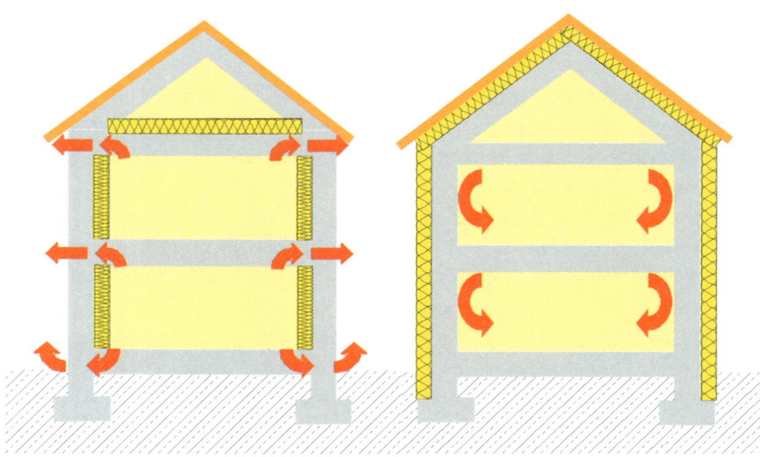

Fig. 5.35 A gauche, isolation intérieure : de nombreux ponts thermiques sont inévitables à chaque étage. A droite, isolation extérieure, entourant complètement la structure.

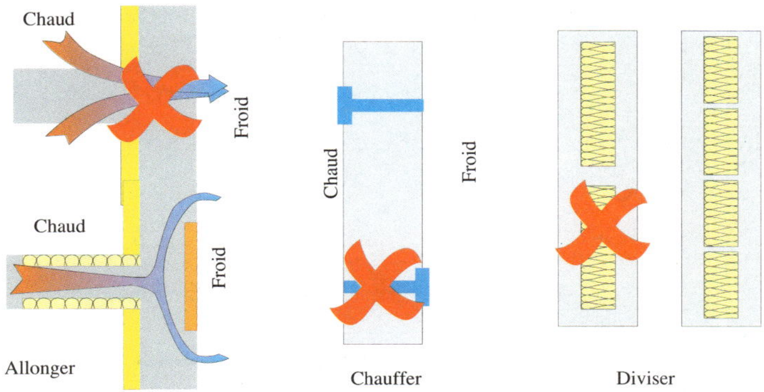

Fig. 5.36 Mesures à prendre pour diminuer les effets néfastes des ponts thermiques.

Pour éviter qu'un pont thermique s'avérant inévitable cause des dommages, il est indiqué de prendre des mesures qui augmenteront sa température superficielle intérieure. Ceci revient à le diviser, à le chauffer, ou à l'allonger (fig. 5.36). Ces opérations augmenteront souvent la consommation d'énergie mais diminueront le risque de condensation ou de moisissures.

En résumé, les ponts thermiques

- perdent de la chaleur et refroidissent les surfaces intérieures;
- augmentent le risque de moisissures;
- sont donc à éviter autant que possible et à prendre en compte dans le cas contraire.

Pour les éviter, il faut placer l'isolation à l'extérieur, la structure porteuse étant à l'intérieur de la couche isolante. Pour réduire le risque de dégâts près des ponts thermiques irréductibles, il faut les traiter de manière à augmenter leur température superficielle intérieure, quitte à perdre de l'énergie.

5.6 ISOLATION DES FENÊTRES

Les fenêtres comportent de nombreux ponts thermiques. Pour simplifier le calcul des déperditions, on calcule approximativement le coefficient de transmission thermique global d'une fenêtre, U_f par:

$$U_f = \frac{A_v U_v + A_c U_c + L_v \psi_c}{A_v + A_c} \tag{5.13}$$

où:

U_v est le coefficient de transmission thermique du vitrage.
A_v est l'aire du vitrage (partie transparente).
U_c est le coefficient de transmission thermique du cadre.
A_c est l'aire du cadre.
L_v est le périmètre total des vitrages.

ψ_c est le coefficient de transmission thermique linéique du cadre du vitrage, par exemple 0,06 W/(m · K) pour le profil aluminium séparant les verres d'un double vitrage.

Les aires sont définies par les dimensions définies dans la figure 5.37.

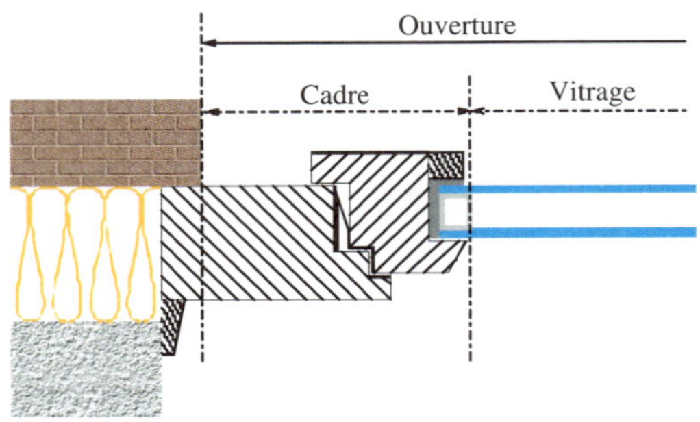

Fig. 5.37 Définitions des dimensions de la fenêtre, du cadre et du vitrage pour le calcul des déperditions.

5.6.1 Propriétés thermiques des vitrages

Le verre est un relativement bon conducteur de la chaleur (λ = 0,81 W/(m · K)). De ce fait, la résistance thermique du vitrage provient essentiellement des résistances thermiques des couches limites intérieure et extérieure et des lames d'air ou de gaz emprisonnées entre les volumes de verre. En utilisant les valeurs conventionnelles pour résistances thermiques superficielles (éq. (5.7)), on obtient pour la résistance thermique d'un simple vitrage de 4 mm:

$$R_t = R_{si} + \frac{d}{\lambda} + R_{se} = 0{,}13 + \frac{0{,}004}{0{,}81} + 0{,}04 = 0{,}13 + 0{,}005 + 0{,}04 = 0{,}17 \quad (5.14)$$

soit, pour le coefficient de transmission thermique:

$$U_v = \frac{1}{R_t} = \frac{1}{0{,}17} = 5{,}7 \quad \mathrm{W/(m^2K)} \quad (5.15)$$

Par temps calme (R_{se} = 0,1 m^{2}K/W), cette valeur baisse à 4,4 W/(m^{2}K), et elle peut monter à 7,4 par fort vent, lorsque R_{se} est pratiquement nulle.

Ces coefficients de déperditions thermiques sont trop élevés pour isoler efficacement. C'est pourquoi on enferme une ou plusieurs lames d'air entre deux vitrages: double fenêtre, fenêtre double, vitrage isolant double ou triple (fig. 5.38).

Entre deux vitrages, les échanges thermiques se font par conduction, convection et rayonnement. Dès lors, la résistance thermique d'une lame de gaz dépend:

- De son épaisseur: à faible épaisseur, la convection est bloquée mais la conduction (inversement proportionnelle à l'épaisseur) domine; à forte épaisseur, la conduction est pratiquement nulle mais la convection a libre cours.

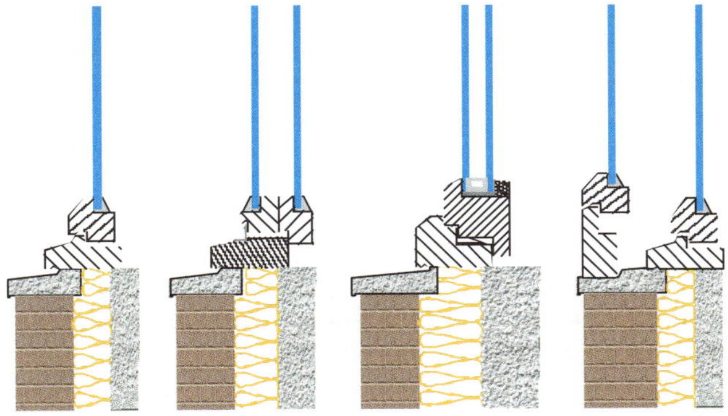

Fig. 5.38 Divers types de fenêtres.

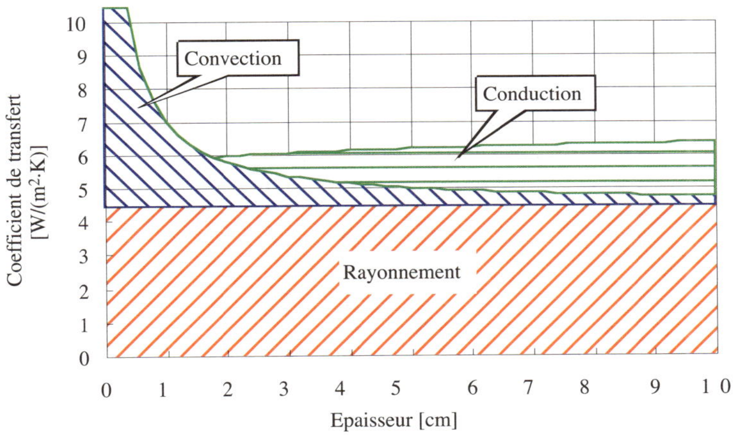

Fig. 5.39 Transfert thermique dans une lame d'air, les deux parois étant à 10 et 20°C.

- Du type de gaz: les gaz lourds (argon, krypton, xénon, hexafluorure de soufre, fréons) conduisent moins bien la chaleur que les gaz légers (air, voire hélium ou hydrogène).
- De l'état des surfaces: les échanges par rayonnement sont réduits si les surfaces limitant la lame de gaz réfléchissent bien et absorbent mal le rayonnement infrarouge. Ces surfaces doivent toutefois rester transparentes au rayonnement visible. On appelle ***surface sélective*** une surface dont les propriétés ne sont pas les mêmes pour le rayonnement visible que pour le rayonnement infrarouge.

La figure 5.39 montre le coefficient de transfert thermique d'une lame d'air sec limitée par deux surfaces absorbant bien le rayonnement infrarouge (comme le verre par exemple). Rappelons que ce coefficient de transfert est l'inverse de la résistance thermique. On notera les deux points importants suivants:

- Une partie importante des échanges (plus des 2/3 à partir de 15 mm) se fait par rayonnement, d'où l'intérêt des surfaces sélectives pour réduire les échanges.
- A partir de 15 mm environ, la convection prend le pas sur la conduction, la somme des deux étant pratiquement constante. C'est pourquoi les vitrages isolants ont des épaisseurs standard de 12 et 20 mm.

Les vitrages ne présentent toutefois pas que des pertes de chaleur. Ils laissent entrer le rayonnement solaire qui éclaire et chauffe le bâtiment. Les caractéristiques importantes d'un vitrage sont donc non seulement le coefficient de transmission thermique, mais aussi le ***coefficient de transmission énergétique global*** *pour le rayonnement solaire* et le ***facteur de transmission*** *lumineuse*.

Ce dernier facteur est le rapport de l'intensité de la lumière transmise à l'intensité de la lumière incidente, seul le spectre visible étant pris en considération.

Le coefficient de transmission énergétique global pour le rayonnement solaire, souvent appelé «coefficient g» est le rapport du flux d'énergie total ayant passé le vitrage au flux d'énergie solaire incident. Le flux d'énergie transmis comprend non

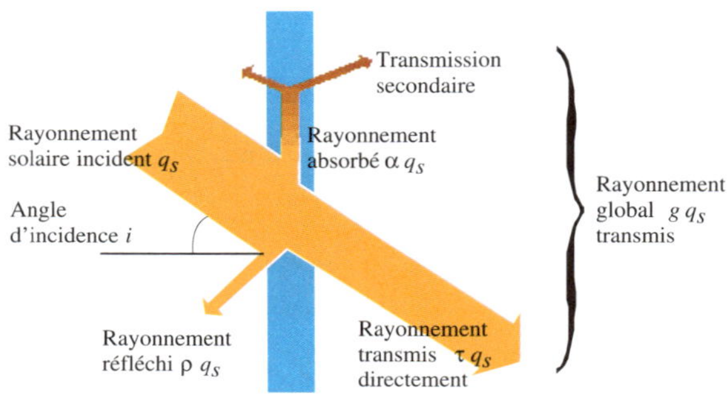

Fig. 5.40 Répartition du rayonnement solaire incident sur un vitrage.

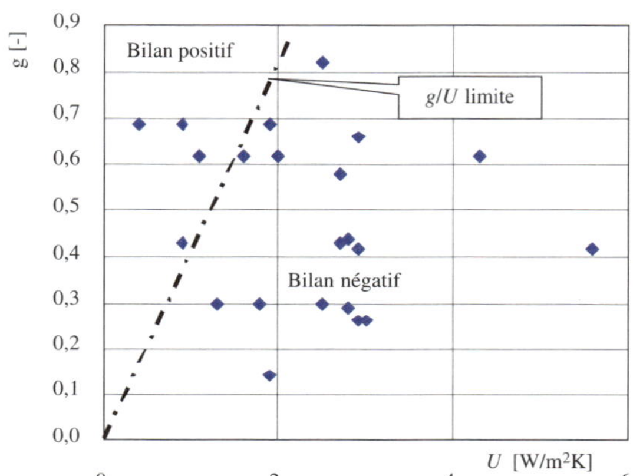

Fig. 5.41 Chaque point représente un vitrage de l'annexe A.6, repéré par ses coefficients g et U. Si le rapport g/U est supérieur une valeur limite qui dépend du climat, le bilan thermique du vitrage est positif pendant la saison de chauffage, les gains solaires totaux étant supérieurs aux déperditions.

seulement le rayonnement solaire ayant traversé le vitrage, mais aussi la chaleur provenant du rayonnement solaire absorbé par le vitrage et réémis vers l'intérieur (fig. 5.40). Ce coefficient détermine notamment l'importance des gains de chaleur solaire (sect. 5.8). L'annexe A.6 donne les propriétés thermiques de divers types de vitrages, qui sont illustrées dans la figure 5.41.

5.6.2 Coefficients de transmission thermique de cadres

Le deuxième membre du numérateur de l'équation (5.13) est relative aux cadres des fenêtres. Rappelons que la surface du cadre est ici l'aire comprise entre l'ouverture en façade et la surface transparente de la fenêtre. Le tableau 5.6 donne le coefficient de transmission thermique de divers cadres de fenêtres. Parmi ceux ci, les cadres en bois sont nettement les meilleurs. Il faut toutefois noter que des progrès notables ont été accomplis dans les cadres en polymères.

Tableau 5.6 Coefficients de transmission thermique de cadres.

Profilés en bois		Tendre	Dur
Epaisseur	56 mm	1,9	2,2
	68 mm	1,6	2,0
	78 mm	1,5	1,8
	92 mm	1,3	1,6
Profilés en PVC		non renforcés	renforcés
		2,7	4,2
Profilés métalliques anciens		6,1	
Profilés métalliques, pont thermique interrompu		3,0 à 3,5	

5.6.3 Bords des vitrages

Le profil d'aluminium ou d'autre matériau liant les glaces des vitrages isolants constitue un pont thermique dont il faut tenir compte (fig. 5.42).

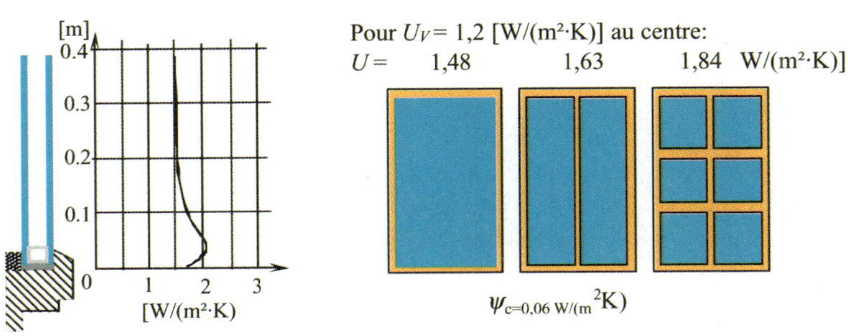

Fig. 5.42 Effet du profil écarteur des vitrages isolants sur le coefficient de déperdition global de la fenêtre.

Le troisième terme du numérateur dans l'équation (5.13) tient compte de ce pont thermique. La conductance linéique ψ_c vaut entre 0,03 et 0,1 W/(m · K) suivant le type d'écarteur, et la longueur L_v à introduire est le périmètre de tous les vitrages. Par exemple, pour les trois fenêtres de la fig. 5.42 on aurait approximativement, si H est la hauteur totale des vitrage et l leur largeur totale:

$L_v = 2(H + l)$ pour la première fenêtre, à un seul vitrage.
$L_v = 2(2H + l)$ pour la deuxième fenêtre, à deux battants.
$L_v = 2(2H + 3l)$ pour la troisième fenêtre, à petits bois.

5.7 OPTIMISATION DE L'ISOLATION THERMIQUE

5.7.1 Progrès dans l'isolation thermique

L'isolation thermique des bâtiments s'est nettement améliorée depuis 1980, suite notamment à la publication de diverses normes. Le tableau 5.7 montre les déperditions thermiques et les gains solaires, pendant la saison de chauffage, d'une paroi de 15 m^2, munie d'un vitrage de 7 m^2 et placée en façade sud d'un bâtiment lourd dans la région lausannoise. Cette paroi pourrait être la façade sud d'un bureau.

Ce tableau montre dans chaque colonne:

- le type de norme appliqué pour la construction;
- le coefficient U de transmission thermique des parois et des vitrages;
- le coefficient g de transmission énergétique totale des vitrages;
- les déperditions thermiques brutes pendant la saison de chauffage;
- les gains solaires par les vitrages;
- les besoins nets de chaleur
- le facteur d'économie par rapport aux anciennes normes.

Tableau 5.7 Bilan thermique d'une façade sud de 15 m^2.

Type de norme	U [W/m^2·K]		g	Déperditions	Gains	Besoins	
	Paroi	Vitrage	Vitrage	[kWh]	[kWh]	[kWh]	Facteur
Ancienne	0,8	5,6	0,84	3578	2002	1643	1
SIA 180:2000	0,6	3	0,7	2024	1668	544	3
SIA 380/1:2001	0,3	1,7	0,6	1122	1430	110	15
Optimal	0,2	0,7	0,5	510	1191	6	250

L'effet de l'isolation seule se remarque dans la colonne «Gains», qui donne les déperditions thermiques brutes pendant la saison de chauffage. Elles ne baissent que d'un facteur 1,8 entre les anciens bâtiments et les exigences de la norme SIA 180:2000, qui ne vise qu'à éviter les dégâts et à apporter un confort acceptable. Les recommandations de la SIA 380/1:2001 diminuent les déperditions d'un facteur 3,2, et une isolation économiquement optimale permet de les diminuer d'un facteur 7 au moins!

L'avant-dernière colonne montre les besoins de chaleur nécessaires pour compenser les déperditions thermiques de la paroi, déduction faite des gains solaires passifs utilisables. On notera la réduction impressionnante de ces besoins nets, encore mieux mise en évidence dans la dernière colonne, qui donne le facteur d'économie, ou le rapport des besoins nets correspondant à la norme considérée aux besoins nets des anciens bâtiments.

Le tableau 5.7 n'est qu'une illustration, et ne doit pas être considéré comme représentatif de la moyenne des bâtiments. Il ne tient pas compte des déperditions des installations de chauffage et des besoins de chaleur pour l'aération et la préparation de l'eau chaude.

5.7.2 Epaisseur optimale

Il est possible de calculer l'épaisseur d'isolant et le type de vitrage optimal en tenant compte de la rigueur du climat et du coût global ou de la consommation d'énergie totale, tout en fixant ou non des conditions telles qu'un investissement donné ou un coût annuel donné.

Le prix ou la quantité d'énergie consommée pour la construction augmente avec l'épaisseur d'isolant. Par contre, le coût du chauffage ou l'énergie consommée pendant l'exploitation diminue avec cette épaisseur. Le coût total montré sur la figure 5.43 présente alors un minimum pour une épaisseur optimale. Notons que, dans cette figure, le calcul ne tient pas compte des surcoûts éventuels nécessaires pour des raisons de statique ou autres, à partir de certaines épaisseurs.

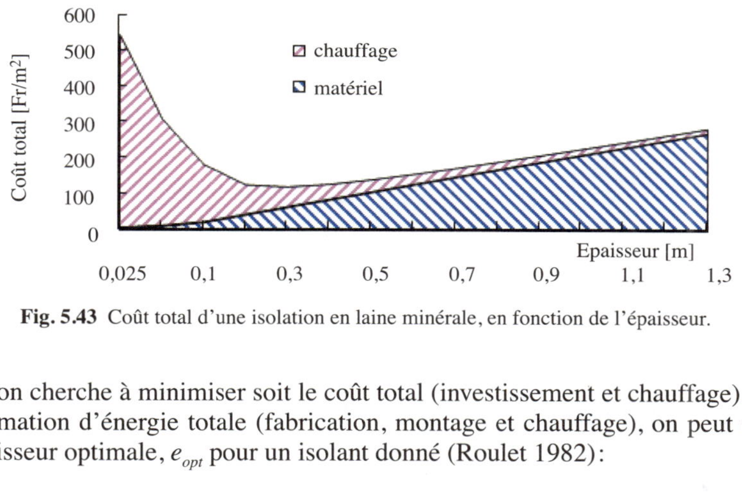

Fig. 5.43 Coût total d'une isolation en laine minérale, en fonction de l'épaisseur.

Si l'on cherche à minimiser soit le coût total (investissement et chauffage), soit la consommation d'énergie totale (fabrication, montage et chauffage), on peut trouver une épaisseur optimale, e_{opt} pour un isolant donné (Roulet 1982):

$$e_{opt} = \sqrt{P\frac{\lambda}{p_i}} - R_i \qquad (5.16)$$

où:

- λ est la conductivité thermique du matériau isolant considéré.
- p_i est le prix du m³ d'isolant en Fr/m³ pour calculer l'optimum financier, ou la consommation d'énergie pour la fabrication de l'isolant, en MJ/m³ si on calcule l'optimum énergétique.
- R_i est la résistance initiale de l'élément de construction sans l'isolant. $R_i\,\lambda$ est l'épaisseur d'isolant équivalant à l'élément non isolé.
- P est le prix du chauffage pour une enveloppe de 1 W/K de pertes spécifiques, pendant toute la durée de vie du bâtiment.

$$P = \frac{0{,}024 \cdot DJ \cdot T \cdot p}{\eta_{ch}} \tag{5.17}$$

où:

DJ est le nombre de degrés-jours par an pour le climat considéré[5].
T la durée de vie du bâtiment.
p est le prix de l'énergie, en Fr/kWh pour l'optimum économique, et pris égal à 1 si on calcul l'optimum énergétique.
η_{ch} est le rendement de la production de chaleur.

Quelques épaisseurs optimales, pour les conditions climatiques indiquées, sont données dans le tableau 5.8. Les contenus énergétiques sont tirés de la banque de données EcoInvent (Frischknecht *et al.*, 2007).

Tableau 5.8 Epaisseurs optimales pour divers matériaux.

Isolant	ρ	λ	Coût	Contenu énergétique	Epaisseur optimale [m] du point de vue	
	[kg/m^3]	[W/m K]	[Fr/m^3]	[MJ/m^3]	financier	énergétique
Laine de pierre	60	0,035	210	1314	0,28	0,67
Laine de verre	35	0,035	210	1684	0,28	0,59
Polystyrène	20	0,042	147	2000	0,36	0,60
Polyuréthanne	30	0,030	293	3030	0,22	0,41
Bois indigène	450	0,140	500	1350	0,34	1,32
Brique thermique	700	0,160	270	2144	0,51	1,11
Brique module	1100	0,440	200	2751	0,95	1,59

Pour les conditions suivantes:

Degrés-jours de chauffage	3200	Kj/an	Prix de l'énergie	10	ct/kWh
Durée de vie du bâtiment	50	ans	Coût spécifique du chauffage	17 280	MKs
Rendement de chauffage	80	%	Résistance initiale de l'élément nu	0,17	m^{2}K/W

Les épaisseurs optimales obtenues sont illustrées dans la figure 5.44. On remarque que les épaisseurs optimales sont nettement plus élevées que les épaisseurs couramment pratiquées. Ceci montre qu'il est rentable d'augmenter les épaisseurs d'isolant.

Notons que l'épaisseur optimale augmente avec la racine du prix de l'énergie. Or on connaît le prix actuel de l'énergie, mais quel sera-t-il dans 20 ans, alors que l'élément de construction sera toujours utilisé? Un centimètre d'isolant en plus ne coûte pas cher à l'installation, mais peut coûter cher s'il manque à l'exploitation.

La figure 5.45 montre le coût total pour divers matériaux. Ce coût comprend le coût de construction et le coût du chauffage pendant une durée de vie du bâtiment de 50 ans. Ces coûts ne tiennent pas compte des variations de prix au cours du temps. Le coût pour la brique et le bois inclut la structure du bâtiment, et il faudrait ajouter le

[5] Les degrés-jours d'un lieu donné sont obtenus en additionnant toutes les différences de température entre l'intérieur et l'extérieur, en moyenne journalière. Par exemple, on obtient 3000 degrés-jours si on a 200 jours de chauffage avec une différence de température moyenne de 15 degrés (20°C dedans et 5°C dehors, par ex.).

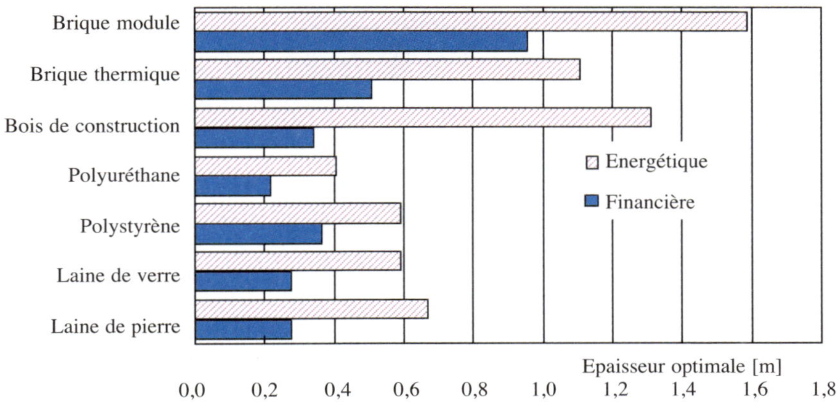

Fig. 5.44 Epaisseurs optimales de divers matériaux, du point de vue financier et énergétique, et pour les conditions de calcul données dans le tableau 5.1. On remarque que l'épaisseur usuelle de 10 cm est dépassée pour tous les matériaux.

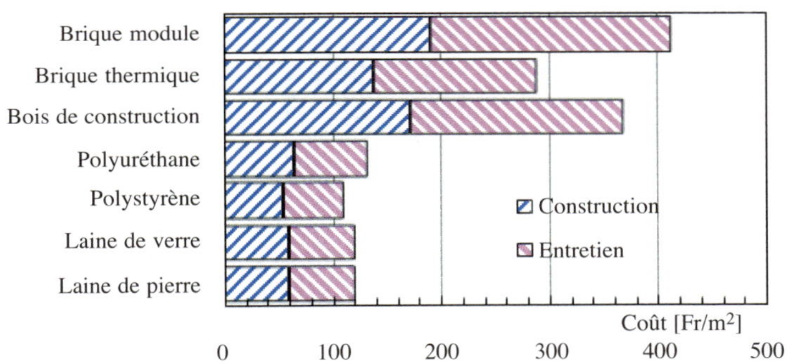

Fig. 5.45 Coût total pour divers matériaux.

prix de la paroi nue au coût des isolants pour les comparer au coût total de la brique ou du bois. Toutefois, on voit que même si on ajoute le coût de construction du mur de brique optimal (65 cm d'épaisseur!), on reste à un prix total inférieur pour les matériaux isolants. C'est d'ailleurs pour cette raison qu'on les utilise: il est meilleur marché d'isoler avec un matériau isolant qu'avec un matériau de structure.

5.7.3 Homogénéisation de l'isolation thermique

Il est évident que l'isolation (au sens large du terme) doit être répartie de façon homogène dans l'enveloppe du bâtiment. Une fenêtre à simple vitrage n'est pas cohérente avec un matelas isolant de 20 cm dans le toit, de même qu'il est irrationnel de chipoter sur l'isolant si on pose des vitrages modernes (type «confort»). Pour obtenir un ordre de grandeur plus précis de la cohérence des efforts d'isolation, on peut utiliser un modèle simple qui cherche à minimiser le coût énergétique total, ce qui a été fait pour donner les indications concernant les épaisseurs d'isolant cohérentes avec divers vitrages du tableau 5.9.

Tableau 5.9 Epaisseurs approximatives d'isolant cohérentes, du point de vue financier, valables pour un isolant spécifique courant.

Type de vitrage	Simple	Double	Triple	Confort	Super
Transmission thermique [W/m²K]	6 à 8	2,5 à 3	2 à 3	1,6 à 2	0,6 à 0,7
Epaisseur d'isolant cohérente [cm]	1 à 3	6 à 10	10 à 15	15 à 20	Optimal

On remarque à nouveau que les épaisseurs d'isolant cohérentes avec les vitrages modernes, à savoir les vitrages doubles avec couche sélective réfléchissant le rayonnement infrarouge (type «confort»), sont de l'ordre de 15 à 20 cm.

Notons que ce modèle de calcul ne donne que des indications. En effet, plusieurs hypothèses qui ne sont pas réalisables dans la pratique ont été faites pour obtenir un résultat analytique. Par exemple, le coût financier de la construction d'un mur n'augmente pas linéairement avec l'épaisseur d'isolant. A partir d'une certaine épaisseur, la méthode de construction du mur doit changer et le coût fait un brusque saut.

5.8 INERTIE THERMIQUE

5.8.1 Qu'est-ce que l'inertie thermique?

L'inertie thermique d'un bâtiment ou d'une pièce de ce bâtiment est sa capacité à amortir les variations de température intérieure. Un bâtiment à forte inertie thermique aura une température intérieure naturellement stable, malgré de fortes variations des gains de chaleur qui pourraient résulter de gains solaires par les vitrages (sect. 5.8) ou d'une occupation importante (salles de réunion). Cette inertie dépend de plusieurs caractéristiques:

- la capacité d'accumulation de chaleur des matériaux en contact avec l'ambiance intérieure;
- les possibilités d'échange thermique de ces matériaux avec l'ambiance intérieure;
- l'isolation thermique du bâtiment.

5.8.2 Caractéristiques thermiques dynamiques des matériaux

L'accumulation et la restitution de chaleur ne peuvent se faire que s'il y a une certaine masse à chauffer, donc une certaine quantité de matériau. Les caractéristiques de ce matériau en relation avec l'inertie thermique sont:

- sa ***conductivité thermique*** λ[W/(m · K)], qui exprime la facilité avec laquelle la chaleur traverse une épaisseur du matériau (§ 5.4.2);
- sa ***chaleur spécifique*** c [J/(kg · K)], qui est la quantité de chaleur nécessaire pour chauffer un kilogramme de matériau de 1 degré;
- sa ***masse volumique*** ρ [kg/m³], à savoir la masse d'un mètre cube de ce matériau.

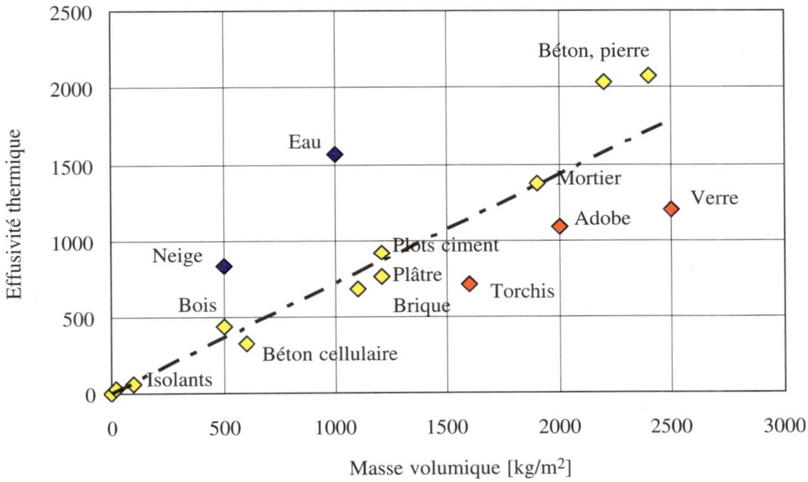

Fig. 5.46 Effusivité thermique de divers matériaux en fonction de leur masse volumique.

Un matériau accumulant beaucoup de chaleur devra avoir une conductivité thermique élevée, pour que la chaleur puisse facilement pénétrer dans le matériau, une chaleur spécifique et une masse volumique élevées, pour accumuler la chaleur. En fait, la capacité d'accumulation de chaleur d'un matériau donnée est fonction de son ***effusivité thermique*** b, donnée par:

$$b = \sqrt{\lambda \rho c} \quad [\mathrm{Ws^{1/2}/(m^2K)}] \tag{5.18}$$

La quantité de chaleur accumulée dans un matériau lorsque l'on chauffe sa surface est proportionnelle à $b\sqrt{t}$ où t est le temps écoulé depuis le début du chauffage.

Comme la chaleur spécifique de la plupart des matériaux de construction est d'environ 1000 J/(kg · K), et que la conductivité thermique augmente en général avec la masse volumique des matériaux, la capacité thermique est étroitement corrélée avec la masse volumique, comme le montre la figure 5.46.

Par contre, si on désire augmenter rapidement la température d'un matériau, il lui faut toujours une conductivité thermique élevée, mais il doit être facile à chauffer, donc avoir une faible chaleur spécifique et une basse densité. La ***diffusivité thermique*** a exprime la «vitesse» avec laquelle la chaleur pénètre dans un matériau, ou la profondeur à laquelle la chaleur a un effet après une période de temps donnée. Cette diffusivité se calcule par:

$$a = \frac{\lambda}{\rho c} \quad [\mathrm{m^2/s}] \tag{5.19}$$

Elle s'exprime en m²/s. La grandeur:

$$\delta = \sqrt{at} \quad [\mathrm{m}] \tag{5.20}$$

où t est un temps caractéristique, est la ***profondeur de pénétration***. Par exemple, si on plonge une barre d'acier chauffée dans de l'eau froide, il faudra attendre un temps tel que la profondeur de pénétration soit approximativement égale à la moitié du diamètre (ou de l'épaisseur) de la barre pour qu'elle soit froide. Si la barre a un diamètre de 20 mm, il faudra attendre environ 11 secondes pour refroidir la barre à cœur ($10 \text{ mm} \cong \sqrt{8{,}9 \text{ mm}^2/\text{s} \cdot 11 \text{ s}}$).

Autre exemple: s'il gèle pendant 3 mois par hiver, la profondeur de gel dans le béton est d'environ $\delta = \sqrt{0{,}75 \cdot 3 \cdot 30 \cdot 24 \cdot 3600} \approx 2400 \text{ mm} = 2{,}4 \text{ m}$.

L'annexe A.5 donne les caractéristiques thermiques de quelques matériaux de construction, notamment la diffusivité et l'effusivité thermiques, et la profondeur de pénétration des variations journalières de température (24 heures de période).

5.8.3 Capacité thermique d'un élément de construction

Le calcul exact de la capacité thermique d'un élément de construction peut être très compliqué. En pratique cependant, par exemple pour une estimation de l'inertie thermique intérieure de l'ensemble d'une zone du bâtiment, les méthodes simplifiées données ci-après peuvent être utilisées (CEN, ISO 1999).

La capacité thermique d'un composant est calculée d'abord sans tenir compte de la résistance thermique superficielle, en utilisant l'approximation la plus appropriée parmi celles qui suivent. Ensuite, on prend en compte la résistance superficielle et la résistance thermique d'un revêtement éventuel à faible capacité thermique (moquette, parquet, tapisserie, faux plafond).

Approximation de la couche mince

Si, pour la face considérée, la première couche du composant de bâtiment a une épaisseur d, inférieure à la moitié de la profondeur de pénétration, et si la couche suivante est un matériau isolant, la première couche peut alors être supposée isotherme (à température uniforme) et la capacité thermique surfacique χ (prononcer khi) du composant pour la face considérée est évaluée par:

$$\chi = d\rho c \quad [\text{J}/(\text{m}^2\text{K})] \tag{5.21}$$

Ceci s'applique par exemple au lambris ou plaques de plâtre minces recouvrant une isolation intérieure.

Approximation du milieu semi-infini

Si, pour la face considérée, la première couche du composant de bâtiment a une épaisseur supérieure au double de la profondeur de pénétration δ, cette couche peut alors être considérée comme d'épaisseur infinie et la capacité thermique surfacique du composant pour la face considérée est évaluée par:

$$\chi \cong \sqrt{\lambda \rho c \frac{P}{2\pi}} = b\sqrt{\frac{P}{2\pi}} \tag{5.22}$$

Si la période P est de 24 heures:

$$\chi \cong 120\, b \tag{5.23}$$

Méthode de l'épaisseur efficace

Cette méthode utilise les approximations décrites ci-dessus, ainsi qu'une valeur conventionnelle de la diffusivité thermique $a = 0{,}7 \times 10^{-6}$ m²/s.

L'épaisseur efficace d^* d'une face d'un composant est égale à la plus petite des valeurs suivantes:

- la moitié de l'épaisseur totale du composant;
- l'épaisseur des matériaux compris entre la face considérée et la première couche isolante, sans tenir compte des revêtements qui ne font pas partie du composant;
- une épaisseur efficace maximale fonction de la période des variations, donnée dans le tableau 5.10.

Tableau 5.10 Epaisseur efficace maximale fonction de la période des variations.

Période des variations	1 heure	1 jour	1 semaine
Epaisseur efficace maximale	2 cm	10 cm	25 cm

La capacité thermique surfacique est calculée par:

$$\chi = \Sigma_i \, \rho_i \, d_i \, c \quad \text{avec} \quad \Sigma_i \, d_i = d^* \tag{5.24}$$

La capacité thermique d'un composant entièrement situé dans la zone thermique considérée se calcule comme étant la somme des capacités thermiques calculées à partir des deux faces du composant.

Ces épaisseurs efficaces sont des valeurs approximatives. La valeur conventionnelle de la diffusivité thermique est proche de celle du béton, du plâtre et du mortier. La diffusivité thermique des matériaux de construction courants (à l'exclusion des métaux et des matériaux isolants) va de $0{,}12 \times 10^{-6}$ m²/s (sapin) à 1×10^{-6} m²/s (pierre calcaire). L'épaisseur efficace réelle peut donc aller de 40% à 120% de la valeur conventionnelle. Cette méthode simplifiée peut surestimer la capacité thermique de certains matériaux tels que le bois ou le béton cellulaire.

Effet d'une résistance superficielle

Une résistance thermique superficielle interposée entre l'air ambiant et la surface du matériau limite l'apport de chaleur et donc diminue la capacité thermique utile.

La capacité thermique équivalente χ' du composant de bâtiment, incluant la résistance superficielle R_S, ou d'un composant massif revêtu d'une couche de masse négligeable mais présentant une résistance thermique R, est estimée par (CEN, ISO 1999):

$$\chi' = \sqrt{\frac{\chi^2}{1 + \left(\frac{2\pi}{P}\right)^2 \chi^2 (R + R_s)^2}} \tag{5.25}$$

où R_S est la résistance superficielle et χ est la capacité thermique de la couche massive. Il faut noter que cet effet peut être très important, surtout si le composant nu présente une forte capacité (fig. 5.47).

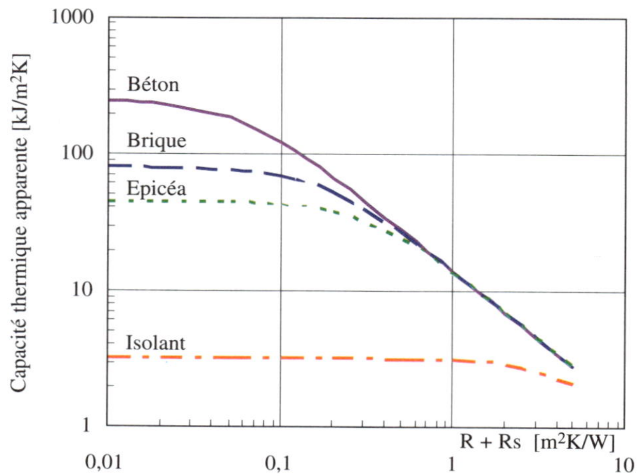

Fig. 5.47 Effet d'un revêtement ou de la résistance superficielle sur la capacité thermique apparente.

5.8.4 Capacité thermique d'une pièce ou d'un bâtiment

Cette capacité C est la somme des capacités thermiques de tous les éléments en contact avec l'ambiance intérieure :

$$C = \Sigma_i A_i \chi_i \quad [\mathrm{J/K}] \tag{5.26}$$

où A_i représente l'aire de l'élément i dont la capacité surfacique vaut χ_i.

En première approximation, les valeurs de le tableau 5.11 peuvent être utilisées pour les pièces typiques dans une habitation ou un bureau cellulaire (pièces de 2,5 à 3 m de haut, et de 20 m² de surface au sol).

Tableau 5.11 Quelques valeurs de capacité thermique pour une pièce de 20 m² [kJ/K].

Lourd, tout béton	11 300
Sol et plafond béton, parois brique	8500
Idem, sol avec moquette	7400
Idem, sol avec moquette et faux plafond	5300
Sol avec moquette, faux plafond, parois placoplâtre	2400
Tout en bois massif	4000
Tout en bois mince (20 mm)	1900

5.8.5 Constante de temps

La constante de temps, τ (prononcer tau), caractérisant l'inertie thermique intérieure de l'espace chauffé est le rapport de la capacité thermique de cet espace à son coefficient de déperdition thermique :

$$\tau = \frac{C}{H} \quad [\mathrm{s}] \tag{5.27}$$

où C est la capacité thermique intérieure effective. H est le coefficient de déperdition du bâtiment, qui est la puissance à fournir pour maintenir un degré de différence de température entre l'intérieur et l'extérieur. Le tableau 5.12 donne quelques exemples.

Tableau 5.12 Quelques constantes de temps caractéristiques pour la pièce de le tableau 5.12, une façade extérieure, aération 30 m^3/h.

Lourd, tout béton, isolation $U = 0{,}2$ W/(m^2K)	10 jours
Lourd, tout béton, isolation $U = 0{,}5$ W/(m^2K)	8 jours
Lourd, tout béton, façade simple vitrage	$1^1/_2$ jour
Idem, sol avec moquette et faux plafond, $U = 1$ W/(m^2K)	3 jours
Tout en bois massif, façade vitrée $U = 1$ W/(m^2K)	2 jours
Tout en bois mince (20 mm) $U = 1$ W/(m^2K)	1 jour
Serre horticole	8 heures

5.8.6 Comment réaliser une bonne inertie thermique?

Si on désire stabiliser le climat intérieur, utiliser les gains solaires passifs de manière optimale et faciliter la climatisation passive, il faut une inertie thermique élevée. Dans ce cas, l'isolation thermique doit se situer à l'extérieur de la masse de stockage, elle-même formée de matériaux lourds (d'effusivité thermique supérieure à 700 $Ws^{1/2}/(m^2K)$, apparents, et répartis autant que possible sur toutes les parois (plancher, plafond, murs). La constante de temps des pièces à haute inertie thermique doit dépasser 100 heures.

Si, par contre, on désire que la pièce se chauffe ou se refroidisse rapidement, il faut une inertie thermique faible. Pour cela, on réalise les parois en éléments ou matériaux légers, ou on tapisse les parois d'une couche de matériau isolant, protégée par une mince couche de matériau léger, dont l'effusivité thermique est inférieure à 700 $Ws^{1/2}/(m^2K)$ (lambris de bois, matière plastique, éventuellement placoplâtre).

5.9 CHAUFFAGE SOLAIRE PASSIF

Le chauffage solaire passif consiste à utiliser au mieux l'énergie du rayonnement solaire entrant dans le bâtiment. Ces apports solaires dépendent de l'ensoleillement normalement présent sur le site concerné, de l'orientation des surfaces réceptrices, de l'ombrage permanent et des caractéristiques de transmission et d'absorption solaires des surfaces réceptrices. Les surfaces qui captent l'énergie solaire sont principalement les vitrages, mais aussi les parois et planchers intérieurs des surfaces ensoleillées, les parois situées derrière un revêtement transparent ou une isolation transparente, et même toute surface opaque exposée au soleil.

Les gains solaires peuvent apporter une part importante des besoins en chauffage dans les bâtiments. Cette part est non négligeable: dans un bâtiment ordinaire, elle dépasse 10% des besoins, mais elle peut atteindre 50%. dans les bâtiments bien conçus. De plus, les caractéristiques du bâtiment nécessaires à l'utilisation optimale des gains solaire en font un bâtiment confortable été comme hiver, caractérisé par une grande ouverture sur l'extérieur.

5.9.1 Le rayonnement solaire

L'énergie produite par les réactions thermonucléaires dans le soleil est rayonnée dans l'espace sous forme d'ondes électromagnétiques dans un spectre très étalé (des ondes métriques aux rayons gamma en passant par la lumière visible). La densité de flux d'énergie à la surface apparente du soleil est de 64 MW (million de Watts) par mètre carré. Cette densité diminue en fonction directe du carré de la distance. Ainsi, aux confins de l'atmosphère (donc à 150 millions de km du soleil), la densité de flux totale vaut en moyenne 1367 W/m^2, essentiellement reçu dans la bande des 0,3 micron (ultraviolet) à 2,5 microns (infrarouge proche) de longueur d'onde. L'intensité maximale se trouve à 0,55 micron, correspondant à la couleur verte.

L'absorption et la diffusion atmosphériques ont pour effet de diminuer cette intensité d'une manière générale dans toutes les longueurs d'onde et plus fortement dans certaines bandes d'absorption moléculaires des composants de l'air illustrées sur la figure 5.48. Cette figure montre le spectre du rayonnement solaire en dehors de l'atmosphère et au niveau de la mer, par ciel serein.

Au niveau du sol, le rayonnement direct, provenant en droite ligne du soleil, est donc diminué en intensité et son spectre est modifié. De plus, une composante diffuse apparaît, provenant du ciel bleu par beau temps, et des nuages plus ou moins gris par mauvais temps. L'intensité de ces deux composantes doit être prise en compte pour le calcul des gains solaires.

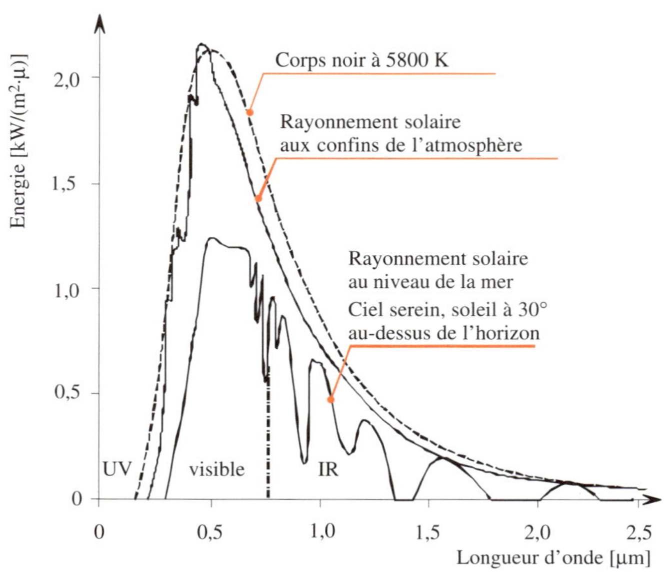

Fig. 5.48 Spectre solaire.

La puissance totale du rayonnement solaire reçu par la terre est de 170 000 TW[6], mais une partie de ce rayonnement est directement réfléchie vers l'espace. A la surface de la terre, les endroits les plus ensoleillés, comme le sud du Sahara, reçoivent annuellement 2000 kWh/m^2, correspondant à une puissance moyenne (jour et nuit, beau et mauvais temps) de 230 Watt/m^2.

En région tempérée, on en reçoit encore plus de la moitié. En Suisse, la station la plus ensoleillée, Zermatt, reçoit annuellement 1480 kWh/m^2, et la région la moins favorisée, Lucerne, reçoit tout de même 1109 kWh/m^2.

5.9.2 Principe du captage solaire passif

Le rayonnement solaire entrant par les fenêtres, et le cas échéant par d'autres éléments de captage spéciaux, est transformé en chaleur à l'intérieur du bâtiment, et contribue ainsi au chauffage des locaux. Ce mode de faire présente de nombreux avantages, et en particulier la source d'énergie est gratuite et non polluante. Par contre, il présente quelques inconvénients qu'il est nécessaire de pallier. Pour cela, il convient de suivre les quelques directives simples énoncées ci-dessous (fig. 5.49):

1. Pour que les gains solaires, toujours limités, représentent une part importante des besoins, il faut réduire ces besoins au minimum par une *isolation thermique* soignée: fortes épaisseurs d'isolation et vitrages à hautes performances. L'utilisation de ces gains sera améliorée par une répartition adéquate, en plan et en coupe, des zones chauffées ou à activité diurne et des zones tampon: les premières au soleil, les secondes en retrait.
2. Le rayonnement solaire est relativement diffus, en particulier en hiver, où il ne dépasse pas quelques centaines de watts par mètre carré. Pour capter une quantité de chaleur appréciable, il faut de *grandes surfaces de captage*, orientées vers les directions les plus ensoleillées (du sud-est au sud-ouest dans l'hémisphère

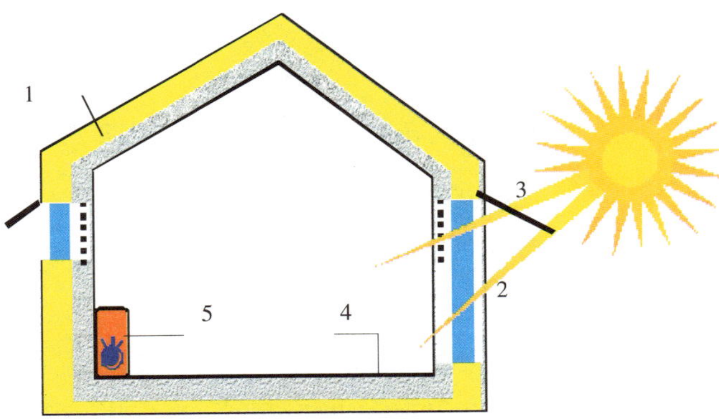

Fig. 5.49 Principes du chauffage solaire passif: 1. bonne isolation thermique; 2. grands vitrages côté soleil…; 3… avec protections solaires efficaces et mobiles; 4. structure massive pour accumuler la chaleur; 5. installation de chauffage et régulation adéquats.

[6] 1 TW (térawatt) représente 10^{12} W, soit un million de millions de watts. 170 000 TW représente plus de 6000 fois la puissance que consommerait l'humanité si chacun était au niveau de consommation de l'Européen moyen.

nord). L'orientation du bâtiment doit tenir compte de ces besoins. Les surfaces de captage sont avant tout les fenêtres et portes vitrées, mais aussi les vérandas et les parois opaques à isolation transparente.

3. Lorsque la température extérieure est clémente et qu'il fait beau, ces surfaces apportent trop de gains. Il est donc indispensable de munir toutes les surfaces de captage de dispositifs de contrôle. En particulier, il faut munir les fenêtres de *protections solaires efficaces*, donc extérieures pour la protection d'été (fig. 5.49). Des arbres à feuilles caduques sont souvent proposés, car ils apportent une ombre plus fraîche que des stores. Toutefois, ce type de protection n'est pas réglable, et ne peut pas être diminué pour améliorer l'éclairage naturel par mauvais temps en belle saison. Des protections solaires intérieures peuvent être utiles en hiver pour réduire l'éblouissement tout en profitant de la chaleur solaire.
4. Pour augmenter l'efficacité du chauffage solaire passif, il faut répartir sur la journée les gains reçus pendant quelques heures seulement. L'*inertie thermique du bâtiment doit donc être élevée*, pour limiter les surchauffes en période ensoleillée, et restituer la chaleur accumulée pendant la nuit. Le bâtiment doit donc être massif et l'isolation doit être posée à l'extérieur de la structure. Il faut aussi tenir compte, en dessinant le plan, de la nécessité de répartir la chaleur dans toute la zone habitée: grouper les zones chaudes plutôt au sud, placer les zones plus fraîches (circulations, dépôts) au nord.
5. Enfin, le chauffage d'appoint ne doit fonctionner que quand il est nécessaire. Il doit réagir rapidement aussi bien lorsque le soleil disparaît que lorsqu'il apparaît. Il faut donc une *régulation thermique adéquate*, qui tienne compte des gains solaires et des caractéristiques du système de chauffage. C'est notamment le cas s'il y un thermostat dans chaque pièce. Des systèmes de contrôle prévisionnels peuvent pallier les défauts des chauffages à grande inertie, comme le chauffage par le sol.

Pour plus de détails relatifs à la construction solaire passive, voir par exemple (Ganz, Muller *et al.* 1990; Buckley, Burton *et al.* 1991).

5.10 PROTECTION THERMIQUE D'ÉTÉ: REFROIDISSEMENT PASSIF

5.10.1 Causes d'inconfort en saison chaude

Le sentiment de température excessive dépend de nombreux facteurs: Activité et habillement de la personne, température et humidité de l'air, courants d'air, températures des surfaces environnantes, etc. Tout phénomène qui modifie un ou plusieurs de ces facteurs dans le mauvais sens est donc cause de sentiment de surchauffe. Citons notamment:

- L'impossibilité d'adapter l'habillement à l'activité et à l'environnement, par exemple l'obligation de porter une tenue donnée
- Une température et une humidité de l'air trop élevés
- Un manque de courant d'air
- Des surfaces environnantes (parois, vitrages) à haute température

Ces causes se combinent, et il ne serait pas correct de donner une activité, une température, une humidité etc. limite pour le confort d'été. Par exemple, il est plus facile de supporter un air chaud quant il est sec, et encore plus facile s'il y a un courant d'air. D'autre part, le sentiment d'inconfort est dynamique: d'une part on s'habitue à une situation donnée, et d'autre part le passage d'une situation inconfortable (par exemple un extérieur tropical) à une autre (comme un intérieur climatisé trop froid) peut être momentanément agréable.

Il est donc possible, en jouant de manière adéquate avec les paramètres du confort thermique, de réduire le sentiment de surchauffe. L'usage des ventilateurs, des compresses froides et des boissons ou mets glacés sont des exemples courants.

5.10.2 Principe du refroidissement passif

Le refroidissement passif consiste à mettre à profit tout phénomène abaissant la température intérieure et ne consommant pas d'énergie. Il permet d'assurer sous notre climat un excellent confort estival tout en évitant l'installation de coûteux systèmes de conditionnement d'air.

En premier lieu, on cherche à réduire les gains de chaleur solaires et internes, en installant des protections solaires efficaces et en évitant d'utiliser des appareils à faible rendement.

Dans la mesure où le climat le permet, on évacue l'excédent de chaleur en ventilant fortement. Cette technique d'usage général est applicable dans tout type de bâtiment (lourd ou léger), mais ne fonctionne que lorsque la température extérieure est plus basse que la température de confort.

Si ce n'est pas le cas, on peut appliquer le refroidissement passif par ventilation nocturne. Celui-ci consiste à refroidir la structure du bâtiment à l'aide de la ventilation naturelle, de manière à permettre à cette structure d'accumuler la chaleur générée dans le bâtiment pendant la journée. Il comprend donc deux périodes: la période de refroidissement et la période de protection (fig. 5.50).

Période de refroidissement: Tant que la température extérieure est inférieure à la température intérieure (en général pendant la nuit), des ouvertures sont pratiquées dans le bâtiment de manière à permettre à l'air chauffé par la structure du bâtiment de s'échapper, et à l'air frais extérieur de s'infiltrer. Le bâtiment est ainsi aéré et refroidi pendant cette période.

Période de protection: Tant que la température de l'air extérieur est plus élevée que celle de l'air intérieur, la ventilation est réduite au minimum nécessaire pour assurer une bonne qualité de l'air. Les gains de chaleur résiduels chauffent le bâtiment

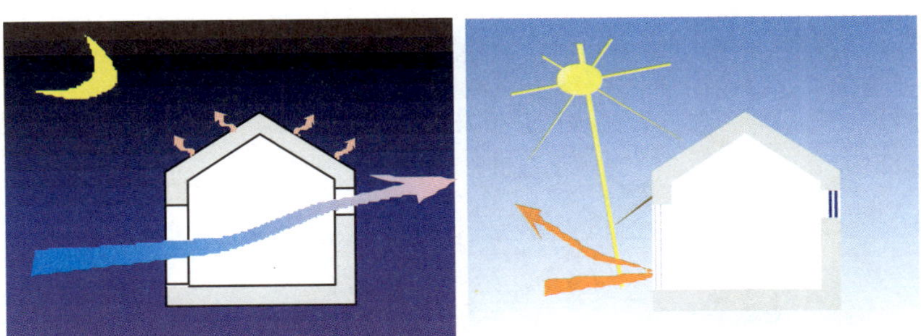

Fig. 5.50 Les deux périodes du refroidissement passif. A gauche, période de refroidissement, à droite, période de protection.

mais, la structure étant froide et massive, ce réchauffage est relativement lent. Dans de bonnes conditions, on évite de dépasser les limites d'un bon confort thermique.

Le refroidissement passif par ventilation nocturne permet généralement d'atteindre des températures plus basses ou d'éliminer plus de chaleur que la ventilation diurne. La figure 5.51 montre des enregistrements de température dans deux bureaux identiques; l'un étant aéré pendant la journée, l'autre pendant la nuit. Les deux bureaux sont munis de protections solaires efficaces. L'abaissement de la température maximale dépasse 4 degrés!

Le refroidissement passif n'est cependant applicable qu'à condition de respecter les règles constructives ci-dessous.

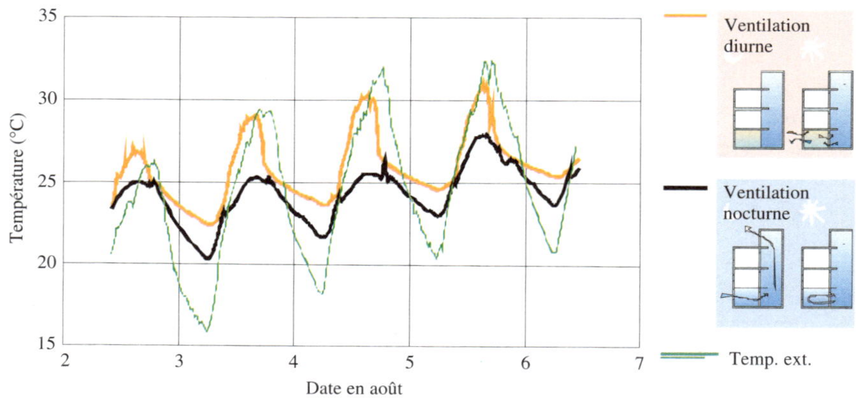

Fig. 5.51 Température dans deux bureaux identiques. L'un est aéré pendant la journée, l'autre pendant la nuit. La ligne fine est la température extérieure.

5.10.3 Règles de conception pour le refroidissement passif

Règles générales

L'utilisation de la ventilation pour abaisser la température intérieure et diminuer les besoins en réfrigération ne peut fonctionner que si certaines conditions sont satisfaites (fig. 5.52). Notons qu'il n'est pas toujours possible de les satisfaire pour des bâtiments existants qui n'ont pas été conçus pour cela.

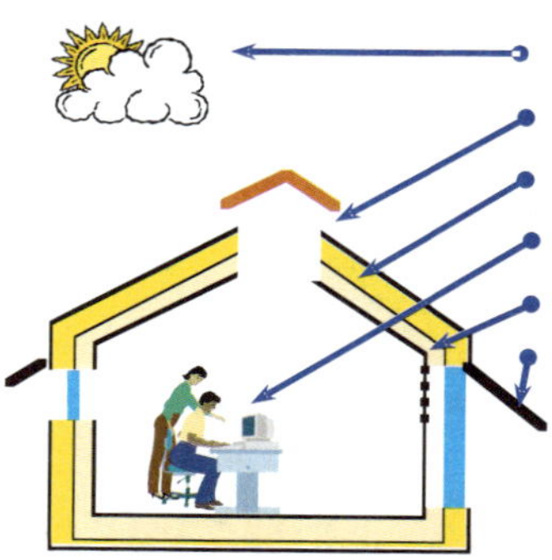

Fig. 5.52 Conditions nécessaires pour un refroidissement passif efficace.

Ces conditions sont détaillées ci-dessous.
Conditions liées au climat:

- La température extérieure moyenne, sur 24 heures, ne doit pas être trop élevée.
- Le climat doit être tel que la déshumidification de l'air ne soit pas nécessaire.
- Pour le refroidissement par ventilation nocturne, l'amplitude des variations nycthémérales[7] de la température de l'air extérieur doit être importante (minimum 5 degrés).

Ces conditions sont facilement remplies en Suisse, en tous cas au nord des Alpes.
Conditions liées au bâtiment:

- Les gains de chaleur doivent être limités de manière à éviter la surchauffe et à ne pas dépasser la quantité de chaleur qu'il sera possible d'évacuer pendant la période de refroidissement suivante. Ceci signifie:
  - la présence et l'utilisation adéquate de protections solaires efficaces, donc extérieures (fig. 5.58).
  - un équipement (machines, éclairage, etc.) à faible consommation d'énergie,
  - la généralisation de l'éclairage naturel, contrôlé par des dispositifs (notamment des protections solaires mobiles) rejetant la lumière en excès à l'extérieur du bâtiment.
- Si les gains sont trop importants pour assurer le confort par la seule ventilation naturelle, il est possible d'assister celle-ci par un refroidissement artificiel.

Règles constructives pour l'inertie thermique

- Pour des locaux occupés de jour, l'inertie thermique du local doit être grande. Elle est maximale si un matériau dense (béton, maçonnerie) d'au moins 10 cm d'épaisseur est apparent sur toutes les parois (plafond, plancher, murs). Des épaisseurs trop grandes (plus de 20 cm depuis la surface) sont par contre inutiles.
- Il faut limiter autant que possible les surfaces recouvertes de matériau isolant (faux plafonds, moquettes, lambrissages, tapisseries épaisses). Il convient toutefois de tenir compte des exigences acoustiques et esthétiques. Une solution de compromis consiste à laisser apparente une partie importante (au moins 50%) de la structure massive.
- Une isolation suffisante doit être placée à l'extérieur. Il importe en effet que la masse intérieure de la paroi ne soit pas chauffée de l'extérieur. Ce critère est satisfait pour les murs doubles ou à isolation extérieure, si le coefficient de transmission thermique U est conforme aux exigences actuelles pour la protection thermique d'hiver.
- Pour des locaux qui ne sont occupés que la nuit, une faible inertie thermique peut être avantageuse, car elle permet un abaissement rapide de la température ambiante.
- Il est avantageux de répartir la capacité de stockage sur toutes les surfaces de la structure. A contrario, il est erroné de concentrer cette masse sur un seul élément épais. Ce n'est donc pas la masse par mètre carré de plancher qui est déterminante, mais la masse par mètre carré de surface en contact avec l'air intérieur.

[7] Ou journalières (nuit-jour).

Règles constructives concernant la ventilation

- Plusieurs configurations sont possibles pour la ventilation nocturne (fig. 5.53). Les ouvertures de ventilation doivent être de dimension suffisante (sect. 6.3) et leur position doit être adaptée à la configuration prévue.
- Le haut des ouvertures assurant la ventilation dans chaque local doit se situer le plus haut possible. En effet, pour un transfert de chaleur maximal avec les parois, la surface d'échange convective doit être la plus grande possible (fig. 5.54).
- Les ouvertures doivent être orientées autant que possible de façon que les entrées d'air soient exposées au vent dominant en période de refroidissement et que les sorties d'air se trouvent sous le vent.
- Si le volume à ventiler est d'une faible hauteur, il faut favoriser la ventilation naturelle traversante. Si ceci n'est pas possible, les ouvertures doivent comprendre deux éléments d'aires égales séparés par une distance verticale maximale.
- Pour un bâtiment à plusieurs niveaux, les sorties d'air doivent être beaucoup plus grandes que les entrées et se situer le plus haut possible dans le bâtiment. Il faut en effet éviter que l'air préchauffé par le bas du bâtiment sorte par les locaux habités supérieurs. Le rapport entre la surface des ouvertures d'entrée et de sortie doit être calculé pour avoir un niveau neutre au-dessus du dernier niveau ventilé.

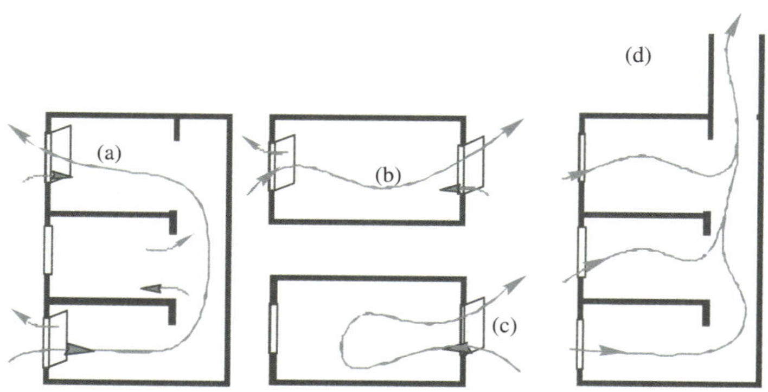

Fig. 5.53 Configurations de ventilation naturelle: (a) ventilation à deux ouvertures; (b) ventilation traversante; (c) ventilation à ouverture unique; (d) ventilation avec cheminée.

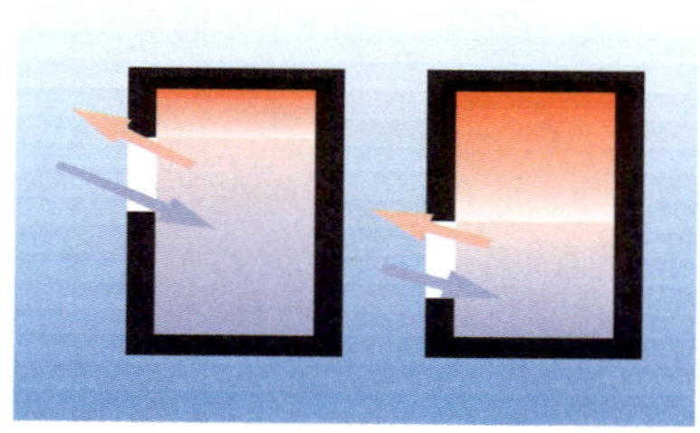

Fig. 5.54 Au-dessus du haut de l'ouverture, l'air chaud piégé est à la température des parois et aucun échange convectif ne peut avoir lieu.

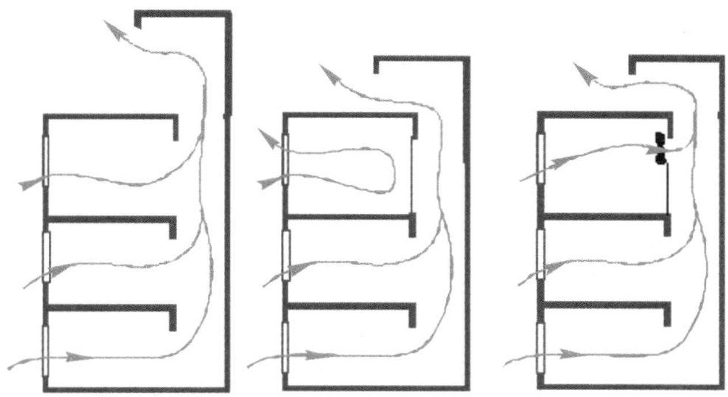

Grande ouverture haute *Ventilation autonome du dernier étage* *Ventilateur d'appoint*

Fig. 5.55 Moyens disponibles pour refroidir les derniers étages (voir aussi figure 5.53(d)).

- Une surélévation du bâtiment facilite la construction de grandes ouvertures pour l'air. S'il n'est pas possible de satisfaire cette condition, on peut ventiler le niveau supérieur indépendamment, ou l'équiper d'un ventilateur d'extraction (fig. 5.55).
- Si la ventilation mécanique est utilisée pour le refroidissement passif, le ventilateur doit fonctionner de préférence en extraction pour éviter d'échauffer l'air avec les pertes du moteur et les frottements sur le ventilateur.
- Il n'est pas possible d'utiliser une installation de ventilation mécanique à double flux à haute pression pour le refroidissement passif: les débits et le rendement sont nettement insuffisants.

Règles de sécurité

- Prévoir des protections contre les tempêtes, laissant passer l'air sans laisser entrer la pluie.
- Il est pratiquement impossible d'éviter la pénétration de bruit et de polluants par les grandes ouvertures requises pour la ventilation naturelle. Si l'environnement est trop bruyant ou trop contaminé, il faut examiner la possibilité de construire ailleurs ou d'utiliser la ventilation mécanique ou d'autres moyens de refroidissement, tels que structure refroidie ou panneaux radiants (par ex. plafonds froids, § 5.13.5).
- Diminuer les risques d'effraction en plaçant les ouvertures hors de portée et en multipliant de petites ouvertures. L'installation de stores à lamelles, de moustiquaires, de grilles et de systèmes d'alarme doit aussi être envisagée.
- Veiller à satisfaire les règles de protection incendie. Les exutoires de fumée peuvent être utilisés comme ouvertures de ventilation, mais doivent pouvoir être manœuvrés depuis un endroit facilement accessible en cas d'incendie. L'air de refroidissement peut être transporté dans les couloirs et escaliers, mais ces flux d'air doivent être bloqués en cas d'incendie.

Règles de comportement

Les meilleures mesures constructives peuvent être inutiles sans un comportement approprié, qui ne peut être obtenu des occupants qu'au moyen d'une information claire et répétée. Les deux points importants sont:

- Les protections solaires doivent être utilisées.
- Un refroidissement efficace n'est atteint que si les ouvertures de ventilation sont fermées pendant la journée et ouvertes la nuit.

5.10.4 Outils de simulation

Pour réaliser un bâtiment qui profite efficacement du refroidissement nocturne, il faut comprendre les liens qui existent entre la ventilation, les transferts de chaleur et la distribution des masses dans le bâtiment.

Il existe de nombreux modèles aérothermiques permettant de simuler des bâtiments, par exemple TRNSYS (http://sel.me.wisc.edu/trnsys/); ESP-r (www.esru.strath.ac.uk); DOE2 (www.doe2.com). Toutefois, ces modèles nécessitent souvent de nombreuses données d'entrée sans pour autant être plus précis que des modèles simples, mais spécifiquement adaptés au refroidissement et validés par comparaison avec des résultats expérimentaux. Le modèle LesoCool (http://lesowww.epfl.ch) permet d'évaluer les risques de surchauffe et le potentiel de refroidissement par ventilation naturelle, et le débit de ventilation au travers de fenêtres ouvertes, en l'absence de vent (Roulet, Van der Maas *et al*. 1996).

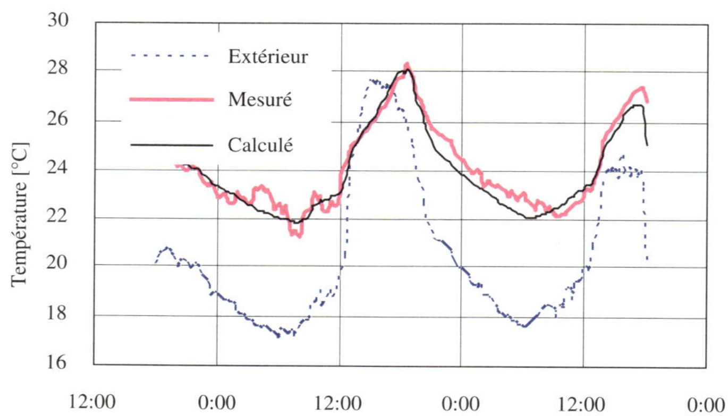

Fig. 5.56 Comparaison de mesures avec les calculs, pour le cas d'un bureau de construction mi-lourde avec une fenêtre.

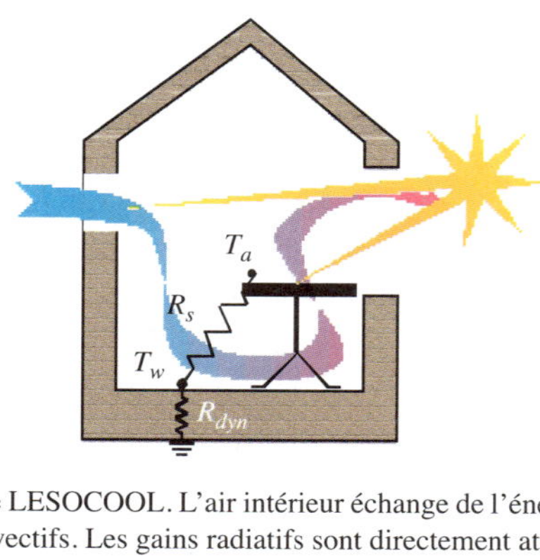

Fig. 5.57 Modèle à la base de LESOCOOL. L'air intérieur échange de l'énergie avec le courant d'air et les parois, et reçoit les gains convectifs. Les gains radiatifs sont directement attribués aux parois.

Ce logiciel est basé sur un modèle dynamique simple et a été comparé avec des mesures sur bâtiment (fig. 5.56). Il est fondé sur les principes de conservation de l'énergie et de la masse (fig. 5.57). La température de chaque zone découle du bilan énergétique entre l'énergie perdue par ventilation d'une part, et les gains internes et les échanges avec la structure du bâtiment d'autre part. Le débit d'air de ventilation est déterminé à l'aide de l'équation de Bernoulli, qui est aussi un bilan énergétique le long d'une ligne de courant. Enfin, la position du niveau neutre est déterminée par conservation de la masse d'air contenue dans le bâtiment.

Quelques problèmes que l'on peut résoudre avec ce genre d'outil

- Montrer que la pose de protections solaires, en combinaison avec une ventilation nocturne, suffirait (ou non) pour éviter les surchauffes estivales dans le bâtiment.
- Prédire l'évolution de la température dans les ateliers d'un local à forts gains internes, pour déterminer quelle variante de ventilation ou de refroidissement permet de maintenir une température acceptable pendant la durée des cours.
- Dimensionner les ouvrants de salles d'écoles pour permettre une aération naturelle suffisante pendant la pause.

5.11 CONTRÔLE DU RAYONNEMENT SOLAIRE

5.11.1 Principes

Nous avons vu dans 5.6.1 que le rayonnement solaire éclairant un matériau est en partie réfléchi, en partie absorbé et enfin en partie transmis si le milieu est transparent ou translucide. Le contrôle du rayonnement peut donc se faire en le réfléchissant et en l'absorbant.

Le rayonnement solaire inévitablement absorbé par le dispositif de protection se transforme en chaleur, qui sera évacuée dans l'environnement immédiat du dispositif. Si le dispositif est à l'intérieur, la chaleur y est aussi ! (fig. 5.58)

Le spectre solaire (fig. 5.48) comprend de la lumière visible, entre 0,4 et 0,7 micron de longueur d'onde, un peu d'ultraviolet et une quantité relativement importante dans l'infrarouge proche entre 0,7 et 2,5 micron. Pour contrôler la lumière, il suffit d'agir dans la bande des longueurs d'ondes visibles, alors que pour se protéger de la chaleur, il faut agir sur tout le spectre. Il est possible, avec des filtres adéquats, de

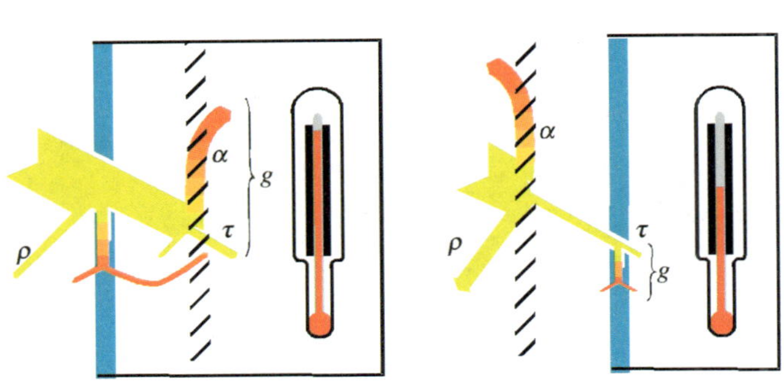

Fig. 5.58 Les protections solaires efficaces sont à l'extérieur du bâtiment.

couper l'essentiel du rayonnement infrarouge et de laisser une partie importante de la lumière visible.

Le mouvement relatif de la terre et du soleil ainsi que les variations des conditions météorologiques font que les gains solaires d'un bâtiment et son éclairage peuvent varier fortement avec l'orientation et le temps, entre zéro et plusieurs centaines de watts par mètre carré et une centaine de milliers de lux. Le contrôle doit donc être constamment adapté aux besoins, au climat, et à l'orientation du vitrage.

Les protections solaires servent à contrôler les gains thermiques (voir 5.9 et 5.10), à contrôler l'éclairage (chapitre 8) et, le cas échéant, à éviter l'éblouissement. Ces diverses fonctions ne vont pas sans certaines contradictions:

- La réduction des gains solaires, nécessaire en saison chaude, réduit l'éclairage naturel. Il faut savoir toutefois que 100 lux d'éclairement par le soleil correspondent à une puissance thermique de 1 W/m^2 seulement. Il est donc possible, au moyen de protections solaires adéquates (protections réglables, extérieures, semi-transparentes ou translucides), d'éclairer suffisamment une pièce sans la chauffer exagérément.
- Le contrôle de l'éclairage réduit les gains solaires en saison de chauffage. Ceci est particulièrement vrai pour les protections solaires extérieures, mais il est parfaitement possible de profiter des gains solaires et de réduire l'éclairage naturel ou d'éviter l'éblouissement. Pour cela, les dispositifs de contrôle de l'éclairage (stores à lamelles, rideaux) sont placés à l'intérieur. Le rayonnement solaire absorbé par ces dispositifs contribue alors au chauffage.

Pour contrôler l'éclairage tout en améliorant le confort thermique, il faut placer des protections solaires à l'extérieur pour réduire les gains solaires en saison chaude, et à l'intérieur, pour garder les gains solaires en saison froide.

Il est essentiel que ces dispositifs soient réglables, pour permettre d'ajuster l'éclairage aux besoins d'une part, et à l'éclairement extérieur d'autre part. Il convient aussi d'adapter ces protections à l'orientation des façades par rapport à la course du soleil (fig. 5.59).

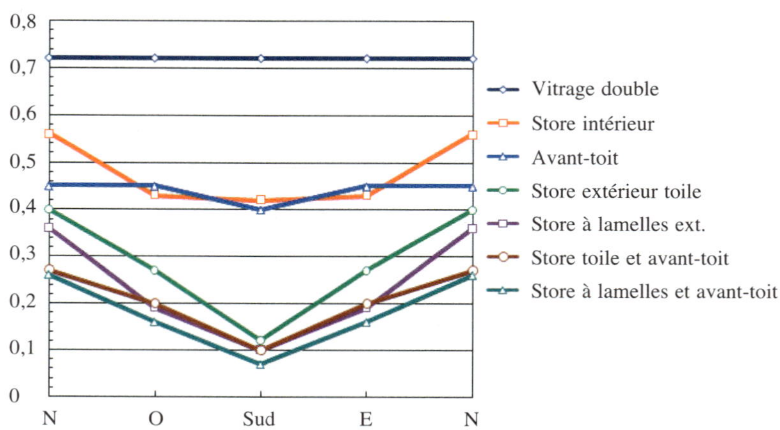

Fig. 5.59 Transmission moyenne de divers types de protections en fonction de l'orientation de la façade.

5.11.2 Protections solaires fixes

L'auvent ou l'avant-toit conviennent pour protéger une fenêtre orientée au Sud tant que le soleil est haut sur l'horizon (en été, notamment aux latitudes faibles). Par contre, il est totalement inadéquat pour les orientations allant du sud-est au sud-ouest en passant par le Nord[8]. Ces orientations se trouvent presque perpendiculaires au soleil pendant une partie de la journée, et seules des protections couvrant la fenêtre, comme les stores à lamelles ou les volets conviennent. Il ne faut pas oublier que la façade Nord est aussi exposée au soleil, notamment le matin et le soir, en été, aux latitudes moyennes à élevées.

Des parois verticales peuvent être utilisées pour protéger les façades Est et Ouest du soleil le plus chaud (entre 10 et 14 h) mais ne protègent ni du soleil levant, ni du soleil couchant.

Le claustra combine l'auvent et les parois verticales. Suivant sa profondeur, il peut protéger efficacement du rayonnement solaire mais réduit fortement l'éclairage. Il est utilisé sous les tropiques.

Les protections solaires fixes ne permettent pas de contrôler l'éclairage ou les gains solaires. Elles réduisent ces apports en permanence, même les jours frais ou par ciel couvert.

5.11.3 Vitrages antisolaires

Les coefficients de réflexion et d'absorption d'un vitrage peuvent être augmentés pas l'application de couches réfléchissantes ou des adjonctions adéquates dans le verre. Un vitrage est caractérisé d'une part par sa transmission lumineuse, qui est la part de la lumière visible transmise, et par son coefficient de transmission énergétique g, qui comprend la part du rayonnement solaire transmis et la chaleur transmis à l'intérieur suite à l'absorption du rayonnement solaire dans le vitrage (§ 5.6.1).

La figure 5.60 montre la position de plusieurs vitrages du commerce par rapport à ces deux coefficients. On remarque la forte corrélation qu'il existe entre eux: un vitrage qui protège du soleil n'est pas très transparent, et un vitrage transparent

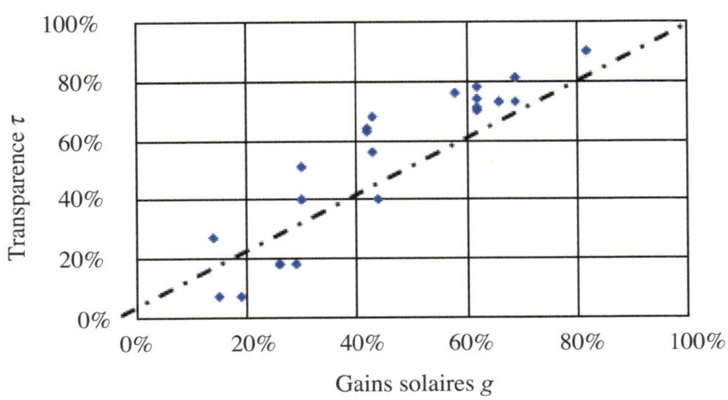

Fig. 5.60 Coefficient de transmission lumineux en fonction du coefficient de transmission énergétique global pour le rayonnement solaire pour divers vitrages. Il n'existe pas de vitrage transparent à la lumière et protégeant efficacement de la chaleur.

[8] Ceci est valable pour l'hémisphère Nord. La situation est inverse dans l'hémisphère Sud.

protège mal du soleil. L'utilisation de vitrages antisolaires peut créer une situation paradoxale: le vitrage réduit l'éclairage intérieur, ce qui fait que l'éclairage artificiel est utilisé, et celui-ci chauffe plus qu'un éclairage naturel adéquat!

Il est important de noter que la couche de protection d'un vitrage antisolaire chauffe quelque peu car elle absorbe une partie de ce rayonnement. Cette couche doit donc être placée sur le verre extérieur, qui pourra se refroidir au contact de cet air, et non pas sur le verre intérieur, qui dès lors transmettrait cette chaleur à l'intérieur.

De même, la couche sélective des vitrages isolants doit être placée du côté chaud du vitrage, donc à l'intérieur dans les pays froids, où le chauffage domine, et à l'extérieur dans les pays chauds, où le refroidissement domine.

Des développements sont en cours visant à produire des vitrages réglables, dont les coefficients de transmissions seraient ajustables en fonction des besoins. Ces verres sont déjà utilisés pour des lunettes. Toutefois, leur temps de réaction trop lent, leur dynamique (rapport entre le plus haut et le plus bas coefficient de transmission) est trop faible (2 à 3) et la durabilité de certains de ces verres est trop courte pour être acceptable actuellement.

5.11.4 Les protections mobiles

Ces protections comprennent les stores en toile ou en lamelles de bois ou de plastique, les volets classiques, les stores à lamelles orientables, etc.

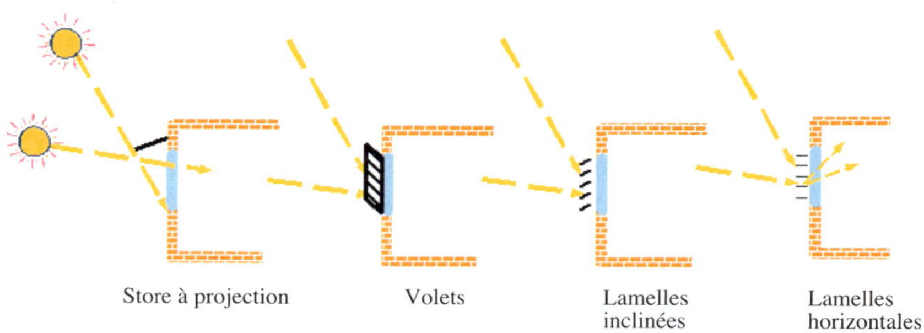

Fig. 5.61 Protections solaires mobiles.

Les lamelles orientables sont particulièrement bien adaptées pour contrôler l'éclairage naturel tout en évitant des surchauffes. En position approximativement horizontale, elles permettent aussi la vue vers l'extérieur et peuvent renvoyer vers le plafond la lumière venant d'en haut.

Une protection optimale des gains solaires permettant un bon éclairage naturel peut être réalisée par des stores dont les lamelles supérieures laissent passer le jour alors que les lamelles inférieures sont closes.

La protection extérieure chauffe par absorption du rayonnement solaire, même si elle est de couleur claire. Il est donc essentiel que la protection solaire soit bien ventilée. Pour cela, laisser un espace d'air libre (ouvert de tous côtés) d'au moins 5 cm entre la protection et le vitrage. On a mesuré des températures allant jusqu'à 45 °C dans la lame d'air contenue entre le vitrage et un store en toile non ventilé.

5.11.5 Synthèse

Il n'existe pas de protection solaire idéale, assurant à faible coût un contrôle efficace de la lumière et de la chaleur hiver comme été. Le tableau 5.13 résume les qualités et défauts des principaux systèmes.

Tableau 5.13 Performances des principaux systèmes de protection solaire.

	Type	Durabilité	Contrôle de la chaleur	Efficacité Hiver	Efficacité Été	Contrôle de l'éclairage	Coût
Protections fixes	Brise soleil	+++	0	++	++	+	€
	Vitrage réfléchissant	+++	0	++	+	0	€
	Lamelles fixes	++	+	+++	+++	+	€€
	Vitrage prismatique	+++	+	+++	+++	+	€€€
Protections mobiles	Rideau intérieur	+++	+	+++	0	+++	€
	Films réfléchissants	++	++	+++	+	+++	€
	Store entre verres	++	++	++	0	+++	€€
	Store extérieur toile	+	+++	+	+++	+++	€€
	Volets vénitiens ext.	++	+++	+	+++	+++	€€

Les systèmes fixes ne permettent évidemment aucun contrôle, et ne peuvent que corriger partiellement les variations saisonnières. Le store extérieur est idéal pour contrôler l'éclairage et la chaleur, surtout en été, mais il est exposé aux intempéries, ce qui réduit sa durabilité.

5.12 INSTALLATIONS DE CHAUFFAGE ACTIVES

5.12.1 Eléments de l'installation de chauffage

Une installation de chauffage comprend un ou plusieurs transformateurs d'***énergie finale***[9] principale en chaleur (chaudière, résistance électrique, pompe à chaleur, capteur

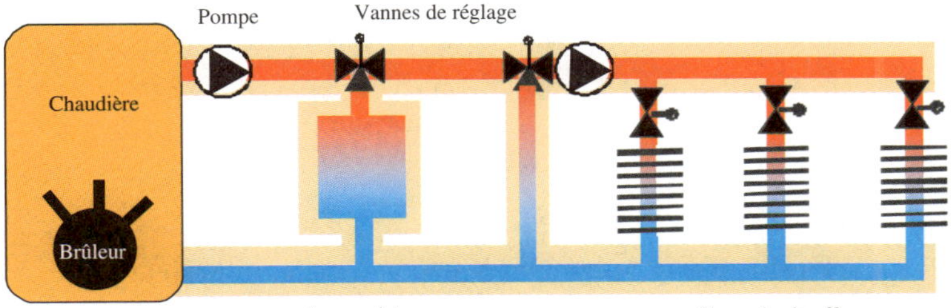

Fig. 5.62 Schéma de principe d'une installation de chauffage à chaudière et radiateurs. L'accumulateur n'est installé qu'avec des chaudières à bois ou des installations solaires.

9 L'énergie finale est contenue dans les vecteurs d'énergie entrant dans le bâtiment (mazout, gaz, électricité, bois, charbon, etc.). On la distingue de l'énergie primaire contenue dans les vecteurs bruts (gisement de pétrole, de charbon ou de gaz, chute d'eau, uranium, etc) ou secondaire contenue dans les vecteurs sortant d'usine de transformation.

solaire, etc.), un réseau de distribution (distribuant soit l'énergie finale, soit la chaleur), des distributeurs de chaleur (radiateurs, convecteurs, parois chauffantes) et parfois un accumulateur de chaleur. L'énergie finale auxiliaire sert à faire fonctionner le système (fig. 5.62). Elle est souvent différente de l'énergie finale principale. Par exemple, un système à mazout (source principale d'énergie) a besoin d'électricité pour faire tourner les ventilateurs des brûleurs, les pompes, et faire fonctionner l'allumage et la régulation.

La figure 5.63 montre les principaux flux de chaleur d'une installation de chauffage.

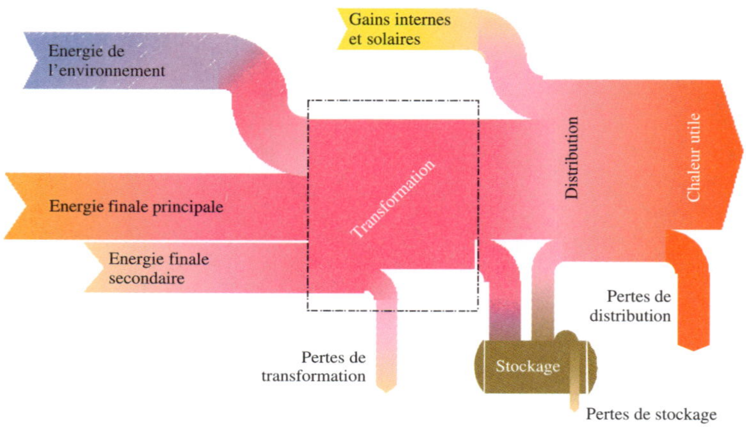

Fig. 5.63 Flux de chaleur dans une installation de chauffage.

La transformation et le transport d'énergie impliquent toujours des pertes. Le ***rendement global*** de l'installation de chauffage est donné par le rapport :

$$\eta_h = \frac{\text{Chaleur fournie}}{\text{Energie finale consommée}} \tag{5.28}$$

La chaleur fournie est égale à la somme des énergies fournies au transformateur moins les pertes nettes. On peut donc calculer le rendement global à partir des pertes, en prenant garde au fait qu'une partie de ces pertes peuvent être récupérées sous forme de chaleur utile. Par exemple, la cheminée de la chaudière peut contribuer au chauffage du bâtiment si elle passe au travers du volume chauffé.

5.12.2 Les chaudières à combustible

Les chaudières (fig. 5.64) comprennent généralement un brûleur ou un foyer de combustion, un ***échangeur de chaleur*** permettant de transmettre la chaleur de combustion à un ***fluide caloporteur*** (air ou eau) qui transmettra cette chaleur à la distribution, et une cheminée d'extraction des gaz brûlés. Le tout est, en principe, isolé thermiquement de l'extérieur.

Il existe des chaudières électriques où une simple résistance électrique permet de chauffer soit directement le fluide caloporteur dans lequel elle est plongée, soit de chauffer une masse permettant d'accumuler la chaleur qui sera transmise par la suite au fluide caloporteur.

Fig. 5.64 Chaudières avec brûleurs à gaz.

Théoriquement, la dégradation d'énergie chimique, mécanique ou électrique en chaleur n'entraîne aucune perte. Par exemple, le radiateur électrique placé dans le volume chauffé présente un rendement maximal: toute l'électricité entrant dans le radiateur est dégradée en chaleur utile. On doit remarquer ici que des pertes importantes ont lieu en amont, car l'électricité n'est pas une source d'énergie mais un vecteur intermédiaire, qui provient d'une transformation de diverses sources d'énergie primaire (charbon, pétrole, uranium, chutes d'eau, etc.) en électricité. Par exemple, en Europe, on consomme environ 3 kWh d'énergie primaire pour livrer 1 kWh d'électricité au consommateur (Frischknecht et al., 2007). Le rendement global réel du radiateur électrique est donc de 33 %.

Les combustibles les plus utilisés sont l'huile de chauffage (mazout ou fioul), le gaz (naturel ou extrait du charbon), le charbon (anthracite, houille, coke, lignite) et le bois (en bûches, en plaquettes sèches ou fraîches ou en pellets). Parmi ces combustibles, seul le bois est renouvelable à condition qu'il soit exploité en maintenant un volume sur pied constant. Le bois a aussi l'avantage d'avoir une production de gaz à effets de serre très faible, la croissance du bois absorbant autant de CO_2 qu'en produit sa combustion.

Lorsque le transformateur n'est pas placé dans le volume chauffé, et lorsqu'il nécessite l'évacuation de déchets (fumées), des pertes techniques sont inévitables, mais on peut les réduire sans toutefois pouvoir les annuler totalement. Ces pertes sont les suivantes (fig. 5.65):

- Les ***pertes de combustion***: c'est l'énergie contenue dans les molécules encore non brûlées (suie, CO, COV) et la chaleur des gaz brûlés. Ces pertes dépendent de la qualité et de la propreté de la chaudière et du réglage du brûleur. La combustion du gaz ou du mazout produit non seulement du gaz carbonique mais aussi une grande quantité de vapeur d'eau. La chaleur d'évaporation de cette vapeur peut être récupérée en condensant l'eau sur un échangeur assez froid (généralement moins de 60°C). Les ***chaudières à condensation*** sont équipées de tels échangeurs, qui doivent résister à la corrosion de cette eau, assez acide à cause des impuretés qu'elle contient. Leur rendement est nettement meilleur que celui des chaudières classiques (fig. 5.66).

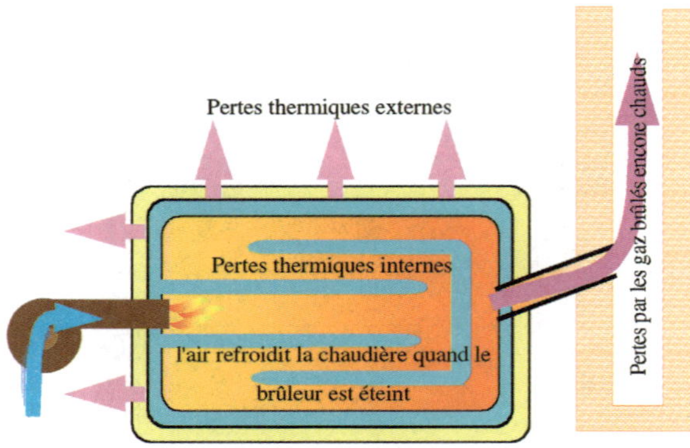

Fig. 5.65 Pertes d'une chaudière à combustion.

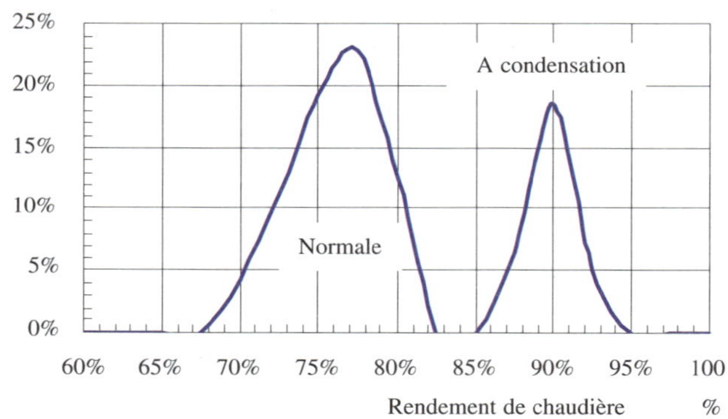

Fig. 5.66 Distribution des rendements saisonniers de nombreuses chaudières à gaz correctement dimensionnées. On note les deux catégories : les chaudières sans ou avec échangeur à condensation. (Mesures du « UK Energy Efficiency Best Practice Programm », voir www.sedbuk.com).

- Les *pertes thermiques externes* (défaut d'isolation de la chaudière), qui dépendent de la température de la chaudière et de la qualité de son isolation thermique.
- Les *pertes thermiques internes* (refroidissement interne de la chaudière à l'arrêt), qui dépendent de la température de la chaudière et de son étanchéité à l'air lorsque le brûleur est à l'arrêt.

Ces déperditions varient dans le temps, car elles dépendent de l'état de fonctionnement du brûleur, qui fonctionne généralement en alternance, pour adapter la puissance de la chaudière aux besoins. La chaudière est normalement dimensionnée pour fonctionner à plein pendant les plus grands froids, qui ne durent que quelques jours chaque année. Pendant le reste de la saison de chauffage, un thermostat enclenche le brûleur lorsque l'eau dans la chaudière n'est plus assez chaude, et le déclenche à la température maximale désirée. Le brûleur fonctionne alors à temps partiel (fig. 5.67).

On trouve néanmoins sur le marché des brûleurs modulants, dont la puissance peut varier dans certaines limites, généralement entre 30 et 100 % de la puissance nominale.

Le ***taux de charge*** est le rapport de durée pendant laquelle le brûleur fonctionne, à la durée de service, ou durée pendant laquelle la chaudière est à sa température de

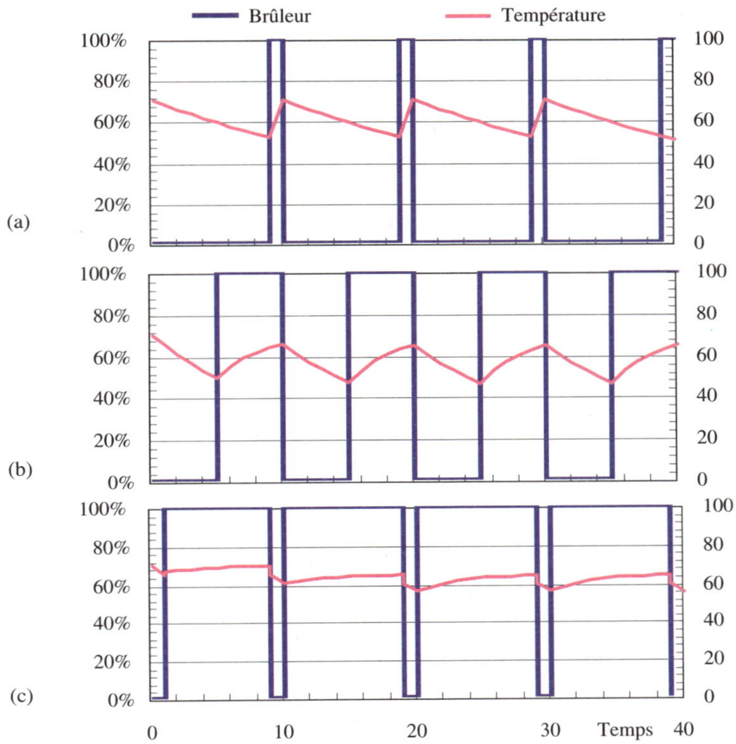

Fig. 5.67 Temps de fonctionnement du brûleur et évolution de la température pour trois puissances moyennes: (a) 10% de la puissance nominale; (b) 50% de la puissance nominale; (c) 90% de la puissance nominale.

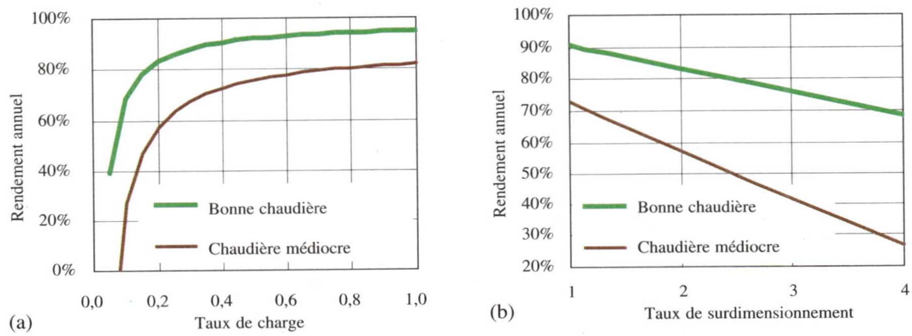

Fig. 5.68 Rendement annuel en fonction du taux de charge (a) et du rapport de surdimensionnement (b).

service. Ce taux de charge devrait être d'au moins 25%. Il est de plus de 40% pour les chaudières correctement dimensionnées ne servant qu'au chauffage des bâtiments (donc seulement 200 jours par an).

Le rendement annuel de la chaufferie dépend dès lors non seulement du ***rendement de chaudière***, qui est défini à pleine charge, mais aussi du taux de charge, comme le montre la figure 5.68. Ce rendement global annuel diminue fortement avec le taux de charge, parce que les pertes de la chaudière sont presque indépendantes de ce taux, alors que la chaleur utile fournie diminue. Une chaudière deux fois trop grosse aura, grosso modo, deux fois plus de pertes, alors que la chaleur fournie n'excédera jamais les besoins, donc n'augmentera pas.

On a donc intérêt à dimensionner au plus juste la puissance de la chaudière pour obtenir le taux de charge le plus élevé possible tout en garantissant la puissance nécessaire au chauffage par les plus grands froids. D'autre part, toute amélioration thermique importante du bâtiment diminue le taux de charge de la chaudière existante, au point qu'il peut être très rentable de changer celle-ci pour une plus petite, qui travaillera à un taux de charge plus favorable.

5.12.3 Pompes à chaleur

La chaleur s'écoule naturellement d'un endroit chaud à un endroit froid. Toutefois, n'importe quel milieu qui n'est pas au zéro absolu (–273°C) contient de la chaleur: les molécules constituant ce milieu sont plus ou moins agitées. De même qu'une pompe à eau sert à remonter de l'eau, une pompe à chaleur (PAC) permet d'utiliser de l'énergie mécanique (pompes à compresseur) ou thermique (pompes à adsorption) pour soutirer de la chaleur à une source froide, dont la température est inférieure à la température nécessaire pour que cette chaleur soit utile, de la valoriser en élevant sa température et de la fournir à l'utilisateur. On utilise ainsi moins d'énergie finale pour obtenir l'énergie utile souhaitée.

En principe, (fig. 5.69) la PAC comporte un compresseur (mécanique ou à adsorption) qui comprime un gaz. Ce gaz comprimé s'échauffe et cède sa chaleur dans un échangeur appelé généralement condenseur. En effet, pour des raisons techniques, le gaz adopté condense en liquide dans cet endroit, qui présente une température T_c supérieure à la température d'utilisation T_u. Le liquide tiède est alors détendu dans une vanne (ou un capillaire) de détente et peut être évaporé à une température T_e inférieure à la température T_f de la source froide.

Pour le fonctionnement du système en pompe à chaleur, $T_c > T_u > T_e > T_f$. La chaleur nécessaire à l'évaporation est prise à la source froide dans l'échangeur de chaleur appelé évaporateur.

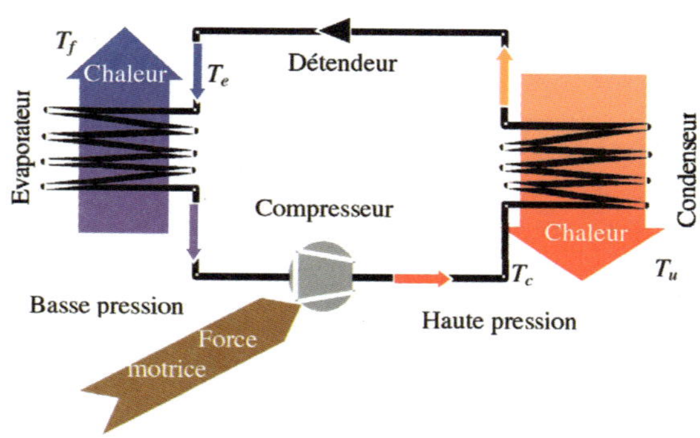

Fig. 5.69 Pompe à chaleur.

Le ***coefficient de performance*** (*COP*) de la PAC seule est défini par:

$$COP = \frac{\text{Chaleur utile}}{\text{Energie motrice fournie}} \tag{5.29}$$

Ce *COP* est relié au ***rendement de Carnot*** par:

$$COP = \frac{\eta_{PAC}}{\eta_{Carnot}} = \eta_{PAC} \frac{T_u}{T_u - T_f} \tag{5.30}$$

où η_{PAC} est le rendement technique de la PAC, qui est de l'ordre de 30% à 55%. Dans l'équation (5.30), illustrée à la figure 5.70, les températures sont les températures absolues, données sur l'échelle de Kelvin.

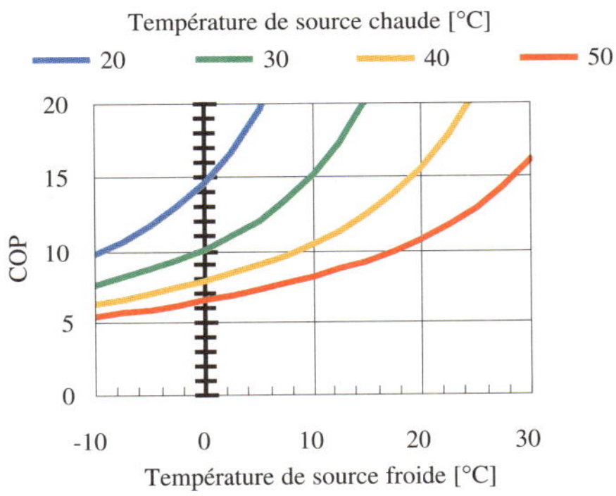

Fig. 5.70 Coefficient de performance maximal des pompes à chaleur selon Carnot.

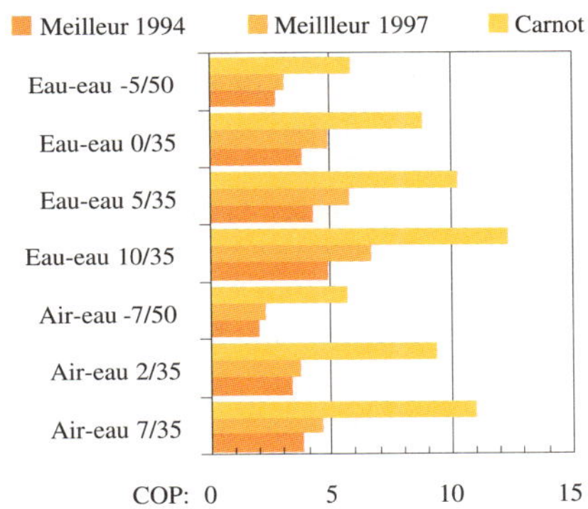

Fig. 5.71 Meilleurs *COPs* mesurés en laboratoire en 1994 et 1997.

En pratique, le *COP* se situe entre 2 et 5 pour les installations de chauffage (fig. 5.71). L'équation (5.30) montre que la puissance utile fournie par la PAC dépend directement de la différence de température $T_u - T_f$ entre le côté chaud et le côté froid: plus cette différence est faible, plus le *COP* est élevé. En pratique, la température utile pour le chauffage est limitée à 50°C, et les sources froides à plus de 10°C sont rares. A ces températures, le *COP* maximal serait de:

$$COP = \eta_{PAC} \frac{T_u}{T_u - T_f} = 0{,}6 \frac{50 + 273}{50 - 10} = 4{,}9 \tag{5.31}$$

Les fabricants donnent généralement une table des coefficients de performance de leurs modèles en fonction des températures au condenseur, T_c, supérieure à T_u et à l'évaporateur, T_e, inférieure à T_f. Toute chute de température aux échangeurs entraînera donc un *COP* effectif (selon la formule (5.30)) inférieur à celui annoncé en catalogue.

Toute installation comporte, en plus de la PAC proprement dite, diverses unités auxiliaires telles que le boîtier de régulation, des pompes ou des ventilateurs pour amener la chaleur à l'évaporateur et l'extraire du condenseur, etc. Ce qui intéresse le consommateur est le coefficient de performance de l'installation complète (IPAC), en moyenne pendant une année. Il est défini par:

$$COPM = \frac{\text{Chaleur utile obtenue}}{\text{Energie motrice totale fournie à l'IPAC}} \quad (5.32)$$

Le *COPM* est toujours inférieur au *COP* de la pompe à chaleur. On a même vu des installations où il était inférieur à 1 !

Diverses sources de chaleur sont utilisables pour une installation. Le choix de la source dépend essentiellement des circonstances locales (disponibilité) et des restrictions légales imposées pour certaines sources. On peut utiliser:

- des chaleurs de rejet industrielles,
- un cours d'eau ou un lac,
- une nappe phréatique,
- le sol,
- des capteurs solaires,
- l'air vicié évacué du bâtiment,
- l'air ambiant extérieur.

Toutes ces sources présentent généralement une température qui varie au cours du temps, ce qui entraîne d'une part une variation du *COP* et d'autre part d'éventuelles périodes de non-fonctionnement de la PAC. En effet, si la source est trop froide, le *COP* peut être inférieur à 1. L'exemple typique est l'air extérieur qui peut présenter des conditions de givrage à l'évaporateur. L'énergie nécessaire pour dégivrer cet échangeur peut être plus grande que celle fournie par la PAC.

Pour éviter cet inconvénient, on installe parfois des systèmes dits bivalents où une chaudière classique prend le relais de la PAC lorsque les conditions d'utilisation de celle-ci deviennent mauvaises.

L'entraînement des PAC à compresseur mécanique peut se faire soit par un moteur électrique, soit par un moteur à combustion à gaz ou diesel où on récupère la chaleur de refroidissement du moteur. Dans de telles pompes, l'utilisation du combustible est nettement meilleure que dans un brûleur, comme le montre la figure 5.72, qui présente les flux d'énergie autour d'une PAC entraînée par un moteur à combustion (gaz ou diesel).

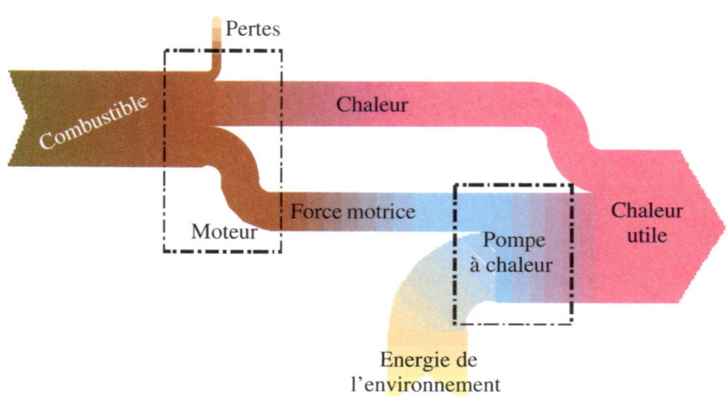

Fig. 5.72 Flux d'énergie autour d'une PAC entraînée par un moteur à combustion.

Une PAC entraînée par un moteur électrique est certes plus efficace que le chauffage électrique direct, mais ne peut, en pratique, que récupérer les déperditions liées à la production d'électricité (fig. 5.73). En prenant le cas de l'Europe, où le rendement global de production d'électricité est de 33 %, il faut un COPM d'au moins 3 pour que l'efficacité globale soit supérieure à 1.

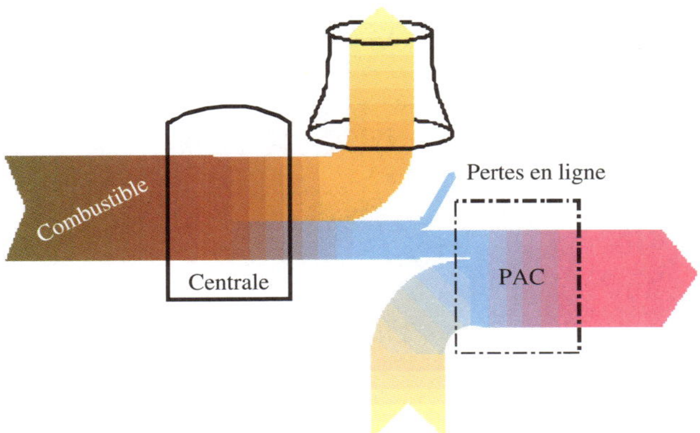

Fig. 5.73 Flux d'énergie autour d'une PAC entraînée par un moteur électrique.

5.12.4 Cogénération

Les combustibles tels que le gaz et le mazout peuvent aussi faire tourner des moteurs couplés à une génératrice ou faire fonctionner des piles à combustible, donc produire de l'électricité. Cette forme d'énergie étant plus «noble» que la chaleur, il est préférable, du point de vue du développement durable, de tirer le maximum de ces combustibles. C'est l'objectif de la cogénération: on produit de l'électricité avec une génératrice actionnée par un moteur diesel ou une pile à combustible, et l'eau de refroidissement de ces appareils est utilisée pour le chauffage.

En 2008, cette stratégie n'est appliquée que dans quelques centrales électriques thermiques, des usines d'incinération de déchets et quelques gros centres de chauffage. L'avènement des piles à combustibles à gaz – voire à mazout – pourrait permettre de généraliser cette technique à toutes les installations de chauffage, ce qui augmenterait la production d'électricité en hiver sans construire de nouvelles grosses centrales.

5.12.5 Installations héliothermiques

L'énergie solaire était la seule source d'énergie dans le passé (hydraulique, vent, bois, énergie animale). Son utilisation industrielle, qui date de plus d'un siècle (fig. 5.74), profite depuis plus de 20 ans d'énormes progrès technologiques qui permettent d'en améliorer le rendement et d'en diminuer le coût.

Actuellement, le chauffe-eau solaire, le chauffage solaire passif et le chauffage des piscines sont économiquement compétitifs s'ils sont bien conçus et utilisés. Sur le vaisseau spatial terre, l'énergie solaire sera, tôt ou tard, la seule source d'énergie à disposition.

Fig. 5.74 Bain solaire, 1890.

Schéma de principe d'une installation solaire

Une installation solaire se présente pratiquement toujours selon la figure 5.75.

Les capteurs transforment le rayonnement solaire en énergie utilisable (chaleur, électricité, matériau). Les échangeurs éventuels permettent de séparer des circuits ou d'adapter la forme d'énergie aux besoins. L'accumulation sert à adapter l'offre à la demande, l'appoint doit couvrir le manque d'offre éventuel, et la régulation doit gérer le tout de façon que l'installation solaire fournisse le maximum d'énergie utile possible et que les flux d'énergie aillent toujours dans le sens des flèches. Les lignes pointillées montrent les relations des éléments du système avec la régulation.

Les installations héliothermiques ont pour but de fournir de la chaleur à partir du rayonnement solaire.

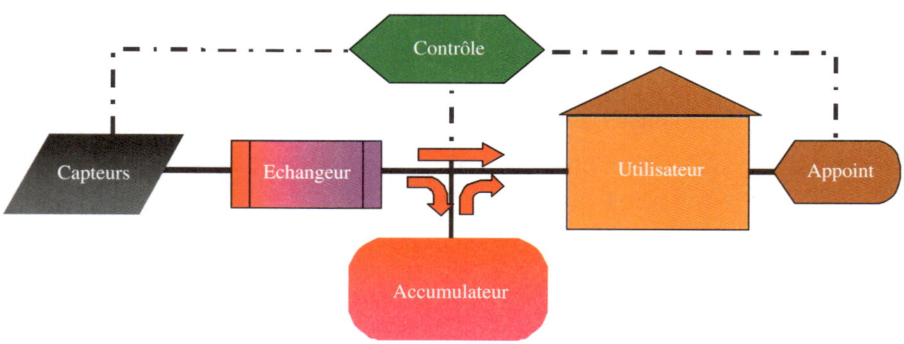

Fig. 5.75 Schéma de principe d'une installation solaire.

Les capteurs héliothermiques

Les capteurs héliothermiques ont pour fonction de transformer, avec le meilleur rendement possible, l'énergie électromagnétique du rayonnement solaire en énergie thermique, à un niveau de température convenable pour l'utilisateur, et à transmettre cette chaleur au fluide caloporteur. Dans ce but, l'énergie solaire est absorbée par un corps, l'***absorbeur***, dans lequel circule le fluide caloporteur.

Ce corps doit donc avoir un bon coefficient d'absorption pour le rayonnement solaire. Il est donc en principe noir à nos yeux et dans le proche infrarouge (en fait dans la bande des 0,4 à 2,5 microns de longueur d'onde). Il est toutefois possible de donner une couleur aux capteurs solaire sans trop perdre de rendement en réfléchissant une petite partie du rayonnement solaires dans une bande de longueur d'onde étroite. L'absorbeur doit aussi avoir un bon contact thermique avec le fluide caloporteur, et résister à la corrosion aussi bien du fluide caloporteur que de l'atmosphère ambiante.

Autour de l'absorbeur, divers dispositifs sont placés pour diminuer les pertes de chaleur qui ne seraient pas transmises au fluide et pour augmenter le niveau de température.

On peut distinguer plusieurs grandes catégories de capteurs solaires:

- *Selon le fluide caloporteur:* les capteurs à eau, à air, à huile, à ébullition.
- *Suivant la géométrie du capteur:* les capteurs plans ou à concentration. Les capteurs à concentration permettent d'obtenir de hautes températures mais ne captent que le rayonnement solaire direct (fig. 5.76). Les capteurs plans atteignent des températures moyennes mais captent la totalité du flux solaire (fig. 5.77).

Les critères présidant au choix d'un capteur peuvent être les suivants:

- Le niveau de température souhaité peut-il être fourni par le capteur dans de bonnes conditions?
- Est-il possible d'intégrer facilement les capteurs sur le site envisagé (sur un toit plat, intégré en toiture, posé sur le sol, etc.)?

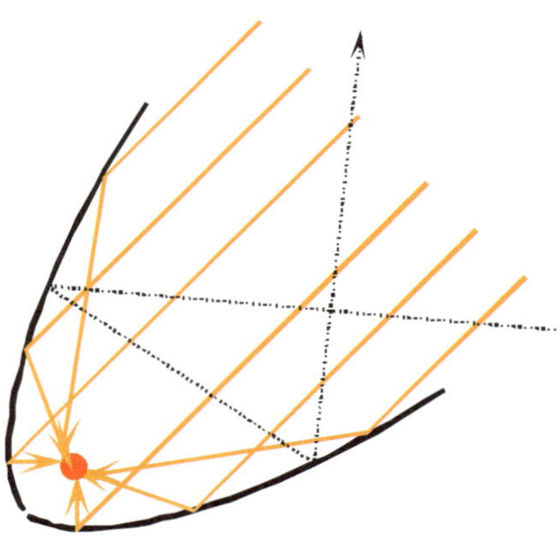

Fig. 5.76 Capteur à concentration.

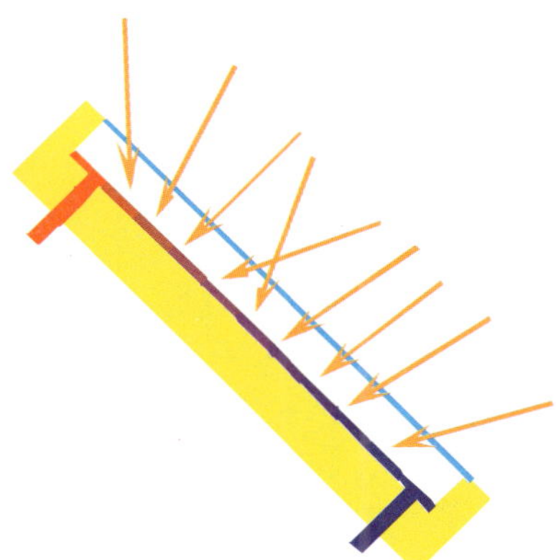

Fig. 5.77 Capteur plan.

- Le capteur a-t-il de bonnes performances, soit un bon coefficient d'absorption global ou coefficient d'échange rayonnement solaire-fluide caloporteur et un faible facteur de pertes à la température envisagée ?
- Les matériaux de l'absorbeur sont-ils compatibles avec le fluide caloporteur ?
- Les matériaux de couverture et du boîtier résisteront-ils à l'environnement prévu ?
- La durée de vie estimée est-elle suffisante ? Quelles sont les garanties ?
- Le prix est-il acceptable ?

D'autres propriétés doivent être connues et examinées au niveau de la conception :
- Le capteur résiste-t-il à la pression prévue dans le circuit solaire ?
- Les pertes de charge du capteur sont-elles compatibles avec la pompe prévue ?
- La capacité thermique du capteur est-elle assez faible ?

Performances des capteurs héliothermiques

Le capteur a pour but de transformer le rayonnement solaire en chaleur et de transmettre cette chaleur au fluide caloporteur.

Les flux d'énergie présents dans un capteur sont représentés à la figure 5.78. Le flux d'énergie solaire (Φ_s) est en partie réfléchi par la couverture transparente et en partie réfléchi par la surface absorbante (Φ_r). Le solde est absorbé et transformé en chaleur. Cette chaleur est transmise au fluide caloporteur contenu dans l'absorbeur, qui en perd une partie par l'avant (Φ_p) et par l'arrière (Φ_b). L'énergie absorbée échauffe aussi le capteur. Si sa capacité thermique est grande, il faudra plus de temps pour l'échauffer, donc l'installation fonctionnera plus tard après l'apparition du soleil que si la capacité est petite. De plus, la quantité de chaleur contenue dans le capteur lorsque l'installation solaire s'arrête est perdue. Pour améliorer leurs performances, pratiquement tous les capteurs héliothermiques ont une faible inertie.

Le rapport entre le flux solaire transformé en chaleur par l'absorbeur et le flux solaire incident est le ***coefficient d'absorption*** η_0 du capteur ou ***rendement optique***.

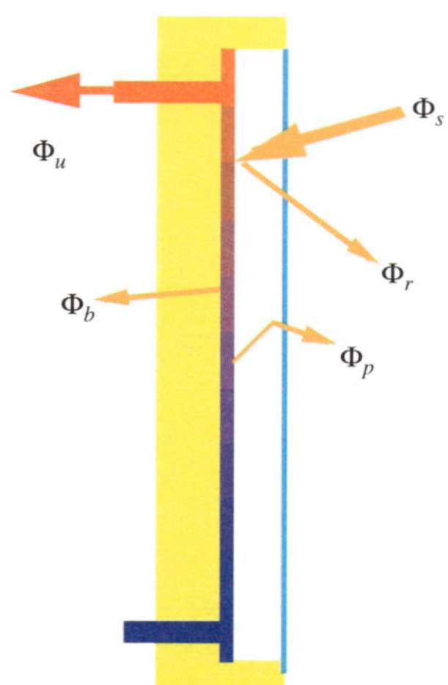

Fig. 5.78 Les flux d'énergie dans un capteur plan.

Les pertes thermiques $\Phi_p + \Phi_b$ sont inévitables, mais on peut en diminuer l'importance en prenant une ou plusieurs des mesures suivantes:

- faire fonctionner le capteur à la température la plus basse possible;
- diminuer la surface de l'absorbeur par rapport à la surface de captage (capteurs à concentration);
- isoler avec un matériau convenable la face arrière et les côtés de l'absorbeur;
- diminuer les pertes au travers de la couverture en doublant celle-ci ou en utilisant un revêtement sélectif sur l'absorbeur et/ou la couverture;
- faire le vide d'air autour de l'absorbeur (capteurs à vide).

En première approximation, on peut décrire la puissance transmise au fluide caloporteur par mètre carré de surface utile de captage par:

$$q = \eta_0\, q_s - U(\theta_c - \theta_e) \qquad (5.33)$$

où:

η_0 est le coefficient effectif d'absorption du capteur, c'est-à-dire la part du rayonnement solaire effectivement transformée en chaleur dans le fluide caloporteur. C'est aussi le rendement maximal du capteur, lorsqu'il est à température ambiante.

U est le facteur de pertes, qui augmente légèrement avec la température moyenne du capteur θ_c.

θ_e est la température de l'air extérieur.

q_s est l'intensité du flux solaire incident [W/m²].

En divisant l'équation (5.33) par la densité de flux du rayonnement solaire q_s, on obtient l'équation donnant le rendement du capteur:

$$\eta = \eta_0 - U\,x$$

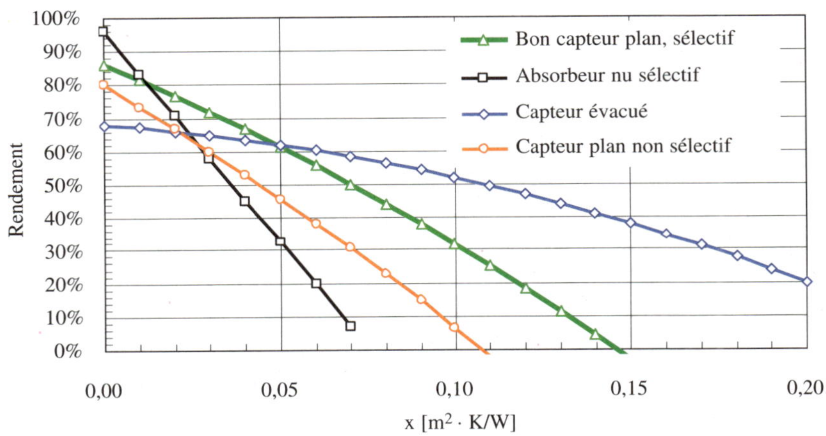

Fig. 5.79 Courbe de rendement de quelques capteurs.

où

$$x = \frac{\theta_c - \theta_e}{q_s} \tag{5.34}$$

est une variable météorologique si l'on admet que la température du capteur est constante.

La figure 5.79 présente les courbes de rendement de quelques capteurs. On notera en particulier que:

- Le rendement diminue avec x, donc avec la température du capteur. On a intérêt à faire fonctionner les capteurs solaires à la plus basse température possible, compatible avec l'utilisation de la chaleur. Par exemple, il est plus rentable de chauffer l'eau chaude pour des douches à 40°C que de la chauffer à 100°C pour la mélanger ensuite avec de l'eau froide.
- A basse température, l'absorbeur nu sélectif a un meilleur rendement que les autres capteurs, alors qu'à très haute température, seul le capteur évacué a un rendement acceptable. Sachant que le prix des capteurs augmente avec leur complexité (l'absorbeur nu est le meilleur marché, vient ensuite le capteur plan, puis le capteur évacué), il est important d'adapter le capteur à l'utilisation prévue: absorbeurs nus pour le chauffage des piscines ou de l'eau chaude, capteur plan pour l'eau chaude sanitaire et l'eau industrielle à température moyenne, et capteur évacué ou à concentration pour les hautes températures.
- Le rendement est nul pour une valeur de x donnée. Si la densité de flux du rayonnement solaire q_s est maximale, à savoir environ 1000 W/m^2, cette valeur de x indique la température maximale dans le capteur, donc la température que toute l'installation doit supporter. Pour l'absorbeur nu, c'est 80°C au-dessus de la température ambiante, donc le risque d'ébullition est faible. Un bon capteur sélectif peut atteindre 160°C au-dessus de l'ambiante! A cette température, il faut une pression de 6 bars pour empêcher l'eau de bouillir.

Chauffe-eau solaire

Le chauffe-eau solaire est le système actif à conversion directe du rayonnement solaire en chaleur utile le plus répandu au monde. Il a maintenant fait les preuves de sa rentabilité économique et de sa fiabilité, à conditions qu'un certain nombre de règles de dimensionnement et de mise en œuvre décrites dans les ouvrages spécialisés, soient respectées.

Fig. 5.80 Toitures solaires, où l'absorbeur solaire nu assure aussi l'étanchéité à la pluie (photos Energie Solaire SA).

Dans sa conception la plus simple, le chauffe-eau solaire schématisé à la figure 5.81 comprend:

- Le capteur solaire, qui transforme le rayonnement solaire en chaleur.
- Le stock ou accumulateur de chaleur. Les besoins en eau chaude peuvent aussi bien se présenter lorsqu'il y a du soleil que lorsqu'il n'y a en a pas (de nuit, ou par temps couvert). Un accumulateur de chaleur sous forme de réservoir d'eau chaude est donc nécessaire. Il joue un rôle de tampon, permettant d'adapter les apports d'énergie par le soleil aux besoins en eau chaude de l'utilisateur.
- Le circuit de transfert de la chaleur: deux conduites principales relient le capteur au stock thermique. Une pompe fait circuler le fluide caloporteur, un mélange d'eau et d'antigel permettant de passer l'hiver sans risque de dégâts. Le transfert de chaleur au stock se fait par l'intermédiaire d'un échangeur de chaleur, par exemple un serpentin hélicoïdal.
- Un corps de chauffe auxiliaire (résistance électrique, échangeur de chaleur couplé à une chaudière) installé dans la partie supérieure de l'accumulateur, permet de suppléer à un trop faible ensoleillement ou de satisfaire une forte demande occasionnelle en chaleur.
- Le module de régulation électronique qui n'enclenche la pompe de circulation que lorsque le capteur est à température plus élevée que l'eau contenue dans la partie inférieure du stock.

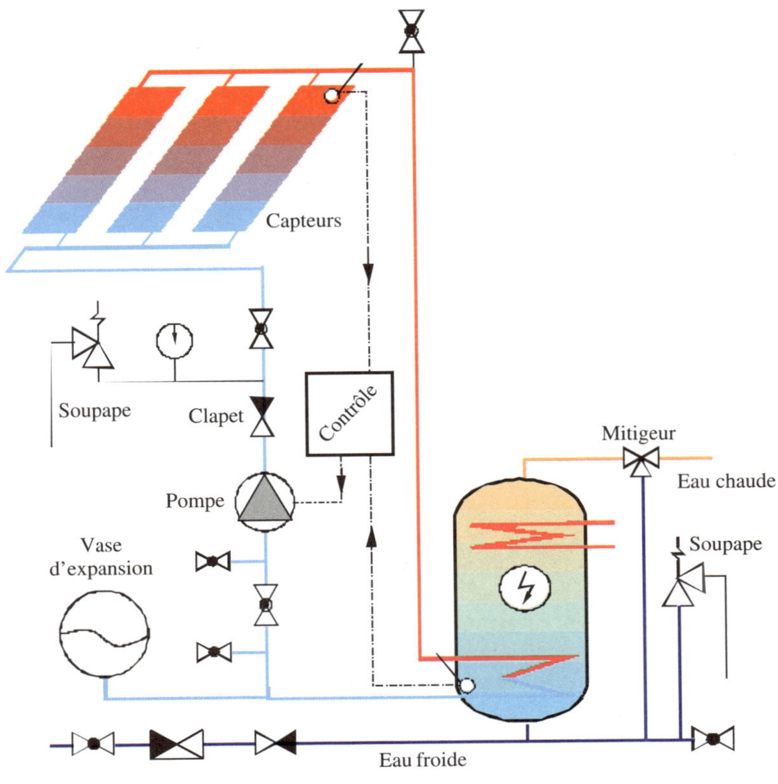

Fig. 5.81 Schéma de principe d'un chauffe-eau solaire de conception simple.

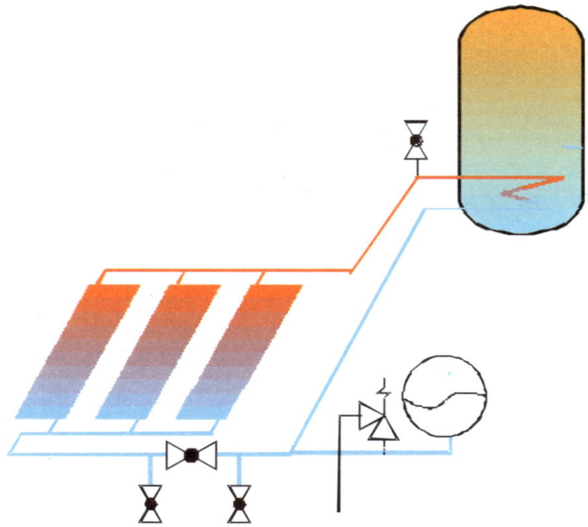

Fig. 5.82 Chauffe-eau solaire à thermosiphon. La distance minimale entre le haut des capteurs et le bas de l'accumulateur est comprise entre 30 et 80 cm.

Lorsque le stock peut être placé au-dessus du niveau des capteurs, il est possible de se passer de la pompe de circulation et de la régulation, à condition que la longueur des conduites aller et retour n'excède pas quelques mètres (fig. 5.82). Par temps ensoleillé, le liquide caloporteur se met à circuler sous l'effet de sa différence de densité entre la partie chaude du circuit (le capteur) et la partie plus froide. On parle alors de chauffe-eau à ***thermosiphon***.

De nombreuses variantes de ces deux types fondamentaux de chauffe-eau solaires sont envisageables.

Chauffage de piscines

Le chauffage de piscines en plein air est l'une des applications adéquates de l'énergie solaire: l'offre coïncide avec la demande. Le bassin tient aussi le rôle de capteur passif d'énergie solaire et d'accumulateur de chaleur.

De plus, point n'est besoin de haute température pour tempérer l'eau d'une piscine entre 20 et 25°C. Il suffit que les capteurs fournissent de l'eau à température à peine supérieure à 30°C, ce qui permet des rendements excellents avec des capteurs tout à fait ordinaires.

Une piscine chauffée à l'énergie solaire et couverte la nuit pour diminuer les pertes par évaporation peut totalement se passer de chauffage complémentaire au mazout ou à l'électricité.

L'eau de la piscine peut directement circuler dans les capteurs si ceux-ci sont en matière plastique. Avec des capteurs métalliques, il faut prévoir un échangeur de chaleur séparant le circuit d'eau chlorée et corrosive de la piscine du circuit d'eau des capteurs. Cet inconvénient est généralement compensé par une plus grande durabilité.

Les besoins des piscines en chaleur dépendent de nombreux facteurs, dont certains sont difficiles à estimer. Le refroidissement par évaporation de l'eau des piscines en plein air représente une part importante des déperditions totales (environ les 3/4,

Fig. 5.83 Toiture solaire pour le chauffage d'une piscine (photo Energie Solaire SA).

pour les piscines sans couverture). Ces pertes par évaporation dépendent non seulement des températures de l'eau et de l'air, mais aussi de l'humidité de l'air et surtout de la vitesse du vent local, généralement très mal connue.

Il n'en reste pas moins qu'une couverture transparente flottante, que l'on n'ouvre que pour la baignade, reste le moyen le plus efficace, le plus pratique et le meilleur marché d'augmenter la température des piscines privées.

Chauffage de locaux

Dans une bonne partie de l'Europe, l'ensoleillement est beaucoup plus faible en hiver qu'en été, notamment à cause du brouillard. De ce fait, le chauffage de locaux à l'aide de capteurs solaires ne se justifie économiquement que si les capteurs sont utilisés aussi en été d'une manière ou d'une autre. C'est le cas en particulier des installations combinées de la figure 5.84 et dans les types d'installations suivantes.

Fig. 5.84 Toitures solaires pour le chauffage de bâtiments et production d'eau chaude. A gauche, villa à Savièze (VS), à droite, ferme à Apples (VD) (photos Energie Solaire SA).

Couplage avec un chauffage de piscine

La surface de capteurs relativement importante chauffant une piscine l'été peut être utilisée l'hiver pour contribuer au chauffage de locaux ou à la préparation d'eau chaude (fig. 5.85).

Dans ce cas, les capteurs doivent présenter de bonnes performances (absorbeurs sélectifs, vitrage et isolation). Les absorbeurs sans couverture ne seront utilisables qu'avec une pompe à chaleur.

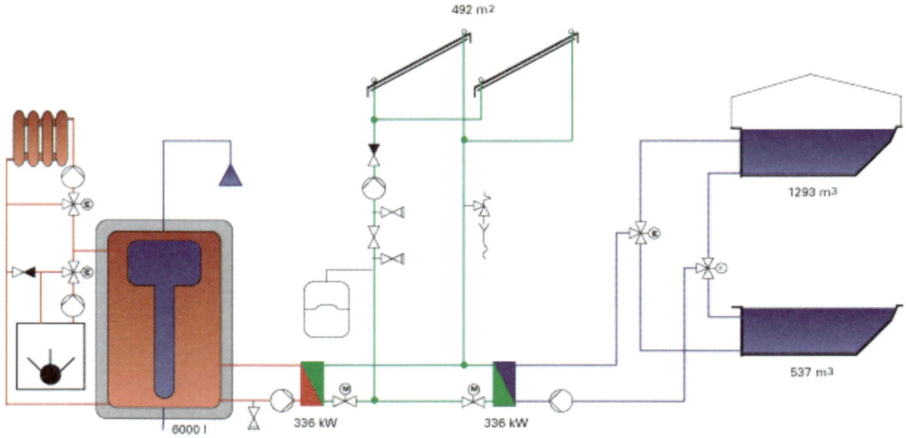

Fig. 5.85 Schéma d'une installation solaire chauffant piscines, douches et bâtiment (ESSA).

Stockage saisonnier

La chaleur solaire captée en été est accumulée dans un stock de grandes dimensions pour être restituée en hiver. Ce type d'installation est économiquement justifiable si sa dimension est importante (grands bâtiments ou bâtiments groupés). Plusieurs installations de ce type existent déjà (Evard, Fehr *et al.* 1988). En climat tempéré, le stockage saisonnier est la seule solution utilisable pour couvrir une grande partie (voire la totalité) des besoins en chaleur par l'énergie solaire.

5.12.6 Géothermie

On englobe abusivement, sous le terme *géothermie*, deux manières d'utiliser le sous-sol pour obtenir de la chaleur: d'une part la réelle géothermie, qui exploite la chaleur provenant du sous-sol, et d'autre part la possibilité d'utiliser le sous-sol comme accumulateur de chaleur. Il convient toutefois de distinguer nettement ces deux procédés, car les installations et les possibilités sont nettement différentes.

Chaleur de la terre

Le flux de chaleur provenant du sous-sol résulte principalement de la fission d'isotopes radioactifs présents dans le noyau, le manteau, et l'écorce terrestre. Ce flux de chaleur est généralement très diffus (1 W/m^2), mais peut être nettement plus élevé à certains endroits privilégiés (Islande, source thermales, régions volcaniques) où il peut alors être exploité. A part dans ces régions, ce type d'exploitation est inutilisable pour les bâtiments.

Stockage de chaleur souterrain

La chaleur est extraite du sol par un réseau de tubes dans lequel circule un fluide caloporteur (par exemple de l'eau glycolée) qui apporte cette chaleur à une pompe à chaleur. Le sol est ainsi refroidi, voire gelé pendant la saison de chauffage. Il doit être réchauffé avant la saison suivante.

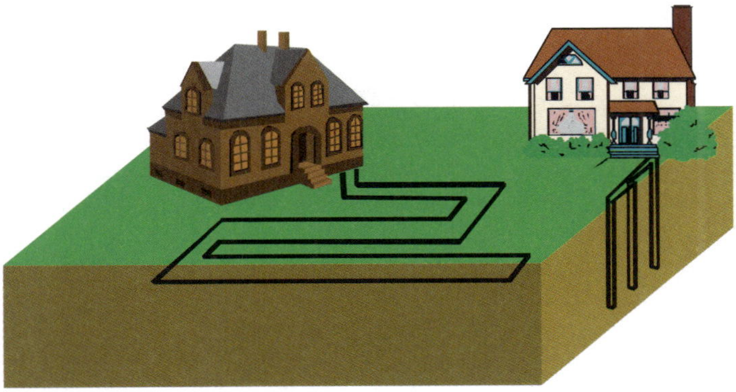

Fig. 5.86 Deux modes de stockage souterrain: à gauche, réseau superficiel, à droite: sondes verticales.

Deux méthodes sont utilisées (fig. 5.86): si le réseau de tubes est une nappe horizontale à faible profondeur (environ 1 m), le terrain peut être réchauffé naturellement pendant l'été. La surface totale du réseau doit être dimensionnée en fonction de la quantité de chaleur utilisée: on peut récupérer 30 à 50 MJ par mètre carré de terrain. Pour chauffer un bâtiment à très basse consommation, il faut donc 3 mètres carrés de terrain par mètre carré de plancher chauffé. Si le bâtiment est juste conforme à la norme SIA 380/1, il faut compter le double.

Une autre méthode consiste à utiliser le terrain comme masse de stockage de chaleur. Dans ce cas, on fore de nombreux puits distants de quelques mètres l'un de l'autre. Dans chacun d'eux on introduit un tube plié en épingle, que l'on enrobe de sable ou de limon. Ces tubes sont connectés entre eux de manière à pouvoir y faire circuler le fluide qui apportera puis puisera la chaleur dans le terrain. On peut accumuler environ 2 MJ par mètre cube de terrain en l'échauffant de 1 degré. Ainsi, en comptant sur une variation de température de 20 K, on pourrait accumuler 40 MJ/m^3. La profondeur des puits et leur arrangement sont tels que le volume chauffé représente approximativement une sphère, de manière à minimiser les déperditions. On placera autant que possible une bonne isolation (plus de 20 cm d'épaisseur) en surface. L'écartement des puits, donc leur nombre, dépend de la puissance de crête que l'on désire introduire ou extraire de l'accumulateur.

Les déperditions sont proportionnelles à la surface extérieure du stock, donc au carré de son diamètre, alors que la capacité est proportionnelle au volume, donc au cube du diamètre. D'autre part, la constante de temps de l'accumulateur (en secondes ou heures), à savoir le temps qu'il met à se refroidir par ses propres pertes, est le rapport de la capacité (en Joule, respectivement en kWh) à la puissance des pertes (en W ou kW). Cette constante de temps est proportionnelle au diamètre: plus le stock est grand, plus on pourra accumuler longtemps ou, pour une capacité d'accumulation donnée, moins il y aura de pertes.

5.12.7 Dimensionnement

Principes de dimensionnement

Le dimensionnement d'un composant est toujours un compromis entre plusieurs exigences contradictoires. D'une part le coût, qui pousse au sous-dimensionnement, et d'autre part les exigences que le composant doit remplir, qui peuvent pousser à un surdimensionnement.

Un préliminaire à tout dimensionnement est donc la définition des exigences à remplir. Une dimension correcte du composant sera celle qui permet de remplir ces exigences à moindre coût global. Nous entendons par coût global le coût total à supporter par le propriétaire, voire par la société, qui inclut non seulement les coûts de fabrication, de transport et de montage, mais aussi les coûts d'exploitation.

Lorsque les exigences ou les performances du composant varient dans le temps, il faut aussi définir quand le composant remplira les exigences, ce qui aura une influence directe et souvent importante sur sa dimension (fig. 5.87):

- *Dimensionnement minimal*: le composant remplit les exigences minimales. Il fonctionnera toujours à plein rendement, mais satisfait rarement toutes les exigences.
- *Dimensionnement moyen*: le composant remplit les exigences en moyenne. Pendant une partie du temps, le composant est surdimensionné et fonctionnera à allure réduite ou intermittente, et pendant l'autre partie il fonctionnera à plein régime sans assurer la totalité des exigences.

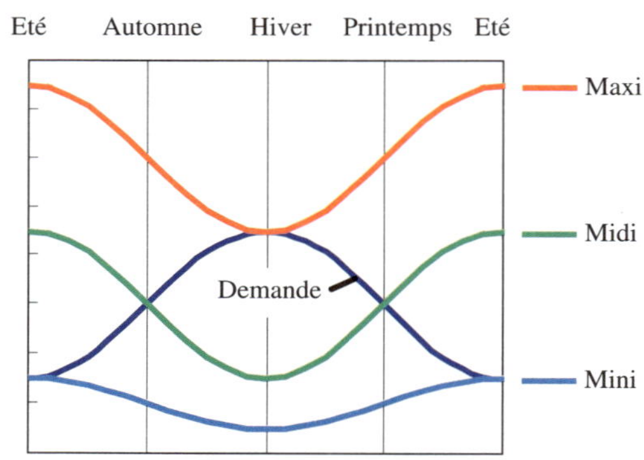

Fig. 5.87 Options de dimensionnement en cas de besoins et/ou de production variable dans le temps: Mini: l'installation remplit les exigences minimales. Midi: l'installation remplit les exigences en moyenne. Maxi: l'installation remplit toujours les exigences.

Dans les deux cas ci-dessus on doit soit réduire les exigences, soit ajouter un composant auxiliaire qui assure le complément. Si on désire que les exigences soient remplies par un seul système, il faut alors lui appliquer un autre dimensionnent:

- *Dimensionnement maximal*: le composant remplit les exigences en toutes circonstances.

En règle générale, il faut éviter un surdimensionnement, qui non seulement augmente inutilement le coût, mais souvent aussi diminue le rendement du système. Une marge de sécurité n'est pas un surdimensionnement, elle peut faire partie des exigences.

Un ***diagramme de fréquences cumulées*** d'une performance requise ou d'une condition climatique peut grandement aider au dimensionnement correct d'une installation. Un tel diagramme représente le temps (ou la portion de temps) pendant lequel une valeur donnée est dépassée.

Par exemple, la figure 5.88 montre la distribution et le diagramme de fréquence cumulée de la température à Lausanne.

On voit sur ce diagramme que la température ne dépasse 26°C que quelques jours (donc que la climatisation n'est pas nécessaire) mais que le chauffage est nécessaire plus de 60% du temps. Un tel diagramme est particulièrement pratique pour optimiser le dimensionnement d'installations «midi». Par exemple, une pompe à chaleur à air installée à Lausanne et dimensionnée pour une source froide de 4°C (pas de givre) pourrait chauffer les locaux 60% du temps (80% du temps au-dessus de 4°C, moins 20% du temps au-dessus de 18°C, chauffage inutile). Pendant 20% du temps, on aurait besoin d'un appoint capable de chauffer lorsqu'il fait – 10°C dehors.

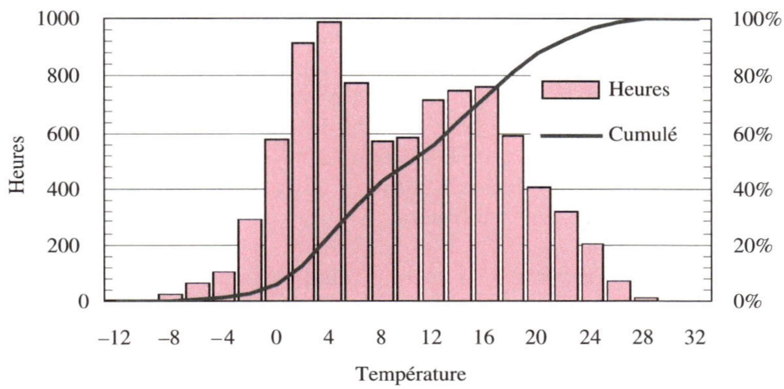

Fig. 5.88 Histogramme de la température extérieure (barres) et diagramme de fréquences cumulées (ligne) de la température extérieure à Lausanne (Suisse).

Dimensionnement des générateurs de chaleur

Un calcul des besoins en chauffage permet de déterminer le coefficient de déperdition H du bâtiment, qui est la puissance à fournir pour maintenir un degré de différence entre l'intérieur et l'extérieur. La puissance Φ à fournir pour compenser les déperditions dans les conditions extrêmes de dimensionnement est donc:

$$\Phi_h = H\left(\theta_i - \theta_{e,\text{dim}}\right) \tag{5.35}$$

où:

H est le coefficient de déperdition, calculé en principe pour les conditions d'hiver (notamment débit d'aération réduit au minimum nécessaire).

θ_i est la température intérieure à assurer.

$\theta_{e,dim}$ est la température extérieure utilisée pour le dimensionnement.

Cette dernière température est souvent donnée dans des normes locales (par ex. SIA 180), mais elle dépend de l'inertie thermique du bâtiment, chiffrée par sa constante de temps (§ 5.8.5). En effet, si le bâtiment ne met que quelques heures à se refroidir, la température de dimensionnement sera la température la plus basse de l'année, en moyenne horaire. Par contre, si le bâtiment a une constante de temps de quelques jours, la température de dimensionnement sera la température la plus basse de l'année en moyenne journalière, voire hebdomadaire. Ces dernières sont certainement plus hautes que la précédente.

Si le système de chauffage assure aussi la fourniture d'eau chaude, il faut tenir compte de la puissance nécessaire à assurer le débit d'eau chaude voulu à la température voulue:

$$\Phi_{ec} = \dot{V}_{ec} \rho c \left(\theta_{ec} - \theta_{ef} \right) \quad (5.36)$$

où:

- $\dot{V}_{ec}$ est le débit d'eau chaude à garantir (en m^3/s) Si le chauffage se fait «en ligne», c'est-à-dire sans accumulation, c'est le débit d'eau chaude maximal pour l'ensemble des robinets d'eau chaude, atténué par un coefficient de non-simultanéité (les robinets ne sont jamais tous ouverts en même temps). S'il y a accumulation, le débit à assurer est le rapport de la capacité de stockage au temps nécessaire pour chauffer le stock.
- ρ_c est la chaleur volumique de l'eau, soit 4,18 $MJ/(m^3 \cdot K)$.
- θ_{ec} est la température de l'eau chaude.
- θ_{ef} est la température de l'eau froide.

La puissance à fournir par le générateur de chaleur sera comprise entre

$$\Phi_c = \Phi_h + \Phi_{ec} + \Phi_d \quad \text{et} \quad \Phi_c = \max(\Phi_{ec} + \Phi_d ; \Phi_h + \Phi_d) \quad (5.37)$$

où Φ_d représente les déperditions de la distribution de chaleur. Dans le premier cas, la puissance Φ_c est suffisante pour assurer la puissance de pointe en même temps pour le chauffage et pour l'eau chaude. Pendant la plupart du temps, cette puissance ne sera pas utilisée en totalité, et le taux de charge restera donc relativement bas. Dans le deuxième cas, le chauffage n'est pas assuré par les grands froids pendant que l'on chauffe l'eau chaude, ou le chauffage de l'eau chaude n'est pas assuré pendant les plus grands froids, mais le taux de charge saisonnier sera plus élevé.

La puissance consommée par ce générateur sera alors

$$\Phi = \frac{\Phi_c}{\eta_c} \text{ pour une chaudière et } \Phi = \frac{\Phi_c}{COP} \text{ pour une pompe à chaleur} \quad (5.38)$$

Dimensionnement d'installations solaires thermiques

Le dimensionnement détaillé des installations solaires thermiques représente un ouvrage en soi, et fait appel à de nombreuses données. Ce type de dimensionnement est grandement facilité par l'usage de logiciels de dimensionnement dynamique tels que POLYSUN[10].

Nous ne donnons ci-dessous que quelques règles indicatives, utiles pour le prédimensionnement et le dimensionnement de petites installations.

Les règles simples et approximatives de *dimensionnement des chauffe-eau* sont les suivantes, pour un dimensionnement «midi».

---

[10] Polysun, 1990, Office Fédéral de l'Energie, 3003 Berne.

La taille du chauffe-eau dépend essentiellement de la consommation journalière d'eau chaude. Pour une consommation journalière de 100 litres, il faut prévoir:

- 1,5 à 2 m^2 de capteur plan avec couverture ou 2 à 3 m^2 de capteur sans couverture,
- un accumulateur de 130 à 160 litres, dont 100 litres au-dessus du corps de chauffe d'appoint, assurant la fourniture en absence de soleil,
- une pompe assurant un débit de 100 litres par heure (env. 2 litres/minute) dans les capteurs solaires,
- un vase d'expansion dont la capacité est égale à celle des capteurs.

On peut déterminer approximativement la consommation journalière si le nombre de consommateurs est connu: compter 50 l/jour de consommation par personne.

Chauffage de piscines: En première approximation, pour les piscines sans couverture, en plein air en climat tempéré, une surface de capteurs solaires représentant entre le quart et le tiers de la surface du bassin permet d'augmenter la température de la piscine de façon significative. Par rapport à une piscine non chauffée, on obtient grâce aux capteurs solaires une élévation moyenne de la température de la piscine de 2 à 3°C, ce qui permet d'en doubler la durée d'utilisation, c'est-à-dire de doubler la durée pendant laquelle la température dépasse 22°C.

Ces méthodes de dimensionnement sont très approximatives. D'autres méthodes plus exactes existent et sont utilisées pour les installations solaires de dimension importante (plus de 20 m^2 de capteurs).

Le ***taux de couverture solaire*** est le rapport de l'énergie solaire utilisée à l'énergie totale consommée pour assurer le service demandé. Un chauffe-eau solaire bien dimensionné, exempt de défauts et auquel on soutire de l'eau chaude toute l'année permet, dans les climats tempérés, un taux de couverture solaire annuel de 50 à 70% se décomposant ainsi:

- 90% ou davantage durant la belle saison,
- 10 à 40% sur l'ensemble de la saison de chauffage, suivant l'ensoleillement local (essentiellement lié à la présence ou non de brouillard).

En réduisant la taille de l'installation solaire (installation «mini», on diminue le taux de couverture, mais on augmente le rendement financier. L'installation fournira moins d'énergie, mais à un coût plus bas. Pour un chauffe-eau, on peut réduire la surface des capteurs avec couverture jusqu'à 0,8 m^2 (1 m^2 sans couverture) pour une consommation journalière de 100 litres.

Il est par contre vivement déconseillé d'appliquer les règles de dimensionnement «maxi» aux installations solaires, qui deviennent alors trop chères et sous-utilisées.

5.13 INSTALLATIONS DE REFROIDISSEMENT ACTIVES

5.13.1 Installation de conditionnement d'air

Le conditionnement de l'air est la méthode active la plus utilisée au monde pour refroidir les bâtiments. La figure 5.89 représente schématiquement une installation de ventilation mécanique avec conditionnement d'air.

L'air neuf pris à l'extérieur entre par la grille d'admission et passe par un filtre grossier. Il est éventuellement mélangé à de l'air extrait (en cas de recirculation), puis

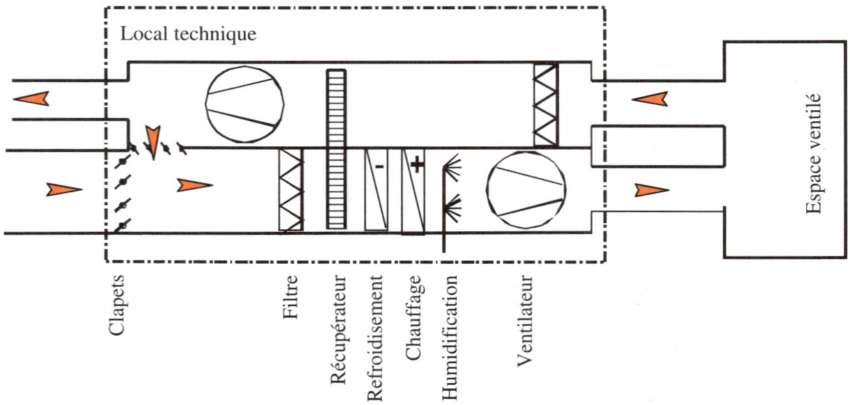

Fig. 5.89 Représentation schématique d'une installation de ventilation mécanique à double flux.

passe par un filtre plus fin. Après avoir passé par un récupérateur de chaleur, où il est soit chauffé, soit refroidi, suivant le climat extérieur, il passe dans des échangeurs de refroidissement et de chauffage, puis par un humidificateur éventuel, et arrive dans le conduit de pulsion pour être distribué dans les espaces ventilés par cette unité. L'air extrait de cet espace passe dans le récupérateur éventuel et est ensuite évacué. Les fonctions des différents éléments de ce type d'installation sont les suivantes:

Ventilateurs: Mouvoir l'air au débit souhaité, en tenant compte des pertes de change dans les conduits et les différents éléments de l'installation. Dans les installations à double flux, les débits de pulsion et d'extraction sont pratiquement égaux, en principe avec un léger excès à la pulsion pour mettre le bâtiment sous légère pression, ce qui évite l'infiltration d'air extérieur par les fuites de l'enveloppe. Suivant les cas, l'installation ne comporte qu'un canal de pulsion, et l'air sort du bâtiment par des fuites ou des ouvertures ad hoc, ou que le canal d'extraction, l'air entrant dans le bâtiment par des fuites ou des ouvertures ad hoc.

Filtres: Diminuent la teneur en poussières dans l'air, en premier lieu pour éviter que cette poussière s'accumule dans l'installation et les conduites, et parfois pour purifier l'air, notamment pour en éliminer les pollens et les microbes.

Clapets: Règlent la répartition des débits d'air, notamment entre les différentes conduites menant aux différentes zones du bâtiment, et le taux de recirculation.

Récupérateur de chaleur: En hiver, puise la chaleur dans l'air extrait pour la céder à l'air pulsé. En été, et dans les bâtiments climatisés, refroidit l'air pulsé en cédant la chaleur à l'air évacué. Certains échangeurs (les échangeurs rotatifs) peuvent aussi transférer l'humidité, donc humidifier l'air en hiver et le sécher partiellement en été.

Batterie de refroidissement: Echangeur de chaleur dont l'intérieur des tubes est parcouru par un débit contrôlé d'eau refroidie. Refroidit l'air et, au besoin, le sèche en le refroidissant au-dessous du point de rosée de l'air extérieur. L'eau condensée s'écoule dans un collecteur, puis dans les égouts.

Batterie de chauffage: Echangeur de chaleur dont l'intérieur des tubes est parcouru par un débit contrôlé d'eau chaude. Réchauffe l'air pour l'amener à la température souhaitée.

Humidification: Augmente l'humidité de l'air, notamment en hiver. L'humidification n'est nécessaire que dans les régions très froides ou pour maintenir une hygrométrie stable pour des raisons techniques (musées, industries sensibles à l'humidité, etc.). En climat tempéré ou chaud, elle est inutile, voire nuisible.

En climat tempéré et froid, le chauffage de l'air est indispensable en hiver. Par contre, le refroidissement n'est pas toujours nécessaire. Dans les bâtiments bien construits et en climat tempéré, il ne sert qu'à évacuer un excès de charge internes (taux d'occupation élevé dans les salles de réunion, charge thermique élevée provenant d'un éclairage intense ou de machines). Suivant l'objectif poursuivi, l'installation de ventilation peut être munie d'un conditionnement d'air ayant une ou plusieurs des fonctions de chauffage, de refroidissement, d'humidification et d'assèchement.

5.13.2 Consommation d'énergie pour les diverses fonctions

Chaleur pour le chauffage de l'air

La figure 5.90 montre, sur un ***diagramme de Carrier***, l'évolution de la température et de la pression de vapeur dans l'air lors du chauffage et de l'humidification en situation d'hiver, partant d'un air à 0°C et 80% d'humidité relative, aboutissant à un air à 20°C et 50% d'humidité relative.

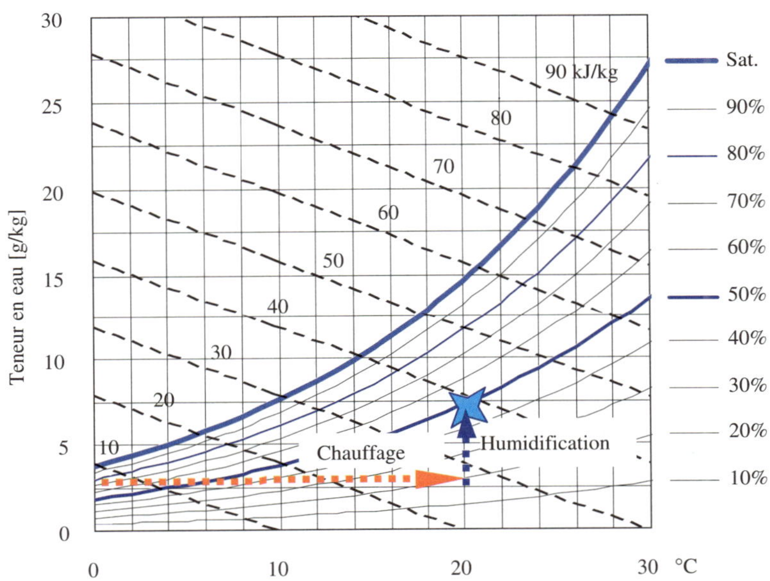

Fig. 5.90 Evolution de la température et de la teneur en eau dans l'air lors du chauffage et de l'humidification. Les lignes obliques donnent l'enthalpie de l'air humide. Ici, l'étoile montre de l'air à 20°C et 50% d'humidité relative, dont l'enthalpie est environ 38 kJ/kg, la référence (0 kJ/kg) étant l'air sec à 0°C.

La quantité d'énergie nécessaire pour faire passer une masse m d'air d'un état (température et teneur en eau) à un autre comprend la chaleur pour chauffer l'air sec, la chaleur pour évaporer l'eau et la chaleur pour chauffer la vapeur:

$$Q_{Vr} = m \{c_a \Delta\theta + (L + c_v \Delta\theta) \Delta x\} \tag{5.39}$$

où:

- c_a est la chaleur spécifique de l'air (1004,5 J/kg · K).
- c_v est la chaleur spécifique de la vapeur d'eau (1858,4 J/kg · K).
- L est la chaleur latente d'évaporation de l'eau (2 500 000 J/kg).
- $\Delta\theta$ est l'augmentation de température.
- Δx est l'augmentation de teneur en eau.

Cette quantité de chaleur totale, qui comprend la chaleur sensible et la chaleur latente, est appelée ***enthalpie***.

Ainsi, pour passer 1 kg d'air de 0°C et 80% d'humidité relative (x = 3 g/kg de vapeur), à 20°C et 50% d'humidité relative (x = 7,5 g/kg), il faut:

$$\begin{aligned} Q_{Vr} &= 1\{1004{,}5\,(20-0) + (2\,500\,000 + 1858{,}4\,(20-0))\,(0{,}0075 - 0{,}003)\} \\ &= 31\,507 \text{ J} \end{aligned} \tag{5.40}$$

dont 11 417 J rien que pour l'humidifier.

Chaleur à extraire pour le refroidissement de l'air

Tant que le point de rosée de l'air à refroidir n'est pas atteint, l'air se refroidit sans s'assécher en valeur absolue. Toutefois, son humidité relative augmentera, car on se rapproche du point de rosée. La quantité de chaleur à extraire de l'air pour le refroidir vaut alors

$$Q_{Vr} = m\ c_a \Delta\theta \tag{5.41}$$

car $\Delta x = 0$ (on ne dessèche pas).

Lorsque le point de rosée est atteint, l'air continue à se refroidir mais la vapeur d'eau en excès condense sur les ailettes de l'échangeur, cédant à celui-ci la chaleur latente de vaporisation. La chaleur cédée à l'échangeur se détermine à l'aide des droites donnant l'enthalpie dans le diagramme de Carrier, ou se calcule à l'aide de l'équation (5.39).

La figure 5.91 montre, sur un diagramme de Carrier, l'évolution de la température et de la teneur en eau dans l'air lors du refroidissement et de l'assèchement effectués dans une installation de climatisation en été, partant d'un air à 30°C et 70% d'humidité relative, et aboutissant à un air à 20°C et 50% d'humidité relative. On notera que pour assécher l'air, il faut le refroidir au point de rosée correspondant à la teneur en eau souhaitée, puis le réchauffer car cette température est en général inférieure à la température de l'air souhaitée.

On notera aussi qu'il est impossible de refroidir un air au-dessous de son point de rosée sans l'assécher.

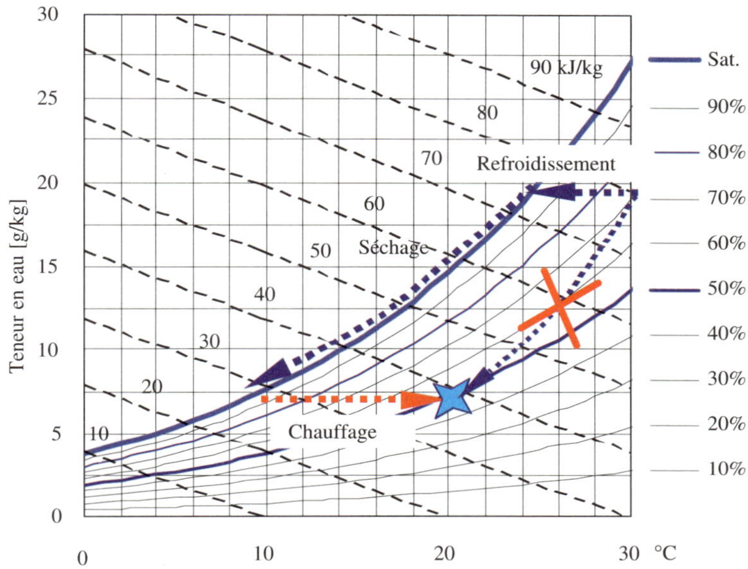

Fig. 5.91 Evolution de la température et de la teneur en eau dans l'air lors du refroidissement de l'air. Le passage direct de l'air chaud et humide à l'air frais et sec n'est pas possible, car pour séparer la vapeur d'eau de l'air il faut la condenser ou l'absorber sur un dessiccatif.

Tableau 5.14 Teneur en eau et enthalpie spécifique pour les 4 points extrêmes caractérisant le conditionnement d'air de la figure 5.91.

Température θ[°C]	Humidité relative HR	Teneur en eau x [g/kg]	Enthalpie spécifique h [J/(kg · K)]	Augmentation d'enthalpie Δh [J/(kg · K)]
30,0	70%	18,8	78 756	
23,9	100%	18,8	71 815	−6941
9,3	100%	7,3	27 571	−44 244
20,0	50%	7,3	38 724	11 153

A la sortie de l'échangeur, l'air se trouve, en principe, au point de rosée de l'air souhaité, donc à 100% d'humidité relative. La quantité d'énergie pour le réchauffer se calculant à l'aide de l'équation (5.41), $\Delta\theta$ étant la différence entre la température souhaitée, θ_i et le point de rosée θ_r. Le tableau 5.14 donne les caractéristiques de l'air aux quatre différents points de la figure 5.91. On voit en dernière colonne qu'il faut retirer plus de 51 kJ pour refroidir et assécher 1 kg d'air, à quoi s'ajoute 11 kJ pour le réchauffer à température confortable.

Transport d'air

La puissance mécanique fournie à l'air par le ventilateur est le produit du débit d'air volumique $\dot{V}$ par la différence de pression Δp entre l'aval et l'amont du ventilateur:

$$\Phi_{\text{mec}} = \dot{V}\,\Delta p \tag{5.42}$$

Cette puissance augmente donc avec le débit et la différence de pression. Pour un circuit d'air donné, cette différence de pression augmente elle-même avec le carré du débit, donc la puissance mécanique à fournir à l'air pour le mouvoir augmente avec le cube du débit !

La consommation spécifique d'électricité pour la ventilation mécanique varie de 0,2 à 2 Wh/m^3 d'air déplacé. Les règles scandinaves recommandent de ne pas dépasser 0,7 Wh/m^3, mais les bonnes installations arrivent à descendre en dessous de 0,3 Wh/m^3. Il faut mentionner que l'énergie mise dans le ventilateur finit tôt ou tard en chaleur dans l'air. 0,33 Wh/m^3 correspond à un échauffement de l'air de 1 degré. Un tel échauffement contrarie le refroidissement de l'air en été.

Consommation d'énergie finale pour l'air conditionné

Le calcul de la consommation d'énergie finale doit prendre en compte, en plus de la chaleur à fournir et à soutirer à l'air, les déperditions des installations de chauffage et de refroidissement, ainsi que les pertes des conduites d'eau glacée et d'eau chaude.

Le rendement de l'installation de chauffage est décrit dans le paragraphe 5.12.2, et la consommation d'énergie primaire pour la production d'eau glacée vaut :

$$Q_p = \frac{Q_{Vr} + Q_{cr}}{COP - 1} \tag{5.43}$$

où :

Q_{Vr} est la chaleur cédée par l'air à l'échangeur de refroidissement.

Q_{cr} est la chaleur cédée aux conduites d'eau glacée, pas forcément parfaitement isolées, par leur environnement.

COP est le coefficient de performance de la machine de refroidissement (§ 5.12.3).

Dans le cas de la figure 5.91, si les conduites d'eau glacée sont parfaitement isolées, une chaufferie avec un rendement de 80% et avec une machine de refroidissement ayant un COP de 3, on obtient

$$Q_p = \frac{44\ 244 + 0}{3 - 1} + \frac{11\ 153}{0{,}8} \cong 36\ 000 \quad \text{[J/kg d'air] ou 8 [Wh/m}^3\text{]} \tag{5.44}$$

Il faut mentionner néanmoins que dans les installations intelligemment conçues, une partie de la chaleur fournie au condenseur de la machine de froid est utilisée pour le réchauffement de l'air, qui devient alors pratiquement gratuit du point de vue énergétique.

La puissance électrique consommée par le ventilateur s'obtient en divisant la puissance utile par le rendement du ventilateur :

$$\Phi_{\text{fan}} = \frac{\Phi_{\text{mec}}}{\eta_{fan}} \tag{5.45}$$

L'énergie consommée est l'intégrale de cette puissance pendant la durée de calcul.

Recirculation

Le débit d'air nécessaire pour transporter de la chaleur au travers d'un bâtiment peut être un multiple du débit nécessaire à assurer une bonne qualité d'air. Par ailleurs, la consommation d'énergie nécessaire à conditionner l'air extérieur est souvent nettement plus grande que celle nécessaire à ajouter ou soustraire de la chaleur à l'air intérieur.

Pour réduire la consommation d'énergie dans les installations de chauffage et de conditionnement d'air, on recircule une partie de l'air intérieur, en le mélangeant à l'air neuf. Le débit d'air neuf doit être dimensionné pour assurer une qualité d'air intérieur acceptable. Il dépend donc de l'intensité des sources de pollution intérieures, à l'exception de la chaleur ou du froid.

Le débit d'air pulsé est dimensionné en fonction des besoins en chaleur ou en froid, et de la différence de température acceptable entre l'air pulsé et l'air extrait (ou l'air intérieur). Le débit d'air extrait est égal, ou légèrement inférieur au débit d'air pulsé.

Le taux de recirculation est la part de l'air extrait qui est mélangée à l'air pulsé.

Dans les installations modernes, on évite la recirculation car celle-ci redistribue les polluants provenant de diverses zones dans tout le bâtiment, donc nuit à une bonne qualité d'air. Pour éviter la recirculation de l'air, il faut diminuer les besoins en froid et en chaleur et éviter de transporter la chaleur avec de l'air (§ 5.13.4).

5.13.3 Récupération de chaleur

Utilité de la récupération de chaleur

L'importance relative de la consommation d'énergie liée à l'aération des bâtiments augmente de plus en plus, en particulier dans les bâtiments de grande taille et les bâtiments à basse consommation d'énergie, dont les déperditions par transmission sont fortement réduites par l'isolation thermique. D'autre part, la ventilation mécanique est de plus en plus utilisée pour assurer un débit d'air contrôlé, suffisant pour assurer une bonne qualité d'air intérieur, mais limité pour éviter le gaspillage d'énergie. Dans ce cas, la récupération de chaleur permet a priori une économie d'énergie importante. On l'obtient à l'aide d'échangeurs (fig. 5.92) qui permet à la chaleur de l'air vicié de passer dans l'air frais.

Fig. 5.92 Echangeur de chaleur à plaques.

Cependant, les installations de ventilation mécanique ne fonctionnent pas toujours comme prévu et présentent parfois des fuites et des courts-circuits (Hanlo 1991; Roulet, Foradini *et al.* 1994; Fischer and Heidt 1997; Heidt, Fischer *et al.* 1998; Roulet, Foradini *et al.* 1999), qui comme nous l'allons montrer, peuvent réduire à néant l'efficacité de la ventilation et le rendement de récupération de chaleur. Dans certains cas, l'énergie nécessaire pour faire fonctionner l'installation dépasse la quantité d'énergie économisée.

Effet des fuites et des courts-circuits

La figure 5.93 représente schématiquement les débits d'air présents dans une unité de traitement d'air avec récupération de chaleur. L'air extérieur entre par la grille d'admission, il est soufflé au travers de l'échangeur de chaleur, où il est soit chauffé, soit refroidi, suivant le climat extérieur. Ensuite, après un chauffage ou refroidissement supplémentaire éventuel, l'air arrive dans le conduit de pulsion, pour être distribué dans les espaces ventilés par cette unité.

Comme l'enveloppe du bâtiment n'est pas parfaitement étanche, l'air pulsé peut être mélangé à de l'air infiltré au travers de l'enveloppe. Une partie de l'air intérieur peut aussi être perdue par exfiltration. L'air extrait traverse l'autre moitié de l'échangeur de chaleur, où il est soit refroidi, soit chauffé. L'air est enfin rendu à l'atmosphère par le conduit d'évacuation.

Lorsque les grilles d'évacuation et d'admission sont proches et mal placées, une partie de l'air évacué peut entrer dans la grille d'admission et se retrouver dans l'air «neuf», ce qui se traduit par un taux de recirculation extérieur. Les fuites éventuelles au travers de l'échangeur de chaleur peuvent induire une recirculation de l'air neuf vers l'air évacué, ou de l'air extrait vers l'air pulsé.

Les méthodes simplifiées utilisées pour calculer les besoins de chaleur des bâtiments (CEN 1999) réduisent les déperditions par ventilation en proportion du ***rendement global de récupération de chaleur***. Ce rendement global concerne le système complet, incluant le bâtiment ventilé et son équipement de ventilation. Cependant, il faut remarquer que l'***efficacité nominale de l'échangeur de chaleur*** est souvent utilisée en lieu et place du rendement global. Cette efficacité est définie pour l'échangeur seul, avec des débits d'air égaux dans les deux canaux de pulsion et d'extraction. Cette confusion conduit à un résultat optimiste si l'enveloppe du bâtiment n'est pas étanche ou lorsqu'il y a recirculation, intentionnelle ou parasite.

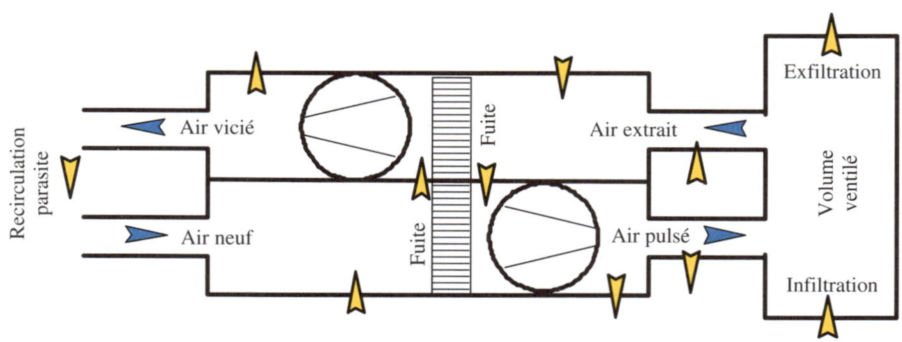

Fig. 5.93 Débits d'air voulus et parasites dans une installation de ventilation mécanique à double flux. Les flèches horizontales montrent les débits recherchés, alors que les flèches verticales montrent des débits parasites.

En effet, la chaleur contenue dans l'air perdu par exfiltration ou passant par un court-circuit du côté chaud de l'échangeur ne peut pas être récupérée. D'autre part, la recirculation parasite réduit la qualité de l'air, et doit donc, en principe, être compensée par un débit d'air pulsé plus élevé.

Le rapport entre le rendement de récupération maximal possible du point de vue théorique et le rendement réel diminue fortement s'il y a exfiltration (enveloppe peu étanche) ou recirculation parasite (courts-circuits dans l'installation de ventilation). Cette réduction est illustrée dans la figure 5.94. Dans cette figure, le rapport d'exfiltration est le rapport du débit d'air perdu par exfiltration au débit total d'air frais entrant dans le bâtiment, que ce soit par infiltration ou par l'installation de ventilation.

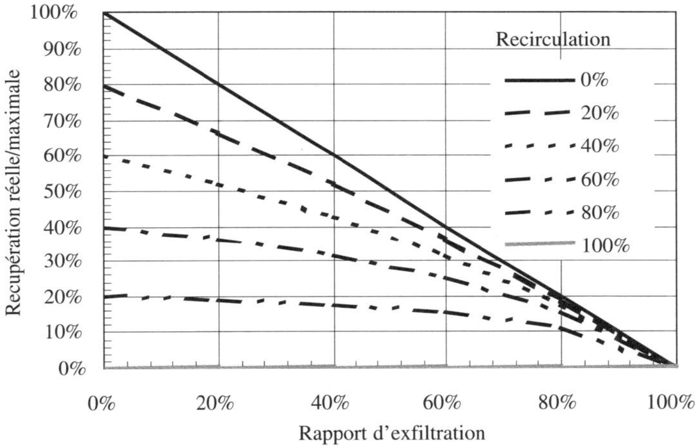

Fig. 5.94 Rapport entre le rendement global réel de récupération et sa valeur théorique maximale, en fonction des taux respectifs de recirculation interne et d'exfiltration (d'après Roulet, Heidt *et al.* 2001).

Le rendement global de récupération n'est égal à l'efficacité nominale de récupération de chaleur qu'en l'absence d'exfiltration et de recirculation interne ou externe. Comme il y a toujours de l'air perdu par exfiltration, ne serait-ce que pendant que la porte est ouverte pour entrer ou sortir du bâtiment, le rendement de récupération global réel est toujours inférieur à l'efficacité nominale de l'échangeur de chaleur.

La recirculation parasite entre les grilles d'évacuation et d'admission, ainsi que l'infiltration, n'ont qu'un effet réduit sur le rendement de récupération de chaleur, mais réduisent la quantité d'air extérieur délivrée par l'installation de ventilation. Ces débits parasites impliquent, en principe, une augmentation de la consommation d'énergie électrique pour les ventilateurs, proportionnelle au cube du débit d'air, pour maintenir le débit d'air neuf à sa valeur de consigne. Ces débits parasites sont toutefois rarement remarqués et le débit d'air n'est pas augmenté en proportion. Il en résulte alors une dégradation de la qualité de l'air intérieur.

Rendements de récupération mesurés

Les débits d'air, la puissance des ventilateurs et le rendement des échangeurs de chaleur ont été mesurés dans 10 grandes unités de traitement d'air (débits d'air pulsé allant de 2000 à 17 000 m^3/h) et dans trois petites unités conçues pour ventiler des chambres en étant montées en paroi (débits de 36 à 90 m^3/h) (Roulet, Heidt *et al.* 2001).

Des fuites d'air importantes ont été observées dans de nombreux bâtiments. Dans trois d'entre eux, l'infiltration représente une part importante de l'air extérieur amené dans le bâtiment, et dans quatre d'entre eux, la majorité de l'air quitte le bâtiment par exfiltration, sans passer par l'échangeur récupérateur de chaleur. Une recirculation interne importante est observée dans les trois petites unités, alors que trois grosses unités souffrent d'une recirculation extérieure dépassant 20 %.

Ces fuites et ces courts-circuits réduisent le rendement de récupération de chaleur de manière significative (fig. 5.95) L'efficacité des échangeurs est comprise entre 30 et 90 % alors que les rendements globaux de récupération varient entre 5 et 70 %. En moyenne, l'efficacité des échangeurs mesurés est de 70 %, mais le rendement global de récupération moyen n'est que de 43 %. Dans le meilleur des cas, une efficacité d'échangeur de 80 % est réduite de 15 %, le rendement de récupération réel étant égal à 69 %. Dans le pire des cas, la récupération est pratiquement nulle.

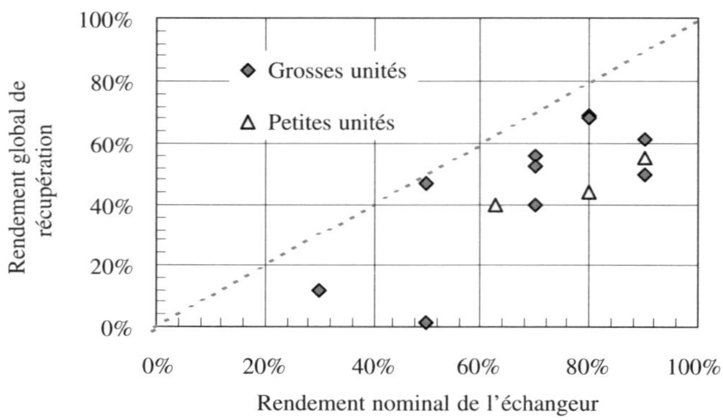

Fig. 5.95 Rendement global réel de récupération et rendement nominal de l'échangeur pour les diverses unités de traitement d'air mesurées.

Coefficient de performance et économie d'énergie nette

Les systèmes de récupération d'énergie récupèrent de la chaleur, mais requièrent de l'énergie électrique pour fonctionner. Il est dès lors intéressant de comparer la chaleur récupérée à l'énergie électrique consommée, comme on le fait pour une pompe à chaleur. Le coefficient de performance, ou *COP*, est le rapport de la chaleur totale récupérée (y compris la chaleur récupérable des ventilateurs) à l'énergie électrique consommée pour faire fonctionner le système pendant un intervalle de temps donné.

Il est aussi utile de calculer le gain net d'énergie primaire, en déduisant de la chaleur récupérée la quantité d'énergie primaire nécessaire à produire l'électricité consommée. L'**E**conomie d'**E**nergie **N**ette **S**pécifique, par mètre cube d'air extérieur délivré (E^2NS, en Wh/m^3) est le gain net divisé par la quantité d'air extérieur pulsé. Si ce gain net est négatif, le système gaspille de l'énergie. Notons que nous ne tenons pas compte ici de l'énergie nécessaire pour fabriquer l'installation de récupération de chaleur.

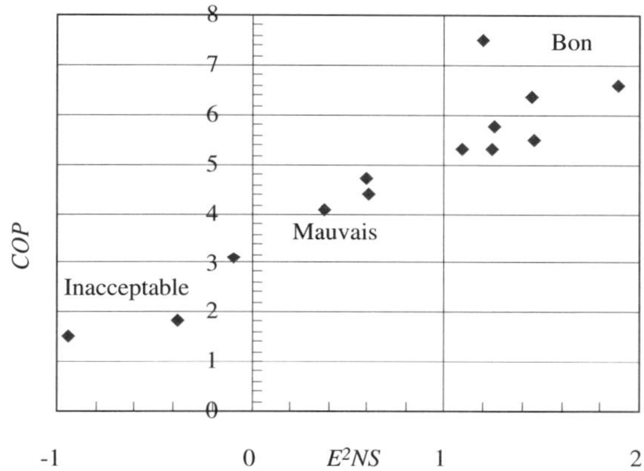

Fig. 5.96 Coefficient de performance (COP) et économie d'énergie nette spécifique (E^2NS) des unités mesurées. Les performances sont médiocres, voire inacceptables dans la moitié des cas.

L'économie d'énergie nette spécifique, E^2NS, peut être très faible, voire négative dans certains cas (fig. 5.96). Elle atteint 2 Wh/m^3 dans le meilleur des cas, ce qui correspond à une augmentation moyenne de température de l'air pulsé de 6 K.

Il faut aussi remarquer que le *COP* peut atteindre 8, mais qu'il peut aussi être nettement plus faible que prévu, comme c'est souvent le cas avec les pompes à chaleur air-air. Selon (Ruyssevelt 1987), un *COP* inférieur à 2,5 est signe que la récupération de chaleur est moins efficace que le chauffage de l'air avec une chaudière de 75 % de rendement. Cette affirmation est confirmée par le fait que les installations présentant un *COP* inférieur à 3 ont aussi un E^2NS négatif.

Dans les meilleures des grandes unités, l'énergie récupérée par saison de chauffage est de 80 000 à 90 000 kWh, mais une autre grande unité ne récupère strictement rien. Les petites unités économisent entre 80 kWh et 350 kWh par saison. Des points de vues énergétique et économique, de telles unités présentent un bilan global négatif et ne peuvent pas être recommandées, d'autant plus que ces valeurs sont calculées pour des unités qui fonctionnent en permanence à leur efficacité nominale, ce qui n'est pas le cas en réalité. Un fonctionnement intermittent réduit encore plus le rendement de récupération annuel (Drost 1993).

Résumé

La récupération de chaleur sur l'air extrait est souvent installée dans les nouveaux bâtiments à haute qualité énergétique, afin d'assurer une ventilation efficace à moindre coût énergétique. Un manque d'étanchéité à l'air de l'enveloppe du bâtiment peut cependant fortement réduire l'efficacité de ces installations. Les courts-circuits éventuels des installations de ventilation nuisent aussi à la récupération de chaleur. Dans tous les cas, l'efficacité nominale de l'échangeur ne doit pas être utilisée pour calculer directement la quantité de chaleur récupérée, car le rendement de récupération réel est toujours inférieur à cette efficacité. Les mesures effectuées sur plusieurs installations de diverses tailles montrent que le bilan énergétique global peut être négatif dans certains cas. Le bilan économique des petites unités reste faible, même dans le meilleur des cas.

5.13.4 Transport de chaleur par l'eau et par l'air

L'air n'est pas un bon fluide caloporteur, surtout si on le compare à l'eau. En premier lieu, sa chaleur spécifique est de 1000 J/(kg · K) alors que celle de l'eau est 4 fois plus grande, à savoir 4180 J/(kg · K). Deuxièmement, la masse volumique de l'air est d'environ 1,2 kg/m^3, alors que celle de l'eau est de 1000 kg/m^3. Il s'ensuit qu'un mètre cube d'eau transporte, pour la même différence de température, 3500 fois plus de chaleur que l'air (fig. 5.97) !

De plus, un chauffage à air chaud ne peut pas distribuer de l'air dépassant environ 30°C, et l'air conditionné ne doit pas être distribué à moins de 18°C, car ce serait inconfortable. Ces exigences de confort limitent la différence de température, donc la quantité de chaleur transportable par l'air. L'eau de chauffage peut être distribuée à haute température (quoique ce ne soit pas forcément souhaitable, car ceci augmente les déperditions des conduites) et l'eau de refroidissement peut descendre en tous cas jusqu'au point de rosée dans le cas de panneaux climatiques (§ 5.13.5), voire plus bas dans des conduites convenablement isolées. Si l'on tient compte des différences de température, l'eau peut transporter, par unité de volume, 7000 fois plus de chaleur pour refroidir, et 15 000 fois plus de chaleur que l'air pour le chauffage !

Le transport de chaleur par de l'air demande donc beaucoup de place, car il faut des conduites de grand diamètre pour véhiculer de grands volumes d'air. Dans la règle, la vitesse de l'air dans les conduites est de quelques mètres par seconde. Elle peut aller jusqu'à 20 m/s dans les installations à haute pression, mais ce type d'installation consomme beaucoup d'énergie pour le transport et devrait donc être évité. La vitesse de l'eau est limitée à environ 1 m/s, pour limiter la corrosion. Pour transporter la même quantité de chaleur, la section des conduites d'air doit être environ 2000 fois plus grande, ou leur dimension environ 45 fois plus grande que pour l'eau (fig. 5.97).

Une plus grande dimension de conduite implique aussi une plus grande surface de déperditions, donc de plus grandes pertes de chaleur, ou la nécessité d'augmenter l'épaisseur d'isolation sur une plus grande surface.

Pour toutes ces raisons, le transport de chaleur (ou de froid) avec de l'air devrait être évité autant que possible.

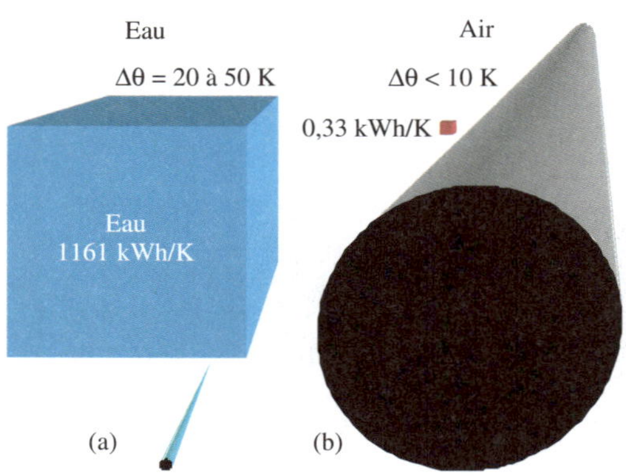

Fig. 5.97 Capacités de transport comparées de l'eau et de l'air. Les cubes représentent la capacité de transport de chaleur de 1 mètre cube, et les cylindres représentent les conduites capables de transporter la même quantité de chaleur avec de l'eau (a) ou de l'air (b).

5.13.5 Climatisation par panneaux radiants

Le conditionnement d'air présente plusieurs inconvénients:

- Il est souvent accusé de tous les maux et mal accepté par les occupants.
- Il fonctionne mal ou pas du tout lorsque les fenêtres sont ouvertes.
- Il consomme de grandes quantités d'électricité pour faire mouvoir l'air.
- Les mouvements d'air dans les conduites et au travers de bouches de pulsion et d'extraction engendrent du bruit, notamment des infrasons inconfortables, voire nuisibles.

Pour toutes ces raisons, d'ordre aussi bien sociologique et économique qu'énergétique, il est intéressant d'examiner la possibilité de refroidir les bâtiments par d'autres méthodes (Roulet, Rossy *et al*. 1999).

La climatisation par parois radiantes (verticales ou horizontales) se développe de plus en plus, en particulier dans les immeubles commerciaux et administratifs (fig. 5.98). Cette technique permet de diminuer la consommation d'énergie pour le chauffage et le rafraîchissement, grâce aux avantages suivants:

- L'énergie thermique est transportée avec de l'eau, avec un débit volumique 4000 fois plus faible qu'un débit d'air transportant la même quantité de chaleur.
- La température de fonctionnement est proche de la température de consigne: l'eau de chauffage est à quelques degrés au-dessus de la température ambiante, et l'eau de refroidissement à quelques degrés au-dessous de l'ambiance. Ceci permet l'utilisation de chaleur de récupération, de sources d'énergie renouvelables, ou de refroidir sans machine frigorifique (eau de nappe, de source, ou de lac); et diminue les déperditions dans les conduites.
- Les conditions de confort sont atteintes même si l'air ambiant est plus chaud (en été) ou plus froid (en hiver) que la température opérative requise. Une nette amélioration du confort peut même être obtenue même avec les fenêtres ouvertes.

Elle permet aussi d'évacuer de grandes charges thermiques tout en maintenant le débit de ventilation à un niveau minimal requis, donc d'éviter de coûteuses installations de climatisation dans les bâtiments à fortes charges thermiques ainsi que de

Fig. 5.98 Plafond climatique (photo ESSA).

réduire les nuisances liées au bruit. Elle permet aussi de chauffer de manière satisfaisante les bâtiments construits selon les normes modernes. Enfin, elle s'applique particulièrement bien à la rénovation, car elle permet d'augmenter la puissance de rafraîchissement sans installer de gaines de ventilation volumineuses.

Les panneaux radiants les plus légers peuvent réagir rapidement à des variations de charge thermique. Cette réaction rapide est toutefois pondérée par le couplage de ces panneaux avec la masse thermique du bâtiment, couplage qui se fait d'une part par rayonnement direct, et d'autre part par convection au travers de l'air ambiant. Ce couplage permet aussi d'accumuler de la chaleur dans la structure, et donc de stabiliser le climat intérieur. Le couplage avec la masse du bâtiment est encore plus important dans le cas des parois climatiques, où le circuit de refroidissement/chauffage est intégré dans la paroi (plafond, plancher ou mur).

Ces panneaux étant installés pour assurer un certain confort, il est justifié, voire nécessaire, de les dimensionner pour des conditions de confort requises, en tenant compte des échanges radiatifs entre les panneaux et les occupants. Il faut néanmoins savoir que la puissance de refroidissement dépasse rarement 100 W/m^2 de surface de panneaux, et qu'il peut être inconfortable de dépasser 20 W/m^2 pour les plafonds chauffants.

Il convient aussi de veiller à maintenir une ambiance acoustique confortable malgré le coefficient d'absorption acoustique relativement bas des surfaces radiantes.

5.13.6 Dimensionnement des installations de réfrigération

L'installation de réfrigération a pour tâche d'évacuer les gains thermiques en excès. Son dimensionnement revient dès lors à calculer la puissance des charges thermiques à évacuer. La charge thermique comprend la puissance des gains solaires (avec protections solaires en place) et celle des gains internes.

Pour dimensionner les installations de refroidissement, on doit calculer la puissance de pointe de ces gains, c'est-à-dire, en pratique, la valeur des gains internes sur une période d'une heure. Dans ce cas, la dynamique des gains, notamment leur horaire et les possibilités de simultanéité des différentes sources, et la dynamique du bâtiment, notamment sa capacité thermique, prennent une importance primordiale.

C'est pourquoi on utilise de plus en plus, pour dimensionner les installations de réfrigération, des modèles dynamiques du bâtiment. Ces calculs sont facilités par l'existence, sur le marché, de programmes de calcul basés sur de tels modèles. L'exposé détaillé de ces méthodes sort du thème de cet ouvrage.

5.14 RÉSUMÉ

Les mesures passives visant à améliorer le confort thermique des bâtiments sont l'isolation thermique de l'enveloppe du bâtiment, l'inertie thermique, les protections solaires, le chauffage solaire passif et le refroidissement passif.

Des installations de chauffage et de refroidissement actives assurent le confort lorsque les mesures passives ne suffisent plus. Rappelons que les exigences des occupants sont plus souples dans les bâtiments à ventilation naturelle que dans les bâtiments climatisés, et que ces mêmes occupants sont d'autant plus tolérants qu'ils contrôlent mieux leur environnement.

5.14.1 Isolation thermique de l'enveloppe

L'isolation thermique de l'enveloppe s'obtient d'une part en intégrant une couche de matériau isolant d'épaisseur suffisante dans les parois opaques, et d'autre part en installant des vitrages à faibles pertes thermiques. Cette enveloppe isolante doit entourer sans discontinuité les espaces conditionnés. Toute interruption ou pont thermique entraîne des déperditions de chaleur supplémentaires et un risque de dégâts (humidité, moisissures). Ces ponts thermiques doivent donc être évités autant que possible, et traités de manière appropriée lorsqu'ils sont inévitables. Une bonne solution consiste à placer l'isolation à l'extérieur de la structure.

5.14.2 Inertie thermique

L'inertie thermique permet de stabiliser la température intérieure. Elle s'obtient en mettant la masse structurelle du bâtiment en contact avec l'air intérieur. Ici encore l'isolation thermique extérieure est favorable. Seuls les 10 premier centimètres de matière à partir de la surface en contact avec l'air intérieur sont efficaces pour amortir les variations journalières de température. De grandes surfaces de matériaux d'épaisseur adéquate sont plus efficaces que de gros blocs, dont le rapport surface/volume est moins favorable.

5.14.3 Chauffage solaire passif et refroidissement passif

Le chauffage solaire passif consiste à utiliser au mieux l'énergie du rayonnement solaire entrant dans le bâtiment, essentiellement par les fenêtres. On peut ainsi couvrir une partie importante (la moitié en climat tempéré, la quasi-totalité en climat méditerranéen) des besoins en chauffage. Les mesures à prendre pour augmenter cette part sont une bonne isolation thermique, une forte inertie thermique, de grandes surfaces de captages (fenêtres, vérandas, parois à isolation transparente) munies de protections solaires efficaces et mobiles et une régulation adéquate du chauffage d'appoint.

Le refroidissement passif permet d'assurer sous nos climats, un excellent confort estival, pour autant que certaines règles de dimensionnement et de comportement soient respectées. Ces règles sont compatibles avec celles à respecter pour un bon chauffage solaire passif. En d'autres termes, les caractéristiques d'un bâtiment optimisé pour le refroidissement passif sont semblables ou complémentaires à celles d'un bâtiment optimisé pour le chauffage solaire passif.

5.14.4 Contrôle du rayonnement solaire

Le contrôle du rayonnement solaire est nécessaire pour ajuster les gains solaires et l'éclairage naturel aux besoins. Ce contrôle nécessite des protections solaires efficaces et mobiles, car les protections fixes (auvents, claustras, arbres) ne permettent qu'une compensation partielle et incontrôlable des variations saisonnières.

Les protections solaires extérieures sont les seules efficaces pour contrôler les gains de chaleur, notamment en été, alors que les protections solaires intérieures permettent d'éviter l'éblouissement tout en profitant des apports de chaleur utiles en hiver.

5.14.5 Installations de chauffage actives

Les mesures passives étant prises, il reste souvent nécessaire de faire l'appoint, dans les conditions climatiques extrêmes, avec des installations actives de chauffage ou de refroidissement. L'efficacité de ces installations dépend fortement du soin avec lequel elles sont dimensionnées, construites et utilisées. Une installation sous-dimensionnée ne permettra pas d'assurer les prestations demandées, et une installation surdimensionnée sera non seulement trop chère à l'achat, mais aussi à l'utilisation. Ses déperditions sont naturellement plus grandes, et son efficacité en sera diminuée.

Pour le chauffage, on utilise des chaudières à combustible, un chauffage à distance, des pompes à chaleur, des installations de cogénération ou des installations solaires actives. Le choix du système dépend du marché et des conditions locales (climat, ensoleillement, disponibilité de sources de chaleur, etc.). Il faut savoir que depuis la fin du 20e siècle, les chauffe-eau solaires, lorsqu'ils sont correctement dimensionnés et construits, sont concurrentiels avec d'autres modes classiques de fourniture d'eau chaude. Le chauffage solaire est aussi particulièrement bien adapté au chauffage des piscines. Dans les climats tempérés, l'ensoleillement est réduit en hiver, et un stockage saisonnier, par exemple dans le terrain, permet d'augmenter l'efficacité du chauffage solaire actif des locaux.

5.14.6 Installations de refroidissement actives

Le conditionnement d'air est actuellement la méthode la plus utilisée pour refroidir les locaux. Il consiste à distribuer de l'air asséché et refroidi dans le bâtiment. Il permet aussi de chauffer les locaux. L'efficacité de ces installations de conditionnement d'air est améliorée par l'utilisation de dispositifs de récupération de chaleur, à condition que l'enveloppe du bâtiment soit très peu perméable à l'air et que l'unité de traitement d'air soit bien conçue et construite.

Toutefois, l'air n'est pas un bon fluide caloporteur, et l'eau est plusieurs milliers de fois plus efficace pour transporter la chaleur. C'est pourquoi le chauffage et le refroidissement par parois radiantes sont de plus en plus préférés à l'air conditionné.

Divers logiciels permettent aux architectes et ingénieurs de prédire les conditions de confort dans les bâtiments et de dimensionner les installations techniques de chauffage ou de refroidissement.

5.15 BIBLIOGRAPHIE

Buckley M., Burton S., *et al.*, Eds. (1991). *Architectures solaires en Europe*. Luxemboug, Commission des Communautés Européennes.

CEN (1999). *EN 832 – Thermal performance of buildings – Calculation of energy use for heating – Residential buildings*. Brussels, CEN.

CEN, ISO (1999). *EN-ISO-13976 : Performances thermiques des composants de bâtiments – Caractéristiques thermiques dynamiques – Méthodes de calcul*.

CEN, ISO (1993). *Norme EN-ISO-7730 : Ambiances thermiques modérées. Détermination des indices PMV et PPD et spécifications des conditions de confort thermique*. Bruxelles et Genève, CEN et ISO.

Drost M.K. (1993). « Air to air heat exchanger performance. » *Energy and Buildings* **19** : 215-220.

Eichenberger, A. (1996). *Bilan d'humidité de la toiture inversée*. Burgdorf, Eichenberger Bauphysik AG.

Evard D., Fehr A., *et al.* (1988). *Base de dimensionnement des systèmes exploitant la chaleur du sol à basse température*. Zurich, SIA.

FANGER P.O. (1982). *Thermal Comfort*. Florida, USA, R. E.Krieger.

FISCHER T. et HEIDT F.D. (1997). *Testing the ventilation efficiency of ventilation units with tracer gas methods*. Second International Conference Buildings and the Environment, Paris.

FRISCHKNECHT, R., A. H.-J., G. DOKA, DONES, R., H. T., S. HELLWEG, R. HISCHIER, J. N., T. NEMECEK, G. REBITZER, et M. SPIELMANN, 2007, Overview and Methodology-Final report Ecoinvent v2.0, Duebendorf, CH, Swiss Centre for Life Cycle Inventories, 77 pages.
Voir aussi http://www.ecoinvent.org/publications/.

GANZ C., MULLER A., *et al*. (1990). *Le Soleil – Chaleur et lumière dans le bâtiment*. Zürich, SIA.

HANLO A.R. (1991). *Use of tracer gas to determine leakage in domestic heat recovery units (HRV)*. AIVC 12th Conference, «Air Movement and Ventilation Control within Buildings», Ottawa, Canada.

HEIDT F.D., FISCHER T., *et al*. (1998). «Energetische Beurteilung dezentraler Raumlüftungsgeräte mit Wärmerückgewinnung – Methoden und Beispiele.» *Heizung-Lüftung/Klima-Haustechnik* **49**(11): 52-62.

OFEN (2002). *Statistique globale suisse de l'énergie 2002*. Berne, Office fédéral de l'énergie.

OFEN (2003). *Catalogue des ponts thermiques*. Berne, Office fédéral de l'énergie.

ROULET C.-A. (1982). *Optimal insulation allocation for buildings*. 2nd Europrefab Congress, Budapest.

ROULET C.-A., FORADINI F., *et al*. (1999). *Measurement of Air Flow Rates and Ventilation Efficiency in Air Handling Units*. Indoor Air'99, Edinburgh.

ROULET C.-A., FORADINI F., *et al*. (1994). *Use of tracer gas for diagnostic of ventilation systems*. Healthy Buildings'94, Budapest.

ROULET C.-A., HEIDT F.D., *et al*. (2001). «Real heat recovery with air handling units.» *Energy and Buildings* **33**(5): 495-502.

ROULET C.-A., ROSSY J.-P., *et al*. (1999). «Using Large Radiant Panels for Indoor Climate Conditioning.» *Energy and Buildings* **30**: 121-126.

ROULET C.-A., VAN DER MAAS J., *et al*. (1996). *A Planning Tool for Passive Cooling of Buildings*. Indoor Air '96, Nagoya.

RUYSSEVELT P. (1987). *Ventilation and heat recovery in superinsulated houses*. UK-ISES Conference Proceedings.

CHAPITRE 6

COMMENT ASSURER LA QUALITÉ DE L'AIR?

6.1 EFFETS DE L'AÉRATION

L'aération a une influence dans au moins quatre domaines de la physique des bâtiments:

- la qualité de l'air et en conséquence la santé des occupants,
- les déperditions de chaleur, donc la consommation d'énergie,
- les problèmes d'humidité, donc la durabilité du bâtiment,
- le confort thermique, notamment les courants d'air.

En général, l'aération apporte à l'intérieur de l'air extérieur, afin de diluer les polluants émis dans les bâtiments. Le conditionnement passif ou actif de cet air utilise une quantité d'énergie importante pour donner à l'air extérieur les caractéristiques climatiques (température et humidité) souhaitées. Pour éviter de gaspiller cette énergie, il est donc important d'éviter tout apport d'air neuf superflu.

Une aération inadéquate peut avoir, sommairement, les conséquences suivantes:

En cas d'aération trop forte:

- consommation d'énergie exagérée,
- courants d'air, mauvais confort thermique.

Si le renouvellement d'air est insuffisant:

- mauvaise qualité de l'air, odeurs, et trop grande concentration en vapeur d'eau et autres polluants;
- risques de condensation dans les endroits froids (mal isolés, ponts thermiques), moisissures.

L'aération peut aussi être quantitativement correcte mais qualitativement insuffisante. C'est par exemple le cas si le débit d'air est suffisant mais que les polluants ne sont pas évacués rapidement ou que l'air frais n'est pas amené au bon endroit. On parle alors de ventilation inefficace.

Le débit d'air frais est proportionnel à l'intensité des la sources de polluant et inversement proportionnel à la concentration tolérée pour ce polluant (§ 4.3.2). La concentration effective, qui dépend du taux de ventilation et de son efficacité ainsi que du débit de la source de polluant, ne devrait pas être supérieure à une concentration limite tolérable.

6.2 CONDITIONS GÉNÉRALES POUR UNE BONNE QUALITÉ D'AIR

Nous avons vu que l'objectif principal de l'aération est d'éliminer les polluants contenus dans l'air vicié. Dès lors, les trois conditions principales à remplir pour assurer une bonne qualité de l'air intérieur tout en limitant la consommation d'énergie sont:

1. Limiter l'intensité des sources de polluants (§ 6.2.1).
2. Contrôler les débits d'air, ce qui nécessite une enveloppe de bâtiment étanche à l'air et des dispositifs de contrôle (entrées d'air réglables (§ 6.3.6) ou ventilation mécanique (sect. 6.4)).
3. Contrôler le parcours de l'air en éliminant les polluants près des sources et en apportant l'air neuf là où il est le plus utile (§ 6.2.4).

6.2.1 Gestion des sources de polluants

Pour une concentration limite fixée, le débit d'air nécessaire est directement proportionnel à l'intensité des sources de polluant. Pour éviter de gaspiller de l'énergie dans les ventilateurs et pour le chauffage ou le conditionnement de l'air, il convient de réduire le débit des sources de polluants au strict minimum.

En principe, les seules sources de polluants inévitables sont les occupants. Le bâtiment est construit pour eux, et il est inacceptable de n'en pas tenir compte. Par contre, tout autre source de polluant doit être évitée dans la mesure du possible. En particulier, il faut proscrire tout matériau qui dégage des polluants (odeurs, solvants, gaz, etc.). De tels matériaux existent malheureusement. Des produits de nettoyage, certaines moquettes ou certains mastics émettent des odeurs désagréables. Diverses peintures et colles contiennent des solvants volatils toxiques, etc. Toutefois, de grand progrès ont été faits dans ce domaine, et il existe actuellement sur le marché des produits propres et non toxiques.

S'il n'est pas possible d'éviter le dégagement de gaz ou de vapeurs nuisibles, il faut d'une part circonscrire ces sources dans des zones où elles gênent le moins possible (cabines de peinture, zones fumeurs et non-fumeurs, etc.), et d'autre part les éliminer aussi près de la source que possible (hotte de cuisine par exemple) et aussi vite que possible après leur dégagement (aérer fortement après les repas, au lever, après le dernier cigare, etc.).

En résumé, il convient:

- de ne pas introduire de sources de polluants dans les bâtiments;
- d'éliminer les polluants résiduels près des sources;
- d'aérer fortement pendant et immédiatement après toute activité polluante;
- d'aérer de manière contrôlée pour maintenir les polluants inévitables au-dessous de la limite acceptable.

6.2.2 Contrôle des débits

Le débit de ventilation doit être suffisant pour assurer la qualité de l'air, mais réduit au minimum pour éviter le gaspillage d'énergie. Il doit donc être contrôlé en fonction de la demande.

Ce contrôle peut être manuel, par l'ouverture des fenêtres et des grilles de ventilation, ou par l'enclenchement d'un ventilateur (hotte de cuisine par exemple).

Il peut être piloté par une horloge, dans les cas où la demande a un horaire fixe connu comme dans les bureaux ou les écoles.

Il peut enfin être contrôlé par des capteurs de polluants, qui règlent le débit de manière à maintenir la concentration de ce polluant juste en dessous d'une valeur de consigne. Dans ce cas, il est essentiel que le capteur soit sensible au polluant principal, celui qui nécessite le plus grand débit (§ 4.3.2). Dans la mesure où le bâtiment est propre, les indicateurs les plus utilisés sont:

- le gaz carbonique comme indicateur de présence pour les auditoires et les salles de conférence non-fumeurs (fig. 3.4);
- la vapeur d'eau pour les logements;
- les composés organiques combustibles pour les locaux de réunion avec fumeurs.

La teneur en gaz carbonique se mesure par absorption de rayonnement infrarouge, alors que l'humidité relative est aisément mesurée avec un hygromètre. Le capteur de composés combustibles (dit aussi capteur multigaz) est un semiconducteur chauffé, qui mesure le courant d'électrons libérés par la combustion de composés se déposant sur la surface du capteur.

La détection de monoxyde de carbone a été longtemps utilisée pour les parcs automobiles. L'avènement des catalyseurs, supprimant ce composant dans les gaz d'échappement, a rendu ce type de détecteur caduc.

6.2.3 Gestion des fuites

La Palice aurait pu dire que, pour contrôler les débits d'air, il faut éviter que l'air entre ou sorte par des fuites incontrôlées. La maîtrise du débit d'air ne doit pas être laissée aux défauts de construction que sont les fuites, mais contrôlé par des ouvertures aménagées exprès dans l'enveloppe (grilles de ventilation, fenêtres, impostes, etc.), ou par un système de ventilation (canaux, ventilateurs, etc.). En dehors de ces ouvertures, l'enveloppe du bâtiment doit être raisonnablement étanche.

Etanchéité de l'enveloppe

Les règles de planification de la norme SIA 180 ont été complétées récemment par des recommandations concernant les échanges d'air et l'étanchéité à l'air. Le paragraphe 3.1.4 de cette norme dit notamment: «*En principe, l'enveloppe du bâtiment, qui entoure le volume chauffé, doit être aussi étanche à l'air que possible (les ouvertures de ventilation étant fermées). L'air extérieur nécessaire doit être apporté par l'ouverture manuelle des fenêtres, au travers d'ouvertures de ventilation contrôlées ou par une installation de ventilation mécanique.*»

Cette norme fixe un critère quantitatif pour déterminer si l'enveloppe d'un bâtiment est suffisamment étanche. La ***perméabilité spécifique*** de l'enveloppe est le débit d'air sous conditions normales et 4 Pa de pression différentielle, rapporté à l'aire de l'enveloppe

$$v_{a,4} = \frac{\dot{V}_4}{A_e} = \frac{\text{Débit d'air sous 4 Pa}}{\text{Aire de l'enveloppe}} \qquad (6.1)$$

où :

$\dot{V}_4$ est le débit d'air sous 4 Pa de pression différentielle, en m^3/h.

A_e est l'aire de l'enveloppe entourant le volume chauffé, mesuré à l'extérieur, en m^2.

La méthode de mesure de la perméabilité à l'air est décrite dans la section 10.4. Le tableau 6.1 donne les valeurs limites et les valeurs cibles données par SIA 180 pour la perméabilité à l'air des enveloppes des bâtiments. Les bâtiments équipés de ventilation mécanique à double flux doivent respecter les valeurs cibles.

Tableau 6.1 Valeurs limites recommandées pour la perméabilité à l'air des enveloppes des bâtiments (SIA 180:1999).

	$v_{a,4,max}$ [$m^3/h \cdot m^2$]	
Catégorie	valeur limite	valeur cible
Bâtiments neufs	0,75	0,5
Bâtiments rénovés	1,5	1

Ces valeurs doivent être respectées en moyenne sur l'ensemble de l'enveloppe du bâtiment. Toutefois, la valeur de 2 $m^3/h \cdot m^2$ ne doit être dépassée dans aucune partie du bâtiment (par exemple dans une chambre en attique).

La perméabilité à l'air peut aussi être quantifiée par l'aire d'un orifice à bords francs qui présenterait le même débit de fuite que l'enveloppe à la même pression. Pour une pression de 4 Pa, le débit de fuite en m^3/h est approximativement égal à l'aire équivalente exprimée en cm^2. Il s'ensuit que $v_{a,4}$ représente approximativement le rapport de l'aire de fuite équivalente à l'aire de l'enveloppe, exprimé en cm^2/m^2. Une enveloppe suffisamment étanche selon la norme peut donc encore avoir des orifices représentant 0,5 cm^2 par mètre carré d'enveloppe.

Les endroits critiques de l'enveloppe, qui peuvent facilement présenter des fuites exagérées sont les suivants :

- non seulement les joints mais aussi les embrasures des portes et des fenêtres,
- les caissons de stores ou de volets à rouleaux, notamment si la manivelle ou un ruban de manœuvre traverse l'enveloppe,
- les raccords entre la charpente et la maçonnerie,
- les façades et les plafonds en bois : les lames de bois se retirent en séchant, laissant des fissures entre elles.

6.2.4 Efficacité de la ventilation

Il est important que l'air frais soit amené aussi près que possible du nez des occupants, et que les polluants soient éliminés rapidement. En d'autres termes, il ne faut pas que l'air frais prenne de l'âge avant d'être respiré par les occupants.

Pour quantifier cette qualité, on définit l'***âge de l'air*** en un endroit par le temps qu'il a fallu, en moyenne, à une molécule d'air pour arriver à cet endroit, depuis qu'elle est entrée dans le bâtiment. Cet âge peut se mesurer en mélangeant un gaz traceur à l'air frais, et en mesurant le temps nécessaire pour que ce gaz soit détecté à destination.

L'***âge de l'air moyen*** de la pièce est la moyenne des âges locaux, pondérée par le volume. Le temps nécessaire pour changer l'air, τ_r, est égal au double de cet âge moyen.

La ***constante de temps nominale*** de la pièce est l'inverse du ***débit d'air spécifique*** (appelé aussi et à tort *taux de renouvellement d'air*):

$$\tau_n = \frac{V}{\dot{V}} \tag{6.2}$$

Le ***rendement de ventilation*** mesure l'efficacité avec laquelle l'air est renouvelé dans la pièce. Il est le rapport de la constante de temps nominale au temps de renouvellement d'air:

$$\eta_V = \frac{\tau_n}{\tau_r} = \frac{\tau_n}{2\overline{\tau}} \tag{6.3}$$

Ainsi, un rendement maximal est obtenu si le temps de renouvellement de l'air est égal à la constante de temps nominale. C'est le cas de la ***ventilation en piston***, où l'air vicié est déplacé par l'air frais, généralement de bas en haut (fig. 6.1).

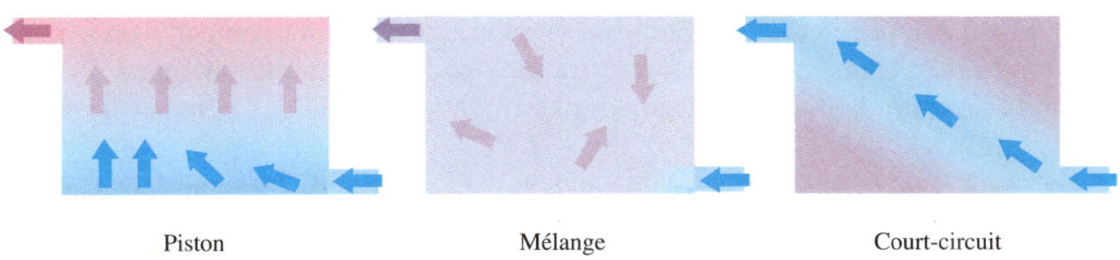

Fig. 6.1 Modes de ventilation.

De nombreux systèmes de ventilation tendent à assurer un ***mélange total*** de l'air frais avec l'air vicié, assurant ainsi une homogénéité parfaite dans la pièce: la concentration des polluants est partout égale. Ce système a un rendement de ventilation de 50%.

Enfin, s'il existe des ***zones mortes*** dans la pièce, ce qui va de pair avec des courts-circuits entre les bouches de pulsion et les grilles d'extraction, le rendement peut descendre en dessous de 50%.

Le rendement de ventilation ne peut pas excéder 50% dans les installations à taux de recirculation élevé (dépassant 50%).

Une méthode visant un mouvement en piston est la ***ventilation par déplacement***. De l'air un peu plus frais que l'air ambiant est amené dans la pièce par des bouches basses (contre les parois, sous les sièges des auditoires) et à basse vitesse. L'air frais se répand sur le plancher et se répartit donc sur toute la surface de la pièce. Chaque source de chaleur, en particulier les occupants, génère un courant convectif qui entraîne l'air vers le haut, évacuant ainsi la chaleur et les polluants produits par

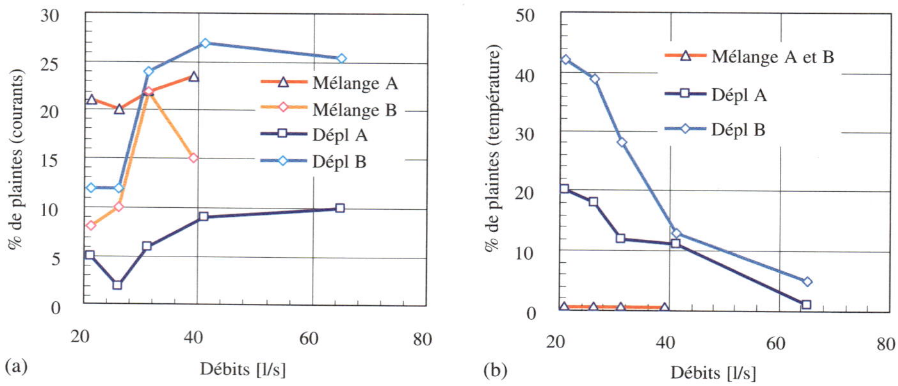

Fig. 6.2 Pourcentage de plaintes pour courants d'air (a) et pour des différences de température (b) en fonction du débit pour la ventilation à mélange et la ventilation à déplacement. A et B sont deux endroits de mesure (d'après Nielsen, Larsen *et al*. 2003).

chaque source. Ce système diminue la propagation des polluants entre les sources et, si le plafond est assez haut, apporte un air plus propre à la hauteur du visage.

Le type d'aération de l'espace peut aussi avoir de l'influence sur le confort. La figure 6.2 montre le pourcentage de plaintes pour courants d'air et pour des différences de température en fonction du débit pour une ventilation à mélange et une ventilation à déplacement. Les plaintes pour courants d'air augmentent avec le débit pour tous les systèmes, mais les mesures à l'endroit A montrent que l'on peut réduire le nombre de plaintes par un emplacement approprié des bouches de ventilation.

Par contre, la ventilation par déplacement est à l'origine de plaintes pour différences de température trop grandes entre les pieds et la tête, surtout aux faibles débits.

6.3 VENTILATION NATURELLE

6.3.1 Principe, avantages et inconvénients

La ventilation naturelle est le moyen «passif» d'assurer l'aération des bâtiments. Elle consiste à contrôler le débit d'air poussé par les forces naturelles (vent, différences de température) par des ouvertures ou des canaux de ventilation installés à cet effet. Des ouvertures pratiquées pour d'autres raisons (porte, fenêtres) servent aussi à la ventilation naturelle. Ses avantages sont les suivants:

- Elle est généralement bien acceptée par les occupants qui la comprennent et la contrôlent facilement.
- L'investissement nécessaire est très faible, voire nul.
- L'énergie nécessaire au transport de l'air est gratuite.
- Elle permet des débits importants, notamment pour le refroidissement passif (sect. 5.10)
- Elle ne tombe pas en panne.

Elle a néanmoins quelques inconvénients:

- Elle n'est pas utilisable en zone bruyante ou polluée.
- Elle n'est pas utilisable dans les locaux dont le rapport profondeur/hauteur dépasse 2,5 (bureaux paysagers).
- Elle ne permet pratiquement pas la récupération de chaleur sur l'air extrait.
- Elle assure un débit variable qui, sans contrôle adéquat, n'est pas nécessairement en relation avec les besoins.

Un bâtiment à ventilation naturelle doit être conçu comme tel, et doit être équipé des ouvertures de ventilation nécessaires. Ces ouvertures doivent être suffisantes et correctement placées. Les anciens bâtiments étaient aérés par les fuites de l'enveloppe en complétant cette «ventilation» de base par l'ouverture des fenêtres. Cette tradition ne peut plus s'appliquer, ce pour deux raisons essentielles:

- Une fuite donne plus de débit par temps froid ou venteux, et moins de débit par temps calme et clément. Ces débits ne correspondent pas aux nécessités. Par exemple, le débit d'air nécessaire à évacuer l'humidité est très faible par temps froid et peut être très grand par temps clément.
- Les occupants des logements sont souvent tous absents pendant la journée. Les fenêtres restent ouvertes ou fermées pendant ce temps, ce qui provoque soit un gaspillage d'énergie, soit un manque d'aération.

Ce chapitre présente quelques connaissances utiles à la conception de bâtiments permettant une aération naturelle, efficace et confortable.

6.3.2 Moteurs de l'aération

Les masses d'air traversant le bâtiment sont mues par trois types de forces:

- le *vent*, ayant pour effet d'augmenter la pression sur la façade exposée à celui-ci, et d'abaisser la pression sur les autres façades et sur le toit;
- la différence entre les densités d'air entre l'intérieur et l'extérieur ou entre deux façades d'un bâtiment, qui causent un *tirage* (*effet de cheminée*) faisant monter l'air chaud ou humide et descendre l'air froid ou sec;
- les *ventilateurs* des installations aérauliques, si elles existent.

Ces forces créent des différences de pressions entre les différents volumes du bâtiment et l'extérieur, et induisent des débits au travers des ouvertures, des canalisations et des fuites. On ne peut pas dire en général qu'une de ces forces domine. Ces trois forces sont équivalentes dans la plupart des bâtiments à ventilation naturelle. L'effet du vent domine évidemment dans les bâtiments en situations très ventées (côtes de l'océan, cols alpins), mais l'effet de cheminée reste le principal moteur de la ventilation naturelle dans les périodes sans vent. Dans les bâtiments équipés de système de ventilation mécanique à double flux (pulsion et extraction), l'effet des ventilateurs doit cependant dominer.

Sous l'effet de ces forces, la pression dans le bâtiment ne varie que de quelques pascals. Rappelons qu'un Pa correspond à 1 N/m^2. Une porte de 2 m^2 soumise à une différence de pression de 5 Pa nécessite une force de 10 N (environ 1 kg force) pour être ouverte. Ces faibles différences de pression suffisent pour faire mouvoir les masses d'air, mais ne représentent qu'une part infime de la pression atmosphérique (environ 100 000 Pa). Le bâtiment ne peut donc ni se gonfler, ni se dégonfler: toute masse d'air qui entre dans le bâtiment doit être compensée par une masse d'air égale qui en sort. Si on désire extraire de l'air pollué, il faut aussi prévoir de laisser entrer de l'air neuf. Un ventilateur d'extraction (cuisine, toilettes) est inutile si le local ne dispose d'aucune entrée d'air.

6.3.3 Effet du vent

Les forces aérodynamiques induisent des différences de pressions sur les différentes parties de l'enveloppe du bâtiment. Pour un bâtiment placé en situation dégagée, les façades au vent subissent une pression de l'extérieur, alors que les façades sous le vent et la toiture se trouvent en dépression (fig. 6.3).

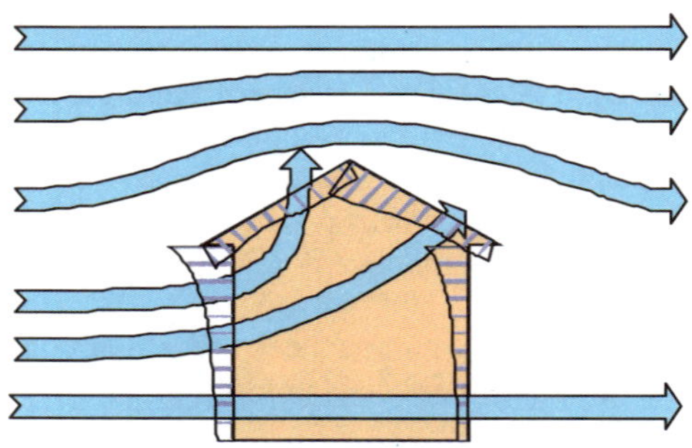

Fig. 6.3 Pressions dues au vent.

Ces différences de pression sont proportionnelles au carré de la vitesse du vent. De l'ordre du pascal à faible vitesse (1 m/s), elles peuvent dépasser 500 Pa (50 kg force/m^2) en cas de tempête.

Le coefficient de proportionnalité dépend d'une part de la masse volumique de l'air (donc de l'altitude et de la température) et d'autre part (et surtout) de la forme du bâtiment et des obstacles qui entourent le bâtiment. Ces derniers peuvent perturber l'écoulement du vent de telle manière que la répartition de la pression sur le bâtiment est fortement modifiée.

6.3.4 Effet de cheminée

L'effet de cheminée, ou ***tirage***, contribue de manière importante à l'aération des bâtiments et, bien sûr, au tirage dans les cheminées.

L'air situé dans le bâtiment (ou les gaz de combustion) a en général une température et une humidité différentes de l'air extérieur, et la densité de l'air dépend de sa température et de sa composition. La densité de l'air est inversement proportionnelle à la température absolue, et diminue avec la teneur en eau, car la masse molaire de l'eau est de 18 g/mole alors que la masse molaire moyenne de l'air est d'environ 29 g/mole. Le poids d'une colonne d'air intérieur est donc différent du poids de la même colonne d'air extérieur. Il en résulte une différence de pression de part et d'autre des parois de l'enveloppe du bâtiment ou de la cheminée (fig. 6.4).

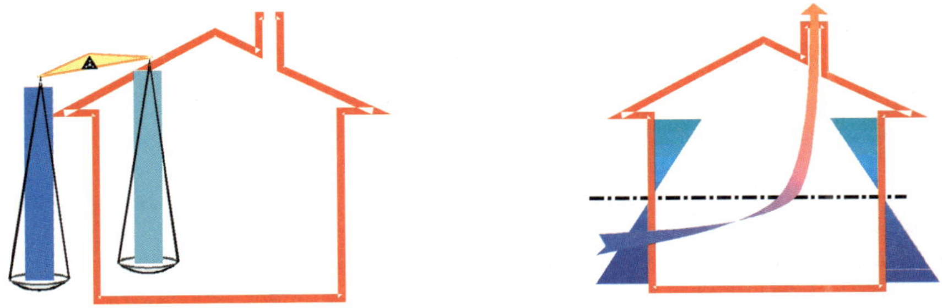

Fig. 6.4 La différence de densité de l'air entre l'intérieur et l'extérieur d'un bâtiment induit une différence de pression. C'est l'effet de cheminée.

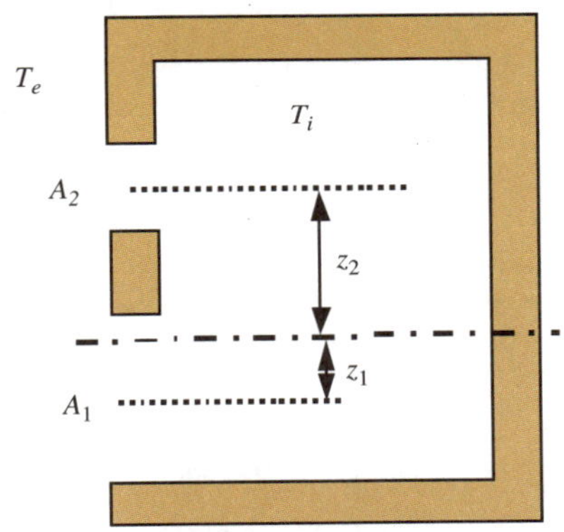

Fig. 6.5 Position du niveau neutre.

En hiver, ou la nuit en été, ainsi que dans les cheminées, l'intérieur est plus chaud que l'extérieur. L'air entre dans le volume considéré par le bas et en sort par le haut.

Comme la quantité d'air qui entre dans le volume est égale à celle qui en sort, les pressions sur l'enveloppe s'ajustent de manière à équilibrer les débits entrant et sortant. Le niveau auquel la différence de pression entre l'intérieur et l'extérieur est nulle est le ***niveau neutre***.

La position du niveau neutre dépend de la position et de la taille des ouvertures. S'il n'y a qu'une ouverture, le niveau neutre se place approximativement à mi-hauteur de cette ouverture.

Si l'on pratique une deuxième ouverture au-dessus de la première, le niveau neutre monte, pour se placer à mi-hauteur entre les deux ouvertures si elles sont de dimensions égales. Si elles sont de tailles inégales, le niveau neutre tend à se rapprocher de l'ouverture la plus grande, proportionnellement au carré des aires des ouvertures (fig. 6.5):

$$\frac{z_1}{z_2} = \frac{T_i}{T_e}\left(\frac{A_2}{A_1}\right)^2 \tag{6.4}$$

6.3.5 Effets combinés

Le tirage thermique tend (si l'intérieur est plus chaud que l'extérieur) à pousser l'air de bas en haut. Le vent tend à pousser l'air de la façade au vent vers la façade sous le vent.

Si les ouvertures de ventilation sont placées de manière favorable (fig. 6.6(a)) l'effet du vent s'ajoute au tirage, et la ventilation est renforcée.

Si, au contraire, les ouvertures de ventilation sont placées de manière défavorable ou si le vent souffle dans le mauvais sens (fig. 6.6(b)), le vent contrarie le tirage, et la ventilation est réduite, voire tombe à zéro pour une certaine vitesse du vent.

Il convient donc de placer les ouvertures de ventilation des espaces traversant (en contact avec deux façades) en fonction des vents dominants.

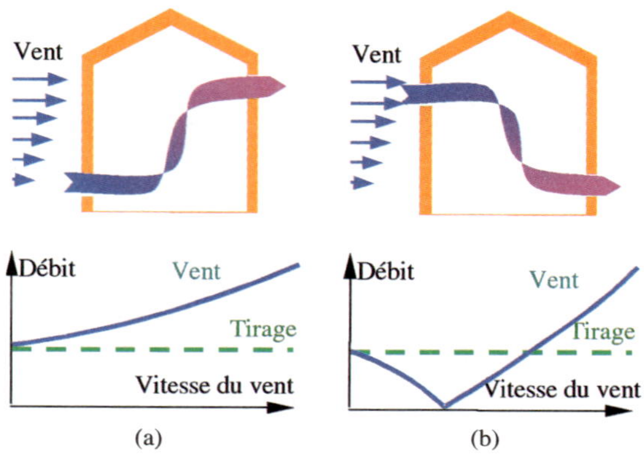

Fig. 6.6 Effets combinés du vent et du tirage thermique.

6.3.6 Ouvertures de ventilation

Il existe de multiples manières de pratiquer des ouvertures contrôlées pour la ventilation. Citons notamment les fenêtres, les dispositifs de ventilation naturelle, et les canaux de ventilation naturelle.

Fenêtres

Les fenêtres sont souvent utilisées pour la ventilation naturelle. Elle sont bien adaptées pour délivrer les grands débits d'air nécessaires à évacuer les polluants générés par une activité temporaire (cuisine, fumée, bricolage, nettoyages), ou pour le refroidissement passif. Par contre, elles ne conviennent pas bien pour délivrer de faibles débits d'air continus et contrôlés. Les fenêtres sont donc un complément indispensable aux dispositifs de ventilation naturelle.

Les fenêtres peuvent se classer en différents types, selon la manière de les ouvrir (fig. 6.7). Chaque type d'ouvrant présente des avantages et des inconvénients qui sont mentionnés ci-dessous.

L'*ouvrant à la française* tourne autour d'un axe vertical, en général vers l'intérieur (comme en Suisse) mais parfois aussi vers l'extérieur (aux Pays-Bas par exemple).

Le *châssis tombant* a son axe de rotation à la traverse inférieure et s'ouvre vers l'intérieur. L'*ouvrant projetant* s'articule sur l'axe horizontal supérieur. Il s'ouvre vers l'extérieur.

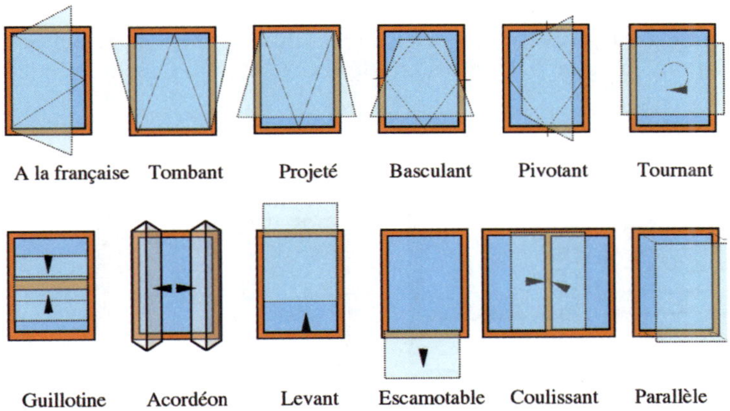

Fig. 6.7 Types d'ouvrants, classés selon la manière de les ouvrir.

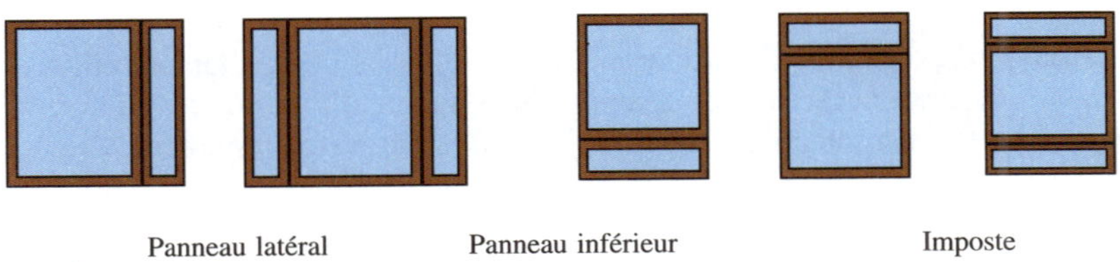

Fig. 6.8 Combinaisons d'ouvrants.

Ces trois types permettent de réaliser une étanchéité acceptable. Les châssis tombant à l'intérieur et projetant à l'extérieur apportent une protection supplémentaire contre la pluie.

L'axe de l'*ouvrant basculant* est horizontal, alors que l'*ouvrant pivotant* tourne autour d'un axe vertical. Les axes de ces deux ouvrants se trouvent au centre de l'ouvrant. Ils ont l'avantage de permettre de placer l'une ou l'autre face à l'intérieur (notamment un store à lamelles combiné avec la fenêtre), mais n'offrent qu'une étanchéité limitée et ont un encombrement important. Si aucune précaution particulière n'est prise, ils peuvent partir en autorotation par vent fort.

Le *vantail coulissant* se déplace parallèlement à son plan. Cette catégorie comprend les fenêtres à guillotine, les fenêtres escamotables vers le haut ou le bas et les vitrages coulissants horizontaux. Pour améliorer l'étanchéité à l'air, au demeurant médiocre, de ces vitrages, on peut les plaquer contre le châssis en position fermée. C'est la *fenêtre à déplacement parallèle*. L'avantage principal du vantail coulissant est son faible encombrement et sa bonne résistance au vent en position ouverte.

La *fenêtre à guillotine* comprend un châssis supérieur et un châssis inférieur qui coulissent l'un devant l'autre et, grâce aux contrepoids latéraux, peuvent se maintenir en n'importe quelle position. On peut obtenir une ventilation suffisante dans bien des cas en n'ouvrant que fort peu en haut et en bas. Il est difficile de rendre ces fenêtres étanches à l'air.

Les ouvrants peuvent être combinés dans une composition présentant plusieurs types (fig. 6.8). Il est ainsi possible de combiner les avantages des divers types.

Dispositifs de ventilation

L'industrie du bâtiment offre plusieurs types d'ouvertures spécialement destinées à la ventilation. La figure 6.9 présente quelques exemples d'ouvertures intégrées aux fenêtres.

Fig. 6.9 Ouvertures de ventilation intégrées aux fenêtres.

Ces ouvertures sont étudiées pour assurer, si elles sont correctement utilisées, un débit réduit au strict nécessaire pour assurer une qualité d'air correcte en hiver. Elles offrent en plus une protection contre la pluie et sont parfois équipées d'une grille contre les insectes, voire de dispositifs d'atténuation acoustique (fig. 6.10).

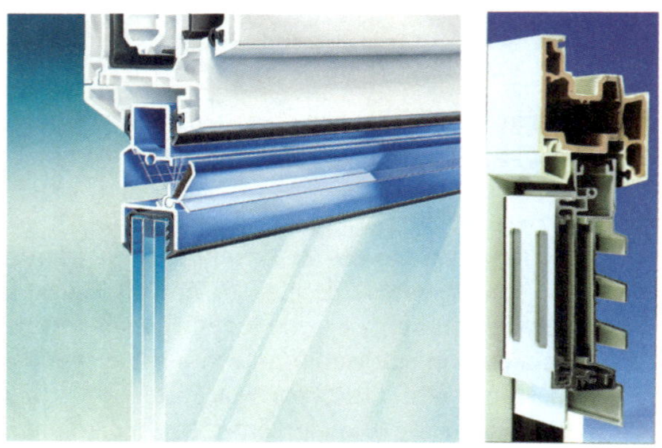

Fig. 6.10 Ouvertures de ventilation manuelles intégrées aux cadres de fenêtres (Renson).

Certains de ces dispositifs offrent un contrôle automatique du débit. Celui de la figure 6.11 stabilise le débit à l'aide d'un clapet perforé qui se ferme lorsque la pression différentielle dépasse un certain seuil. Le débit effectif dépend du type et de la longueur de l'ouverture.

Dans les bouches d'air ***hygroréglables*** (fig. 6.12), le débit est contrôlé par un clapet actionné par un hygromètre à ruban. Le ruban étant plongé dans l'air intérieur, la bouche permet de contrôler le débit d'air de manière à maintenir une humidité relative constante. Ces bouches d'air fonctionnent à satisfaction et conformément aux performances annoncées tant qu'elles sont maintenues propres et en bon état.

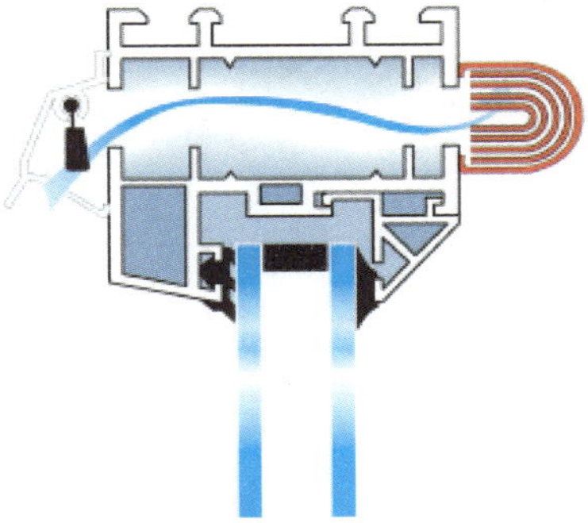

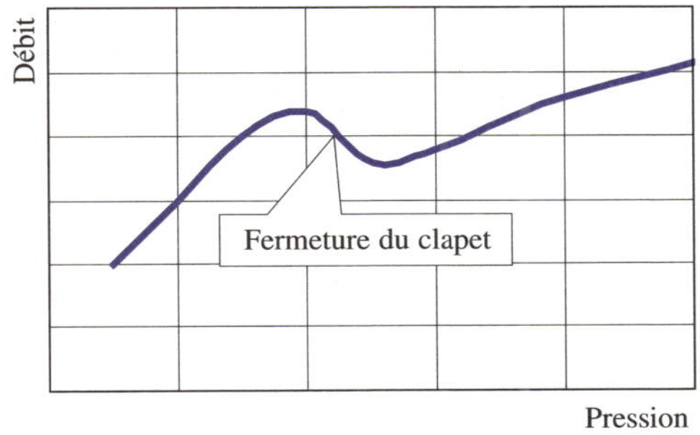

Fig. 6.11 Ouverture de ventilation à « débit constant » intégrée au cadre (Renson).

Fig. 6.12 Deux types de bouches d'air hygroréglables (Aereco, France). Celle du bas est ouverte et montre le ruban hygrométrique.

Conduits de ventilation

Des conduits de ventilation sont souvent aménagés dans les bâtiments, soit pour amener de l'air frais dans des pièces borgnes, soit pour évacuer l'air vicié de pièces particulièrement contaminées (toilettes, cuisines, salles d'eau) ou de locaux borgnes. Ce genre de dispositif est utilisé depuis longtemps surtout pour le refroidissement (fig. 6.13).

Fig. 6.13 Tour à vent à Yazd (Iran).

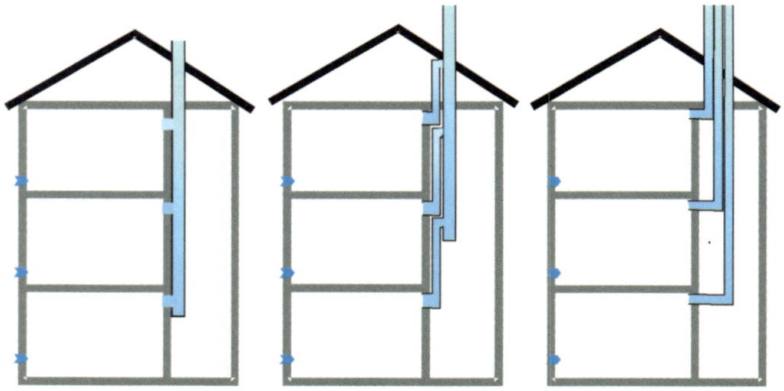

Fig. 6.14 Trois schémas pour les conduits de ventilation naturelle.

Le tirage thermique naturel permet d'assurer un débit limité dans ces conduits, mais ne consomme pas d'énergie mécanique. Un ventilateur présente une consommation additionnelle, mais permet d'évacuer un débit nettement plus important.

On distingue principalement trois manières d'installer ces conduits (fig. 6.14). Le conduit unique est à déconseiller vivement, car il propage d'un étage à l'autre le bruit, les odeurs, les polluants, voire même le feu. Les conduits individuels ne présentent aucun de ces inconvénients, mais occupent plus de place et coûtent nettement plus cher. Les conduits shunt représentent un compromis.

Il faut mentionner ici que pour permettre les débits élevés sous faibles pertes de charge requis pour la ventilation passive, il est nécessaire que ces conduits aient une grande section. D'autre part, ces conduits vont de pair avec des ouvertures de ventilation, permettant l'entrée d'air remplaçant l'air évacué par les conduits.

Puits canadiens

Ce système de climatisation naturelle est constitué d'un réseau de tubes logé dans la terre (fig. 6.15). L'air nécessaire à la ventilation est aspiré par ces tuyaux avant d'être diffusé dans le bâtiment. Durant toute l'année, la température du sol, plus ou moins constante, est transmise à l'air capté. Le puits canadien rafraîchit en été et préchauffe l'air en hiver (fig. 6.16).

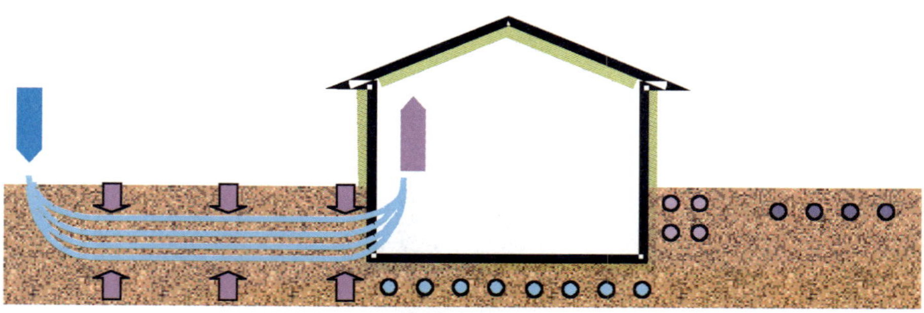

Fig. 6.15 Coupe schématique d'un puits canadien. Les cercles représentent des emplacements possibles pour les conduites.

(a) (b)

Fig. 6.16 Deux immeubles avec puits canadiens dans le canton de Genève: (a) cité solaire de Plan-les Ouates; (b) immeubles rue des Caroubiers (photos LESO).

Les précautions suivantes doivent être prises pour obtenir de bons résultats:

- Prévoir des orifices de nettoyage, en particulier à chaque virage.
- Prévoir un drainage de l'eau de condensation.
- Si les conduites sont placées sous le bâtiment ou près de celui-ci, les isoler thermiquement du bâtiment pour éviter que la chaleur tourne en cercle vicieux.
- S'assurer que les parois extérieures des tubes pourront garder un bon contact avec le terrain. En effet, le tassement de terrains peu meubles peut créer une lame d'air entre le tube et le terrain, ce qui diminue l'échange de chaleur.

Le matériel des tubes doit remplir les exigences suivantes (Fraefel, Huber *et al.* 2000):

- être résistant à la pression du terrain,
- être résistant à l'acidité du sol,
- être étanche à l'air et aux gaz (vapeur d'eau, radon),
- être lisse, pour faciliter le nettoyage,
- être facile à poser, de faible prix.

La longueur des tubes du faisceau, c'est-à-dire la distance qui sépare la prise d'air et l'appareil d'aération, ne devrait pas dépasser 30 m, pour éviter une perte de charge trop élevée. Pour assurer un bon échange de chaleur tout en limitant les pertes de charge, la section et le nombre de tubes doivent être tels que la vitesse de l'air soit comprise entre 2 et 3 m/s.

Si le but est d'assurer un amortissement des variations journalières de température, il faut écarter les tubes de 20 cm environ, alors qu'il faut les écarter de quelques mètres pour un stockage saisonnier. Enfin, la surface d'échange (périmètre des tubes fois longueur) doit être de 1/15 m^2 par m^3/h de débit à une vitesse de 2 m/s pour l'amortissement journalier, et la moitié moins pour l'amortissement annuel (Hollmuller 2002). La surface peut être légèrement réduite en augmentant la vitesse de l'air, mais les pertes de charges sont alors augmentées.

6.4 VENTILATION MÉCANIQUE

6.4.1 Principe, avantages et inconvénients

La ventilation mécanique consiste à faire circuler l'air dans le bâtiment au moyen de ventilateurs et de canaux de ventilation. Pour le principe, il faut se reporter au paragraphe 5.13.1.

Ses principaux avantages sont les suivants:

- Elle permet la ventilation de grands espaces de faible hauteur, et de locaux difficilement accessibles aux courants d'air naturels.
- Elle assure un contrôle total et continu des débits d'air et permet un meilleur contrôle du climat intérieur.
- Elle facilite l'isolation du bruit et de la pollution extérieurs, et peut donc être utilisée en environnement bruyant ou pollué.
- La récupération de la chaleur contenue dans l'air évacué est facile.

Ses inconvénients sont:

- La ventilation mécanique est souvent mal acceptée par les occupants, qui manquent de contrôle sur leur environnement (§ 2.3.5).
- Les installations et les conduits de ventilation occupent, directement ou indirectement, un volume considérable, environ 1/4 du volume du bâtiment (§ 5.13.4).
- Les coûts d'installation et d'exploitation sont élevés.
- Elle consomme de l'énergie électrique pour mouvoir l'air (§ 5.13.2).
- Elle est souvent bruyante, certains se plaignent des infrasons que génèrent certaines installations.
- La qualité de l'air fourni par les installations peut laisser à désirer, voire être catastrophique, si les précautions nécessaires ne sont pas prises lors de l'installation et pendant l'exploitation.
- Elle peut tomber en panne ou mal fonctionner.

Quelques informations utiles à la bonne conception des installations de ventilation mécanique sont réunies dans ce chapitre.

6.4.2 Sources de pollution dans les installation de ventilation mécanique

Introduction

Les occupants ne sont malheureusement pas les seules sources de polluants dans les bâtiments: ce dernier, avec ses installations, est souvent la principale source (Bluyssen, De Oliveira Fernandes *et al.* 1995). Il est connu depuis longtemps que des installations de conditionnement et de distribution d'air mal conçues ou mal entretenues contiennent des sources de pollution plus ou moins graves: odeurs provenant des filtres ou de conduites sales, moisissures ou bactéries dans les endroits humides, etc. (ASHRAE 1989; Seppälä, Jalonen *et al.* 2000). Fanger a notamment montré que la qualité olfactive de l'air pouvait, dans certains cas pathologiques, être améliorée en déclenchant la ventilation mécanique (Fanger 1988). C'est pourquoi, dans le cadre du programme de recherches européen AIRLESS[1], plusieurs laboratoires ont systématiquement cherché les

[1] Contrat de la Commission des Communautés Européennes JOR3-CT97-0171.

sources et les causes de pollution dans les installations de traitement d'air, avec pour objectif de proposer des méthodes permettant de réduire ces sources (Bluyssen, Björkroth *et al.* 2000). Le nez a été l'instrument de mesure principal pour ces examens, à cause de sa très grande sensibilité. Les résultats de cette étude sont résumés dans les paragraphes qui suivent.

Sources potentielles

Les sources de pollution potentielles dans les installations de traitement d'air se trouvent essentiellement dans le canal de pulsion et en aval, dans les conduits d'air.

La figure 6.17 représente schématiquement un canal de pulsion, dans lequel l'air passe successivement par un préfiltre, une batterie de chauffage, un échangeur d'air (ici un échangeur rotatif), une batterie de refroidissement et d'assèchement, un humidificateur, une batterie de chauffage, un ventilateur et enfin le filtre de sortie.

Dans la figure 6.18, la ligne brisée représente l'intensité des odeurs perçues dans une installation à divers endroits en suivant le cours de l'air. Les barres donnent la quantité de microorganismes (moisissures, levures et bactéries) par mètre cube d'air en différents endroits successifs, à savoir:

- sur les volets de réglage,
- sur la batterie de préchauffage,
- après le préfiltre,
- à l'entrée, au milieu et à la sortie de la conduite d'air pulsé.

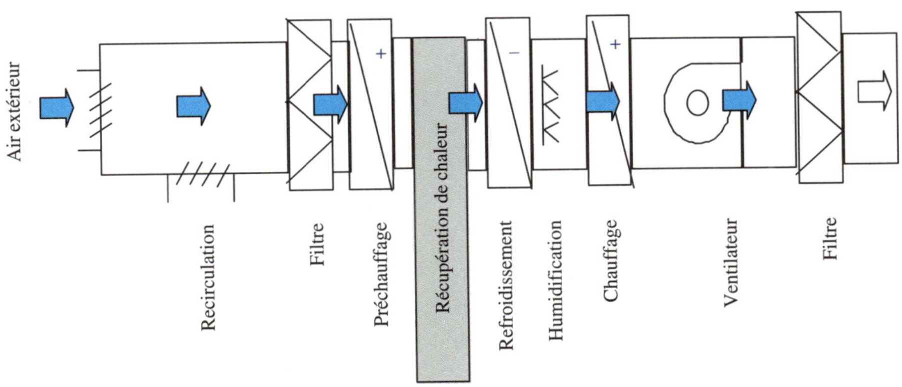

Fig. 6.17 Schéma du canal de pulsion d'une installation de conditionnement d'air.

Les microorganismes sont nombreux à l'extérieur, et encore plus nombreux avant le préfiltre. Les filtres retiennent effectivement une grande partie des microbes, mais ces derniers prolifèrent à nouveau plus loin, tout en étant peu présents dans les conduites. Par contre, l'intensité des odeurs augmente, de façon générale, le long du canal et dans les conduites.

Les sources de pollution potentielles dans les installations de traitement d'air se trouvent en amont, dans le canal de pulsion, et en aval:

- dans l'air extérieur (pollution due à la circulation par ex.);
- l'air recirculé contient les impuretés présentes dans l'air intérieur, que la ventilation est censée évacuer;

- les filtres sales sont des sources de pollution évidentes, mais certains filtres propres le sont aussi !
- les batteries de chauffage et de refroidissement peuvent être encrassées, et donc polluer l'air qui les traverse ;
- les échangeurs de chaleur peuvent non seulement être sales, mais peuvent aussi transmettre des polluants du canal d'extraction au canal de pulsion ;
- les humidificateurs pas très bien entretenus constituent un bon biotope pour des bactéries et des moisissures ;
- les conduites d'air sales peuvent polluer l'air qui les traverse.

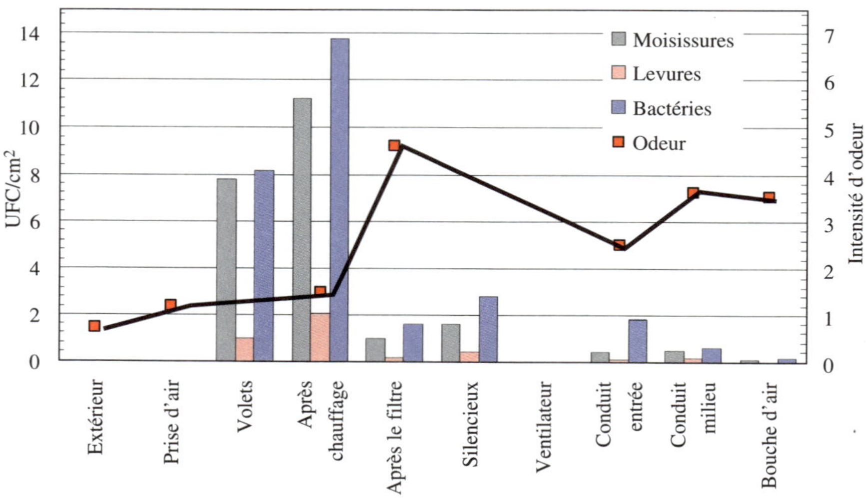

Fig. 6.18 Intensité des odeurs et microorganismes présents à différents endroits d'une unité (d'après Bluyssen, Cox *et al.* 2003).

Filtres

Les installations de traitement d'air sont munies de filtres, en premier lieu pour protéger ces installations contre la poussière et les saletés. Ces filtres servent aussi, en principe, à améliorer la qualité de l'air. Toutefois, même s'ils sont changés régulièrement, l'air passe au travers de la saleté qui s'y accumule (fig. 6.19). Il n'est dès lors pas étonnant que les filtres soient l'une des principales sources de pollution dans les installations de traitement d'air.

La figure 6.20 montre la diminution de l'acceptabilité de l'air dans un canal de pulsion. On note que cette diminution est plus rapide avec filtre que sans filtre.

La figure 6.21 montre l'intensité des odeurs observée en aval de filtres neufs, en fonction du débit d'air. Cette intensité dépend du type de filtre, et ne diminue pas en proportion inverse du débit d'air, comme ce devrait être le cas si l'émission était constante. La faible décroissance de la pollution avec le débit d'air semble indiquer que l'émission d'odeurs augmente avec le débit. L'odeur nettement plus importante provenant des filtres en cassettes provient des composés organiques volatils dégagés par le cadre de ces filtres, qui est en matière plastique.

Fig. 6.19 Filtres à poches, côté aval. Ce filtre est jaune pâle quand il est propre.

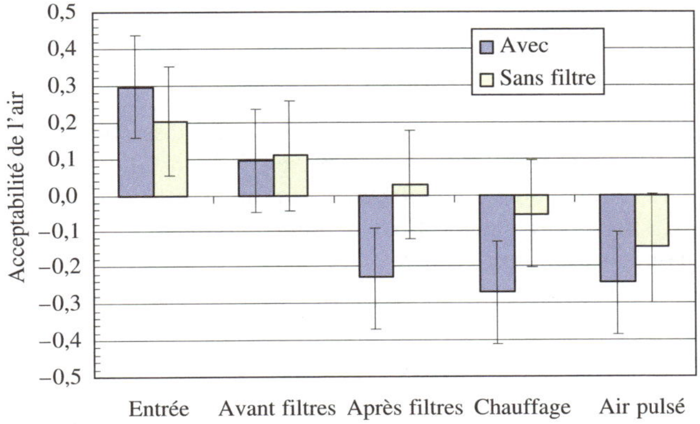

Fig. 6.20 Acceptabilité de l'air dans une installation de traitement d'air pour un débit de 250 l/s. Barres de gauche avec filtre, barres de droite, sans filtre (d'après Bluyssen, De Oliveira Fernandes *et al.* 1995).

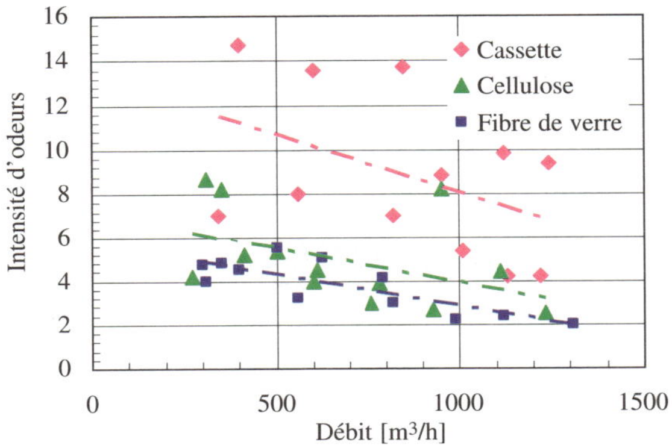

Fig. 6.21 Intensité des odeurs dégagées par trois types de filtres neufs de classe F7 (filtre fin) (d'après Bluyssen, De Oliveira Fernandes *et al.* 1995).

Des expériences effectuées dans le cadre du programme AIRLESS, il ressort que:

- Les filtres sont l'une des sources principales de pollution dans les installations de traitement d'air.
- Certains filtres émettent des polluants (composés organiques volatils, odeurs) lorsqu'ils sont neufs.
- Tous les filtres polluent quant ils sont sales.
- Les microorganismes ne sont pas les uniques sources de pollution.
- Les conditions environnementales (débit, température, humidité) ont peu d'influence sur les effets de la pollution.
- Une augmentation du débit d'air n'améliore pratiquement pas la qualité de l'air, mais semble augmenter l'intensité de l'émission de polluants.

Humidificateurs

Les humidificateurs d'air sont par définition humides, et se trouvent à une température propice à la prolifération de microorganismes. Ils peuvent constituer une source de pollution importante s'ils sont mal entretenus.

Comme le montre la figure 6.22, l'intensité des odeurs après un caisson d'humidification augmente quand l'humidification est active. Le débit d'air n'a pas d'effet sur les odeurs donc, ici aussi, l'intensité des émissions augmente avec le débit d'air.

Les caissons d'humidification représentent la seconde source importante de pollution. Comme le montre la figure 6.23, cette pollution est essentiellement causée par les microorganismes qui peuvent se développer en ambiance humide. Il semble néanmoins que les humidificateurs à nébulisation diminuent les odeurs. Toutefois, certaines cartouches à base de résines, utilisées pour adoucir l'eau, peuvent émettre des composés organiques volatils odorants.

Les raisons principales de pollution par les humidificateurs sont:

- une mauvaise conception (matériaux absorbant l'eau derrière l'échangeur, production de gouttes d'eau, connexion à l'égout sans siphon, etc.);
- un mauvais entretien (eau sale).

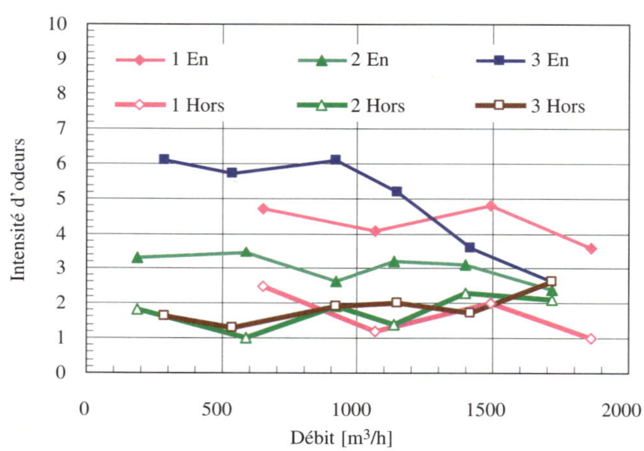

Fig. 6.22 Intensité des odeurs en fonction du débit, après un humidificateur lors de trois tests différents. Lignes fines: humidificateurs en fonction. Lignes grasses: humidificateur arrêté (d'après Bluyssen, De Oliveira Fernandes *et al.* 1995).

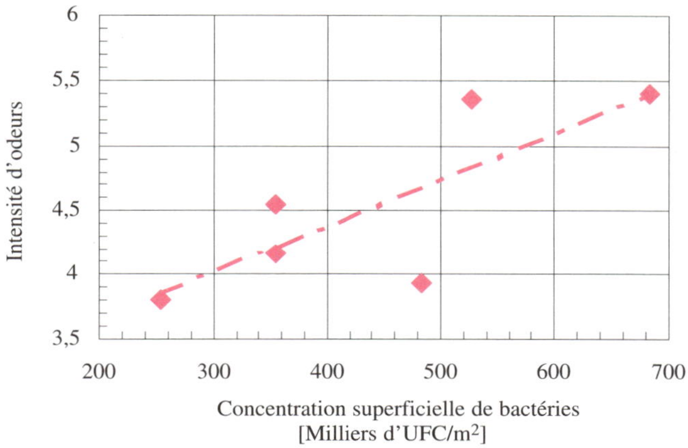

Fig. 6.23 Intensité des odeurs en fonction de la population de bactéries dans des humidificateurs (d'après Bluyssen, De Oliveira Fernandes *et al.* 1995).

Pour diminuer la pollution provenant des humidificateurs, il convient:

- d'éviter autant que possible d'humidifier l'air;
- d'utiliser une eau propre et la changer régulièrement;
- d'irradier en permanence l'intérieur du caisson aux rayons ultraviolets;
- de nettoyer régulièrement le caisson.

Conduits d'air

Les conduits exposés sans protection aux poussières de chantier s'encrassent (fig. 6.24). Cette poussière peut ensuite être le support de microorganismes qui augmentent le potentiel de pollution des conduites.

Fig. 6.24 Conduits de ventilation en attente sur un chantier (photo HUT).

Les lubrifiants utilisés pour la production de certaines conduites émettent par la suite des odeurs désagréables. On a observé une nette corrélation entre l'intensité des odeurs produites par une section de conduite et la masse d'huile déposée dans la conduite (fig. 6.25).

Dans les conduites, les principales sources de pollution sont donc les résidus de lubrifiant et autres résidus gras, la prolifération de moisissures et la saleté accumulée lors de la construction et en exploitation. Certaines conduites en plastique, notamment les gaines souples, émettent des COV malodorants.

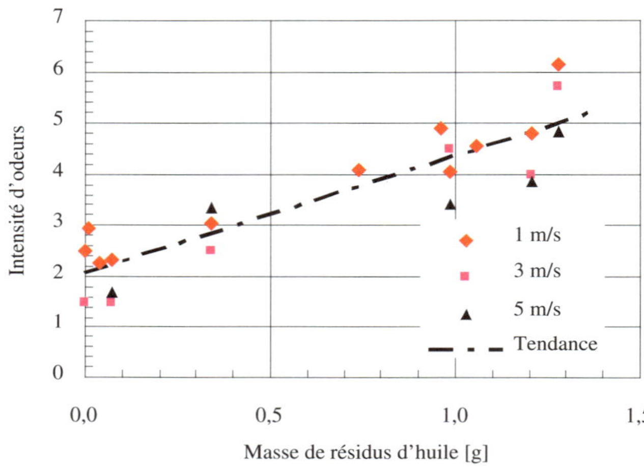

Fig. 6.25 Intensité des odeurs en fonction de la masse de résidus d'huile sur la surface intérieure des conduites (d'après Bluyssen, De Oliveira Fernandes *et al.* 1995).

Pour diminuer la pollution provenant des conduites, il convient:

- d'utiliser des conduites propres dès le départ et les maintenir propres pendant le chantier;
- de mettre en place un système de filtration efficace en amont des conduites pour éviter une contamination ultérieure;
- d'assurer une bonne gestion de qualité sur le chantier.

Batteries de chauffage et de refroidissement

Ces échangeurs de chaleur sont constitués de tubes à ailettes, qui peuvent accumuler de la poussière et être donc sources d'odeurs et de pollution. Toutefois, les examens effectués montrent que si les batteries de chauffage augmentent un peu la pollution existant dans le canal de pulsion, les batteries de refroidissement la diminuent un peu. La pollution causée par les batteries de chauffage et refroidissement semble donc faible, voire inexistante. Elle peut toutefois être aggravée par des défauts de conception, notamment dans les batteries de refroidissement. L'humidité de l'air peut condenser à la surface de telles batteries, et l'eau de condensation doit être évacuée. D'autre part, des gouttelettes d'eau peuvent être entraînées par le courant d'air, et aller humecter les filtres qui suivent, créant un climat favorable à la croissance de microorganismes. Un «attrape gouttes» permet d'éviter ce risque.

Récupérateurs de chaleur

Les récupérateurs de chaleur à flux séparés (échangeurs à plaque et à eau glycolée) sont à considérer au même titre que les batteries de chauffage ou de refroidissement. Les échangeurs de chaleur rotatifs, qui transmettent la chaleur du canal d'extraction au canal de pulsion au moyen d'une roue en nid d'abeille, ne sont pas des sources de pollution à proprement parler, mais transmettent certains polluants par plusieurs voies possibles (Roulet, Pibiri *et al.* 2000 et 2001):

- avec l'air extrait entraîné par la rotation de la roue dans le canal de pulsion;
- par les fuites toujours possibles entres la roue et la paroi de séparation entre les canaux de pulsion et d'extraction;
- par condensation – évaporation et adsorption – désorption des composés présents dans l'air extrait.

Les roues sont faites de matériaux divers, dont l'aluminium et des fibres synthétiques. La surface d'échange avec l'air est très importante, pour améliorer l'échange de chaleur (fig. 6.27(a)). Un traitement de surface rend certaines roues hygroscopiques, ce qui améliore le rendement de récupération, mais crée une grande surface (6.27(b)) susceptible d'adsorber des polluants.

Fig. 6.26 Vue d'une moitié d'un échangeur rotatif.

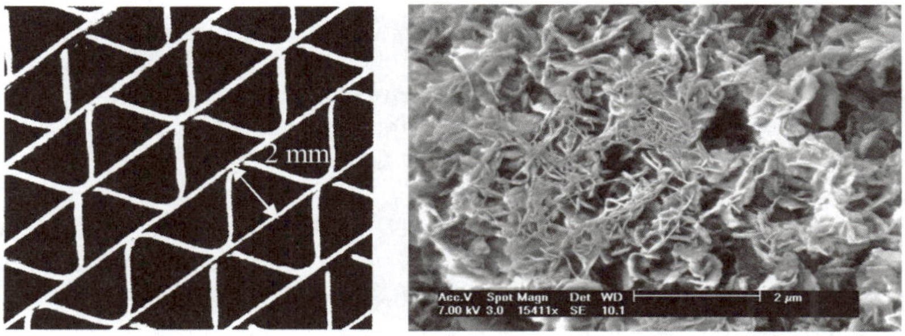

(a) (b)

Fig. 6.27 Coupe macroscopique d'un échangeur rotatif (a). Vue microscopique de la surface d'un tel échangeur (b), montrant la porosité d'une telle surface (photo EPFL).

L'air vicié qui entre dans les alvéoles de la roue qui sont très près de la surface de séparation entre les deux canaux (air pulsé et air extrait) peut ressortir dans le canal d'air pulsé si son temps de passage dans l'alvéole est supérieur au temps nécessaire pour faire passer l'alvéole dans l'autre canal (fig. 6.28). La roue entraîne ainsi un peu d'air vicié dans le canal d'air frais. Pour limiter l'importance de cet effet, on place un secteur de purge, qui reconduit l'air neuf ainsi vicié dans le canal d'air extrait (fig. 6.29).

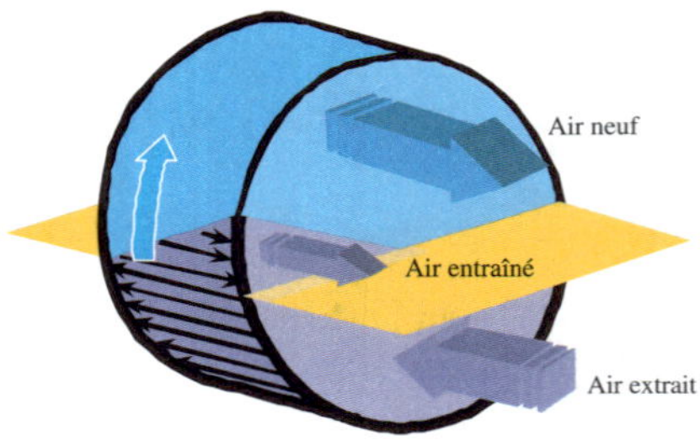

Fig. 6.28 Représentation schématique d'un échangeur rotatif, montrant la possibilité d'entraîner de l'air.

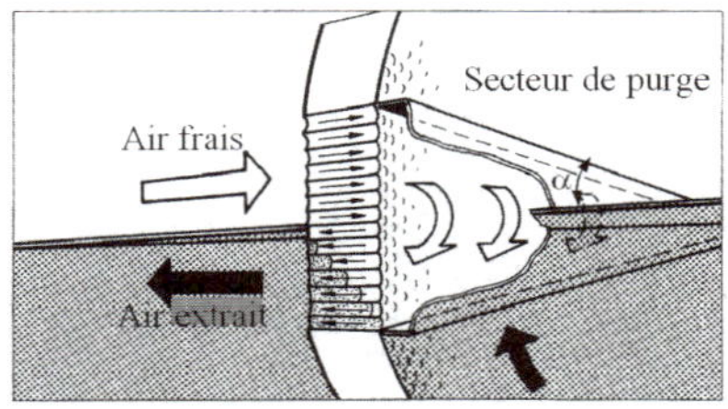

Fig. 6.29 Fonctionnement du secteur de purge. Il renvoie dans l'air extrait l'air frais qui a purgé l'air entraîné dans la roue. Il sera d'autant plus efficace que l'angle α sera plus grand. Toutefois, un grand secteur de purge réduit le rendement de récupération de chaleur.

Il est important que ce secteur de purge soit placé du côté de la roue dirigé vers l'intérieur du bâtiment (en aval par rapport à l'air neuf) et que la roue tourne dans le bon sens, celui qui fait passer les alvéoles de l'air vicié à l'air neuf en passant devant le secteur de purge. Le taux de recirculation résultant de l'entraînement est inférieur à 2 %. Il peut être réduit à moins de 1 % avec secteur de purge. Ce débit diminue avec le débit d'air et augmente avec la vitesse de rotation de la roue. Ce type de fuite recircule tous les composants de l'air, y compris les polluants, de la même manière.

En injectant divers composés organiques volatils (que l'on trouve couramment dans les bâtiments) dans le canal d'extraction, et en analysant leur concentration dans l'air pulsé, on a pu mesurer le taux de recirculation de ces composés (Roulet, Pibiri *et al.* 2001). Il varie avec le type de composé. Un secteur de purge réduit fortement la recirculation, sans toutefois le supprimer (fig. 6.30).

Le taux de recirculation varie avec le type de composé et, pour chaque type, avec le point d'ébullition. Les composés les plus lourds, ceux qui ont le point d'ébullition le plus haut, sont ceux qui présentent le plus grand taux de recirculation. Les échangeurs de chaleur rotatifs transfèrent des polluants présents dans l'air extrait essentiellement par adsorption-désorption.

A cause de ce phénomène, les échangeurs de chaleur rotatifs ne peuvent être recommandés que là où une certaine recirculation ne pose pas problème. Il faut néanmoins remarquer que les polluants recyclés sont déjà présents dans la zone ventilée, et que le recyclage ne fait qu'augmenter leur concentration, qui croît comme $1/(1\text{-}R)$, où R est le taux de recirculation. Avec un taux de recirculation de 5 %, la concentration en polluants dans la zone ventilée augmente de 5 % en valeur relative, alors qu'elle double si le taux de recirculation est de 50 %.

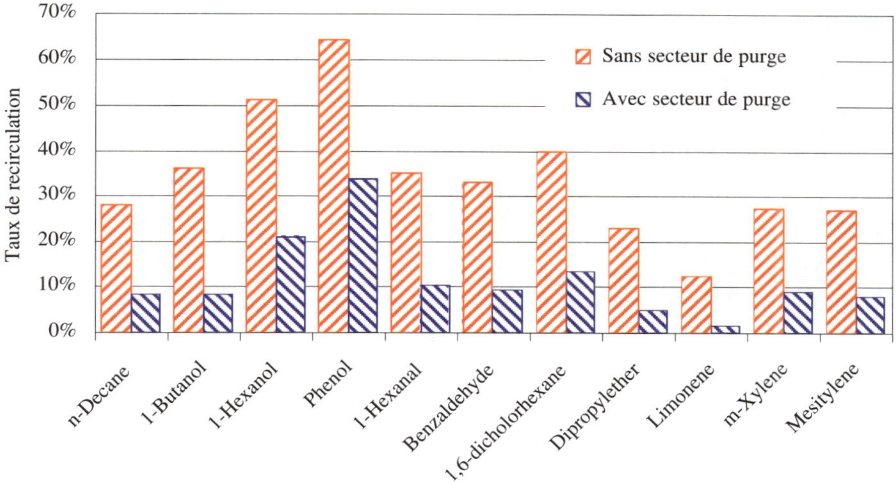

Fig. 6.30 Part du composé présent dans l'air extrait qui se retrouve dans l'air frais après passage dans un échangeur rotatif, pour différents composés organiques volatils (d'après Roulet, Pibiri *et al.* 2001).

6.4.3 Purification de l'air

De nombreuses techniques de purification ou de nettoyage d'air ont été développées pour atténuer des nuisances et émanations malodorantes provenant de procédés industriels. La combustion catalytique, la cryocondensation, la biofiltration, l'utilisation d'ozone et différents procédés chimiques de neutralisation sont utilisés dans ce but. Ces procédés, efficaces pour réduire des concentrations importantes de polluants spécifiques, seraient pour la plupart impossibles à mettre en œuvre pour le traitement de l'air intérieur, qui contient des traces de nombreux composants différents.

La qualité de l'air intérieur peut néanmoins être améliorée par divers dispositifs de purification: les filtres, les ioniseurs et les additifs, qui peuvent être soit installés dans les unités centrales de traitement d'air, soit des appareils portables placés dans l'espace habité. Il faut toutefois mentionner que ces dispositifs, s'ils sont mal installés, mal utilisés ou mal entretenus, peuvent aussi diminuer la qualité de l'air.

Filtres

Les poussières contenues dans l'air peuvent être retenues par des filtres mécaniques, électrostatiques ou biologiques. Les filtres mécaniques sont les plus courants (fig. 6.31). Ce sont des matelas de fibres au travers desquels on fait passer l'air. La poussière se dépose sur les fibres. Ces filtres sont classés en fonction de leur capacité à retenir les particules (fig. 6.32). Tous les filtres retiennent les grosses particules, mais seuls les filtres les plus performants, appelés filtres HEPA (*High Efficiency Particulates Air Filter*), retiennent les particules respirables.

Les filtres électrostatiques utilisent un fort champ électrique pour ioniser l'air. Des ions se déposent sur les particules, qui sont alors chargées et se déposent sur des plaques chargées alternativement positives et négatives (fig. 6.33). Le champ d'ionisation est obtenu en chargeant des fils minces (0,02 mm Ø) distants de 2 cm environ à une différence de potentiel d'environ 10 000 Volt. Les plaques de collection sont aussi distantes

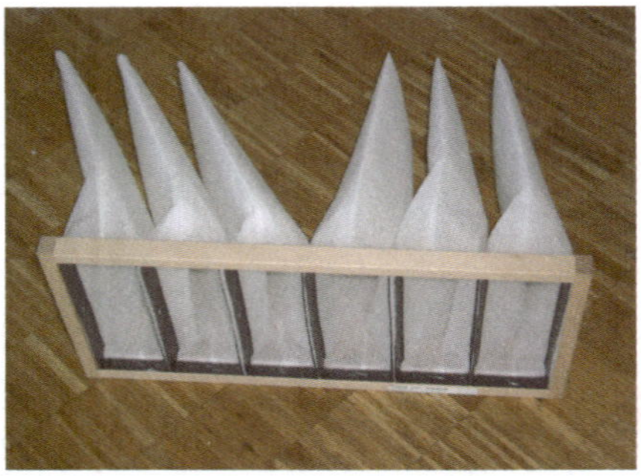

Fig. 6.31 Filtre mécanique à poches.

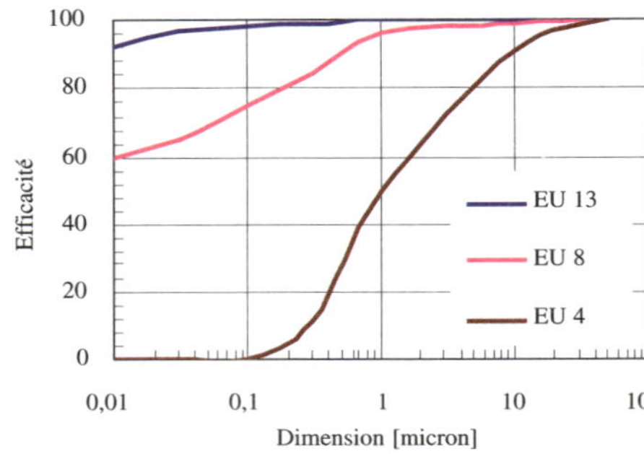

Fig. 6.32 Efficacité de rétention de trois types de filtres en fonction de la taille des particules.

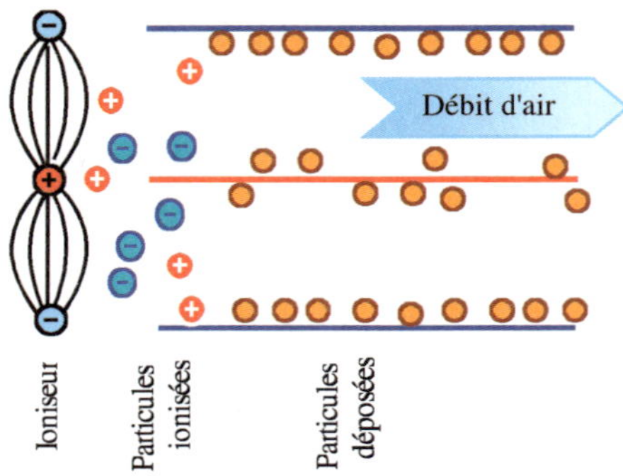

Fig. 6.33 Schéma d'un filtre électrostatique.

de 1 à 2 cm. Une plaque sur deux est chargée positivement à 7000 Volt, les autres étant mises à terre. Les plaques positives collectent les particules chargées négativement (environ 20% de la poussière), et les autres collectent les particules positives.

Les gaz nocifs ou malodorants ne sont pas retenus par les filtres mécaniques ou électrostatiques, mais peuvent être adsorbés dans des filtres à adsorption. Ces filtres contiennent des granulés poreux présentant une très grande surface par unité de volume. Le matériau le plus connu et le plus utilisé est le charbon actif. La capacité d'adsorption de ces filtres dépend de leur température et du composé à adsorber. Les vapeurs à haut point d'ébullition sont mieux adsorbées que les gaz à bas point d'ébullition. Ainsi, ces filtres sont peu efficaces pour retenir l'ammoniac, le formaldéhyde, l'acide chlorhydrique ou l'hydrogène sulfureux, qui bouillent à des températures négatives. Par contre, ils sont efficaces pour éliminer les odeurs et les composés organiques volatils lourds. Une fois saturés, il faut les changer, et on peut les régénérer en les chauffant à haute température à l'abri de l'air.

Les filtres biologiques sont aussi capables de retenir ou de décomposer des composés organiques volatils. L'air circule au travers d'un écosystème complexe, dans lequel des plantes, des mousses et d'autres matériaux organiques servent de substrat à une population microbienne. Ces filtres sont maintenus humides pour assurer la vie du biofilm. La diversité biologique permet la destruction d'une large gamme de polluants présents dans les bâtiments. Quoique très présents dans la nature, ces filtres sont peu utilisés, mais plusieurs recherches montrent une efficacité certaine contre de nombreux polluants (Llewellyn, Darlington *et al.* 2002).

Ioniseurs

Les purificateurs à ionisation ne contiennent pas de plaque filtrante chargée. Ces appareils ionisent négativement les molécules de l'air. Certains de ces ions vont se fixer sur les particules de poussières et les chargent. Elles vont alors plus rapidement se déposer sur les surfaces environnantes qui sont chargées positivement par rapport au ioniseur: murs, meubles, tissus. On prétend aussi que les ions négatifs améliorent le bien-être, voire soignent les bronchites, mais, selon le Dr Dominique Dupagne[2]: «*Certains travaux ont montré un effet protecteur vis à vis des infections dans les élevages industriels, notamment de volaille, mais aucun effet positif n'a été constaté chez l'homme. Les ioniseurs, jusqu'à preuve du contraire, ne sont efficaces ni préventivement, ni curativement, pour les affections humaines.*»

Selon une étude récente (Garbarczyk 2001), seule l'ionisation de la pièce entière, réalisée par exemple en plaçant au plafond une série de pointes chargée à haute tension, permet une réduction notable de la concentration de poussières respirables. Le ioniseur portable testé s'est révélé inefficace. Il faut aussi mentionner que les ioniseurs mal conçus peuvent produire de l'ozone ou des oxydes d'azote, qui sont tous deux irritants (§ 3.2.7 et 3.2.8). Enfin, les ions ont une courte durée de vie, car ils se neutralisent rapidement. Nous n'avons observé aucune différence de concentration en ions entre deux moitiés du même bâtiment, dont l'une des moitiés était équipée de ioniseurs installés dans l'unité de ventilation mécanique.

Additifs[3]

Une alternative à ces méthodes de réduction ou de destruction d'odeurs indésirables est l'introduction de produits masquants, composés chimiques destinés à modifier la perception de l'odeur indésirable en la rendant acceptable et à réduire la nuisance olfactive jusqu'à un niveau tolérable. Cependant, le fait de masquer ou de remplacer une odeur par une autre a souvent une connotation négative. Cette pratique, bien que très mal perçue, est cependant très fréquente (désodorisant d'atmosphère, «air freshener»). Ces produits sont très répandus, car ils sont en général efficaces et bon marché. De plus ils sentent bon!

Selon Diotima von Kempski « *...la qualité "gustative" de l'air intérieur est un facteur déterminant du sentiment de confort général ressenti* » (von Kempski 1998). Selon elle une qualité d'air intérieur satisfaisante ne peut être obtenue que si des stimulants olfactifs naturels avec suffisamment d'attributs positifs sont ajoutés. L'environnement urbain en manque déjà cruellement et les unités de traitement de l'air n'améliorent pas cet aspect. Elle préconise une utilisation très parcimonieuse des composés odorants dont la concentration devrait être à la limite du seuil de détection.

Les ***huiles essentielles*** sont connues et utilisées depuis plus de 6000 ans. Ces extraits odorants de plantes ont de multiples vertus thérapeutiques. En plus de leurs actions bactéricides et fongicides, elles ont la particularité d'avoir des effets psychophysiologiques (stimulantes ou sédatives). Elles sont généralement bien tolérées et les

2 http://www.atoute.org/dcforum/DCForumID5/244.html.

3 Le texte de ce paragraphe est dû à la plume de M.-C. Pibiri.

réactions allergiques sont fortement réduites par rapport à l'utilisation de parfums conventionnels. Elles remplaceraient aussi très avantageusement l'utilisation de certains produits de désinfection souvent toxiques utilisés dans les systèmes de ventilation.

Dans un bâtiment, une diffusion contrôlée d'huiles essentielles rigoureusement sélectionnées contribuerait à l'assainissement microbiologique de l'air et des systèmes de ventilation, et, par leur caractère odorant naturel, au bien-être des occupants en améliorant la qualité olfactive et la perception de l'air ambiant (Pibiri, Seigniez *et al.* 2001).

6.5 RÉSUMÉ

L'aération des bâtiments sert d'abord à diluer les polluants et à les éliminer avec l'air évacué. Les nouvelles normes de ventilation indiquent clairement que le débit d'aération d'un espace dépend non pas de son volume (taux de renouvellement d'air), mais de l'intensité des sources de pollution contenues dans cet espace. Pour améliorer la qualité de l'air tout en maintenant un débit raisonnable et en évitant les courants d'air et une consommation exagérée d'énergie, il convient d'une part d'éliminer les sources de pollutions inutiles et de diminuer les sources de pollutions inévitables, et d'autre part de contrôler les débits d'air, ce qui nécessite une enveloppe de bâtiment étanche à l'air et des dispositifs de ventilation naturelle ou un système de ventilation mécanique. Un concept d'aération adapté aux exigences actuelles devrait permettre d'ajuster en permanence le débit d'air aux sources de pollution résiduelles.

La ventilation naturelle consiste à contrôler le débit d'air qui passe au travers d'ouvertures ou de canaux de ventilation sous l'effet combiné du vent et du tirage thermique. Ces moteurs étant de force variable, seules des ouvertures ad hoc variables permettront de contrôler efficacement les débits. En plus des fenêtres et clapets classiques, on trouve sur le marché de nombreux dispositifs efficaces. Là où elle est possible, la ventilation naturelle est généralement mieux acceptée par les occupants que la ventilation mécanique. De plus, les occupants acceptent de plus grandes variations de température dans les bâtiments à ventilation naturelle que dans les bâtiments équipés d'air conditionné.

La ventilation mécanique permet d'aérer des locaux de toute taille de manière contrôlée. Les installations de ventilation mécaniques doivent toutefois être correctement dimensionnées et construites, et très bien entretenues. Les causes principales et les raisons de la pollution provenant des installations de traitement d'air varient en fonction du type de construction, de l'utilisation et du niveau d'entretien du système. Les filtres et les conduits représentent a priori la source principale de pollution, surtout au niveau des odeurs. Les batteries d'humidification et les échangeurs de chaleur rotatifs peuvent être des sources notables, surtout s'ils sont mal installés et mal entretenus. Les batteries de chauffage et de refroidissement ne semblent pas polluer beaucoup.

Une élévation de la température de l'air et du taux d'humidité augmente les risques de pollution et la perception des odeurs. Une augmentation du débit d'air n'améliore pas la qualité de l'air pulsé.

Le niveau de pollution externe a bien sûr beaucoup d'influence sur la qualité de l'air intérieur.

Tous les professionnels admettent que les installations de traitement d'air devraient être

- bien conçues,
- bien construites,

- bien mises en service,
- bien entretenues,

mais ce n'est pas toujours le cas.

Les mesures suivantes sont recommandées pour améliorer la qualité de l'air délivré par les installations de ventilation mécanique:

- L'enveloppe du bâtiment doit être aussi étanche que possible, pour que l'air passe exclusivement par l'installation de ventilation. Il reste néanmoins possible d'ouvrir des fenêtres, mais dans ce cas la ventilation mécanique doit être coupée dans les pièces avec fenêtres ouvertes. On parle alors de ventilation hybride.
- Pour garantir une bonne qualité d'air à un coût énergétique minimal, il est essentiel de n'utiliser la ventilation que pour aérer. A débit volumique égal, l'air transporte 4000 à 15 000 fois moins de chaleur que l'eau. Il convient donc de chauffer et de refroidir le bâtiment par d'autres moyens que la ventilation, qui ne sert dès lors qu'à fournir l'air nécessaire à une bonne hygiène intérieure.
- Il faut placer les prises d'air extérieur en un endroit où l'air est aussi propre que possible, notamment à une distance suffisante et en amont par rapport au vent des grilles d'évacuation de l'air vicié et des tours de refroidissement.
- Il faut également placer les bouches de ventilation (pulsion et extraction) de manière que les espaces soient entièrement ventilés, sans zones mortes dans les régions occupées. Souffler l'air neuf près des endroits qui doivent être les plus propres, et extraire l'air vicié près des sources de pollution.
- Il faut éviter autant que possible la recirculation d'air à l'intérieur des bâtiments.
- La récupération de chaleur permet de diminuer considérablement la consommation d'énergie nécessaire au conditionnement de l'air frais, et réduit l'énergie perdue dans l'air vicié. Toutefois, cette récupération n'est efficace que si l'enveloppe du bâtiment et l'installation de ventilation sont suffisamment étanches à l'air. Au mieux, le rendement de récupération est 10 à 20% inférieur à l'efficacité nominale de l'échangeur.
- Les échangeurs de chaleur rotatifs ont un meilleur rendement que les échangeurs à plaques, mains ils ne peuvent être utilisés que dans les locaux où une faible recirculation des polluants ne pose pas de problème.
- L'humidification de l'air est source de pollution et d'ennuis, donc à éviter autant que possible. En tout cas éviter une humidité trop élevée, causant des risques de moisissure. Si le débit d'air est réduit au débit hygiénique, les sources d'humidité internes devraient suffire pour assurer l'humidité minimale confortable (30%).
- Si l'installation est utilisée à temps partiel, l'enclencher suffisamment tôt avant la période d'occupation des locaux pour en purger les polluants accumulés.
- Il convient d'installer des filtres inodores, et les changer suffisamment souvent.
- Il faut aussi choisir des conduites d'air fabriquées sans lubrifiant, ou soigneusement nettoyées. Préférer les conduites cylindriques, plus faciles à rendre étanches que les conduits rectangulaires. Les choisir suffisamment grandes pour que la vitesse de l'air y soit réduite (2 m/s ou moins).
- Pour éviter de mouiller les filtres, placer un éliminateur de gouttelettes en aval des échangeurs de refroidissement et de dessiccation.

- Il faut enfin maintenir une grande propreté du réseau d'air pendant le chantier, exiger une mise en service avec un contrôle de fonctionnement correct de tous les éléments et assurer un bon entretien de l'installation.

L'objectif des installations de ventilation actuelles est d'apporter de l'air pur dans le bâtiment, pour remplacer l'air vicié qui s'y trouve. En faisant un parallèle avec l'eau, on peut se demander si cet objectif est suffisant. En effet, l'eau pure est insipide et désagréable. Elle est même toxique à haute dose car elle manque de sels minéraux. L'odorat et le goût étant des sens très proches, qui ont une forte influence sur le moral, pourquoi ne pas envisager de l'air meilleur que l'air pur? L'air de la campagne, de la forêt ou de la mer, si apprécié, n'est pas pur du tout. Dans le chapitre LV du 1er livre de ses Essais, Montaigne écrivait en 1580 déjà: *«Les medecins pourroient (ce crois-je) tirer des odeurs, plus d'usage qu'ils ne font: car j'ay souvent apperçeu qu'elles me changent, et agissent en mes esprits, selon qu'elles sont».*

6.6 BIBLIOGRAPHIE

ASHRAE (1989). ASHRAE Standard 62-1989R: Ventilation for Acceptable Indoor Air Quality. Atlanta, ASHRAE.

Bluyssen P.M., Cox C., *et al.* (2003). «Why, when and how do HVAC-systems pollute the indoor environment and what to do about it? The European AIRLESS project.» *Building and Environment* **38**(2): 209-225.

Bluyssen P.M., De Oliveira Fernandes E., *et al.* (1995). European Audit Project to Optimise Indoor Air Quality and Energy Consumption in Office Buildings. Final report of Contract Jou2-CT92-022,. Delft (NL), TNO Bouw,.

Bluyssen P.M., Björkroth M., *et al.*, Eds. (2000). *Why, when and how do HVAC-systems pollute? Characterisation of HVAC systems related pollution.* Healthy Buildings 2000. Espoo (SF), SIY Indoor Air Information Oy, Finland.

Fanger P.O. (1988). «Introduction of the olf and decipol units to quantify air pollution perceived by human indoors and outdoors» *Energy and Buildings* **12**: 1-6.

Fraefel R., Huber H., *et al.* (2000). *L'aération dans les bâtiments MINERGIE*, CLIMA SUISSE, Olgastrasse 6, 8024 Zürich.

Garbarczyk Z. (2001). «Effectiveness of indoor air cleaning with corona ionisers.» *J. of Electrostatics* **51-52**: 278-283.

Hollmuller P. (2002). Utilisation des échangeurs air/sol pour le chauffage et le rafraîchissement des bâtiments. *Faculté des Sciences*. Genève, Université de Genève: 120.

Llewellyn D.J., Darlington A.B., *et al.* (2002). *Temperature and Airflow Influences Indoor Air Biofiltration.* Indoor Air 2002, Monterey, Cal.

Nielsen P.V., Larsen T.S., *et al.* (2003). *Design methods for air distribution systems and comparison between mixing ventilation and displacement ventilation.* Healthy Buildings, Singapore.

Pibiri M.-C., Seigniez C., *et al.* (2001). *Assainissement microbiologique de l'air et des systèmes de ventilation au moyen d'huiles essentielles et leurs effets sur le bien-être des occupants.* CISBAT 2001, Lausanne, LESO, EPFL.

Roulet C.-A., Pibiri M.-C., *et al.* (2000). *Measurement of VOC Transfer In Rotating Heat Exchangers.* Healthy Buildings 2000, Helsinki, SIY Indoor Air Information Oy, Vantaa, Finland.

Roulet C.-A., Pibiri M.-C., *et al.* (2001). *Effect of Chemical Composition on Voc Transfer Through Rotating Heat Exchangers.* CLIMA 2000, Napoli, AICARR, Milano.

Seppälä A., Jalonen T., *et al.* (2000). *Cleaning and inspection methods for better hygiene of ventilation systems.* Healthy Buildings 2000, Espoo Finland, SIY Indoor Air Information Oy, Helsinki.

von Kempski D. (1998). Olfactory comfort – A new approach to improving IAQ. *IAQ and Energy 98*. A K. Persily. Atlanta, ASHRAE: 39-46.

CHAPITRE 7

PROTECTION CONTRE L'HUMIDITÉ ET LES MOISISSURES

7.1 OBJECTIFS DE LA PROTECTION CONTRE L'HUMIDITÉ

L'excès d'humidité dans le bâtiment peut causer de nombreux ennuis:

- Création d'un climat favorable à la croissance de divers microorganismes, dont les acariens et les moisissures inesthétiques (fig. 7.1) et parfois toxiques ou allergènes.
- Destruction des matériaux organiques, notamment le bois, par les moisissures ou des champignons (mérule en particulier, fig. 7.2).
- Altération des propriétés des matériaux (perte d'isolation thermique, ramollissement du plâtre et de nombreuses colles, etc.
- Apparition d'efflorescences cristallines sur les parois, l'évaporation laissant sur place les sels minéraux transportés par l'eau (fig. 7.3).
- Décollement des peintures, crépis, papiers peints, soit par l'humidité, soit par les efflorescences.
- Dégâts de gel.
- Apparition de taches (fig. 7.4).

Fig. 7.1 Taches de moisissures (EPQR Rénovation).

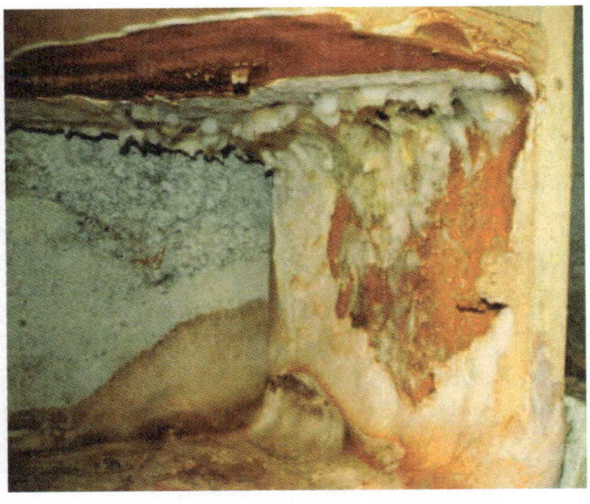

Fig. 7.2 Mérule (F. Baer, Holzschutz).

Fig. 7.3 Efflorescences (EPQR Rénovation).

Fig. 7.4 Remontée d'humidité (EPQR Rénovation).

Eviter les excès d'humidité signifie se protéger contre :

- la pluie,
- l'humidité du sol et de la nappe phréatique,
- le transport convectif de vapeur d'eau dans les éléments de construction,
- la condensation de vapeur d'eau,
- l'apparition de moisissures sur les surfaces ;
- l'accumulation excessive d'humidité par diffusion et capillarité dans les éléments de construction.

Selon la norme SIA 180, (SIA 1999) les objectifs généraux de la protection contre l'humidité sont les suivants :

- Eviter l'accumulation locale excessive d'eau libre dans la structure du bâtiment.
- La résistance thermique d'un élément de construction ne doit pas diminuer sous l'influence de l'humidité. Une variation mineure et réversible est néanmoins tolérée.
- Eviter les modifications irréversibles de composants du bâtiment sous l'influence de l'humidité.

7.2 PROTECTION CONTRE LA PLUIE

Cet aspect est mentionné ici pour mémoire, car les méthodes constructives pour protéger les bâtiments de la pluie sont bien connues. Nous rappellerons toutefois de porter un soin particulier à la protection contre la pluie battante, soufflée contre les façades par les vents violents, en citant le fait suivant : l'auteur a été appelé en tant qu'expert dans une villa de la côte lémanique suite à des infiltrations d'eau. Après de fortes pluies, l'eau coulait par la conduite électrique sur le lampadaire de la cuisine, et le mur ouest était manifestement trop humide. Après examen et vérification de l'étanchéité du toit, il s'est avéré que le crépi extérieur était trop mince et laissait passer une partie de la pluie battante dans les briques creuses du mur. Cette eau coulant dans le mur a pu pénétrer dans les tubes du réseau électrique. Ce phénomène était aggravé par le fait que le bâtiment était construit sans avant-toit.

7.3 ISOLATION DE L'HUMIDITÉ DU SOL ET DE LA NAPPE PHRÉATIQUE

Le sol est toujours un peu humide, et la nappe phréatique affleure la surface en de nombreux endroits. Cette eau peut non seulement augmenter l'humidité dans les caves, mais aussi remonter par ***capillarité*** dans les murs. Les mesures à prendre contre les ***remontées capillaires*** en terrain normalement humide sont les suivantes (fig. 7.5):

- Drainer tout le tour du bâtiment au niveau du pied des fondations. Si le bâtiment occupe une grande surface, drainer aussi sous le bâtiment.
- Construire les fondations en béton vibré ou en pierres de taille dense (calcaire, granite).
- Enduire la surface extérieure de bitume.
- Protéger cette surface du terrain par des plaques filtrantes ou du gravier, permettant à l'eau d'atteindre le drainage. Si le sous-sol est chauffé ou s'il n'y a pas une bonne isolation thermique entre le sous-sol et la zone chauffée, il convient de poser des plaques de matériau isolant n'absorbant pas l'eau (verre cellulaire, polystyrène extrudé) contre cette surface. Les plaques drainantes sont posées entre l'isolation et le terrain.
- Séparer les zones habitées du terrain par des caves ou un vide sanitaire ventilés.

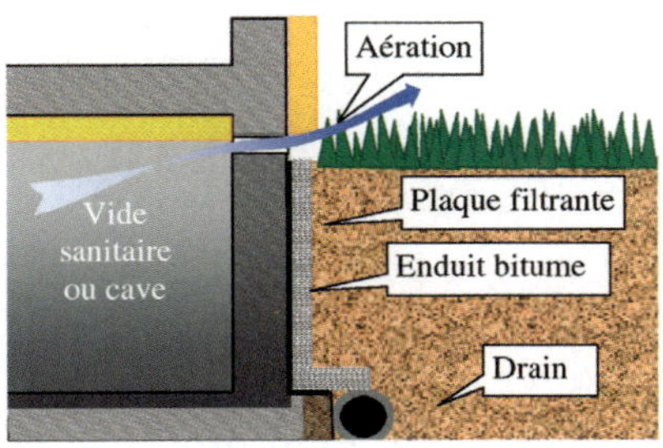

Fig. 7.5 Mesures contre les remontées d'humidité.

Si un bâtiment existant présente des remontées d'humidité, examiner la possibilité d'appliquer les mesures ci-dessus avant tout autre mesure. On trouve en effet sur le marché de nombreux produits et dispositifs destinés à couper les remontées capillaires à meilleur coût, mais peu d'entre eux se révèlent efficaces dans tous les cas.

Il convient de prendre des précautions supplémentaires si le terrain est particulièrement humide (construction au niveau ou sous le niveau de la nappe phréatique). Mentionnons l'abaissement de la nappe par drainage et pompage, la construction des fondations en radier étanche, etc. Dans ces cas, il est vivement recommandé de prendre conseil auprès d'un spécialiste.

7.4 TRANSPORT CONVECTIF DE VAPEUR D'EAU

L'air intérieur est généralement plus humide, en ce sens qu'il contient plus d'eau que l'air extérieur. En saison froide, l'air intérieur quittant le bâtiment par des fuites se refroidit au contact de la structure, qui est de plus en plus froide en s'approchant de l'extérieur. Lorsqu'elle atteint son point de rosée, la vapeur d'eau se condense sur les surfaces voisines (fig. 7.6).

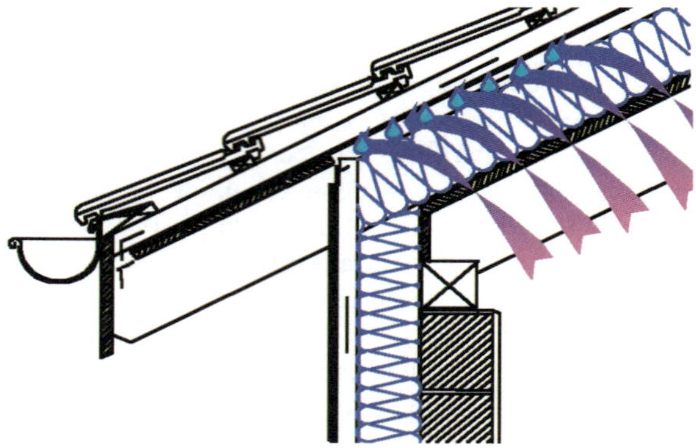

Fig. 7.6 Transport convectif dans une toiture bois sans étanchéité à l'air.

La quantité d'eau ainsi condensée peut être importante. Par exemple, le débit d'air traversant une fissure de 1 m de longueur et 1 mm de largeur est d'environ 5 m^3/h ou 6 kg/h, si la différence de pression est 4 Pa. Si cet air a une humidité relative de 50% et une température de 20°C, il contient 7 g/kg de vapeur d'eau. Ainsi, environ 50 grammes d'eau peuvent se condenser chaque heure du côté froid de cette fissure, ce qui donne plus d'un litre par jour !

Cet aspect est particulièrement important dans les combles habités, dont le plafond est lambrissé. Le lambris de bois travaille, et présente tôt ou tard des fissures. Une ***feuille d'étanchéité*** à l'air est indispensable pour éviter les courants d'air, autant pour assurer un confort acceptable que pour éviter la migration de vapeur.

7.5 CONDENSATION ET MOISISSURES SUR LES SURFACES

7.5.1 Conditions d'apparition de la condensation et des moisissures

La condensation apparaît instantanément sur toute surface dont la température est inférieure ou égale au point de rosée. D'autre part, des moisissures peuvent se développer sur toute surface où l'humidité relative dépasse 80% pendant un laps de temps suffisant (quelques semaines, § 3.4.7). Cette humidité superficielle dépend de la température de surface (donc du climat et de l'isolation) et de l'humidité de l'air ambiant, donc des sources de vapeur, du climat et de l'aération (fig. 7.7).

En hiver, les parois extérieures mal isolées et les ponts thermiques présentent une température de surface intérieure relativement basse, donc une humidité relative locale plus élevée que dans la chambre (fig. 7.8). Si l'humidité relative intérieure et les températures intérieure et extérieure sont données, on évite le risque de condensation ou de moisissures en assurant en tout endroit un facteur de température superficiel (§ 5.3.3) supérieur à une valeur critique. Cet aspect du problème dépend essentiellement de la qualité de la construction.

Par ailleurs, le point de rosée est directement lié à la température et à l'humidité de l'air intérieur. Comme l'humidité de l'air dépend d'une part de l'intensité des sources de vapeur d'eau et d'autre part du débit d'aération, cette humidité intérieure dépend fortement du comportement de l'occupant.

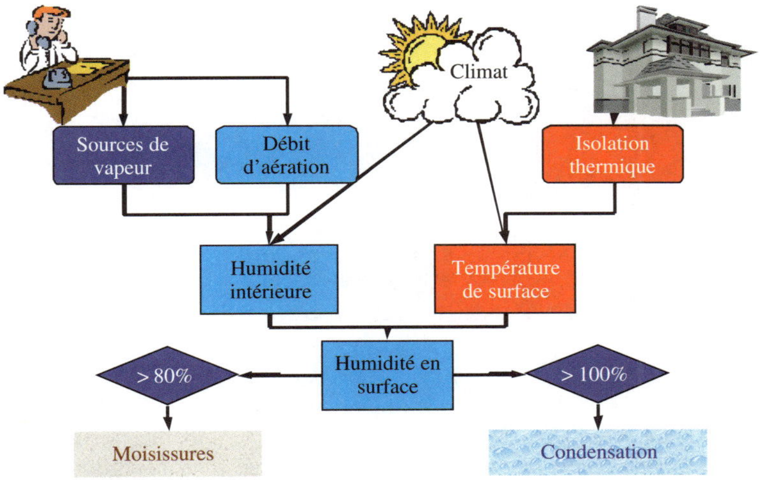

Fig. 7.7 Liens entre les phénomènes favorisant l'apparition de moisissures et de condensation. L'occupant, le climat et le bâtiment ont tous de l'influence.

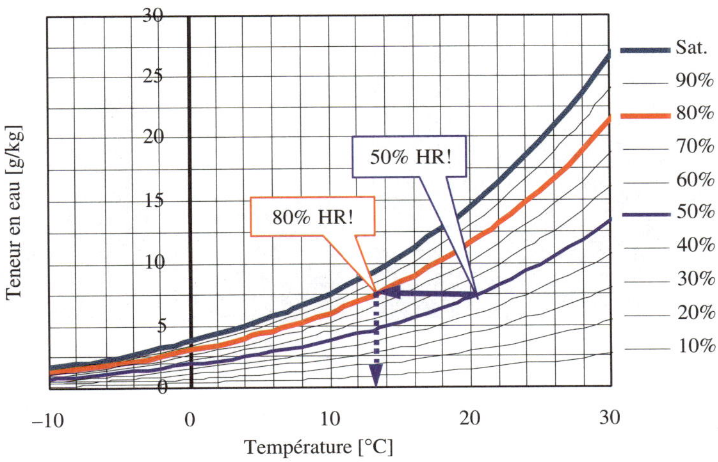

Fig. 7.8 L'air intérieur refroidi près d'une surface froide voit son humidité relative augmenter.

Lorsqu'un problème de moisissure apparaît, on voit souvent le propriétaire accuser le locataire de «mauvais comportement» et le locataire se plaindre du manque de qualité du bâtiment.

La norme SIA 180 (1999) permet de départager facilement entre ces deux opinions contradictoires. Il est en effet admis dans cette norme que l'humidité dans les logements ne devrait pas dépasser une valeur limite, dépendant des températures intérieure et extérieure (fig. 7.9). Cette limite est telle que le risque de moisissure est nul si le bâtiment est correctement isolé, notamment si, en aucun endroit de l'enveloppe, le facteur de température superficielle est inférieur à 0,75.

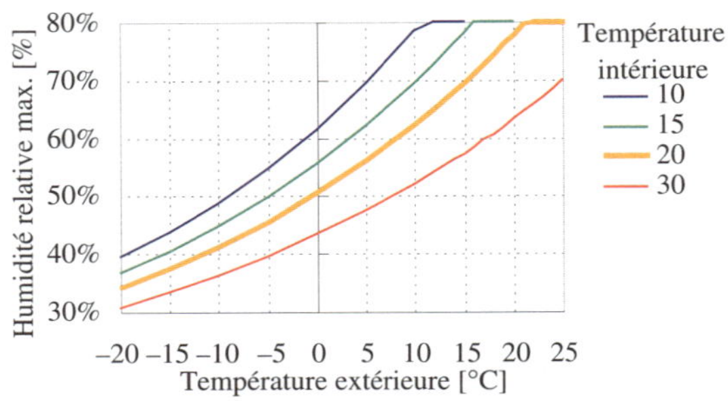

Fig. 7.9 Humidité relative maximale dans les bâtiments selon SIA 180.

Si l'humidité relative intérieure dépasse régulièrement cette limite, on peut attribuer à l'habitant une part de responsabilité dans l'apparition de moisissures (fig. 7.10(a)). Si, par contre, les moisissures apparaissent en des endroits où le facteur de température superficiel est inférieur à 0,75, les moisissures résultent d'une isolation insuffisante (fig. 7.10(b)).

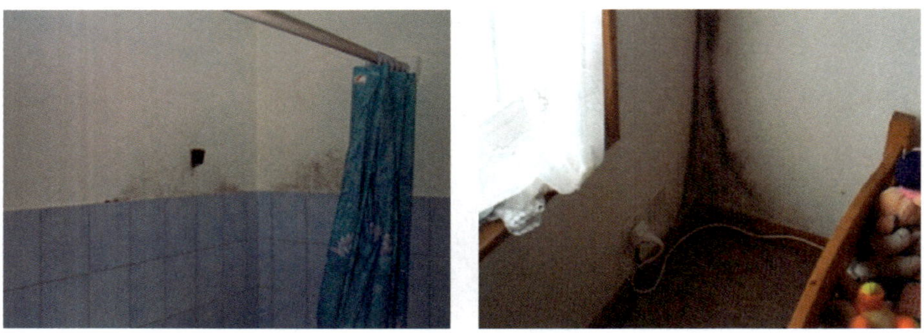

(a) (b)

Fig. 7.10 (a) moisissures résultant d'une humidité trop élevée due à une aération insuffisante; (b) moisissures près du pont thermique causé par la dalle et le mur de refend traversant la couche isolante.

7.5.2 Calcul du risque de moisissure

La règle demandant que le facteur de température superficiel soit inférieur à 0,75 est une règle simplifiée, donc plus restrictive que nécessaire et d'usage moins général qu'une règle plus fondamentale. Le modèle développé ci dessous permet d'estimer le risque de moisissure à partir de la constatation plus fondamentale que les moisissures n'apparaissent qu'aux endroits où l'humidité relative dépasse 80 % pendant une période prolongée. Le temps nécessaire à l'apparition de moisissures nous permet d'effectuer les calculs sur des valeurs moyennes mensuelles.

La température de surface intérieure de l'élément est donnée par:

$$\theta_{s,i} = \theta_e + f_{Rsi}\left(\theta_i - \theta_e\right) \quad [^\circ\mathrm{C}] \tag{7.1}$$

où :

θ représente les températures en moyennes mensuelles. L'indice *i* désigne l'intérieur et *e* l'extérieur.

f_{Rsi} est le coefficient de température superficiel défini dans § 5.3.3.

Le facteur de température superficiel qualifie le niveau d'isolation thermique. S'il est nul, l'isolation est nulle, s'il vaut 1, l'isolation est parfaite.

Pour éviter que l'humidité relative à la surface dépasse 80 %, la pression de vapeur de l'air intérieur ne devrait pas dépasser 80 % de la pression de vapeur saturante à la température de surface intérieure :

$$p_{i,lim} = 0{,}8 \cdot p_s(\theta_{s,i}) \quad [\text{Pa}] \tag{7.2}$$

où

$$p_s(\theta) = 610{,}5 \exp\left(\frac{17{,}27 \cdot \theta}{237{,}3 + \theta}\right) \tag{7.3}$$

pour les températures positives.

Pour garder une marge de sécurité, la norme SIA 180 demande que la différence entre la pression de vapeur maximale de l'air intérieur et la pression de vapeur à l'extérieur, p_e, ne dépasse pas 80 % (20 % de marge de sécurité) de la différence entre $p_{i,lim}$ et p_e

$$p_{i,max} - p_e = 0{,}8 \cdot (p_{i,lim} - p_e) \quad [\text{Pa}] \tag{7.4}$$

donc

$$p_{i,max} = p_e + 0{,}8 \cdot (p_{i,lim} - p_e) \quad [\text{Pa}] \tag{7.5}$$

La pression de vapeur à l'extérieur, où la température est θ_{se} et l'humidité relative φ_e, vaut :

$$p_e = 0{,}01 \varphi_e \, p_{sat}(\theta_e) \quad [\text{Pa}] \tag{7.6}$$

Pour calculer le risque de moisissures, les valeurs météorologiques mensuelles moyennes de θ_e et p_e ou φ_e suffisent. On peut aussi admettre que l'humidité relative extérieure varie linéairement avec la température extérieure, ce qui est approximativement le cas en Suisse :

$$\varphi_e \cong 75 - 0{,}25 \cdot \theta_e \quad [\%] \tag{7.7}$$

La pression partielle de vapeur d'eau de l'air extérieur ne dépend alors plus que de sa température.

Donc pour un coefficient de température superficiel, f_{Rsi}, et des températures extérieure et intérieure données, il faut éviter que l'humidité relative intérieure dépasse une valeur qui vaut :

$$\varphi_{i,\max} = 100 \frac{p_{i,\max}}{p_s(\theta_i)} \quad [\%] \tag{7.8}$$

Cette humidité relative intérieure dépend de la température, des sources de vapeur d'eau, du débit d'aération et de l'humidité de l'air extérieur. L'***humidité absolue*** *v*, qui est la masse d'eau contenue dans un volume d'air donné, est liée à la pression de vapeur par :

$$v = \frac{Mp}{RT} \quad \text{donc} \quad v_{i,\max} = \frac{M\, p_{i,\max}}{RT_i} \tag{7.9}$$

où M est le poids moléculaire de l'eau (0,018 kg/mole), et $R = 8{,}31396$ J/(mole · K) est la ***constante des gaz parfaits***, et T la température absolue. Le rapport R/M_e vaut 461,64 Pa m^3/(K kg).

Le débit d'air minimal $\dot{V}_{\min}$ permettant d'éviter le risque de croissance de moisissure est :

$$\dot{V}_{\min} = \frac{S_{w,i}}{\left(v_{i,\max} - v_e\right)} \quad [\text{m}^3/\text{h}] \tag{7.10}$$

où $S_{w,i}$ est le débit de production de vapeur d'eau à l'intérieur [kg/h].

7.5.3 Relations entre isolation, aération et risque de moisissures

Le modèle détaillé exposé dans le paragraphe 7.5.2 donne plusieurs relations entre isolation, aération et risque de moisissures. La figure 7.11(a) montre le débit d'air minimal nécessaire pour évacuer la vapeur d'eau produite par une personne et éviter le risque de moisissure en Suisse[1]. Le débit d'air peut être réduit en saison froide, lorsque l'air extérieur est particulièrement sec, mais doit être fortement augmenté en mi-saison. Il doit aussi être augmenté si le facteur de température superficielle en certains endroits est inférieur à 0,75.

La figure 7.11(b) est une autre vue du même phénomène. Elle montre le facteur de température superficielle minimal pour éviter l'apparition de moisissure lorsque le

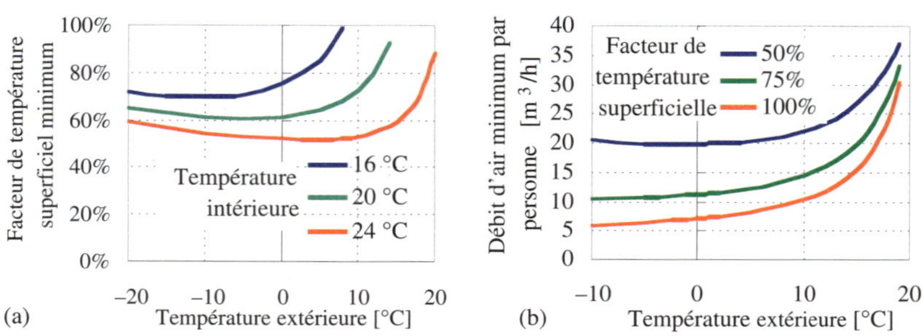

Fig. 7.11 Conditions permettant d'éviter les moisissures sur les parois extérieure : (a) facteur de température minimal à 15 m^3/h et par personne ; (b) débit d'air minimal par personne, à 20°C de température intérieure.

[1] Un débit d'air plus important peut être nécessaire pour éliminer la vapeur d'eau provenant d'autres sources (cuisine, lessive, etc.).

bâtiment est ventilé à un débit de 15 m^3/h et par personne. On note que plus la température est basse plus élevé doit être le facteur de température superficielle, donc meilleure doit être l'isolation thermique ! En d'autres termes, une plus basse température (par exemple pour économie de chauffage) interne augmente les risques de moisissure.

Notons que le facteur de température en pleine paroi isolée selon les normes modernes ($U < 0{,}2$ W/m²K) vaut au moins 0,9. C'est près des ponts thermiques que ce facteur peut diminuer et atteindre des valeurs critiques.

7.6 DIFFUSION DE VAPEUR D'EAU DANS LES ÉLÉMENTS DE CONSTRUCTION

7.6.1 Principes

En climats tempérés et froids, la teneur en eau de l'air est généralement plus élevée à l'intérieur qu'à l'extérieur, à cause des sources de vapeur d'eau internes (occupants, cuisson, lessive, plantes, sans parler des humidificateurs). Si l'humidité relative peut y être plus faible, c'est parce que la température intérieure est plus élevée que la température extérieure.

La plupart des matériaux de construction (plâtre, béton, brique, isolants) sont poreux. Ils laissent donc passer les gaz, notamment la vapeur d'eau, qui aura naturellement tendance à quitter l'intérieur, à plus haute pression, et à diffuser vers l'extérieur, à plus basse pression de vapeur.

Par ailleurs, la température se répartit au travers de la paroi, en variant fortement au travers des couches isolantes. La pression de vapeur saturante, qui varie fortement avec la température, variera donc aussi. Il est donc possible que la pression de vapeur d'eau en un endroit ou dans une partie de la paroi soit égale à la pression de vapeur saturante, ou qu'en d'autres termes, la température à cet endroit soit égale ou inférieure au point de rosée : il y a condensation (fig. 7.12).

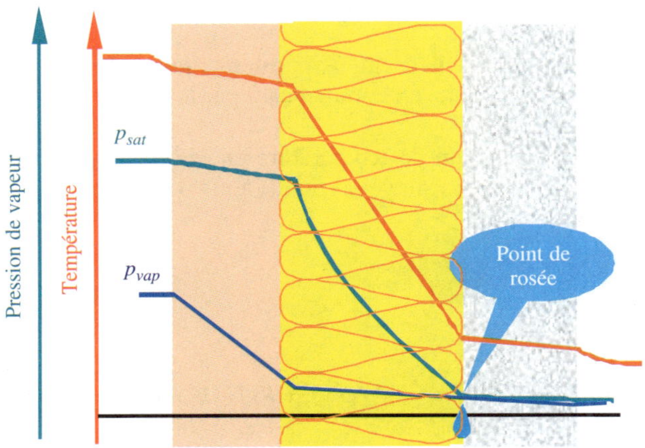

Fig. 7.12 Répartition de la température et des pressions de vapeur d'eau dans une paroi.

Une méthode très utilisée pour estimer les risques de condensation a été développée par Glaser (Glaser 1959). Elle est décrite en détail dans la norme internationale EN ISO13788(1999) et résumée dans le paragraphe 7.6.2. C'est une méthode simplifiée qui néglige de nombreux phénomènes, notamment l'adsorption, l'effet de la capillarité et le couplage entre les gradients de température et la migration de vapeur. Cette méthode a néanmoins fait ses preuves et elle est sûre: si elle ne prédit pas de risque condensation, il n'y en aura effectivement pas. Par contre, elle peut prédire un risque inexistant.

7.6.2 Méthode de calcul des risques de condensation selon Glaser

Calcul des caractéristiques des couches de la paroi

1. Calculer la résistance thermique de chaque couche, R_j selon EN ISO 6946 (§ 5.3.1).
2. Tracer un diagramme (pression de vapeur, épaisseur équivalente) dans lequel chaque couche de l'élément de construction est représentée par son *épaisseur équivalente s*:

$$s = \mu\, d \tag{7.11}$$

où μ est le *facteur de résistance à la diffusion de vapeur* et d l'épaisseur de la couche:

$$\mu = \frac{\delta_a}{\delta} \tag{7.12}$$

où:

δ_a est le coefficient de diffusion de la vapeur d'eau dans l'air. Par convention, on prendra $\delta_a = 7{,}2 \cdot 10^{-6}$ g/(m · h · Pa).

δ est le coefficient de diffusion de la vapeur d'eau dans le matériau de la couche.

On trouvera en annexe A.5 les caractéristiques de divers matériaux.

Calcul de la quantité mensuelle d'eau de condensation

Pour chaque mois de l'année, en commençant par le mois d'octobre, effectuer les opérations suivantes:

3. Déterminer la répartition de température en régime stationnaire à partir des températures mensuelles moyenne intérieure, θ_i, et extérieure, θ_e. A chaque interface j, on a:

$$\theta_{se} = \theta_e + R_{se}\, U\, (\theta_i - \theta_e)$$

puis

$$\theta_1 = \theta_{se} + R_1\, U\, (\theta_i - \theta_e) \quad \text{et} \quad \theta_j = \theta_{j-1} + R_j\, U\, (\theta_i - \theta_e) \tag{7.13}$$

Tracer sur le diagramme la répartition de pression de vapeur saturante qui résulte de la répartition de la température, en utilisant l'annexe A.3.

4. Déterminer la pression partielle de vapeur d'eau pour l'air intérieur, p_i, et extérieur, p_e:

$$p_i = \varphi_i p_{sat}(\theta_i) \quad \text{et} \quad p_e = \varphi_e p_{sat}(\theta_e) \tag{7.14}$$

où est l'humidité relative et p_{sat} la pression de vapeur saturante.

5. Si l'élément ne contient pas d'eau de condensation restant du mois précédent, relier par une droite les points (p_e; $s = 0$) et (p_i; $s = s_{tot}$) (fig. 7.13(a)).

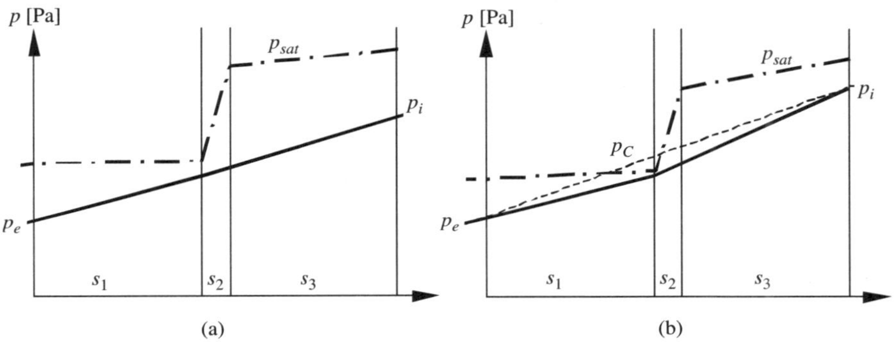

Fig. 7.13 (a) Pas de condensation; (b) condensation dans un plan.

Si cette droite ne passe pas au-dessus de la courbe $p_{sat}(s)$, passer au mois suivant. Si cette droite passe au-dessus de la courbe $p_{sat}(s)$, la déformer de manière à la rendre tangente à la courbe $p_{sat}(s)$. Le ou les points de contact définissent le ou les plans de condensation (7.13(b)), respectivement la ou les ***zones de condensation*** (fig. 7.14(a)).

6. Si l'élément contient déjà de l'eau de condensation en un ou plusieurs endroits, la pression de vapeur dans ces endroits est égale à la pression de vapeur saturante. Les droites tracées à partir des points p_e, $s = 0$ et p_i, $s = s_{tot}$ doivent rejoindre la courbe $p_{sat}(s)$ en ces endroits.
7. Calculer la quantité d'eau condensée en une heure:
S'il n'y a qu'un plan de condensation (fig. 7.13(b)):

$$g_C = \left(\frac{p_i - p_C}{s_3 + s_2} - \frac{p_C - p_e}{s_1} \right) \delta_a \tag{7.15}$$

S'il y a une zone de condensation (fig. 7.14(a)):

$$g_C = \left(\frac{p_i - p_{C2}}{s_i} - \frac{p_{C1} - p_e}{s_e} \right) \delta_a \tag{7.16}$$

S'il y a deux plans de condensation (fig. 7.14(b)):

$$g_{C1} = \left(\frac{p_{C2} - p_{C1}}{s_3 + s_2} - \frac{p_{C1} - p_e}{s_1} \right) \delta_a \qquad g_{C2} = \left(\frac{p_i - p_{C2}}{s_4} - \frac{p_{C2} - p_{C1}}{s_2 + s_3} \right) \delta_a \tag{7.17}$$

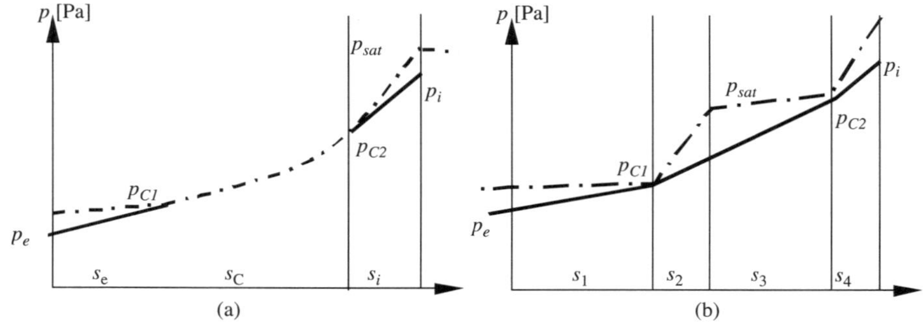

Fig. 7.14 (a) Zone de condensation; (b) deux plans de condensation.

Calculer la quantité d'eau condensée en un mois:

$$G_C = 24\, n\, g_C \tag{7.18}$$

où n est le nombre de jours du mois.

8. Ajouter cette quantité à la quantité d'eau condensée déjà contenue dans la zone considérée.

Quantité d'eau évaporée

9. Si le calcul de la quantité d'eau condensée donne un résultat négatif, cela signifie que de l'eau contenue dans la zone ou le plan de condensation correspondant s'est évaporée. Dans ce cas:
   - Si cette évaporation a lieu dans une zone de condensation, recalculer la quantité évaporée selon la figure 7.15(b) et la formule suivante:

$$g_A = -\left(\frac{p_i - p_C}{s_i + 0{,}5 \cdot s_c} - \frac{p_C - p_e}{s_e + 0{,}5 \cdot s_c} \right) \delta_a \tag{7.19}$$

   - sinon prendre la quantité d'eau condensée négative déjà obtenue ($g_A = - g_C$).

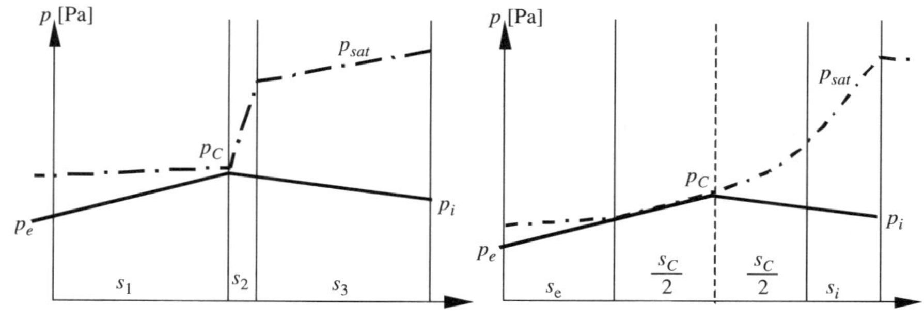

Fig. 7.15 Evaporation dans: (a) un plan de condensation; (b) une zone de condensation.

10. Calculer la quantité d'eau évaporée en un mois:

$$G_A = -24\, n\, g_A \tag{7.20}$$

où n est le nombre de jours du mois.

11. Soustraire cette quantité à la quantité contenue dans la zone ou le plan de condensation considéré. Le résultat de cette soustraction ne doit pas être négatif. Si la quantité d'eau évaporée calculée est supérieure à la quantité initiale, la zone est séchée et la quantité d'eau résiduelle est nulle.
12. Passer au mois suivant jusqu'à l'année compléte.

Des logiciels commerciaux[2] permettent d'effectuer facilement ces calculs.

Valeurs limites

Les consignes suivantes devraient être observées pour éviter des problèmes résultant de la condensation interstitielle (SIA 1999):

- L'eau condensée ne doit ni endommager, ni modifier significativement les caractéristiques des matériaux se trouvant dans la zone de condensation.
- Dans tous les cas, la quantité d'eau résiduelle après un cycle complet d'une année doit être nulle; l'eau condensée doit entièrement s'assécher.
- La quantité totale ne doit en aucun cas dépasser 800 g/m^2. Cette quantité maximale est réduite à:
  - 1% en volume dans les isolants thermiques (par ex. 1 l/m^2 ou 1000 g/m^2 dans ou contre une couche isolante de 10 cm d'épaisseur),
  - 3% en masse dans le bois ou les matériaux ligneux.

7.6.3 Comment éviter les problèmes liés à la diffusion de vapeur?

Une méthode simple d'éviter ce genre de problème consiste à choisir des modes de construction éprouvés. Il s'agit notamment des éléments de construction illustrés dans la figure 7.16. Ces éléments de construction n'ont pas besoin de pare-vapeur pour fonctionner correctement.

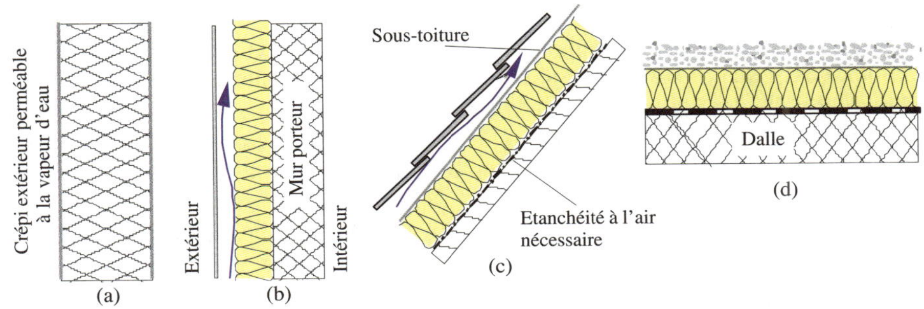

Fig. 7.16 Eléments de construction ne présentant pas de problème de condensation (SIA 1999). (a) paroi homogène, (b) isolation extérieure bardée, (c) toiture chaude, (d) isolation inversée sur toit plat.

[2] Par exemple WUFI (voir www.wufi.de), LESOKAI (voir http://lesowww.epfl.ch) ou GLASTA (voir www.physibel.be).

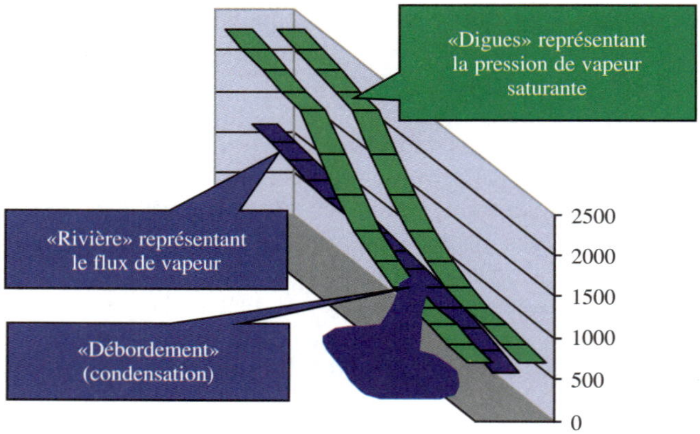

Fig. 7.17 Les «digues» de la pression de vapeur saturante empêchent la «rivière» de vapeur d'eau de «déborder» (condenser), sauf là où elles sont trop basses… (selon M. Nilsson).

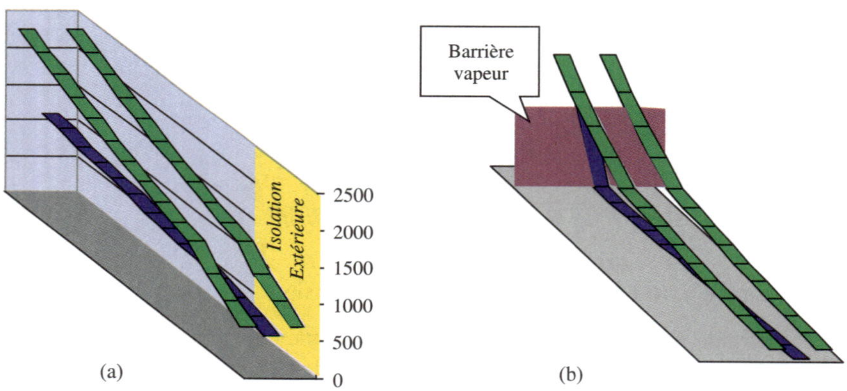

Fig. 7.18 Moyens d'éviter la condensation: (a) isolation extérieure chauffant la paroi; (b) barrière vapeur à l'intérieur.

Cette méthode n'est pas toujours possible, notamment en cas de rénovation de bâtiments existants. Il faut alors appliquer la méthode présentée au paragraphe 7.6.2 pour chaque élément de construction, et déterminer la variante convenable, à savoir celle qui satisfait les limites données. Une compréhension intuitive des phénomènes est alors très utile pour éviter de concevoir a priori des éléments de construction inutilisables.

On peut assimiler le flux de vapeur d'eau à une rivière qui coule dans un lit bordé de digues (fig. 7.17). Ces digues représentent la pression de vapeur saturante, elle-même directement fonction de la température. Plus la température est élevée, plus ces digues sont hautes. Si la pression de vapeur – illustrée par le niveau de la «rivière» – atteint la pression de vapeur saturante – illustrée par le haut des digues – il y a condensation, ce qui dans cette image correspond au débordement de la rivière.

Pour empêcher la rivière de déborder, il n'y a que trois méthodes, qui peuvent être complémentaires (fig. 7.18):

1. Rehausser le niveau des digues, ce qui correspond à élever la température de la paroi. En posant l'isolant à l'extérieur, on réchauffe toutes les couches de la paroi.
2. Freiner le débit en amont, de manière à abaisser le niveau en aval. Ceci correspond à poser une couche résistante à la diffusion de vapeur d'eau (frein ou ***barrière vapeur***). Il faut bien sûr placer cette couche là où les digues sont hautes, du côté chaud de la paroi.
3. Libérer le débit en aval, pour faciliter l'écoulement de l'eau. Ceci correspond à disposer, du côté froid de la couche isolante, des couches de matériau perméable à la vapeur d'eau.

Il est toujours préférable de choisir des structures ne nécessitant pas de barrière vapeur. En effet, celle-ci peut être perforée pendant ou après le chantier et perdre ainsi toute son efficacité. Par ailleurs, si une barrière vapeur empêche la vapeur de passer, c'est dans les deux sens: elle rendra aussi l'assèchement plus lent. On dit alors que la paroi «respire» moins bien.

On trouve maintenant dans le commerce des barrières vapeur adaptatives en polyamide, dont la résistance à la diffusion de vapeur varie de manière importante (facteur 25) entre l'état sec (haute résistance) et l'état humide (basse résistance). Si elles sont correctement posées, de telles barrières vapeur réduisent la diffusion de vapeur en hiver mais permettent un assèchement vers l'intérieur en été. Ces barrières vapeur peuvent être envisagées dans les cas suivants:

- Parois extérieures non ventilées, construction en bois non ventilées.
- Toits inclinés avec sous-couverture imperméable à la diffusion.
- Assainissement de toits inclinés depuis l'extérieur, pare-vapeur enveloppé au niveau des chevrons côté «froid.

La mise en œuvre doit toutefois être soigneusement étudiée, en tenant notamment compte des effets dynamiques de l'humidité dans les matériaux à l'aide d'outils de calcul adéquats.

Il faut aussi savoir que plusieurs matériaux sont étanches ou peu perméable à la vapeur d'eau sans pour autant être appelés barrière vapeur. C'est notamment le cas des métaux, du verre et des lés d'étanchéité à l'eau.

7.7 RÉSUMÉ

Pour éviter qu'un bâtiment présente des problèmes liés à l'humidité, il convient de prendre les mesures suivantes:

- Assurer la protection contre la pluie, y compris la pluie battante.
- Drainer le terrain au niveau des fondations ou, plus bas, isoler la zone habitée du terrain par des caves ou un vide sanitaire ventilés.
- S'assurer de l'étanchéité à l'air de l'enveloppe: l'air intérieur ne doit pas pouvoir s'infiltrer au travers de la structure.
- Bien isoler le bâtiment, en posant de préférence l'isolation à l'extérieur, et en évitant les ponts thermiques graves, c'est-à-dire ceux dont le facteur de température superficiel est inférieur à 0,75 en un ou plusieurs endroits.

- Utiliser les barrières vapeur lorsque c'est absolument indispensable, et les poser à l'intérieur de la couche isolante.
- Aérer suffisamment pour maintenir l'humidité relative intérieure à un niveau raisonnable. Limiter l'humidification de l'air au strict nécessaire.

7.8 BIBLIOGRAPHIE

CEN et ISO (1999). Norme EN – ISO 13788 Composants de bâtiment et éléments de construction – Calcul de la température de surface pour éviter l'humidité superficielle critique et calcul de la condensation dans la masse. Bruxelles et Genève, CEN et ISO.

GLASER (1959). «Grafisches Verfahren zur Untersuchung von Diffusions-vorgängen.» *Kältetechnik* **11**: 345-355.

SIA (1999). SIA 180: Isolation thermique et protection contre l'humidité dans les bâtiments. Zurich, SIA.

CHAPITRE 8

COMMENT ASSURER LA QUALITÉ DE L'ÉCLAIRAGE?

8.1 RAPPEL DES EXIGENCES

L'éclairage naturel ou artificiel doit satisfaire plusieurs conditions, énumérées à la section 4.4:

- L'éclairement doit être adapté à l'utilisation du local et de la place de travail ou de jeux.
- Le spectre de la lumière doit être aussi continu que possible, et avoir une teinte, ou une température de couleur adaptée à l'éclairement.
- Le contraste de luminance ne doit pas excéder 3 dans l'ergorama et 10 dans le panorama.

Ces conditions peuvent être satisfaites en dimensionnant et en plaçant correctement les ouvertures et autres dispositifs d'éclairage naturel d'une part, et des luminaires d'autre part.

8.2 ÉCLAIRAGE NATUREL

L'éclairage naturel est intéressant à plus d'un titre. C'est celui pour lequel nos yeux sont faits. Il est donc parfaitement adapté au point de vue spectral et ne papillote pas. Il n'absorbe aucune énergie, et chauffe moins, à éclairement égal, que toute source disponible commercialement pour l'éclairage des locaux. Ceci est intéressant dans les locaux climatisés où toute source supplémentaire de chaleur charge l'installation de réfrigération. Le seul inconvénient est qu'il n'est pas disponible sur commande, et qu'il est très variable, donc nécessite des systèmes de réglage pour éviter l'éblouissement (protections solaires mobiles).

Maîtriser l'éclairage naturel est primordial dès l'avant-projet pour garantir un éclairement suffisant adapté aux besoins des occupants, assurer une vision satisfaisante sur l'extérieur et éviter des inconvénients tels que les apports thermiques excessifs, l'éblouissement ou un besoin permanent en éclairage artificiel.

Si l'on désire profiter de l'éclairage naturel, il convient de lui permettre, par des ouvertures adéquates, de pénétrer à l'intérieur du bâtiment. Plusieurs logiciels

(Compagnon 1997; Paule, Bodart *et al.* 1998) permettent de simuler le local étudié et d'en déduire les facteur de lumière du jour, le taux d'autonomie ou même de produire une image très précise du local projeté (Ward 1994).

8.2.1 Recommandations générales

Les caractéristiques géométriques du local conduisent à choisir soit un éclairage latéral, soit un éclairage zénithal, soit un mélange des deux. Trois possibilités s'offrent au concepteur, illustrées dans la figure 8.1.

- Pour des locaux de faible profondeur[1] (jusqu'à 2 fois la hauteur), l'éclairage latéral convient. Des dispositifs de renvoi permettent d'éclairer des locaux légèrement plus profonds (§ 8.2.2).
- L'éclairage zénithal est indispensable pour assurer un éclairage naturel au fond des locaux de grande profondeur.
- Des lumiducs (conduits de lumière) peuvent amener un peu de lumière à des endroits peu accessibles.

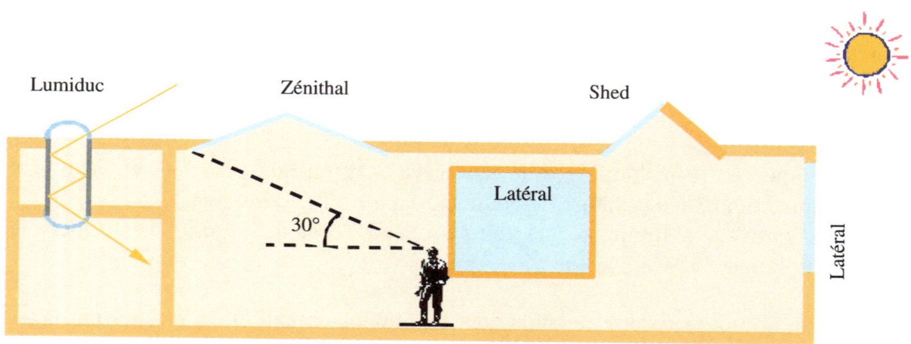

Fig. 8.1 Types d'ouvertures pour éclairage naturel.

Il est important de ne pas confondre la vue sur l'extérieur à hauteur des yeux qui est obligatoire, avec l'éclairage naturel latéral ou zénithal. Une fenêtre à hauteur de regard donne la vue sur l'extérieur, alors que l'éclairage peut être assuré par des prises de jour disposées en d'autres endroits.

En règle générale, l'éclairement près des fenêtres est largement suffisant, voire excessif. Le problème de conception principal, lorsque l'on désire utiliser l'éclairage naturel, est d'amener assez de lumière au fond des locaux, quitte à réduire l'éclairage près des fenêtres. Les principes suivants permettent d'améliorer la situation:

- Utiliser des vitrages clairs et éviter les ombrages fixes. Les verres teintés ou réfléchissants et les pare-soleil fixes réduisent la transmission de lumière en permanence, même quand on en a le plus besoin.
- Prévoir des dispositifs de contrôle (stores, volets, vitrages à transmission variable, etc.) car l'éclairage naturel est parfois trop violent!
- Utiliser les teintes les plus claires possibles pour les parois, le plafond, le sol et le mobilier.

[1] La profondeur est définie ici comme la plus grande distance à une fenêtre.

- Prévoir des fenêtres hautes. A surface égale, une fenêtre haute et étroite éclaire mieux qu'une fenêtre large et basse. Le haut des fenêtres apporte plus de lumière en fond de pièce que le bas.
- Eviter l'éblouissement, en disposant les ouvertures en fonction des places de travail ou réciproquement. Les ouvertures, surtout les zénithales, devraient se trouver en dehors de l'ergorama (champ de vision de 30° de demi-ouverture).
- Si l'on prévoit des dispositifs spéciaux (miroirs, «lightshelfs», lumiducs, etc.) s'assurer de leur efficacité soit par des références à des constructions existantes, soit par des études poussées par simulation sur ordinateur ou maquettes. Le seul dessin de quelques rayons typiques peut induire en erreur.

8.2.2 Facteur de lumière du jour

Ce facteur (FLJ) est le rapport de l'éclairement naturel en un point à l'intérieur du bâtiment à l'éclairement produit simultanément sur un plan horizontal à l'extérieur par tout l'hémisphère du ciel sans obstruction. En général, ce facteur est déterminé pour un ciel couvert type.

Ainsi, on peut trouver l'éclairement en ce point intérieur en multipliant simplement le facteur de lumière du jour par l'éclairement horizontal extérieur, qui peut varier de 3500 lux (peu après le lever du soleil ou peu avant son coucher, par ciel couvert) à 95 000 lux en plein soleil de juin à midi.

Pour obtenir un éclairage naturel suffisant, il faut que ce facteur dépasse 3 à 4%. Cette condition nécessaire n'est toutefois pas suffisante pour avoir un éclairage confortable (§ 4.4.3).

Le FLJ peut se calculer en simulant, dans un modèle sur ordinateur, le trajet des rayons lumineux depuis le ciel jusqu'à l'endroit désiré. Dans cette simulation, il faut tenir compte des réflexions, des diffusions et de l'absorption des rayons. On obtient ainsi l'éclairement à l'endroit choisi, donc, par simple division, le FLJ. Il peut aussi se mesurer sur maquette (fig. 8.2). Enfin, il peut se déterminer approximativement en utilisant la méthode décrite ci-dessous.

Comme le montre la figure 8.3, le FLJ peut être décomposé en un facteur direct A, un facteur dû aux réflexions sur des obstacles externes B, et un facteur dû aux réflexions sur les parois internes, C. Le facteur direct peut être estimé à l'aide du diagramme de la figure 8.4.

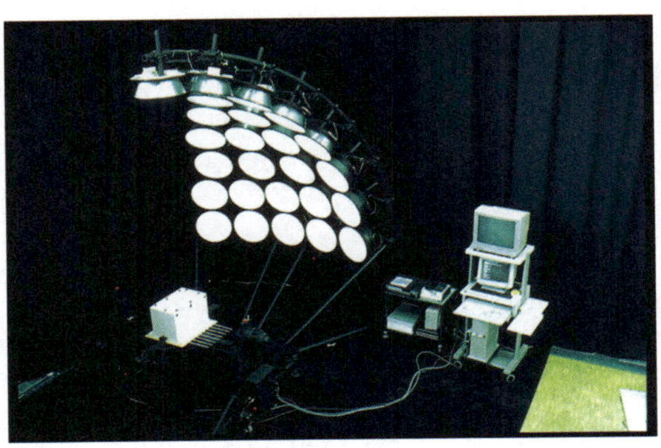

Fig. 8.2 Mesure sur maquette exposée au ciel artificiel du LESO.

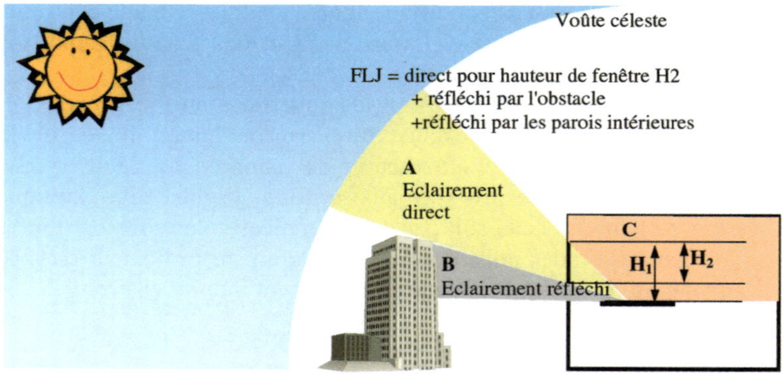

Fig. 8.3 Le FLJ peut être décomposé en un facteur direct A, un facteur dû aux réflexions sur des obstacles externes B, et un facteur dû aux réflexions sur les parois internes, C (d'après Terrier et Vandevyver 1999).

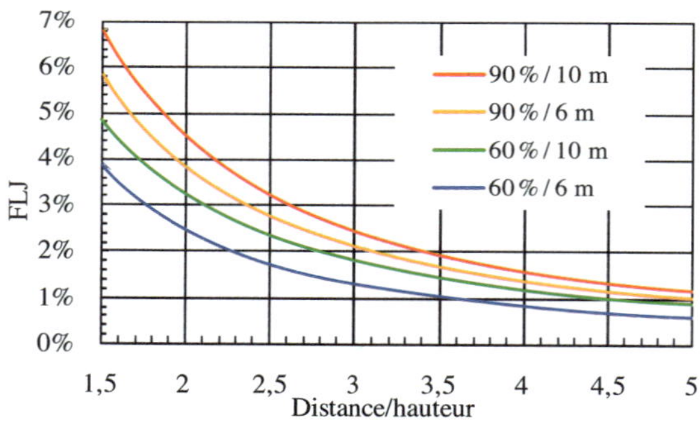

Fig. 8.4 Facteur de lumière du jour direct en fonction du rapport distance à la fenêtre/hauteur des ouvertures, pour deux types de locaux (environ 6 et 10 mètres de largeur) et deux taux de vitrage (90 % et 60 % de la largeur de la façade) (d'après Terrier et Vandevyver 1999).

Ce diagramme donne le facteur de lumière du jour direct en fonction du rapport de la distance à la fenêtre à la hauteur des ouvertures, pour deux types de locaux (environ 6 et 10 mètres de largeur) et deux taux de vitrage (90 % et 60 % de la largeur de la façade). S'il y a des obstacles extérieurs, il convient d'utiliser, pour la hauteur des ouvertures, la hauteur H_2 de la figure 8.3.

Ensuite, on peut ajouter le facteur réfléchi par l'obstacle, en le prenant égal au facteur direct déterminé avec une hauteur d'ouverture de $(H_1 - H_2)$ et multiplié par 0,1. Enfin, on peut ajouter l'éclairement réfléchi par les parois intérieures du local, en ajoutant 1 à 2 % si les parois sont bien claires, moins si elles sont teintées, et rien si elles sont foncées.

Le facteur de lumière du jour dépend enfin de la transparence des vitrages à la lumière visible, τ. Ce coefficient de transmission lumineux multiplie le FLJ calculé sans vitrage. Les données caractéristiques de plusieurs types de vitrages se trouvent dans l'annexe A.6. La figure 5.60 donne ce coefficient en relation avec le coefficient de transmission énergétique global pour le rayonnement solaire pour divers vitrages. On note qu'un vitrage protégeant du soleil diminue aussi l'éclairage. Il n'existe pas de vitrage antisolaire qui soit très transparent à la lumière.

8.2.3 Taux d'autonomie en éclairage naturel

L'éclairage naturel étant variable, il est intéressant de connaître le pourcentage du temps d'utilisation des locaux pendant lequel l'éclairage naturel suffit à la demande. Ce taux dépend de l'horaire d'utilisation des locaux, de l'éclairement requis, du climat (en ce qui concerne la lumière) et de la répartition et des dimensions des ouvertures et systèmes d'éclairage naturel. On l'obtient en calculant heure par heure l'éclairement en chaque endroit, et en faisant la somme des heures d'occupation pendant lesquelles l'éclairement est suffisant. La figure 8.5 montre un exemple du résultat d'un tel calcul.

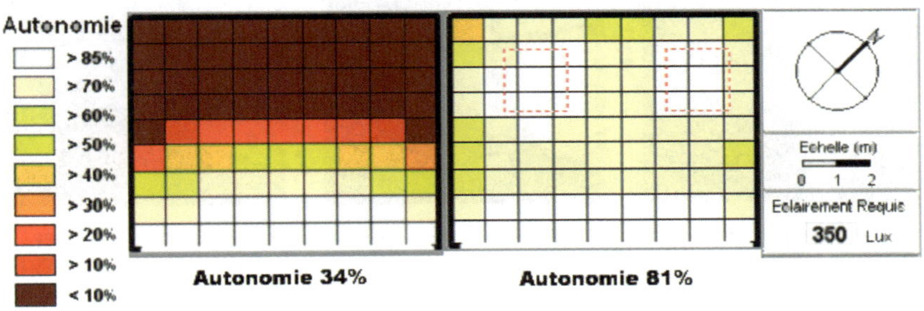

Fig. 8.5 Cartes (obtenues avec le logiciel DIAL) de l'autonomie en éclairage naturel d'une salle de classe sans (à gauche) et avec (à droite) un éclairage zénithal supplémentaire formé de deux verrières de 2 m de côté.

8.2.4 Miroirs, lumiducs et dispositifs anidoliques

Des dispositifs optiques très variés ont été imaginés pour renvoyer en fond de pièce la lumière en excès près de la fenêtre. Ces dispositifs vont du simple panneau (*lightshelf*) au vitrage holographique, en passant par des jeux de miroirs plans ou courbes ou des prismes. Quelques-uns de ces dispositifs sont décrits ci-dessous.

Lightshelfs et prismes

Le *lightshelf* est un simple panneau horizontal ou légèrement incliné, placé plus haut que le regard dans la fenêtre (fig. 8.6). Ce panneau porte ombre près de la fenêtre, et diffuse ou réfléchit la lumière venant d'en haut vers le plafond, qui est ainsi plus clair. Ces dispositifs réduisent l'éclairage près de la fenêtre, mais ne renforcent guère l'éclairage en fond de pièce, comme on peut le voir sur la figure 8.7.

On peut nettement améliorer la quantité de lumière disponible en plaçant les réflecteurs ou les diffuseurs à l'extérieur (fig. 8.8). Toutefois, les miroirs plans et les prismes renvoient au fond de la pièce la lumière ne provenant que d'une petite partie du ciel seulement, et font souvent plus d'ombre que de lumière.

Fig. 8.6 Coupe schématique d'une pièce équipée d'un *lightshelf* intérieur (© G. Mischler, www.schorch.com).

Sans *lightshelf* — *Lightshelf* diffusant — *Lightshelf* réfléchissant

Fig. 8.7 Simulation de l'éclairage d'une pièce équipée d'un *lightshelf* intérieur par ciel diffus (Uni. North London).

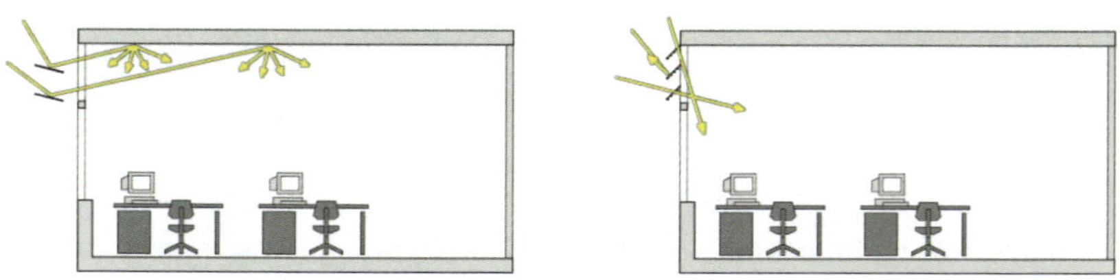

Miroirs extérieurs — Panneaux prismatiques

Fig. 8.8 Coupe schématique d'une pièce équipée de dispositifs de renvoi de lumière extérieurs (© G. Mischler).

Vitrages spéciaux

On trouve de plus en plus sur le marché des vitrages spéciaux visant à renvoyer la lumière soit vers l'extérieur (vitrages antisolaires) soit vers le haut. Quelques exemples sont illustrés dans la figure 8.9.

Ces vitrages, comme les miroirs et les prismes, brouillent les images et ne peuvent pas donner de vue. Ils ne contrôlent pas l'intensité de l'éclairage. Enfin, l'efficacité de certains de ces vitrages est loin d'être bonne: l'effet recherché n'existe que pour les rayons provenant de certaines régions du ciel. Il convient donc de s'assurer de leur efficacité en examinant les directions de renvoi de rayons provenant de tout le ciel.

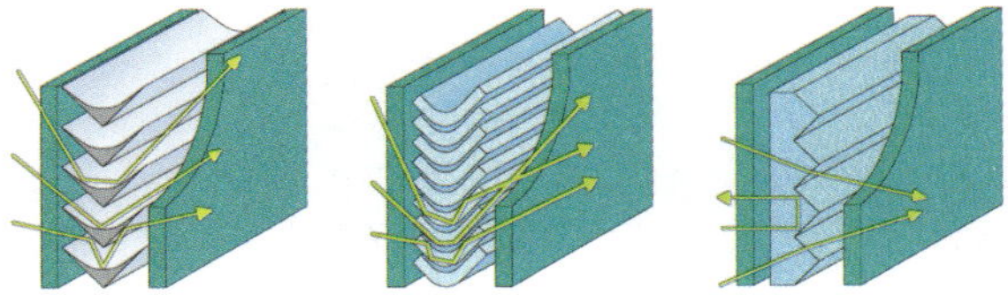

Fig. 8.9 Coupe schématique de divers types de vitrages spéciaux (© G. Mischler).

Miroirs anidoliques

Les miroirs anidoliques sont, comme leur nom l'indique, des miroirs qui ne donnent pas d'image nette, mais qui renvoient la lumière en un faisceau plus ou moins étroit. Ils furent d'abord utilisés pour concentrer le rayonnement dans des fours solaires et pour récolter le mieux possible la radiation Čerenkov dans les expériences de physique nucléaire. Il est possible d'arranger de tels miroirs de manière à récolter, par exemple, la lumière provenant d'un quart du ciel et de l'envoyer en un faisceau plus étroit éclairant le plafond et le fond de la pièce (fig. 8.10). L'efficacité de tels systèmes est illustrée par la figure 8.11 et la figure 8.12 de droite. Ce système est appliqué notamment sur la façade du LESO (§ 1.7.5 et figure 8.13).

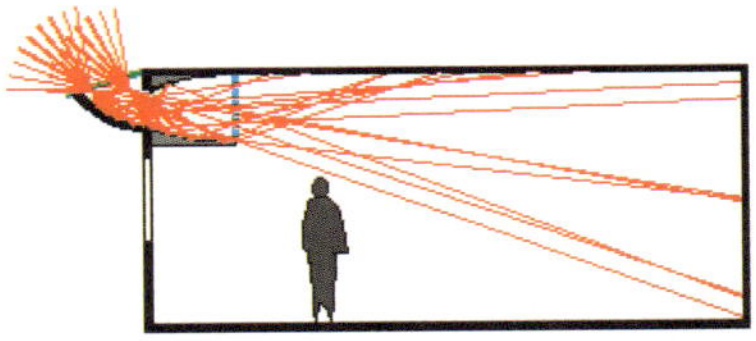

Fig. 8.10 Coupe schématique d'une pièce équipée d'un dispositif anidolique (d'après Compagnon, Scartezzini *et al.* 1993).

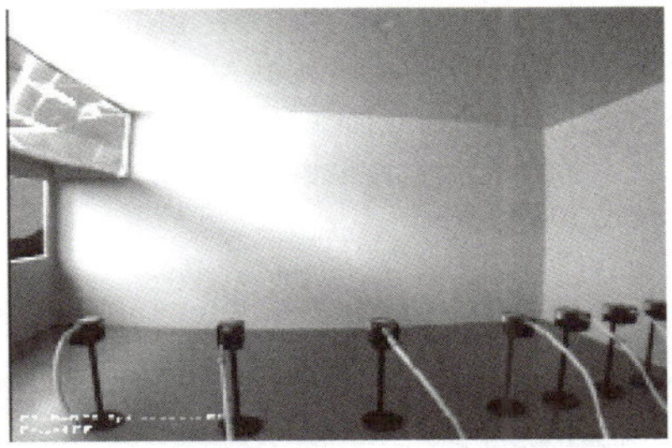

Fig. 8.11 Photo de cette pièce en maquette sous ciel artificiel.

Fig. 8.12 Simulation de l'éclairage naturel de deux pièces. A gauche, fenêtre standard. A droite, avec dispositif anidolique. La ligne blanche démarque les zones ayant un FLJ inférieur à 1,5%. La différence d'éclairement en fond de pièce est nettement visible (d'après Compagnon 1997).

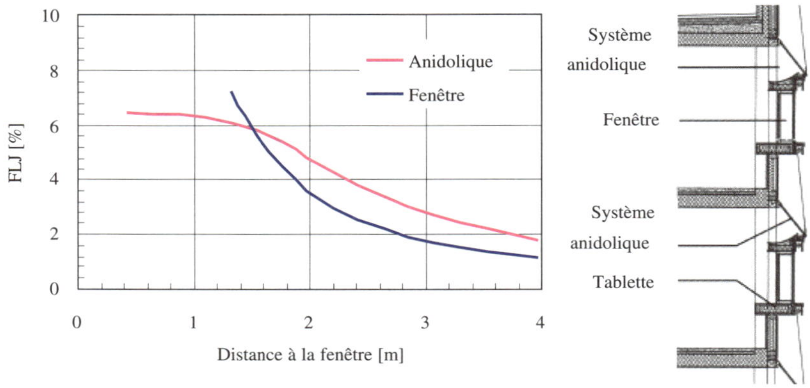

Fig. 8.13 Comparaison des facteurs de lumière du jour obtenus dans une pièce avec une fenêtre et dans la même pièce où le haut de la fenêtre est transformé en système anidolique (d'après Altherr and Gay 2002).

Lumiducs

Pour éclairer en lumière naturelle des locaux borgnes, il faut capter et conduire la lumière au travers du bâtiment. Malheureusement, les rayons lumineux perdent de leur intensité à chaque réflexion contre les parois du conduit.

Pour amener suffisamment de lumière sur une distance intéressante, il faut que les deux conditions suivantes soient réunies :

- utiliser un revêtement aussi réfléchissant que possible sur les parois des conduits ;
- dimensionner et disposer les conduits de manière à minimiser le nombre de réflexions.

Fig. 8.14 Lumiduc. A droite, effet produit dans un salon (images Monodraught Ltd, UK).

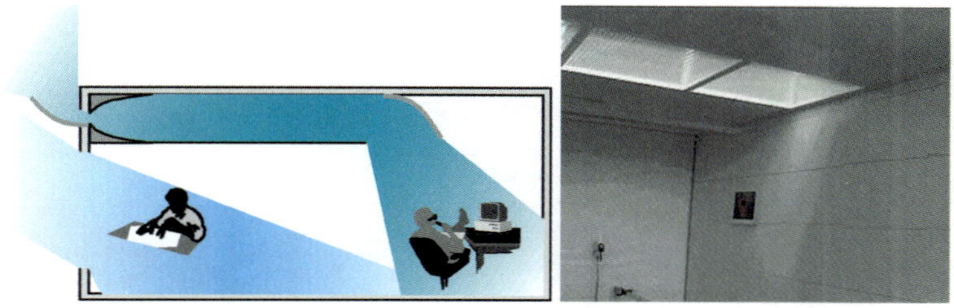

Fig. 8.15 Principe du plafond anidolique: une partie de la lumière frappant la façade est renvoyée vers l'arrière de la pièce par un jeu de miroirs de forme particulièrement étudiée.

La simple cour étroite ou une cheminée couverte d'un vitrage zénithal ne peuvent pas assurer un éclairage suffisant sur plus d'un, éventuellement deux étages. Le captage de la lumière peut être nettement amélioré par l'utilisation de miroirs anidoliques. Par exemple, le LESO a fait de bonnes expériences avec un plafond anidolique, qui est en fait un lumiduc horizontal (fig. 8.15) (Courret, Scartezzini *et al.* 1998).

8.2.5 Protections solaires

Les protections solaires servent à contrôler non seulement l'éclairage naturel, mais aussi les gains de chaleur solaire, été comme hiver et en tenant compte des besoins réels, variables. Les protections fixes telles qu'auvents, verres teintés ou réfléchissants, voire arbres, réduisent l'éclairage naturel même par ciel couvert, sans permettre aucune adaptation.

Un contrôle efficace de l'éclairage naturel nécessite donc des protections mobiles qui permettent d'assurer un éclairage suffisant même par ciel couvert tout en évitant l'éblouissement.

Vous trouverez dans la section 5.11 plus de renseignements sur les protections solaires.

8.3 ÉCLAIRAGE ARTIFICIEL

L'éclairage artificiel est indispensable quand l'éclairage naturel fait défaut. Toutefois, il chauffe et consomme de l'énergie, et ne devrait donc être utilisé qu'en cas de besoin et sans excès. Il convient donc d'adapter les sources aux besoins de façon à garantir l'éclairage nécessaire tout en consommant le moins d'énergie possible. Dans ce but, il faut d'une part utiliser autant que possible des sources à hautes performances, et d'autre part les disposer de façon à assurer l'éclairage nécessaire seulement là où il est nécessaire.

8.3.1 Types de lampes

L'éclairage artificiel tire parti de divers phénomènes physiques pour transformer une forme d'énergie (le plus souvent électrique) en lumière. On utilise notamment la chaleur, l'ionisation d'un gaz par décharge électrique et la fluorescence.

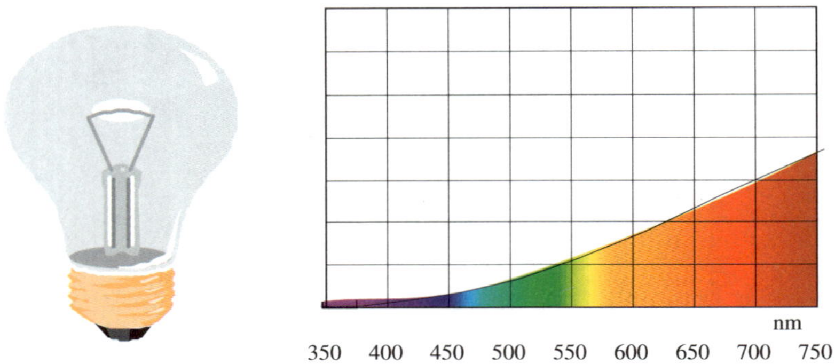

Fig. 8.16 Lampe à incandescence et son spectre.

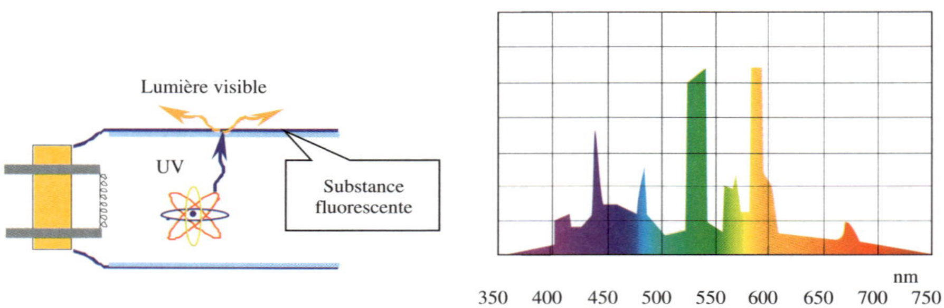

Fig. 8.17 Tube fluorescent et son spectre.

Les lampes à incandescence, ainsi que les flammes utilisent le rayonnement électromagnétique émis par toute source chaude (rayonnement du corps noir). Le spectre de telles lampes est continu (fig. 8.16).

La teinte est rougeâtre pour les basses températures (2000 K) et vire au bleuâtre si la température est très élevée (plus de 3000 K). Les lampes quartz-iode font partie de cette catégorie. L'iode contenu dans l'ampoule permet d'augmenter la température du filament sans réduire sa durée de vie.

Les tubes fluorescents sont remplis d'un gaz à basse pression, essentiellement de la vapeur de mercure. La décharge dans ce gaz produit de la lumière dont une grande partie est ultraviolette. Cette lumière UV éclaire la couche fluorescente qui tapisse l'intérieur du tube et émet alors de la lumière visible. Le spectre comprend une partie continue et des raies (fig. 8.17). La teinte de la lumière dépend de la composition de la couche fluorescente.

Les lampes HQI produisent de la lumière par décharge électrique dans un gaz formé d'halogénures métalliques à haute pression. La lumière a une teinte très blanche et un spectre quasi continu (fig. 8.18).

Une décharge électrique excite les atomes de vapeur de sodium des lampes au sodium, qui émettent alors une lumière quasi monochromatique jaune (fig. 8.19). Leur rendement lumineux est excellent mais le rendu des couleurs est catastrophique. C'est pourquoi on n'utilise ces lampes que pour l'éclairage des rues.

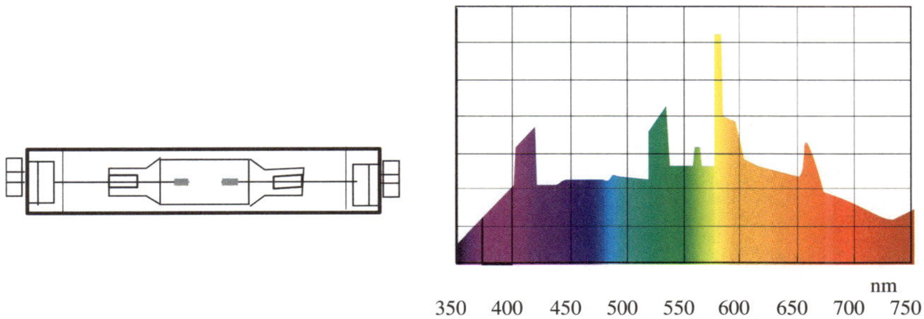

Fig. 8.18 Lampe HQI (halogénures métalliques) et son spectre.

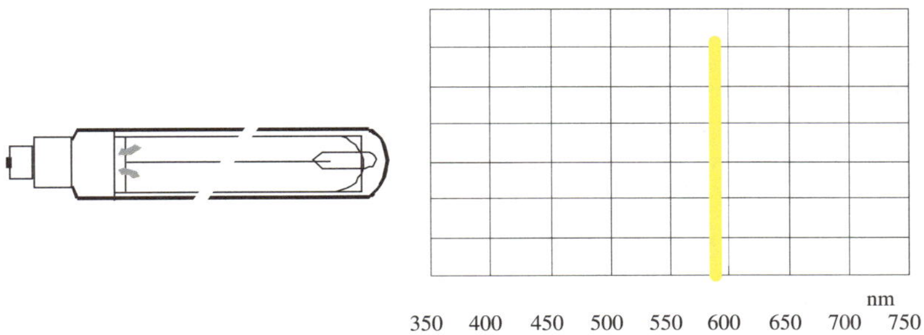

Fig. 8.19 Lampe au sodium et son spectre.

On porte maintenant beaucoup d'espoirs sur les diodes électroluminescentes (fig. 8.20). Ce sont des diodes à semi-conducteurs qui émettent de la lumière lorsqu'elles sont traversées par un courant. La lumière émise par la plupart des modèles est monochromatique, donc ne comporte qu'une couleur. On peut toutefois aussi obtenir de la lumière blanche soit en combinant plusieurs diodes de couleurs complémentaires, soit

Fig. 8.20 Macro photo d'une diode électroluminescente dont le diamètre réel est de 5 mm.

Fig. 8.21 Lampes faites de 20 diodes électroluminescentes blanches.

en associant une diode à courte longueur d'onde avec des matières fluorescentes. Les diodes commercialisées en 2007 ont une puissance relativement faible, de l'ordre du watt, mais déjà une efficacité et une durée de vie remarquables. Pour obtenir une lumière suffisante on les assemble à plusieurs (fig. 8.21). Les recherches en cours visent à améliorer leur rendement lumineux et augmenter leur durée de vie qui pourrait atteindre 40 000 h.

8.3.2 Rendement lumineux des sources

Le rendement lumineux est défini par le rapport du flux lumineux total Φ issu de la source à la puissance P (généralement électrique) absorbée:

$$\eta_L = \frac{\phi}{P} \quad \text{lumen/Watt [lm/W]} \tag{8.1}$$

Le rendement lumineux maximal serait obtenu par une source monochromatique à 555 nm, correspondant au maximum de sensibilité de l'œil. Il vaudrait alors 683 lm/W. La figure 8.22 montre des rendements lumineux pour diverses sources.

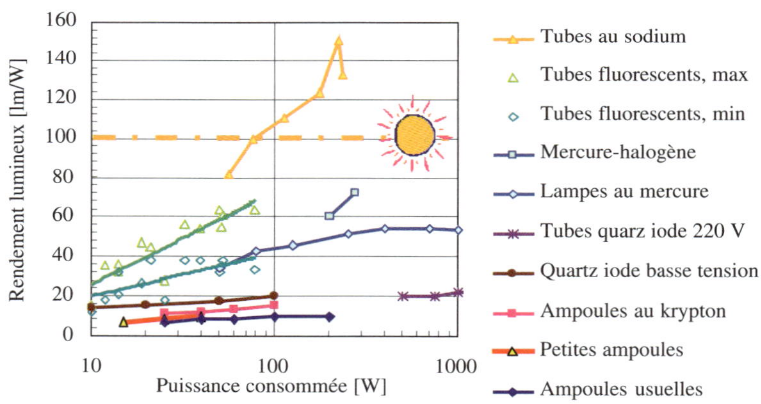

Fig. 8.22 Rendement lumineux de diverses sources de lumière artificielle, comparées à la lumière du soleil.

L'annexe A.6 donne les caractéristiques des principales sources. Comme le montre la figure 8.22, ce rendement lumineux peut varier, suivant les sources, de 9 lm/W pour les lampes à incandescence de 25 W à 150 lm/W pour les lampes à vapeur de sodium à basse pression de 200 W. Ces sources très efficaces ont toutefois un rayonnement quasi monochromatique jaune qui ne rend pas les couleurs. Le rayonnement solaire (qui ne consomme rien mais qui chauffe) a un «rendement lumineux» de 100 lm/W environ. Aucune source de lumière blanche ne l'égale actuellement. Il est possible que les diodes électroluminescentes, qui ont actuellement un rendement lumineux entre 20 et 80 lm/W atteignent, voire dépassent 100 lm/W ces prochaines années.

L'intensité lumineuse des sources n'est pas isotrope. Chaque source est caractérisée à ce point de vue par son diagramme polaire (§ 4.4.2) représentant l'intensité $I(\theta)$ ou la luminance $L(\theta)$ en fonction de la direction (fig. 8.23). Ces diagrammes polaires permettent de calculer avec précision l'éclairement fourni par cette source sur un plan donné.

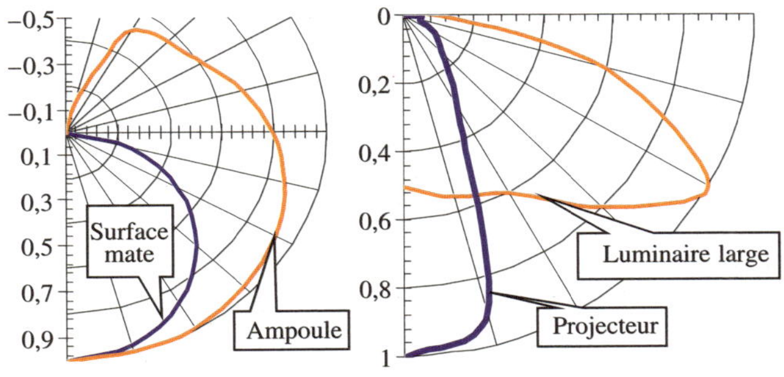

Fig. 8.23 Diagrammes polaires de diverses sources.

8.3.3 Principes de dimensionnement

Pour assurer un certain éclairement E sur une surface donnée, il faut une intensité lumineuse de la source dans la direction de cette surface qui vaut (fig. 8.24):

$$I(\theta) = \frac{E\,r^2}{\cos(i)} \tag{8.2}$$

On choisira donc la source qui a un diagramme polaire $I(\theta)$ le plus proche de celui désiré. Au besoin, on peut disposer des réflecteurs corrigeant le diagramme polaire, ou combiner des sources de façon que la somme des éclairements en tout endroit dus à chaque source soit égale à l'éclairement souhaité en tout endroit. Si le local contenant les sources a des parois réfléchissantes ou diffusantes, il faut considérer ces surfaces comme des sources supplémentaires pour tenir compte des réflexions et des diffusions.

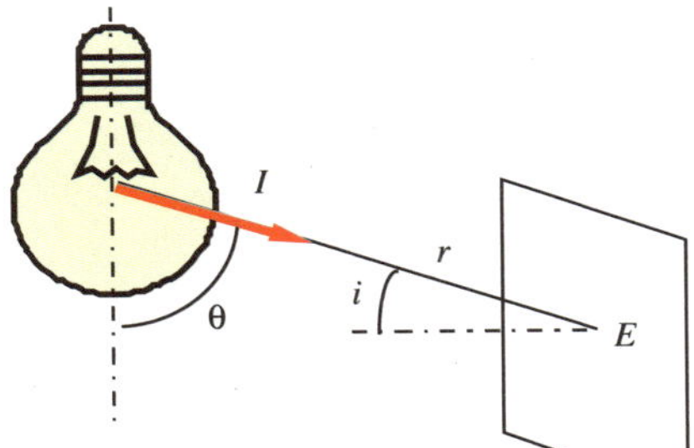

Fig. 8.24 Intensité nécessaire pour fournir un éclairement E sur une surface donnée.

8.4 BIBLIOGRAPHIE

ALTHERR R. et GAY J.-B. (2002). «A low environmental impact anidolic facade.» *Building and Environment* **37**: 1409-1419.

COMPAGNON R. (1997). *The RADIANCE simulation software in the architecture teaching context*. 2nd Florence International Conference for Teachers of Architecture, 16-17-18 October 1997, Firenze (Italy).

COMPAGNON R., SCARTEZZINI J.-L., *et al.* (1993). *Application of Non-imaging Optics to the Development of New Daylighting Systems*. ISES Solar World Congress, Budapest.

COURRET G., SCARTEZZINI J.-L., *et al.* (1998). «Design and assessment of an anidolic light-duct.» *Energy and Buildings* **28**: 79-99.

PAULE B., BODART M., *et al.* (1998). *«Leso-Dial» Daylighting Design Software*. Daylighting'98, Ontario, Canada.

TERRIER C. et VANDEVYVER B. (1999). «L'éclairage naturel» *Revue de l'INRS «Travail et Sécurité»* (Mai): fiche pratique de sécurité réf. ED 82.

WARD G.J. (1994). *The Radiance Lighting Simulation and Rendering System*. Computer Graphics Proceedings, Annual Conference Series, ACM SIGGRAPH, (1994).

CHAPITRE 9

COMMENT RÉALISER UN BON ENVIRONNEMENT ACOUSTIQUE ?

9.1 INTRODUCTION

La conception d'un bon environnement acoustique nécessite de considérer essentiellement deux aspects (fig. 9.1):

- la manière dont les sons et les bruits se propagent à l'intérieur du local occupé par les utilisateurs (acoustique interne);
- la manière dont les sons et les bruits se propagent de l'extérieur dans le local considéré (protection acoustique).

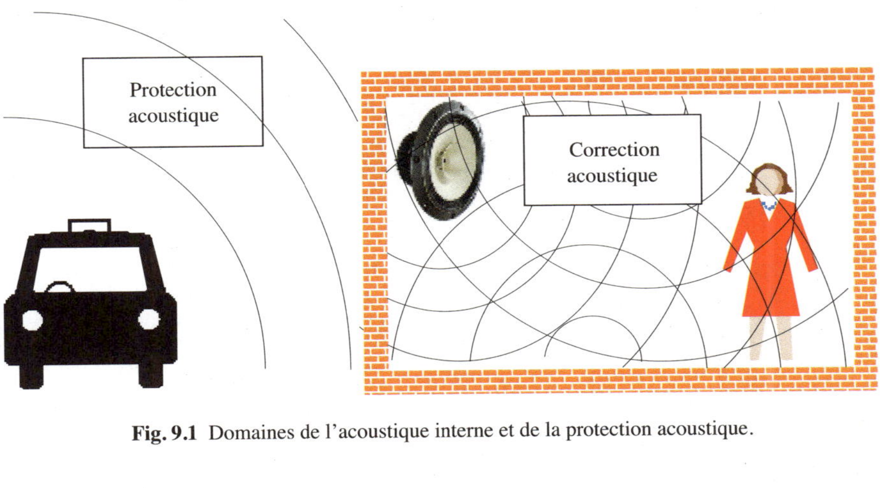

Fig. 9.1 Domaines de l'acoustique interne et de la protection acoustique.

Ce chapitre donne des indications relatives à ces deux aspects. La forme et les dimensions des locaux ainsi que le revêtement des surfaces influencent la qualité acoustique interne. La protection acoustique est obtenue d'une part en réduisant les sources, et d'autre part en s'en isolant, c'est-à-dire en empêchant les vibrations mécaniques que sont les ondes sonores de se propager.

9.2 ACOUSTIQUE INTERNE

On entend par acoustique interne les règles qui régissent l'ambiance acoustique dans les salles. En guise d'introduction à ce domaine, qui est un art en soi, on présente ici sommairement les phénomènes physiques en jeu.

9.2.1 Optique acoustique

La ***fréquence*** f, la ***longueur d'onde*** λ et la ***célérité*** (vitesse de propagation) c d'une onde sont reliées par la relation :

$$\lambda \cdot f = c \tag{9.1}$$

La ***vitesse du son*** dans l'air est d'environ 340 m/s. Les longueurs d'ondes de quelques fréquences audibles sont calculées dans le tableau 9.1.

Tableau 9.1 Fréquences et longueurs d'onde.

	Très bas		La naturel			Aigu	Suraigu	
f [Hz]	20	200	440	1000	2000	4000	8000	16 000
λ [m]	17	1,7	0,77	0,30	0,17	0,09	0,04	0,02

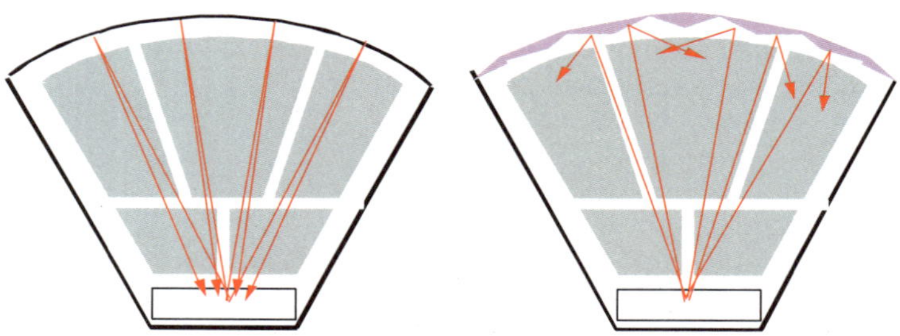

Fig. 9.2 Focalisation et défocalisation dans un théâtre.

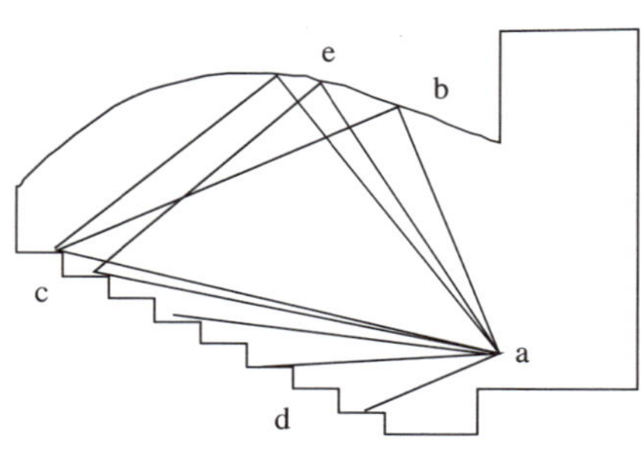

Fig. 9.3 Renforcement du son en fond de salle (c) par l'utilisation des réflexions.

Tant que la longueur d'onde acoustique est petite par rapport aux dimensions des obstacles (par exemple par rapport aux dimensions de la salle ou des surfaces), on peut appliquer les règles de l'optique géométrique : Les ondes sonores se réfléchissent (du moins partiellement) sur les parois et peuvent être focalisées par des parois concaves ou distribuées uniformément dans la salle par des panneaux convenablement disposés (fig. 9.2). On utilise aussi les réflexions pour renforcer l'intensité du son en fond de salle de spectacle (fig. 9.3)

Il faut toutefois tenir compte du ***temps de transit*** de l'onde, de 340 mètres par seconde. On admet, pour une bonne audibilité, que la différence entre le chemin direct et le chemin réfléchi (par ex. les parcours a-c et a-b-c de la figure 9.3) ne doit pas dépasser 12 mètres pour la parole, et 15 mètres pour la musique. Ces distances correspondent respectivement à 0,035 et 0,044 s d'intervalle de temps.

Si la longueur d'onde est comparable aux dimensions des obstacles ou des passages, une ***diffraction*** a lieu et l'onde contourne, du moins partiellement, l'obstacle (fig. 9.4). Pour un obstacle de dimension donnée, ce seront évidemment les basses, d'ondes longues, qui présenteront la plus forte diffraction. Ce phénomène est important pour la planification de protections acoustiques (murs le long des autoroutes par exemple).

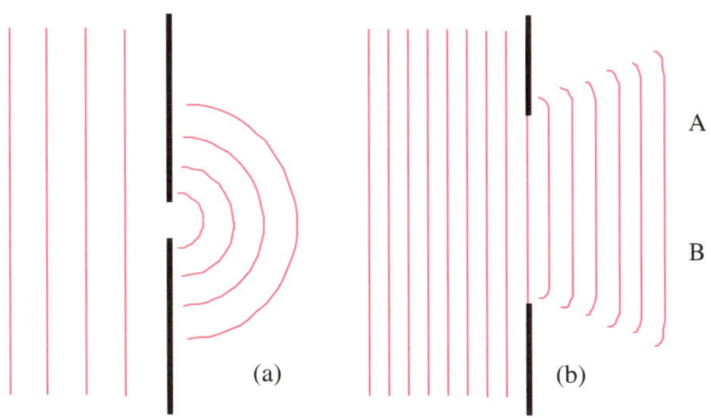

Fig. 9.4 Passage d'un obstacle: (a) la longueur d'onde est proche de la taille de l'obstacle (ou du trou): il y a diffraction; (b) la longueur d'onde est plus petite que celle du passage, l'onde reste approximativement plane et l'obstacle porte «ombre».

9.2.2 Absorption acoustique

Une onde acoustique arrivant sur un obstacle est en partie réfléchie, et en partie non réfléchie. Le rapport de l'intensité non réfléchie à l'intensité incidente est le ***coefficient d'absorption*** a. Ce coefficient d'absorption sonore contient l'absorption proprement dite, à savoir la transformation dans l'obstacle d'une partie de la puissance acoustique en chaleur, et la transmission au-delà de l'obstacle (fig. 9.5).

Le coefficient d'absorption dépend du matériau de revêtement de la surface et des couches sous-jacentes. Pour chaque matériau ou combinaison de matériaux, il dépend de la fréquence (§ 9.2.4).

Des coefficients d'absorption acoustique pour de nombreux matériaux et divers types d'occupants, et ce à plusieurs fréquences, sont donnés en annexe A.9.

La ***surface absorbante*** *A* d'une salle est donnée par

$$A = \sum_i S_i a_i \qquad (9.2)$$

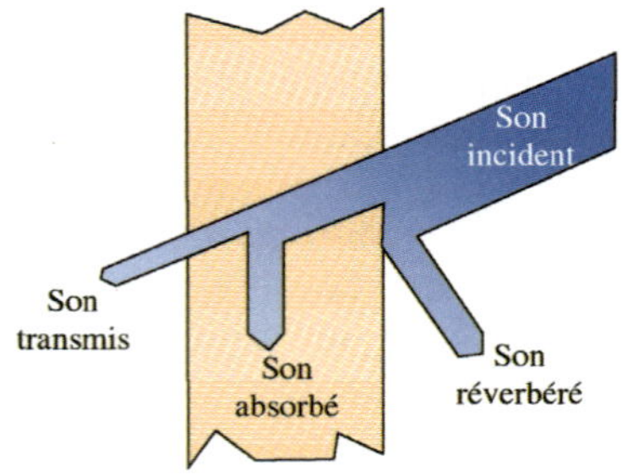

Fig. 9.5 Son réfléchi, absorbé et transmis. Le son absorbé ou transmis est réputé absorbé.

La somme porte sur tous les différents revêtements de surface dont le coefficient d'absorption est a_i et la surface S_i. Cette surface absorbante est équivalente à l'aire d'entrée d'un «trou noir» qui absorberait toutes les ondes sonores incidentes.

La surface absorbante dépend de la fréquence, à moins que l'on ait soigneusement équilibré diverses zones absorbantes de façon à la rendre presque indépendante de la fréquence. Ce travail est notamment l'une des tâches de l'acousticien.

Une salle dont la surface absorbante est importante par rapport à son volume est sourde, pratiquement sans écho. Au contraire, une salle dont toutes les parois sont réfléchissantes sera très sonore, les ondes sonores qui y sot générées s'y réfléchissant à l'infini.

9.2.3 Temps de réverbération

Si, dans une salle, on enclenche une source sonore à un instant donné, il faudra un certain temps pour que le niveau acoustique ait atteint sa valeur d'équilibre. Il faut en effet remplir la salle d'énergie acoustique avec une source de puissance acoustique P et compenser les pertes de puissance acoustique dues à l'absorption. On peut montrer, moyennant quelques hypothèses simplificatrices (homogénéité et isotropicité du champ acoustique notamment), que l'intensité d'équilibre obtenue sera:

$$I = 4\frac{P}{A} \qquad (9.3)$$

Ainsi, l'intensité du son généré dans une salle par une source de puissance donnée sera moins importante dans une salle sourde que dans une chambre sonore. Une machine fera aussi plus de bruit dans une salle sonore que dans une salle sourde.

Si on arrête brusquement la source, des ondes acoustiques circuleront encore un certain temps avant que toute l'énergie contenue dans la salle soit absorbée par les parois (fig. 9.6). Le temps nécessaire pour que le niveau acoustique baisse de 60 dB ou l'intensité d'un facteur 10^6 (elle est alors un millionième de l'intensité initiale) est appelé ***temps de*** *réverbération*. Sabine a montré que, pour une salle de volume V, ce temps est donné par:

$$t_r = 4 \cdot V \frac{\ln(10^6)}{c\,A} = 0{,}163\,\frac{V}{A} \qquad \textit{Formule de Sabine} \qquad (9.4)$$

pour une vitesse du son c = 340 m/s.

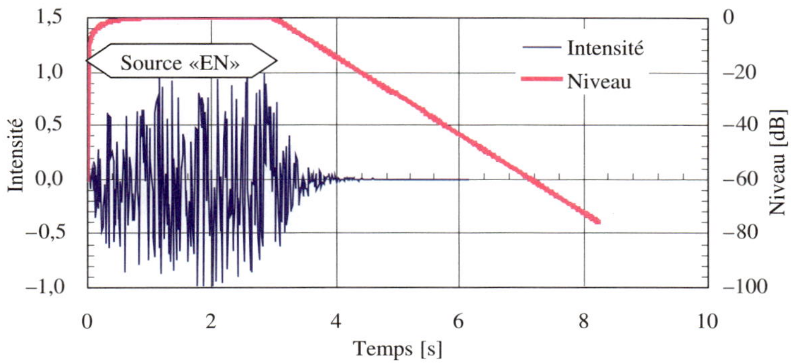

Fig. 9.6 Montée et décroissance du niveau sonore dans une pièce où l'on enclenche, puis déclenche une source sonore à niveau constant.

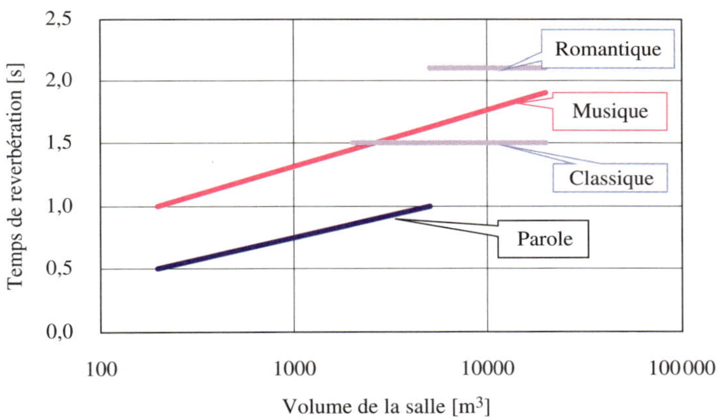

Fig. 9.7 Temps de réverbération optimal pour diverses applications.

L'intelligibilité de la parole présente un maximum pour un temps de réverbération de l'ordre de 1 seconde. Le temps de réverbération optimal pour la musique varie avec le volume de la salle et le genre de musique. Si le temps de réverbération est trop court, la salle est sourde. S'il est trop long, on a une ambiance de cathédrale.

L'art de l'acousticien consiste donc à combiner les matériaux de revêtement de façon à obtenir à toutes les fréquences le temps de réverbération optimal, par exemple selon la figure 9.7. De plus, il doit arranger la géométrie de la salle pour que chaque personne, dans le public, reçoive sa part d'intensité acoustique dans de bonnes conditions.

En répartissant correctement les diverses surfaces absorbantes et réfléchissantes, l'acousticien cherche à atteindre trois objectifs:

- Obtenir à chaque fréquence un temps de réverbération adapté à l'utilisation et au volume de la pièce (fig. 9.8).
- Absorber les réflexions nuisibles, notamment celles qui focalisent le son et celles qui correspondent à un temps de parcours trop élevé.
- Créer des réflexions utiles, qui répartissent le son entre les auditeurs.

Tableau 9.2 Exemple de calcul de la surface absorbante d'un bureau du LESO de 53 m³.

	Fréquence	125	250	500	1000	2000	4000
Aire	Temps de réverbération [s]	2,55	3,16	2,47	2,42	2,33	2,18
[m²]	Surface absorbante [m²]	3,35	2,71	3,47	3,53	3,68	3,93
15	Béton lisse (plafond)	0,15	0,15	0,15	0,30	0,30	0,30
25	Maçonnerie nue (mur)	0,75	0,75	0,75	0,75	1,00	1,25
9	Vitrages doubles (fenêtres fermées)	0,90	0,36	0,27	0,18	0,18	0,18
20	Enduit de plâtre (mur)	0,40	0,40	0,60	0,60	0,60	0,60
15	Tapis caoutchouc (sol)	0,75	0,75	1,50	1,50	1,50	1,50
2	Portes en bois	0,40	0,30	0,20	0,20	0,10	0,10

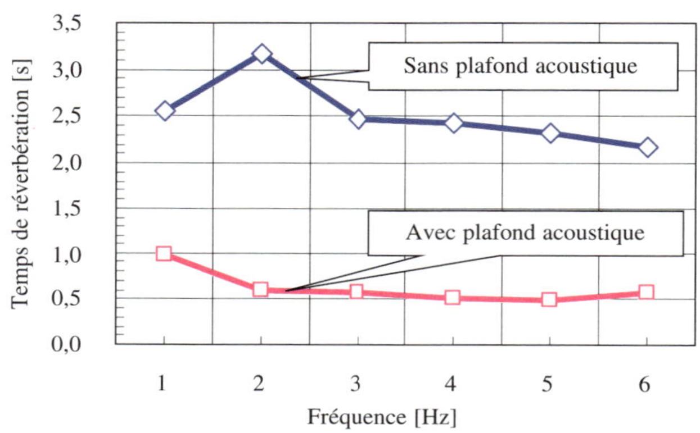

Fig. 9.8 Temps de réverbération.

9.2.4 Matériaux acoustiques

Les matériaux réfléchissant les ondes acoustiques sont des matériaux lisses (à l'échelle de la longueur d'onde sonore), durs et massifs.

Il y a trois procédés d'absorption acoustique, chacun plus ou poins bien adapté aux fréquences basses médiums ou aiguës (fig. 9.9): l'effet de membrane pour les basses, l'effet de résonance pour les basses et les médiums, et l'effet dissipateur pour les aiguës.

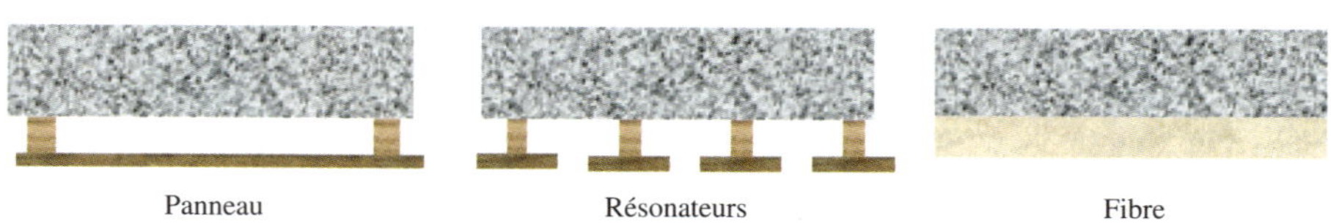

Fig. 9.9 Dispositifs acoustiques absorbants.

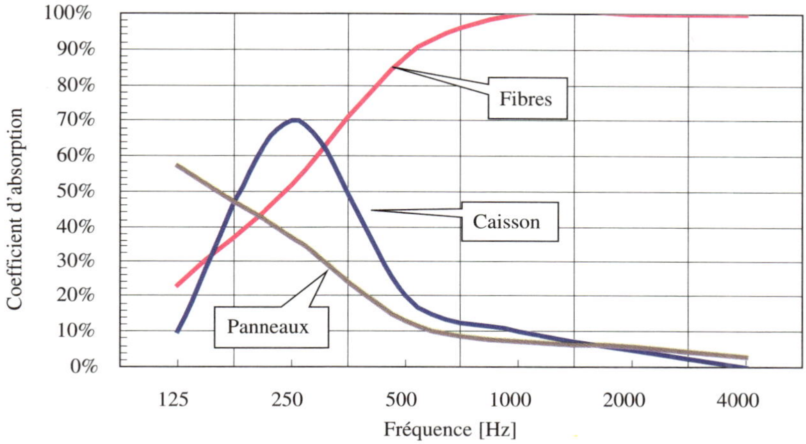

Fig. 9.10 Coefficient d'absorption en fonction de la fréquence pour divers absorbants.

La figure 9.10 montre le coefficient d'absorption en fonction de la fréquence pour trois de ces dispositifs typiques.

Les ***membranes*** constituées de panneaux placés à une certaine distance d'une paroi sont efficaces pour les basses fréquences. L'énergie acoustique est absorbée par déformation du panneau. Les fréquences absorbées sont d'autant plus graves que la lame d'air est plus grande.

Les ***résonateurs*** sont souvent des plaques perforées ou rainurées qui, en créant des cavités de forme «bouteille» devant une paroi, absorbent l'énergie autour d'une fréquence particulière qui correspond à la fréquence de résonance du système (le son obtenu en soufflant dans la bouteille). La fréquence de résonance dépend du diamètre des perforations et des dimensions de la cavité.

Les ***matériaux fibreux*** comme les laines minérales laissent pénétrer et piègent les ondes sonores de petite longueur d'onde grâce à leur porosité. L'énergie mécanique de l'onde sonore est dissipée en chaleur par frottement. La réduction sonore est fonction de deux paramètres: la résistance spécifique au passage de l'air et l'épaisseur de l'isolant.

La combinaison judicieuse de ces divers dispositifs permet d'équilibrer l'absorption acoustique pour toutes les fréquences.

9.3 ISOLATION ACOUSTIQUE

9.3.1 Raisons d'isoler

L'isolation acoustique évite la transmission du bruit d'un endroit à l'autre. Elle est quantifiée par l'affaiblissement de niveau acoustique R entre la source et le local de réception du bruit. Dans le bâtiment, les appartements devraient être suffisamment isolés les uns des autres pour que les habitants ne se gênent pas mutuellement (tab. 9.3), et l'enveloppe du bâtiment doit être adaptée au bruit environnant.

Tableau 9.3 Effet subjectif de l'isolation acoustique.

R	Conversation normale	Voix forte	Musique (radio)
30 dB	Bien compréhensible	Très bien compréhensible	Bien audible
40 dB	Partiellement compréhensible	Compréhensible	Audible
50 dB	Incompréhensible	Partiellement compréhensible	Faiblement audible
60 dB	Inaudible	Faiblement audible	Inaudible
70 dB	Inaudible	Inaudible	Inaudible

9.3.2 Voies de transmission du son

Les bruits se transmettent au travers de l'air (bruits aériens), mais aussi au travers de la structure solide du bâtiment. Les ***bruits aériens*** eux-mêmes n'arrivent pas à faire vibrer fortement la structure. Par contre, les ***bruits d'impact*** (bruit des pas, coups de marteau) se transmettent fort bien par la structure: celle-ci est mise en vibration par l'impact et cette vibration se transmet à l'air (fig. 9.11).

Pour éviter ces transmissions, il faudra donc couper toutes les voies possibles montrées dans la figure 9.12.

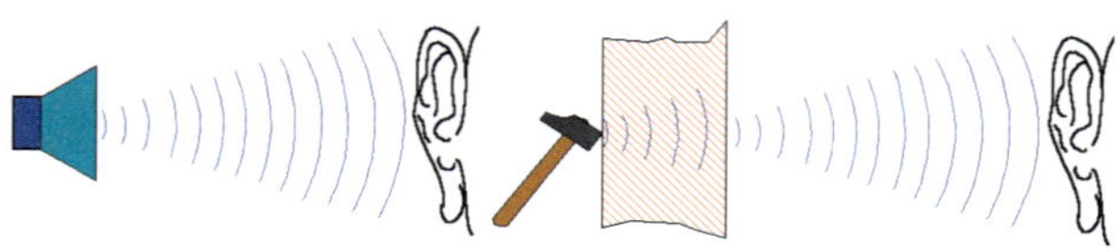

Fig. 9.11 Bruit aérien et bruit d'impact, ou bruit solidien.

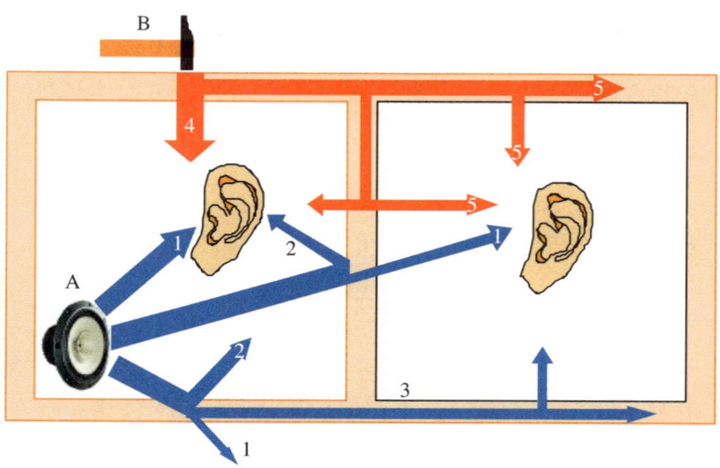

Fig. 9.12 Transmission du son A – source de bruit aérien; B – source de bruit d'impact: 1 – transmission aérienne directe, 2 – réverbération, 3 – transmission latérale d'un bruit aérien, 4 – réémission d'un bruit d'impact, 5 – transmission d'un bruit d'impact.

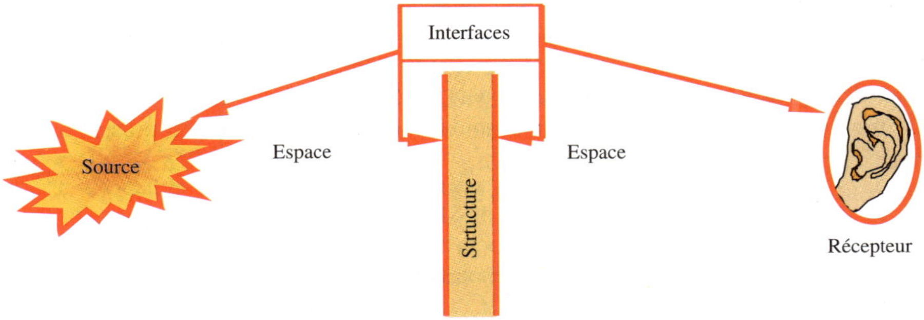

Fig. 9.13 Pour passer de la source au récepteur, le son ou le bruit traverse plusieurs interfaces entre l'espace d'une part, et la source, la structure et le récepteur, d'autre part.

Pour atteindre un récepteur, un bruit émis par une source est transmis par un milieu, à savoir un gaz (l'air), un liquide ou une structure solide (fig. 9.13). Dans le bâtiment, ces milieux sont essentiellement l'air et la structure ou les installations du bâtiment. A chaque interface entre un milieu et un autre, il y a réflexion partielle et réfraction, et dans chaque milieu il y a absorption partielle et dispersion.

On peut réduire la transmission d'un bruit en agissant sur la source, sur les interfaces et sur les milieux. Les principes suivants peuvent être appliqués seuls ou en combinaison:

- Les matériaux mous et plastiques transmettent mal le son et l'absorbent bien, alors que les matériaux durs et élastiques le transmettent bien et l'absorbent peu.
- Une interface entre deux matériaux de masse volumique différente (par exemple air et béton) provoque une réflexion de l'onde vers l'arrière d'autant plus forte que la différence de densité est plus grande. Toutefois, dans certains cas particuliers, des réflexions multiples à l'intérieur d'une couche rigide peuvent améliorer la transmission pour une bande de fréquence relativement étroite.
- L'alternance de matériaux légers et mous et de matériaux massifs est particulièrement efficace.

9.3.3 Atténuation à la source

Il est bien sûr toujours avantageux de réduire les bruits à la source, ou aussi près que possible de la source. Dans le bâtiment, les sources de bruit sont les habitants, les installations de transformation d'énergie (chaudières, pompes à chaleur, moteurs, compresseurs, machines frigorifiques) et divers appareils (machines à laver, ventilateurs). Les sources de musique peuvent aussi être perçues comme des sources de bruit.

Le niveau de bruit dans les zones habitées et provenant des installations de transformation d'énergie doit être imperceptible: il est limité par SIA 181 ((SIA 1988)) à 35, voire 30 dB(A).

On veillera donc à acheter des installations silencieuses, à les poser sur des blocs amortisseurs pour que les vibrations ne se transmettent pas à la structure, et à les placer dans des locaux isolés acoustiquement des zones tranquilles.

La circulation de l'eau à trop grande vitesse (section de conduite trop petite), ainsi que la chute de l'eau sortant du robinet font du bruit. Il est recommandé de faire gicler le robinet sur un plan incliné plutôt que sur le fond d'un évier ou d'une baignoire (fig. 9.14) et de poser des conduites de diamètre suffisant.

Pour éviter la transmission à la structure des bruits de circulation d'eau, il faut fixer les conduites par l'intermédiaire d'une bague poreuse et molle : ce mode de faire améliore aussi l'isolation thermique des conduites (fig. 9.14).

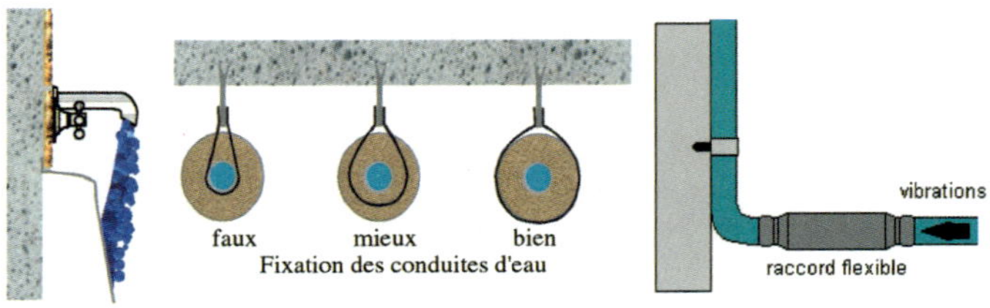

Fig. 9.14 Atténuation des bruits d'eau.

9.3.4 Isolement aux bruits aériens

L'isolement acoustique pour un son aérien d'une fréquence donnée est défini par la différence entre le niveau acoustique dans le local contenant la source et le local adjacent (fig. 9.15). Cette différence dépendant de la surface absorbante A_2 du local récepteur, on peut la normaliser à une surface absorbante de référence A_0 (par exemple 10 m²) :

$$R = L_1 - L_2 + 10 \log\left(\frac{A_0}{A}\right) \tag{9.5}$$

L'isolation acoustique peut être obtenue en réfléchissant l'onde acoustique vers la source, par exemple par des parois rigides et massives. L'isolement acoustique pour des ondes de compression traversant des parois homogènes est donné par la ***loi de la masse*** :

$$R = 20 \log\left(\frac{\pi f m}{Z_0}\right) \cong 20 \log(0{,}08\ f\ m) \tag{9.6}$$

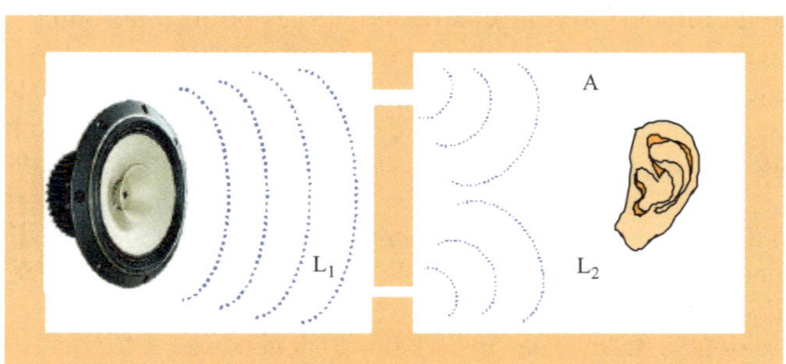

Fig. 9.15 Isolement au bruit aérien.

où m est la masse surfacique (kg/m^2) du mur et Z_0 l'impédance caractéristique de l'air (environ 413 kg/m^2s)

Ainsi, l'isolation acoustique augmente avec la masse et avec la fréquence (fig. 9.16).

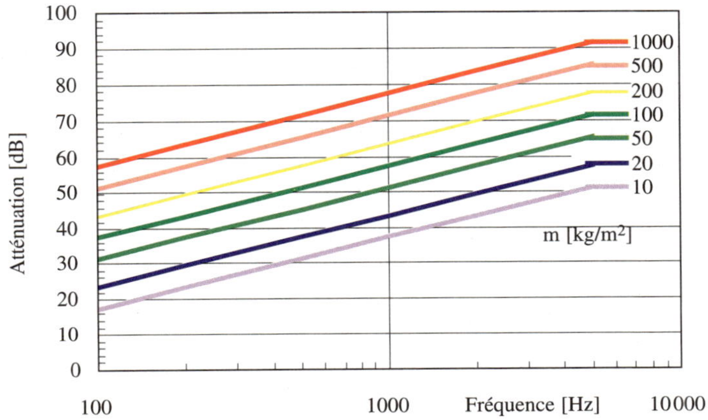

Fig. 9.16 Loi de la masse.

La loi de la masse réelle ne suit pas exactement cette théorie simple, parce que le son se propage aussi par d'autres ondes que les ondes longitudinales de compression (ondes de flexion par exemple). La figure 9.17(a) montre l'indice d'isolement à 565 Hz pour des parois ou dalles simples en fonction de leur masse surfacique, et l'atténuation en fonction de la fréquence pour une paroi simple (b). A une certaine fréquence critique, qui correspond à une flexion de la paroi, l'isolation acoustique diminue fortement. La loi de la masse est suivie en dessous de cette fréquence, et au-dessus de cette fréquence, l'isolation croît plus rapidement que ne le prédit la loi de la masse.

On peut aussi obtenir une certaine isolation acoustique en absorbant physiquement l'onde pour la transformer en chaleur. Ceci peut se faire dans un matériau poreux et mou (non élastique). Les isolants thermiques fibreux conviennent fort bien à cette tâche s'ils sont enfermés entre des panneaux relativement lourds (fig. 9.18).

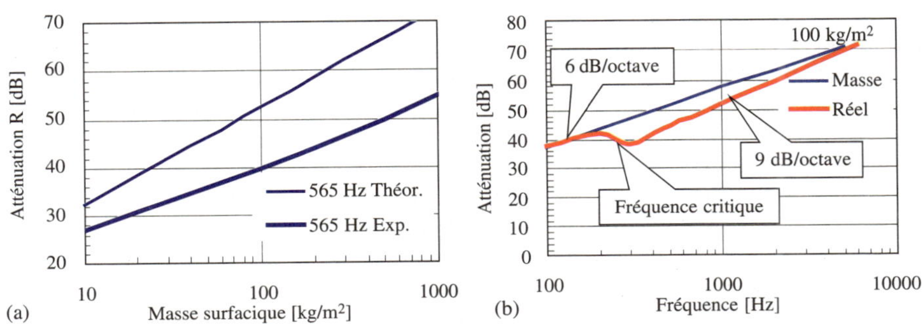

Fig. 9.17 Atténuation acoustique théorique et expérimentale : (a) en fonction de la masse ; (b) en fonction de la fréquence.

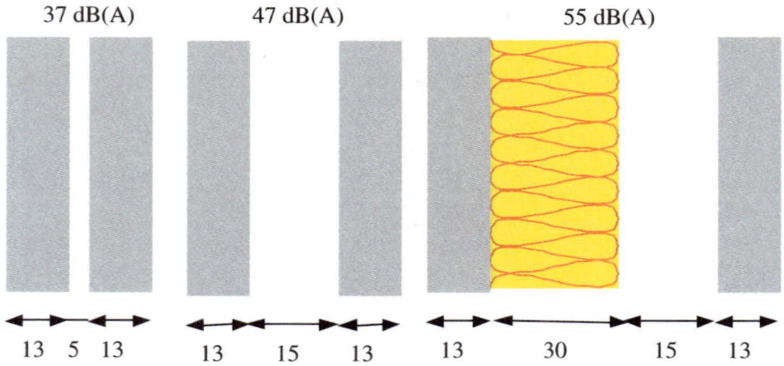

Fig. 9.18 Isolation acoustique de parois formées de deux panneaux de plâtre de 13 mm.

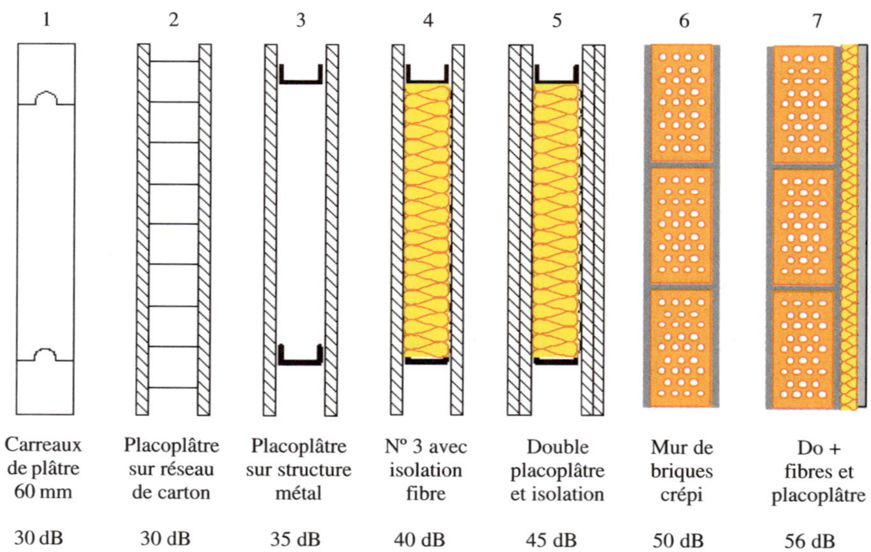

Fig. 9.19 Indice d'affaiblissement acoustique pour quelques parois.

Par exemple, un mur de briques de 15 cm crépi deux faces présente un indice d'isolement acoustique aux bruits aériens de 51 dB. Ce chiffre monte à 56 dB si on ajoute à ce mur une couche de 20 mm de laine de verre et une plaque de plâtre de 12 mm (fig. 9.19).

Pour obtenir l'isolement acoustique, on a donc deux possibilités (fig. 9.20):

- augmenter la masse des parois (loi de la masse),
- doubler les parois et incorporer une laine minérale ou une mousse non rigide.

Un ***indice d'affaiblissement acoustique*** pondéré R' est défini en combinant les isolements acoustiques obtenus pour diverses fréquences, selon des règles reconnues, notamment les normes ISO 140 et 717 de l'Organisation internationale de normalisation (§ 10.7.3).

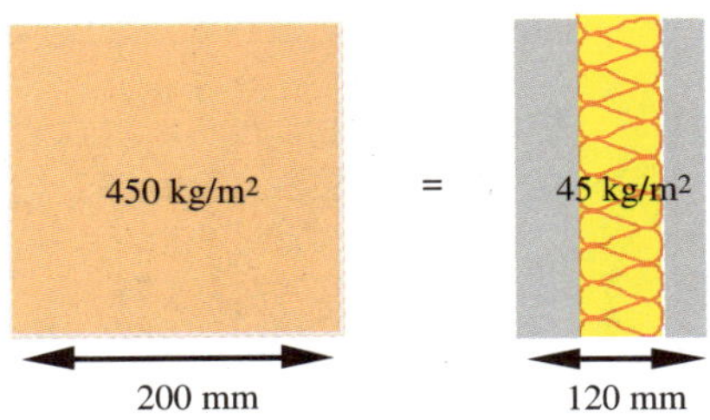

Fig. 9.20 Deux parois très différentes peuvent avoir la même isolation acoustique. A gauche, utilisation de la masse, à droite, utilisation de l'absorption acoustique.

Pour être efficace, l'indice d'affaiblissement acoustique pondéré devrait être d'au moins 55 dB entre appartements. A ce niveau, une voix forte est compréhensible et un récepteur radio ou une conversation reste audible (tab. 9.3). Une valeur de 60 dB serait préférable, seule la voix forte étant alors faiblement audible.

Pour réaliser une bonne isolation acoustique, il faut donc:

- utiliser des matériaux adéquats,
- les mettre en œuvre suivant les règles de l'art.

Dans le cas d'une isolation thermique le résultat escompté sera proportionnel à la performance de la mise en œuvre (10% d'erreur correspond approximativement à 10% de pertes thermiques supplémentaires). Par contre, en ce qui concerne l'isolation acoustique, le résultat escompté sera largement amputé par une petite erreur de mise en œuvre. Un trou de serrure ou un pont dur traversant l'isolant acoustique peut entièrement détruire l'effet isolant. Les sons aériens se propagent facilement par toute ouverture ou canalisation. Des petits trous, des canaux de ventilation ou des gaines peuvent annihiler les effets d'une excellente paroi.

9.3.5 Combinaison de parois

Si une partie d'une paroi de surface S dont l'indice d'affaiblissement acoustique, relativement élevé, vaut R_0 est remplacé par un élément plus faible de ΔR et de surface S', l'indice d'affaiblissement acoustique initial sera réduit à une valeur plus basse, R, qui vaut:

$$R = R_0 - 10 \log\left[1 + \frac{S'}{S}\left(10^{\frac{\Delta R}{10}} - 1\right)\right] \tag{9.7}$$

Cette relation est illustrée à la figure 9.21. On remarque que si la partie faible est particulièrement peu isolante, son influence est grande même pour une très petite portion de la surface.

Par exemple, une porte de 2 m^2 d'indice d'isolation acoustique de 20 dB, placée dans une paroi de 20 m^2 dont l'indice est de 60 dB réduira l'isolation globale de 30 dB (ΔR = 60-20 = 40 dB; et S'/S = 0,1). L'indice d'isolation de la paroi passera de 60 à 30 dB à cause de la porte.

L'annexe A.9 donne l'atténuation acoustique de quelques portes. On remarquera qu'il est difficile d'avoir une porte à forte atténuation.

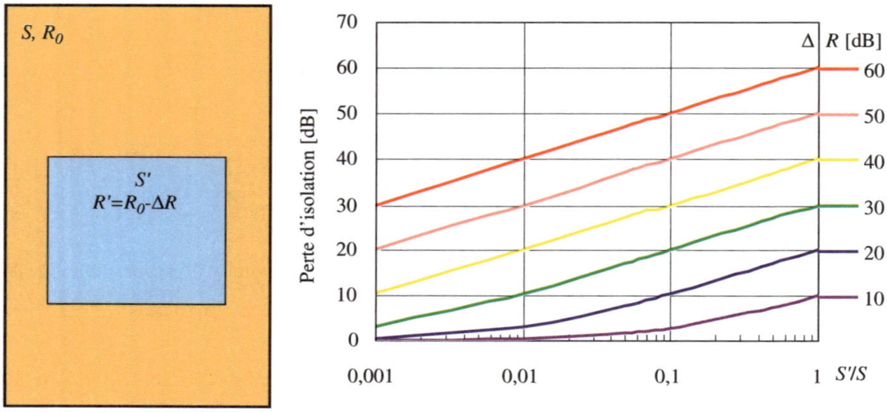

Fig. 9.21 Perte d'isolation acoustique en fonction du rapport S'/S et de la différence d'indice entre la paroi et la partie faible.

9.3.6 Isolement contre le bruit extérieur

L'isolement minimal envers l'extérieur dépend d'une part du niveau de bruit couramment attendu à l'extérieur L_e, et d'autre part, du niveau de bruit maximal compatible avec l'activité intérieure, L_i:

$$R_{min} = L_e - L_i \tag{9.8}$$

L'Ordonnance fédérale suisse sur la protection contre le bruit (OPB 1986) a pour objectif d'ajuster la protection pour que le niveau de bruit à l'intérieur soit toujours acceptable. Dans son article 43, cette ordonnance définit quatre ***degrés de sensibilité au bruit***:

- I dans les zones qui requièrent une protection accrue contre le bruit, notamment dans les zones de détente;
- II dans les zones où aucune entreprise gênante n'est autorisée, notamment dans les zones d'habitation ainsi que dans celles réservées à des constructions et installations publiques;
- III dans les zones où des entreprises moyennement gênantes sont admises, notamment dans les zones d'habitation et artisanales (zones mixtes) ainsi que dans les zones agricoles;
- IV dans les zones où des entreprises fortement gênantes sont admises, notamment dans les zones industrielles.

Cette ordonnance définit d'autre part des ***limites d'immission***, à savoir le niveau maximal admissible au niveau d'une fenêtre ouverte (tab. 9.4).

Enfin, elle fixe un indice d'affaiblissement acoustique pondéré minimal pour les éléments les plus faibles tels que les fenêtres (tab. 9.5). Si on déduit R'_w de L_r on trouve chaque fois environ 30 dB de nuit et 35 dB de jour, qui est le niveau maximal attendu à l'intérieur.

Tableau 9.4 Valeurs limites d'exposition au bruit selon (OPB 1986 Annexe 3).

Degré de sensibilité	Valeur de planification L_r en dB (A)		Valeur limite d'immission L_r en dB (A)		Valeur d'alarme L_r en dB (A)	
	Jour	Nuit	Jour	Nuit	Jour	Nuit
I	50	40	55	45	65	60
II	55	45	60	50	70	65
III	60	50	65	55	70	65
IV	65	55	70	60	75	70

Tableau 9.5 Indice d'affaiblissement acoustique pondéré minimal pour les fenêtres selon (OPB 1986 Annexe 1).

L_r en dB (A)		R'_w en dB
Jour	Nuit	
Jusqu'à 65	Jusqu'à 60	30
de 65 à 75	de 60 à 70	35
plus de 75	plus de 70	40

9.3.7 Parois antibruit

Des parois suffisamment massives peuvent réduire le bruit provenant d'une route ou d'une voie de chemin de fer. A l'intérieur, elles isolent des zones ou des cellules d'un bureau paysager. Cette réduction dépend d'une part de la fréquence du son (elle

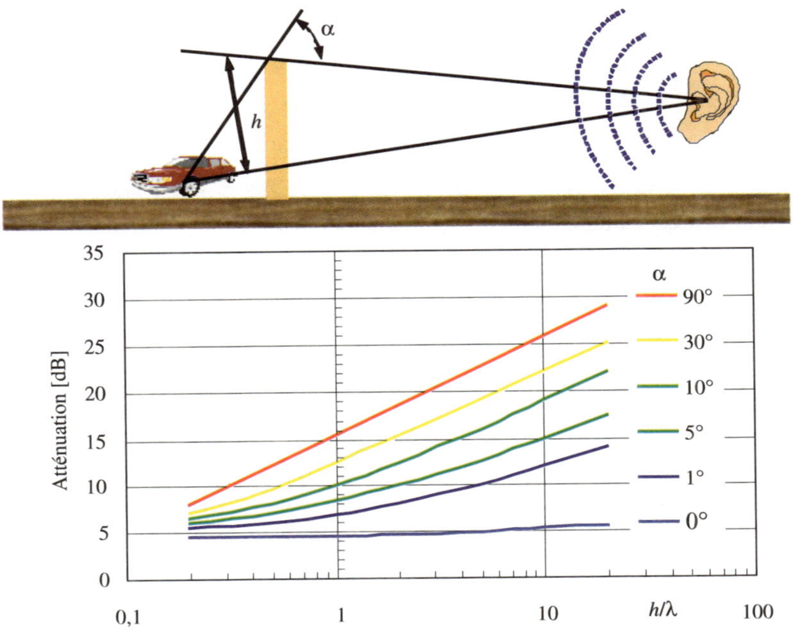

Fig. 9.22 Atténuation acoustique d'une paroi infiniment longue.

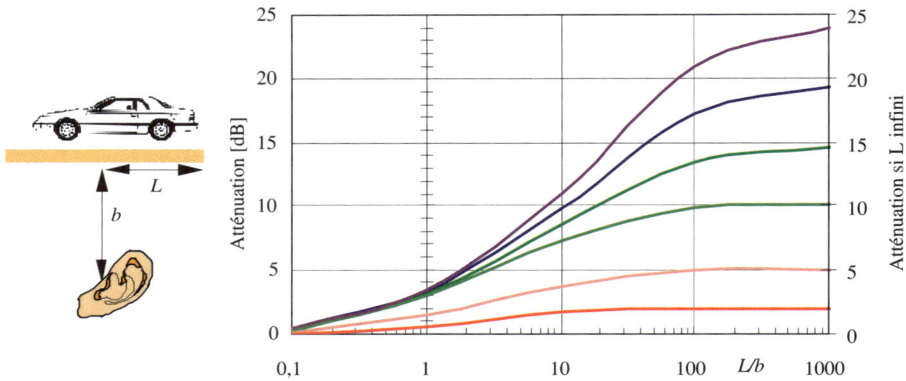

Fig. 9.23 L'atténuation acoustique d'une paroi antibruit diminue fortement si sa longueur est inférieure à 100 fois la distance entre la paroi et le récepteur.

est plus forte pour les aiguës que pour les basses) et d'autre part de l'emplacement de la source et du récepteur par rapport à la paroi, ainsi que des dimensions (hauteur, figure 9.22 et longueur, figure 9.23) de la paroi antibruit.

Un plafond absorbant améliore nettement l'atténuation acoustique d'une paroi antibruit intérieure (fig. 9.24).

Fig. 9.24 Effet d'un plafond absorbant dans un bureau paysager.

9.3.8 Urbanisme et bruit

La distribution des bâtiments et leur forme ont une forte influence sur la carte du niveau de bruit (fig. 9.25, fig. 9.26, fig. 9.27). On peut réduire le bruit entre les

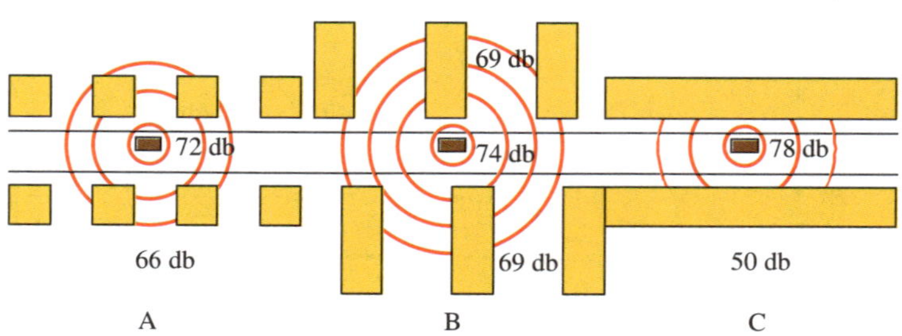

Fig. 9.25 Propagation des bruits de la rue. A : Bâtiments isolés. B : Bâtiments perpendiculaires à la rue. C : Bâtiments parallèles à la rue.

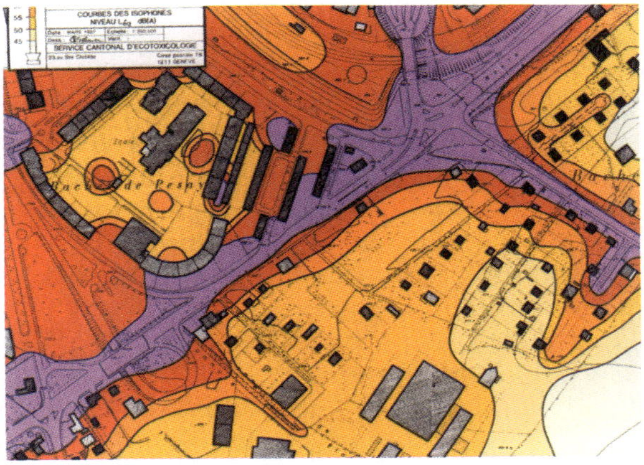

Fig. 9.26 Cadastre du bruit routier dans le quartier du Bachet, à Genève (Etat de Genève).

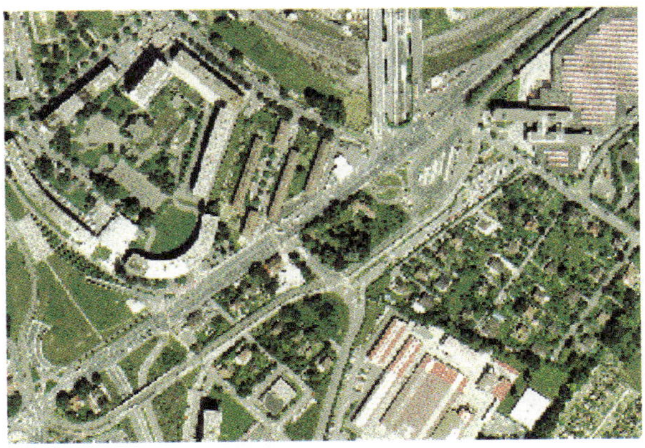

Fig. 9.27 Vue aérienne du quartier de la figure 9.26.

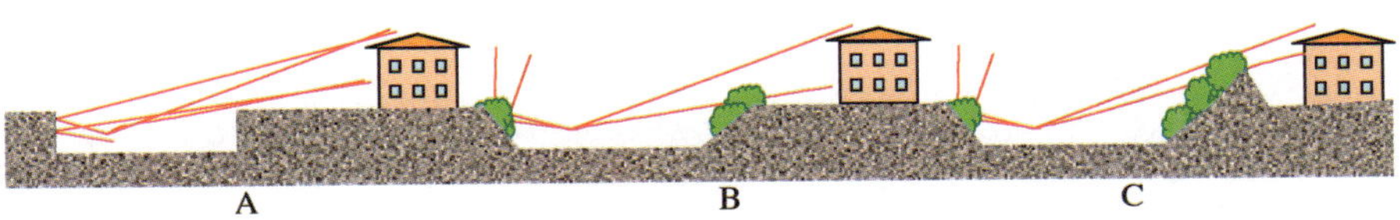

Fig. 9.28 Protection des riverains: A: Les tranchées à parois verticales et les parois antibruit causent des réflexions gênantes; B: Les parois obliques renvoient le bruit, atténué par les plantations, vers le haut; C: Situation encore améliorée par un talus.

bâtiments proches d'une source de bruit importante – telle qu'une grande artère – en les implantant de manière à former une barrière. La façade opposée jouira alors d'une bonne protection. Les tranchées et les talus protègent les riverains des bruits de la route (fig. 9.28).

9.3.9 Isolement contre le bruit d'impact

Les chocs font vibrer la structure, qui est alors source de bruits aériens. Pour éviter cela, il convient de mettre une couche molle (non élastique) entre l'objet d'impact et la structure, éventuellement d'interrompre la structure en intercalant des matériaux mous (fig. 9.29).

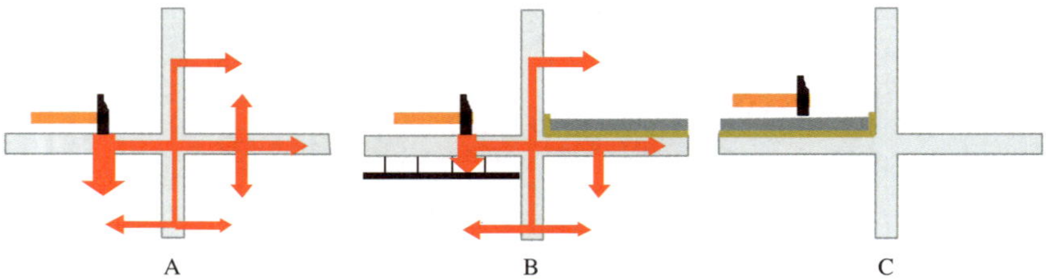

Fig. 9.29 Propagation des bruits de choc. A: transmission complète. B: un faux plafond et une chape flottante absorbent les bruits transmis par la dalle. C: La chape flottante réduit la transmission de l'onde sonore à la structure.

Le bruit des pas peut être déjà fortement amorti par la pose de moquettes. Cependant, la seule méthode réellement efficace est la pose d'une chape flottante sur dalle massive. La chape est posée sur une couche de fibres minérales, elle-même posée sur la dalle (fig. 9.30). Des bandes de rive en fibres minérales empêchent tout contact direct entre la chape et la dalle. Il est aussi possible de poser des planchers flottants de la même manière.

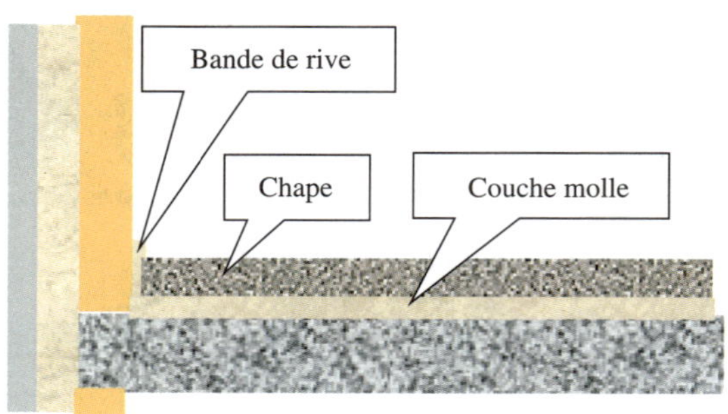

Fig. 9.30 Chape flottante.

Il faut remarquer ici qu'un contact rigide quelconque entre la chape et la dalle diminue fortement l'effet isolant. On pensera en particulier à gainer, avec des matériaux mous, les conduites devant traverser la dalle et la chape (par ex. conduites de chauffage).

La transmission du bruit d'impact par une paroi est mesurée en frappant cette paroi avec une machine à choc normalisée (§ 10.7.3). Le niveau acoustique L_n obtenu dans la pièce située de l'autre côté de la paroi (corrigé pour sa surface absorbante) caractérise cette transmission. Plus élevé est ce niveau, meilleure est la transmission, donc moins bonne est l'isolation.

$$L_n = L_2 + 10 \log\left(\frac{A_0}{A}\right) \qquad (9.9)$$

La performance d'un revêtement de sol ou d'un sol flottant est caractérisée par l'***indice d'efficacité*** ΔL mesuré en laboratoire et exprimé en dB(A). Le revêtement à étudier est posé sur une dalle de référence en béton dosé à 350 kg/m^3 et de 140 mm d'épaisseur. ΔL est la différence entre le niveau sonore perçu sous la dalle nue et le niveau perçu sous la même dalle couverte du revêtement à tester. Donc plus ΔL est grande, meilleur est le produit pour l'isolation aux bruits d'impact.

Les deux valeurs sont liées par l'équation:

$$\Delta L = 83 \text{ dB(A)} - L_n \qquad (9.10)$$

L'annexe A.8 donne des indices d'efficacité pour quelques revêtements.

9.4 INTERACTIONS

Les panneaux acoustiques, notamment les mousses et les fibres, ainsi que les revêtements destinés à améliorer l'acoustique des salles, sont aussi des isolants thermiques plus ou moins efficaces. Comme ils sont placés à l'intérieur, ils peuvent augmenter le risque de condensation interstitielle, surtout si la paroi est mal isolée thermiquement (sect. 7.6).

Un doublage isolant en matériaux fibreux ou une mousse non rigide améliore généralement l'isolation acoustique, mais un doublage fait avec un isolant thermique rigide (par ex. mousse de polyuréthane, liège) peut réduire l'isolation acoustique d'une paroi pour certaines fréquences, en jouant le rôle d'une couche antireflets.

9.5 RÉSUMÉ

Pour offrir un bon environnement acoustique, il faut atteindre deux objectifs distincts:

1. Réaliser une bonne acoustique interne, en ajustant l'absorption acoustique des parois et du mobilier de manière à obtenir un temps de réverbération (temps d'écho) compatible avec l'activité prévue dans la salle. Dans les salles de spectacle, donner des formes et des dimensions permettant de distribuer équitablement le son entre les spectateurs.
2. Assurer une isolation acoustique suffisante pour éviter que les bruits extérieurs deviennent gênants. Cette isolation acoustique vise à protéger des bruits aériens (transmis à travers l'air) et des bruits de chocs (transmis par les structures du bâtiment). L'isolation aux bruits aériens est obtenue soit à l'aide de parois massives, soit par des parois multicouches alternant des matériaux mous et légers et des matériaux rigides et lourds. Toute discontinuité dans ces parois est fortement préjudiciable, L'isolation aux bruits de chocs consiste en premier lieu à réduire l'impact des chocs par des matériaux mous, et à interrompre les voies de transmission avec des matériaux mous.

Des mesures d'urbanisme devraient aussi être prises pour améliorer l'environnement acoustique. Il s'agit notamment de séparer les zones industrielles et les voies de grande circulation, bruyantes, des zones résidentielles. On peut aussi créer des obstacles à la propagation des bruits par l'arrangement des bâtiments, la création de talus et de tranchées ou la construction de parois antibruit entre les voies de circulation et les riverains.

9.6 BIBLIOGRAPHIE

KUTTRUF H. (1991). *Room acoustics*. Barking, Essex, Elsevier Science Publishers Ltd.

OPB (1986). Ordonnance sur la protection contre le bruit du 15 décembre 1986 (Etat le 3 juillet 2001).

SIA (1988). SIA181: Recommandation concernant l'isolation acoustique dans les maisons d'habitation. Zurich, SIA.

CHAPITRE 10

DIAGNOSTIC

10.1 OBJETS ET OBJECTIFS DU DIAGNOSTIC

Dans ce chapitre, nous passons en revue quelques méthodes de mesure ou de diagnostic spécifiquement utiles au contrôle de fonctionnement d'une habitation du point de vue de la qualité de l'environnement intérieur et de la consommation d'énergie, ou souvent envisagées pour le diagnostic de défauts de fonctionnement. Pour de plus amples renseignements sur une méthode de mesure ou une autre, voir par exemple (Roulet 1989).

Une fois le bâtiment réalisé ou pour un bâtiment existant à réhabiliter, des examens peuvent être utiles, autant pour savoir si le bâtiment fonctionne comme prévu (mise en service) que pour contrôler sa bonne marche au cours du temps ou pour trouver les causes de problèmes. Ces examens peuvent avoir différents buts et peuvent être classées par objectif ou par objet mesuré (tab. 10.1).

Tableau 10.1 Objectifs et objets possibles pour un examen de diagnostic.

OBJECTIFS	OBJETS
Analyse statistique du parc immobilier	Prestations aux usagers
Analyse détaillée du bâtiment	Bien-être des occupants
Mise en service	Environnement (météorologie)
Contrôle de fonctionnement	Bâtiment dans son ensemble
Recherche des causes d'un problème	Enveloppe du bâtiment
Recherche scientifique	Systèmes énergétiques

Il est important, avant d'effectuer un examen ou une mesure, de définir l'objectif ou le but de l'examen ainsi que l'objet à examiner. Sans cette précaution, on risque d'effectuer des examens inutiles ou d'obtenir des résultats inutilisables. Il faut se rappeler que:

L'examen donne la réponse, mais quelle est la question?

Pour réussir un examen de diagnostic, qui peut comporter des mesures ou non, il est vivement recommandé de suivre la procédure suivante:

1. Définir l'objectif de l'examen: quelle est la question?
2. Quelle information faut-il pour répondre à cette question?

3. Comment acquérir cette information (archives, questions, mesures) ?
4. Comment interpréter l'information ainsi acquise pour répondre à la question ?
5. Définir les outils (questions, appareils de mesure) propres à obtenir l'information requise.
6. Planifier l'examen (mesurer dans quelles conditions, sur quels objets).
7. Exécuter l'examen (fouiller les archives, questionner, mesurer).
8. Interpréter l'information selon la méthode définie sous 4.

On notera que la définition de la méthode d'interprétation précède l'examen proprement dit. Ce pas est souvent oublié, mais il est essentiel : c'est le meilleur moyen de garantir que l'information péniblement acquise sera utile.

10.2 BIEN-ÊTRE DES OCCUPANTS

10.2.1 Traitement des plaintes et des remarques

Rappelons une fois de plus que le bâtiment est conçu et construit pour le bien de ses occupants. Il est donc important de tenir compte rapidement des plaintes éventuelles de

Tableau 10.2 Quelques plaintes et leurs causes possibles.

Type de plainte	Causes possibles
La température est trop basse	Chauffage mal réglé ou en panne. Thermostat mal réglé, en panne, ou non accessible à l'occupant. Puissance de chauffage insuffisante, ou utilisée par ailleurs (forte fuite ou utilisation d'eau chaude par exemple). Réseau de distribution du chauffage mal équilibré. Enveloppe perméable à l'air, courants d'air (§ 6.2.3). Isolation thermique insuffisante (sect. 5.3).
La température est trop haute	Thermostat mal réglé, en panne, ou non accessible à l'occupant. Protections solaires insuffisantes ou mal utilisées (§ 5.10.3). Réseau de distribution du chauffage mal équilibré. Si l'installation de refroidissement existe, elle peut être en panne.
L'air est trop sec	Température trop élevée (§ 3.3.1). Aération trop forte en hiver, enveloppe trop perméable à l'air (§ 6.2.3). Polluants dans l'air (formaldéhyde ou autres COVs, poussières, sect. 3.2).
L'air est trop humide	Aération insuffisante : aménager des ouvertures de ventilation réglables (§ 6.3.6). Trop d'humidification : supprimer les humidificateurs, réduire le nombre de plantes, sécher la lessive dehors, installer une évacuation au sèche linge...
Ça sent mauvais, il y a des odeurs gênantes	Siphons d'égout secs : les remplir d'eau régulièrement. Cadavres d'animaux (souris par ex.) dans des espaces inaccessibles : localiser la source, ouvrir et assainir. Manque d'étanchéité entre appartements ou vers la cage d'escaliers. Circulation d'air non prévue dans canaux de ventilation : vérifier le sens de circulation de l'air.
Moisissures sur des parois	Isolation insuffisante : moisissures sur les ponts thermiques, sect. 5.5. Aération insuffisante : air trop humide, § 7.5.1.
Courants d'air	Enveloppe trop perméable à l'air, § 6.2.3. Parois froides par manque d'isolation, grands vitrages. Bouches d'air mal placées ou mal orientées.
Bruits gênants	Le niveau de bruit est effectivement trop élevé, § 4.5.3. Le bruit est faible, mais nettement audible. Dans tous les cas, identifier la source et y remédier si possible.

leur part, même si elles ne semblent pas toujours justifiées. Le nombre de causes possibles pour un type de plainte est souvent élevé, comme le montre le tableau 10.2.

L'expérience montre qu'un traitement rapide des plaintes en diminue l'impact. D'une part, les occupants sentent que leur action a un effet, et d'autre part, si la plainte a une cause réelle, cette cause peut être traitée avant qu'elle n'ait fait trop de dégâts.

Il peut arriver qu'une plainte accusant un système donné (par exemple que le chauffage ne marche pas parce que la température est trop basse) ait pour cause un autre système (par exemple une perméabilité trop grande de l'enveloppe, causant des courant d'air). Une plainte ne doit donc pas être éliminée d'emblée parce qu'elle semble sans objet, mais doit être traitée avec curiosité afin d'en trouver la cause réelle.

10.2.2 Syndrome du bâtiment malsain (SBS)

Le SBS est une réaction de la majorité des occupants d'un immeuble à leur environnement intérieur, réaction qui ne peut pas être directement reliée à des causes évidentes telles qu'une exposition à une concentration excessive d'un contaminant connu ou à une défectuosité d'un système de ventilation.

Le SBS se caractérise par des symptômes d'inconfort et de réactions physiologiques ou sensorielles aiguës (sect. 2.1) Les personnes qui développent le SBS voient généralement leurs symptômes disparaître lorsqu'elles quittent l'immeuble incriminé.

On peut mesurer un indice de bâtiment malsain en demandant aux occupants s'ils ressentent l'un ou l'autre des symptômes typiques de ce syndrome, et si ce symptôme disparaît lorsqu'ils quittent le bâtiment. L'annexe A.1 contient un questionnaire utilisé dans ce but.

Si le nombre de questionnaires rentrés est statistiquement significatif (en principe plus de 50 questionnaires provenant de toutes les catégories d'occupants), le nombre moyen de symptômes ressentis par personne permet de déclarer si le bâtiment est effectivement malsain ou non. Le type de symptôme le plus souvent ressenti peut donner des indications sur les raisons du mal. Ces raisons ne sont généralement pas évidentes, et il arrive souvent qu'elles soient multiples. Il convient donc de rester très prudent dans ce type d'analyse. Une stratégie consiste à éliminer l'une après l'autre les causes soupçonnées jusqu'à ce que le syndrome se réduise à un niveau acceptable.

Une réaction rapide de la part de la gérance ou de la direction responsable de l'immeuble est vivement recommandée. On risque en effet une aggravation galopante du problème, notamment par des effets psychologiques, si l'on néglige de traiter rapidement les plaintes.

10.3 MESURE DU CONFORT THERMIQUE

10.3.1 Brève description

Le confort est une sensation subjective qui peut être mesurée par la statistique de satisfaction d'un grand nombre d'individus. Les travaux de Fanger, restreints au confort thermique dans un espace conditionné, permettent de prédire la satisfaction moyenne des utilisateurs à partir de données mesurables telles que l'habillement, l'activité, la température de l'air et des surfaces environnantes, la vitesse et l'humidité de l'air (§ 4.2.5). La méthode de Fanger est normalisée dans la norme internationale EN-ISO 7730 ainsi que dans d'autres normes nationales (AFNOR, ASHRAE). Elle est utilisée dans SIA 180.

Les différents paramètres influant le confort thermique peuvent être mesurés séparément et interprétés par la suite à l'aide de l'équation de Fanger. Un appareil du commerce (fig. 10.2) permet de mesurer l'insatisfaction moyenne à l'endroit où est placée la sonde de mesure, à l'instant de la mesure et dans des conditions d'activité et d'habillement données. Cet appareil permet aussi de déterminer approximativement les modifications de température et d'habillement nécessaires pour satisfaire le plus grand nombre. Il faut noter qu'il est impossible de satisfaire plus de 95 % d'une population, mais qu'il est toujours possible de satisfaire une personne !

10.3.2 But de la mesure

La mesure du confort donne une image de la satisfaction des habitants. L'objet de la mesure est de déterminer des paramètres significatifs du confort thermique.

Les plaintes (ou l'absence de plaintes) des utilisateurs donnent déjà une première mesure du confort. La mesure par les méthodes décrites ci-dessous ne se justifie généralement qu'en cas de plainte pour manque de confort thermique. Dans ce cas, la mesure peut déterminer si la cause de la plainte est effectivement thermique. Elle peut même dans certains cas déterminer plus précisément la cause du manque de confort (température d'air, température des surfaces, courants d'air). La mesure du confort thermique peut aussi être utilisée pour optimiser les conditions de travail.

Chacun peut contribuer à la mesure du confort en donnant son avis. Par contre, la mesure indirecte du confort à l'aide d'instruments demande une formation et une expérience suffisantes.

10.3.3 Mesure statistique

La mesure de contrôle la plus valable est donnée par la satisfaction ou la non-satisfaction des utilisateurs. On l'obtient en demandant aux utilisateurs de noter à intervalles réguliers (2 à 6 fois par jour) leur impression de confort thermique sur l'échelle

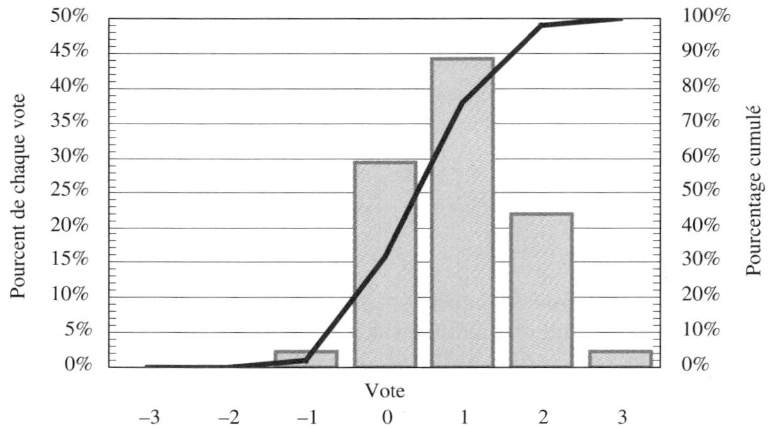

Fig. 10.1 Histogramme de confort et courbe cumulée. Dans ce cas, le PMV vaut 0,9 3± 0,14 et le pourcentage de satisfaits (votes entre –1 et +1) est de 76 ± 5 % (24 ± 5 % d'insatisfaits).

allant de –3 (très froid) a +3 (trop chaud) en passant par 0 (satisfait) (voir question correspondante de l'annexe A.1). L'enquête doit porter sur le plus grand nombre de personnes possible, au minimum sur tous les utilisateurs du local mesuré.

Les résultats seront présentés sous forme d'histogramme (nombre de cas par classe de vote, fig. 10.1). L'incertitude sur le vote moyen doit être déterminée en calculant son intervalle de confiance.

Si l'on dispose d'un grand nombre d'utilisateurs ou d'un grand nombre de mesures, le vote moyen sera déterminant. Le confort peut être admis pour très satisfaisant si le vote moyen est compris entre –0,5 et +0,5, et satisfaisant si le vote moyen est compris entre –1 et + 1.

10.3.4 Mesure du confort par la mesure des paramètres physiques

Il est évidemment possible de mesurer les températures de l'air et des surfaces, la vitesse de l'air et son humidité, de calculer la température radiante moyenne T_{mrt} puis le PMV ou le PPD au moyen de l'équation de Fanger (voir annexe A.2). On trouve sur le marché des instruments combinant les sondes nécessaires avec un acquisiteur de données qui facilitent un tel travail. Les mesures nécessaires sont les suivantes:

- température de l'air,
- températures des surfaces vues depuis l'endroit de la mesure,
- la vitesse de l'air,
- l'humidité de l'air.

L'équation de Fanger est complexe et sa résolution nécessite l'usage d'un ordinateur, mais elle a l'avantage de permettre d'analyser les causes d'inconfort.

10.3.5 Mesure au confort-mètre

Les travaux de Fanger ont conduit au développement d'un appareil[1] dont le senseur est un corps ellipsoïdal ayant un rapport des pertes convectives aux pertes radiatives identique à celui du corps humain et les mêmes caractéristiques directionnelles (fig. 10.2).

La surface du senseur est chauffée à la même température que celle des habits d'un être humain dont l'habillement est donné à l'appareil au moyen d'un commutateur. La puissance nécessaire pour chauffer le senseur est utilisée pour calculer le PMV, le PPD ou d'autres grandeurs concernant le confort thermique telles que:

- La *température opérative* T_{op}: C'est la température qu'aurait un local isotherme (mêmes températures d'air et des surfaces) dans lequel les pertes radiatives et convectives du corps seraient les mêmes que les pertes qu'il présente à l'endroit mesuré. Cette température est indépendante de l'habillement et de l'activité.
- La *température équivalente*: C'est la température qu'aurait un local isotherme dans lequel les pertes radiatives et convectives d'un humain moyen habillé selon la consigne affichée seraient les mêmes que les pertes qu'il présente à l'endroit mesuré. Cette température est indépendante de l'activité. Elle est une combinaison des températures de l'air et des surfaces environnantes et de l'habillement.

---

[1] Confort-mètre Brüel & Kjaer N° 1212

Fig. 10.2 Confort-mètre. A gauche, le senseur.

- La *température de confort* est la température opérative en air tranquille nécessaire pour obtenir un PMV nul.
- La *différence de température* entre la température de confort et la température équivalente.

10.3.6 Précautions importantes

La position des sondes détermine l'endroit où l'on fait la mesure et la position d'une éventuelle sonde de confort doit simuler l'individu :

- Pour la mesure du confort en position debout, la sonde doit avoir son grand axe vertical et être située à environ 1 mètre du sol (adultes).
- Pour simuler une personne assise, l'axe de la sonde fera un angle de 30° avec la verticale, et sera situé à 60 cm du sol.

Pour qualifier le confort dans une pièce, on placera donc les sondes à l'endroit le plus fréquemment habité, et dans la position qui simule l'activité la plus courante dans cette pièce.

La sonde étant sensible au rayonnement, elle est sensible aux personnes avoisinantes. En particulier, la sonde ne doit pas être placée à côté d'une personne dont on veut mesurer la sensation de confort. Le résultat serait une température équivalente surestimée.

10.3.7 Influences particulières

Certains paramètres ne sont pas pris en compte dans l'équation de Fanger mais ont une influence sur l'insatisfaction des individus. Même si la mesure au confort-mètre donne un PMV nul, le PPD effectif peut dépasser 5 % pour les causes suivantes (§ 4.2.7) :

- les courants d'air dépassant 0,1 m/s,
- les asymétries de température radiante entre un côté et l'autre du corps dépassant 10 K pour les éléments froids et 5 K pour un plafond chaud,
- un écart de plus de 3 K entre la tête et les chevilles,
- un sol trop froid (< 19°C) ou trop chaud (> 26°C) pour les individus en chaussures légères.

Ces paramètres peuvent être mesurés séparément si nécessaire.

10.3.8 Variation du confort avec le temps

Il est évident que les paramètres physiques changent au cours du temps. Pour estimer le confort thermique sur de longues périodes de temps, il faut mesurer le confort à intervalles réguliers et créer l'histogramme de confort, à savoir un diagramme représentant la fréquence d'apparition d'une valeur donnée du PMV ou du PPD en fonction de cette valeur. On détermine ainsi la part du temps pendant laquelle le confort est satisfaisant ou insatisfaisant (fig. 10.3).

Pour ce faire, on peut enregistrer le PMV ou le PPD. Il peut toutefois être préférable d'enregistrer la température équivalente, qui est indépendante de l'activité. On peut ainsi recalculer par la suite le PMV et/ou le PPD pour différentes activités.

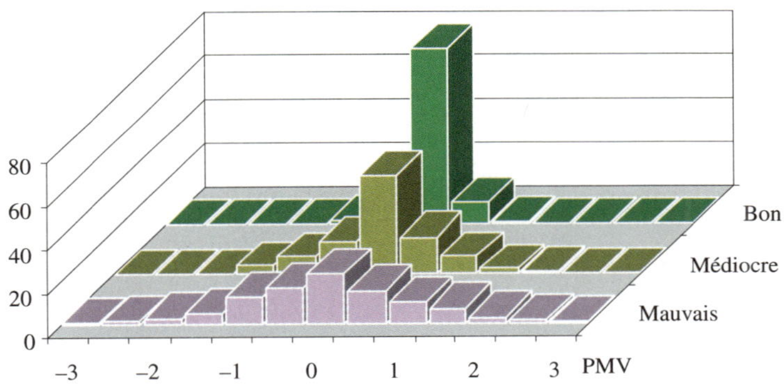

Fig. 10.3 Exemple d'histogrammes de confort. Dans les trois cas, le PMV moyen est nul. Par contre, le confort est satisfaisant 97% du temps dans le meilleur des cas, alors qu'il ne l'est que pendant 54% du temps dans le mauvais cas.

10.4 MESURE DE LA PERMÉABILITÉ À L'AIR DE L'ENVELOPPE DES BÂTIMENTS

Nous avons vu (§ 6.2.3) que pour permettre un contrôle adéquat de l'aération du bâtiment, l'enveloppe de ce bâtiment doit être suffisamment étanche à l'air lorsque les dispositifs de ventilation naturelle ou mécanique ne sont pas en fonction. Cette caractéristique peut se mesurer en imposant une différence de pression entre l'intérieur et l'extérieur, ou en utilisant la différence de pression naturelle et en mesurant le débit d'air qui en résulte.

10.4.1 Mesure par pressurisation

La méthode de mesure la plus répandue consiste à mettre le bâtiment en pression à l'aide d'un ventilateur à débit variable, installé dans une porte ou une fenêtre (fig. 10.4). On mesure le débit d'air délivré par le ventilateur pour plusieurs différences de pression. La figure 10.5 montre les résultats d'une mesure sur un bâtiment réel. Une courbe ajustée sur les résultats des mesures permet de caractériser le débit des fuites (ISO, 1998).

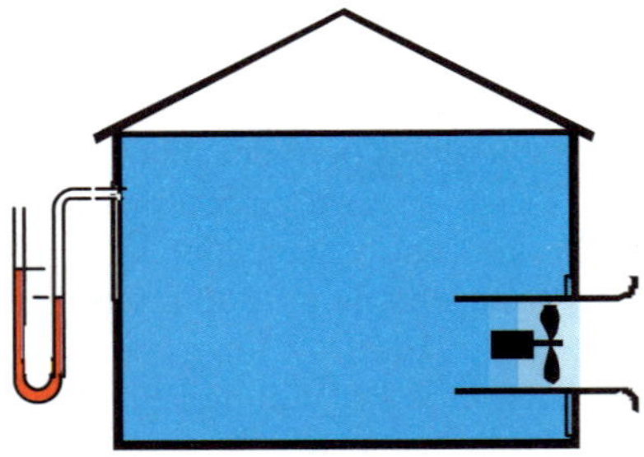

Fig. 10.4 Pressurisation.

La relation entre le débit d'air et la différence de pression est représentée par l'équation de débit empirique :

$$\dot{V} = D \cdot (\Delta p)^n \tag{10.1}$$

où D est le coefficient de débit en $m^3/(h\ Pa^n)$; Δp la différence de pression en Pa et n l'exposant.

En prenant le logarithme des deux membres, on obtient :

$$\log(\dot{V}) = \log(D) + n \log(\Delta p) \tag{10.2}$$

qui est l'équation de la droite illustrée dans la figure 10.5(b). L'exposant n, qui est la pente de cette droite, est compris entre 0,5 (régime turbulent, grandes ouvertures) et 1 (régime laminaire, de minces fissures constituent l'essentiel des fuites).

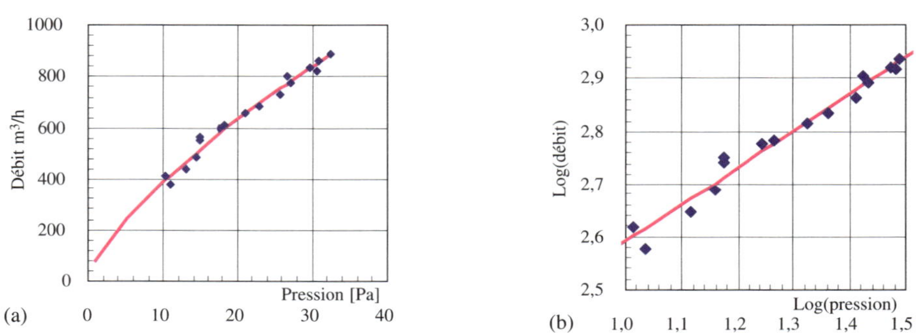

Fig. 10.5 Résultats des mesures et courbe ajustée en échelle naturelle (a) et logarithmique (b).

10.4.2 Expression des résultats et limites acceptables

Le coefficient de débit D et l'exposant n caractérisent la perméabilité du bâtiment. Pour caractériser la perméabilité de l'enveloppe par un seul paramètre, il convient de fixer une pression conventionnelle à laquelle le débit de fuite est mesuré. Ce débit peut ensuite être transformé en une autre quantité, telle que l'aire de fuite équivalente, ou rapportée à une grandeur caractéristique de la taille du bâtiment mesuré.

L'***aire de fuite équivalente*** est l'aire d'une ouverture à bords francs qui aurait le débit de fuite mesuré sous la pression adoptée. Cette aire vaut :

$$A_L = D\sqrt{\frac{\rho}{2}}\Delta p^{(n-1/2)} \tag{10.3}$$

où ρ est la masse volumique de l'air à la température à laquelle les mesures ont été faites.

La ***perméabilité spécifique*** de l'enveloppe est le débit d'air sous conditions normales et 4 Pa de pression différentielle, rapporté à l'aire de l'enveloppe

$$v_{a,4} = \frac{\dot{V}_4}{A_e} \tag{10.4}$$

où :

$\dot{V}_4$ est le débit d'air sous 4 Pa de pression différentielle, l'atmosphère étant aux conditions normales (101 300 Pa et 0°C).

A_e est l'aire de l'enveloppe entourant le volume chauffé, mesuré à l'extérieur, en m^2.

Pour une pression de 4 Pa, qui est une pression de référence souvent utilisée, le débit de fuite en m^3/h est approximativement égal à l'aire équivalente exprimée en cm^2. Il s'ensuit que la perméabilité spécifique exprimée en m^3/h · m^2 est approximativement égale au rapport de l'aire équivalente à l'aire de l'enveloppe, exprimé en cm^2/m^2.

$$v_{a,4}\left[\mathrm{m}^3 / \mathrm{h}\cdot \mathrm{m}^2\right] \cong \frac{A_l}{A_e}\left[\mathrm{cm}^2 / \mathrm{m}^2\right] \tag{10.5}$$

Un critère souvent utilisé (notamment dans l'ancienne version de SIA 180) est le débit d'air traversant le bâtiment lorsque celui-ci est artificiellement pressurisé à une pression de 50 Pa, divisé par le volume ainsi ventilé :

$$n_{50} = \frac{\dot{V}(\Delta p = 50 \text{ Pa})}{V} = \frac{\text{Débit d'air sous 50 Pa de sur- ou sous-pression}}{\text{Volume ventilé}} \tag{10.6}$$

Le passage de l'ancien critère de perméabilité, $n_{L,50}$ au nouveau, $v_{a,4}$ dépend du rapport volume/aire d'enveloppe du bâtiment :

$$\frac{v_{A,4}}{n_{L,50}} = \frac{V}{A_e}\left(\frac{4}{50}\right)^n \cong 0{,}2\frac{V}{A_e} \tag{10.7}$$

où $n \approx 0{,}6$ est l'exposant de l'équation de débit (10.1).

Les pressions usuellement rencontrées dans les bâtiments sont de l'ordre de 1 à 5 Pa, nettement plus faibles que 50 Pa. Cette dernière pression est toutefois plus facile à mesurer avec précision.

10.4.3 Méthode du niveau neutre

Une autre méthode plus simple permet dans certains cas d'obtenir une bonne estimation de l'aire équivalente de fuite, notamment de détecter rapidement si les limites sont largement franchies ou très bien respectées. Elle est basée sur la mesure de la position du niveau neutre, et l'équipement nécessaire se réduit à un détecteur de direction du courant d'air (petit fumigène, bougie, cigarette, bâton d'encens) et un mètre.

Nous avons vu (§ 6.3.4) que le niveau neutre est celui auquel la différence de pression entre l'intérieur et l'extérieur est nulle, et qu'il se positionne en fonction de la taille et de la position des ouvertures, que celles-ci soient voulues ou non.

Pour estimer la perméabilité d'une enveloppe de bâtiment, nous ouvrons une porte ou une fenêtre, par un jour sans vent, le bâtiment étant chauffé. A l'aide de petites bouffées de fumée ou d'une flamme de bougie, nous examinons le courant d'air de bas en haut de l'ouverture. Au niveau neutre, la flamme sera verticale et la fumée ne se déplacera pas. Dans un bâtiment sans aucune fuite, dont l'enveloppe est parfaitement étanche, le niveau neutre se placera de lui-même à mi-hauteur de l'ouverture. Dans la moitié inférieure de l'ouverture, de l'air froid entre et dans la moitié supérieure, de l'air chaud sort.

S'il existe une fuite au-dessus du niveau de l'ouverture, une partie de l'air entrant dans le bâtiment le quittera par cette fuite, et ne ressortira donc pas par l'ouverture de mesure. Le niveau neutre montera de manière à équilibrer les débits : l'aire de la partie de l'ouverture située entre le niveau neutre et la mi-hauteur correspond à l'aire équivalente de la ou des fuites (fig. 10.6(b)). Si les fuites sont petites, on peut augmenter la sensibilité de la méthode en entrouvrant la porte ou la fenêtre.

Si le niveau neutre est au-dessus ou au-dessous de l'ouverture de mesure, même lorsqu'elle est grande ouverte, c'est que l'aire équivalente des fuites situées respectivement au-dessous ou au-dessous de l'ouverture est supérieure à l'aire de l'ouverture.

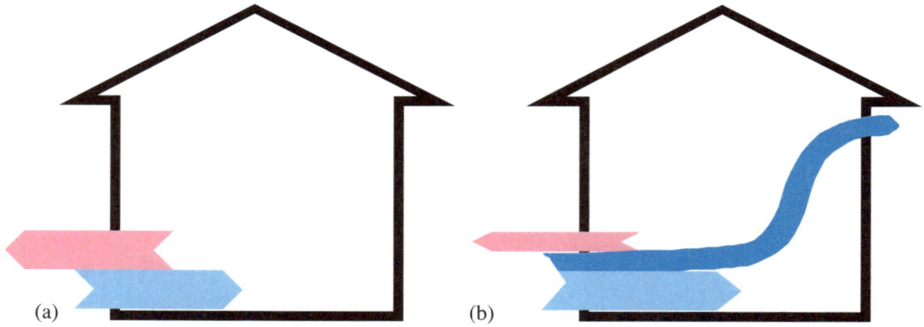

Fig. 10.6 Illustration schématique de la méthode du niveau neutre : (a) pas de fuite ; (b) fuite au-dessus de l'ouverture.

10.5 MESURE DES DÉBITS D'AIR

10.5.1 Méthodes utilisées

La mesure du débit d'air dans une conduite se fait le plus souvent en y introduisant un anémomètre qui mesure la vitesse de l'air en plusieurs endroits dans une section de la conduite. Les anémomètres utilisés sont le tube de Pitot qui mesure la pression exercée par l'air en mouvement, ou un anémomètre à fil chaud qui mesure la température d'un fil chauffé électriquement et refroidi par le mouvement de l'air. Cette mesure ne donne de bon résultats que si elle est effectuée dans une conduite rectiligne dont la longueur dépasse 10 diamètres avant la section mesurée, et 3 diamètres après cette section. Une mesure précise se base sur un profil en travers de la vitesse, obtenu en mesurant cette vitesse en plusieurs endroits sur un diamètre ou sur deux axes de la section.

La mesure de la perte de charge, à savoir de la différence de pression de part et d'autre d'un filtre neuf permet, à partir de la caractéristique du filtre donnée par le fabricant, de déterminer le débit. La plupart des filtres sont équipés d'un manomètre différentiel, utilisé pour déterminer la nécessité de changer le filtre qui, lorsqu'il est chargé, se bouche et présente donc une augmentation de perte de charge.

La mesure de la vitesse de rotation et de la pression différentielle de part et d'autre du ventilateur permet aussi, à partir des caractéristiques de celui-ci, de déterminer le débit.

Toutes les mesures mentionnées ci-dessus ne s'appliquent qu'aux débits dans les conduites et sont sensibles aux turbulences qui peuvent s'établir dans les installations. La méthode utilisant des gaz traceurs, qui au contraire profite de ces turbulences, peut être utilisée pour mesurer le débit d'air neuf dans un espace et permet aussi plusieurs mesures simultanées. C'est pourquoi nous décrivons cette méthode plus en détail ci-dessous. On trouvera aussi une description encore plus détaillée de toutes ces méthodes dans (Roulet and L.Vandaele 1991).

10.5.2 Gaz traceurs

Pour déterminer les débits d'air dans les bâtiments ou les installations techniques, on utilise un *gaz traceur*, à savoir un gaz non toxique à la concentration facilement analysable en faible quantité dans l'air. Les gaz traceurs les plus utilisés sont l'hexafluorure de soufre, le protoxyde d'azote, le gaz carbonique et des composés organiques fluorés.

La méthode est basée sur deux hypothèses: d'une part que les débits d'air restent constants pendant la mesure (de quelques minutes à une heure, suivant les appareils) et d'autre part que le gaz traceur est bien mélangé à l'air dans l'espace mesuré. Par souci de simplicité, les explications qui suivent ne tiendront pas compte de l'origine de l'air échangé, qu'il provienne d'une autre chambre ou de l'extérieur.

10.5.3 Méthodes de mesure par gaz traceurs

On peut utiliser différentes méthodes de mesure, différant par la manière dont le gaz traceur est injecté (fig. 10.7). Le principe est toutefois toujours le même: le gaz traceur marque l'air (comme un colorant dans l'eau), dont le trajet peut dès lors être suivi. La quantité de gaz traceur injectée est diluée dans l'air, ce d'autant plus que la quantité d'air sera grande. La mesure du débit d'injection de gaz traceur et de sa concentration permet donc de mesurer le débit d'air.

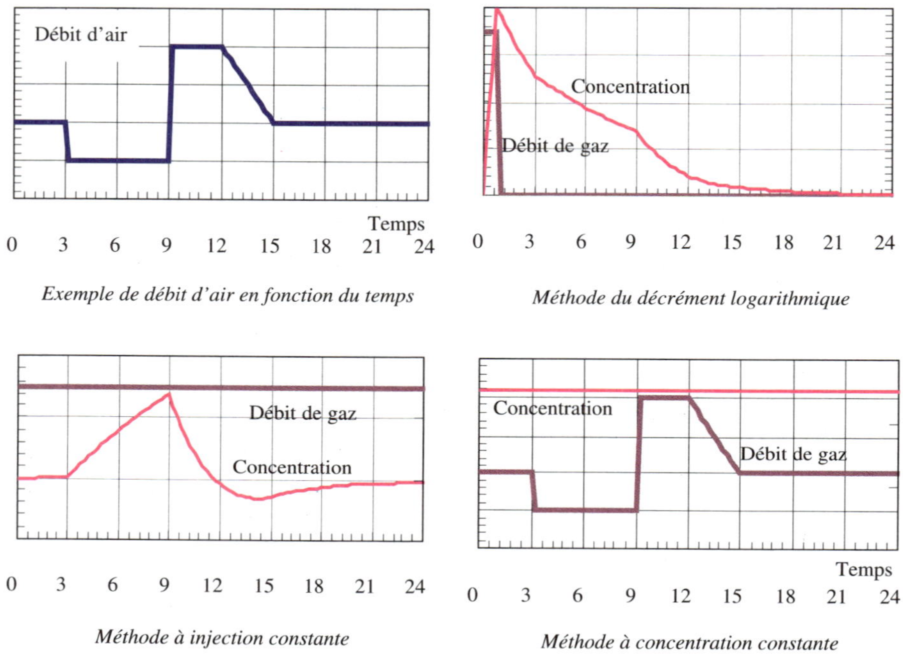

Fig. 10.7 Déroulement dans le temps de la concentration et de l'injection de gaz traceur pour les trois différentes procédures.

La méthode du ***décrément logarithmique*** (ou *decay*) consiste à mesurer la décroissance de la concentration en gaz traceur après une injection unique donnant lieu à une concentration initiale C_0. La mesure de la concentration s'effectue à plusieurs instants successifs, pour plusieurs échantillons d'air prélevés à plusieurs endroits de la pièce. La vitesse de décroissance de la concentration en gaz traceur est une mesure du taux de renouvellement d'air et se calcule par:

$$n_L = \frac{\dot{V}}{V} = \frac{\ln\left[C(t_1) - C(t_0)\right]}{t_1 - t_0} \tag{10.8}$$

où

n_L est le débit d'air spécifique [h^{-1}] (aussi appelé taux de renouvellement d'air), à savoir le rapport du débit d'air neuf au volume d'air dans la zone ventilée (c'est l'inverse de la constante de temps nominale).

ln est le logarithme naturel ou népérien.

$C(t_0)$ est la concentration initiale en traceur.

$C(t_1)$ est la concentration après un temps $t_1 - t_0$.

Dans la méthode de la ***concentration constante***, le gaz traceur est injecté en quantité juste suffisante pour maintenir la concentration C constante dans l'espace mesuré, supposé bien brassé. Cette injection est donc contrôlée par un régulateur qui compare la concentration mesurée dans la chambre à une consigne. Ainsi, le flux d'air frais est directement proportionnel au débit S de gaz injecté [m^3/h]:

$$\dot{V} = \frac{S}{C} \tag{10.9}$$

La méthode de l'***injection constante*** est analogue à la précédente, la concentration pouvant toutefois varier alors que le taux d'injection de traceur est maintenu constant. Cette dernière méthode est très utile dans les installations de ventilation dans lesquelles le débit peut facilement être maintenu constant. En injectant le gaz traceur à divers endroits (2 à 4 endroits, suivant les besoins et le type d'installation) et en analysant la concentration de gaz traceurs en plusieurs autres endroits, on peut déterminer tous les débits d'air traversant l'installation de ventilation, y compris les fuites et les courts-circuits éventuels (Roulet, Pibiri *et al.* 2001) (fig. 10.8).

On peut dire que la méthode la plus précise est la méthode à concentration constante, qui demande toutefois du personnel qualifié et un matériel coûteux. Les méthodes du *decay* et à injection constante sont plus simples et meilleur marché. L'utilisation simultanée de plusieurs traceurs permet de mesurer non seulement le flux d'air frais mais aussi des flux d'air allant d'une zone à l'autre (par exemple de la cuisine au salon). En tout état de cause, le prix du matériel nécessaire est élevé, ce qui restreint actuellement l'utilisation de ces méthodes.

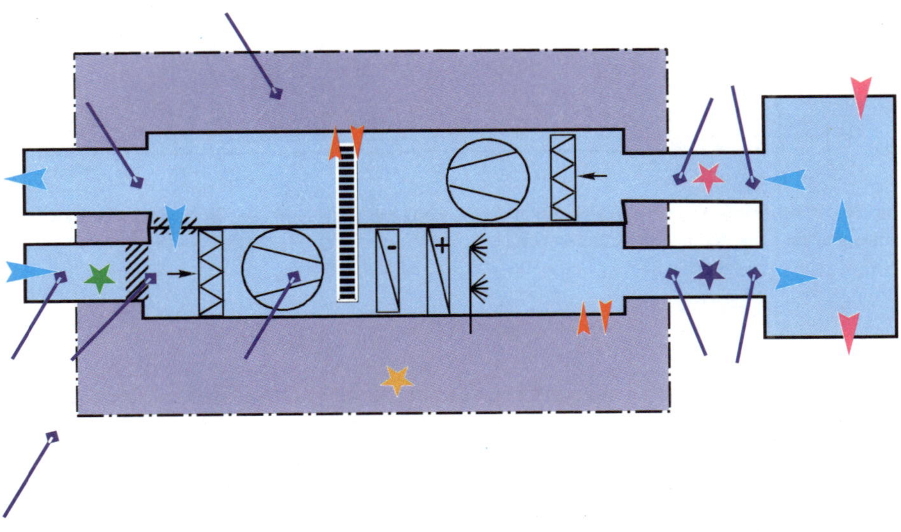

Fig. 10.8 Schéma d'une unité de traitement d'air. Les flèches représentent les débits d'air, les flux parasites étant en rouge. Les étoiles représentent les endroits d'injection des gaz traceurs et les lignes avec losanges les endroits où l'air doit être analysé pour déterminer tous ces débits.

10.5.4 Utilisation du gaz carbonique

Un gaz traceur bon marché disponible dans tous les bâtiments habités est le gaz carbonique, qui est produit notamment par les habitants. On trouve sur le marché des analyseurs de gaz carbonique portables, relativement bon marché, qui permettent d'enregistrer la concentration à intervalles réguliers. L'examen de tels enregistrements est fort instructif.

La concentration maximale de gaz carbonique nous indique, dans la mesure où les occupants sont la seule source de ce gaz (pas de flamme ouverte), le débit d'air minimal par occupant :

$$\frac{\dot{V}}{N_p} \cong \frac{20\,000}{C - C_e} \left[\mathrm{m^3/h}\right] \tag{10.10}$$

si la concentration C est exprimée en ppm. La concentration C_e est la concentration de gaz carbonique à l'extérieur (environ 400 ppm). Cette relation tient compte du fait qu'une personne expire environ 20 litres par heure de gaz carbonique.

Lorsque les occupants quittent les locaux, la décroissance de la concentration permet de déterminer le débit d'air spécifique par la méthode du décrément logarithmique. La figure 10.9 montre un exemple d'application (Roulet and Foradini 2002). De cet exemple, on peut déduire que le débit d'air minimal par personne est de 14 m^3/h, et que le débit d'air spécifique en absence de l'occupant, assuré essentiellement par infiltration naturelle, est de 0,1/h, ou 0,5 m^3/(h · m^2) s'il est rapporté à la surface de la façade.

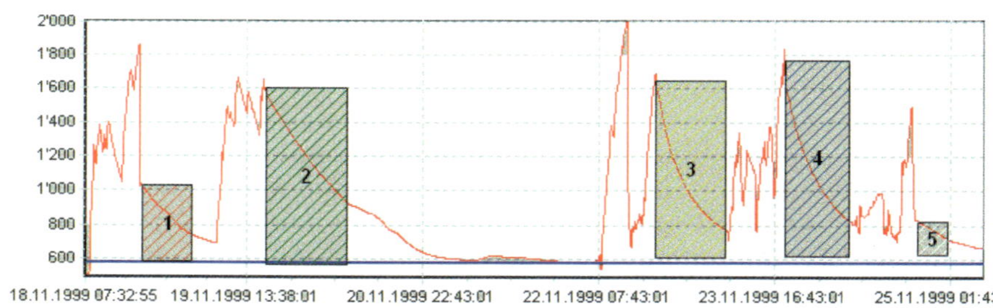

Fig. 10.9 Enregistrement de la concentration de gaz carbonique dans un bureau. Les 5 zones hachurées correspondent à des périodes de décroissance.

10.6 QUALITÉ DE L'AIR

Pour l'occupant, un air de bonne qualité lui permet non seulement de ne pas être incommodé par des odeurs ou rester en bonne santé, mais aussi de se sentir bien. C'est donc d'une part un air très pauvre en polluants toxiques ou microorganismes pathogènes, et d'autre part un air qui contient diverses impuretés agréables. L'air marin, l'air de la forêt ou des prairies alpines, tant prisés des touristes, n'est pas de l'air pur formé de 80 % d'azote et 20 % d'oxygène, avec des traces de vapeur d'eau, de gaz carbonique et de divers gaz nobles. Cet air content en plus de nombreux composés volatils qui font sa qualité.

En fait, la qualité de l'air n'est mesurable en tant que telle que par le bien-être (à court et à long terme) ou la satisfaction des personnes qui le respirent. Toutefois, l'apparition de malaises ou de maladies n'est pas forcément due à un air de mauvaise qualité. Dans la pratique, la mesure de la qualité de l'air se résume à un ensemble de mesures partielles, cherchant à mesurer la concentration de divers polluants spécifiques.

10.6.1 Mesure olfactive

Le nez est un analyseur chimique de très grande sensibilité pour de nombreux composés, et aucun instrument, pour l'instant, ne peut le remplacer de ce point de vue.

La qualité olfactive de l'air peut se mesurer en reniflant cet air après s'être bien rincé le nez, en prenant plusieurs inspirations profondes, avec de l'air propre. Comme la satisfaction olfactive varie fortement d'une personne à l'autre, on demande à plusieurs personnes de répondre à la question: «Trouvez-vous que cet air est satisfaisant?». Le pourcentage d'insatisfaits donne une mesure du manque de qualité de l'air.

Fanger (Fanger 1988) a proposé de lier le pourcentage d'insatisfaits à la concentration en odeurs corporelles (exprimée en pol), en admettant ipso facto que toutes les odeurs désagréables pouvaient s'additionner d'une part, et d'autre part avaient un effet équivalent sur l'insatisfaction des personnes. En fait, ces hypothèses sont fausses et cette méthode est de plus en plus critiquée.

Une méthode plus quantitative consiste à diluer l'air à mesurer avec de l'air propre jusqu'à ce qu'un jury de «nez» le trouve parfaitement acceptable. Le taux de dilution nécessaire est une autre mesure de la concentration en polluants olfactifs. Comme la sensibilité du nez varie avec la concentration de manière différente pour chaque composant, cette méthode peut aussi conduire à des erreurs d'interprétation.

Il convient aussi de rappeler que de nombreux gaz toxiques sont inodores (par ex. le radon, le monoxyde de carbone) ou ont un seuil de détection olfactive supérieur à la concentration létale (acide cyanhydrique par ex.).

10.6.2 Mesure de la concentration de gaz

On trouve des analyseurs permettant de mesurer la concentration de pratiquement tous les gaz présents dans l'atmosphère. Si un polluant donné est suspecté, comme ce peut être le cas dans l'industrie, il est donc possible de mesurer sa concentration en permanence et de donner l'alarme en cas de dépassement d'une valeur critique. Par contre, il n'existe pas de «pollumètre» capable de détecter la pollution en général. Les analyseurs les plus courants sont décrits ci-dessous.

Des tubes réactifs (tubes «Draeger») permettent l'analyse rapide de nombreux composés toxiques. Une quantité d'air connue est pompée à travers un tube rempli d'un composé poreux, qui change de couleur en réagissant au gaz à analyser. La longueur de composé modifié donne une indication de la concentration du gaz analysé.

Le ***gaz carbonique*** (CO_2) est facile à analyser, car ce gaz absorbe très bien certaines longueurs d'ondes dans l'infrarouge. On trouve dans le commerce des analyseurs portables et relativement bon marché. Comme ce gaz est produit par tous les êtres vivants, dont les occupants des bâtiments, on utilise ce gaz comme indicateur de présence. En particulier, on peut asservir le débit de ventilation à la concentration de gaz carbonique, ce qui permet de maintenir un air de qualité acceptable tout en limitant le débit d'air, donc la consommation d'énergie.

Le ***radon*** se mesure par sa radioactivité. Une mesure instantanée peut être faite avec un compteur de particules, protégé de la radioactivité ambiante, et dans lequel on fait circuler un débit d'air connu (fig. 10.10). Un tel appareil est toutefois coûteux, et pour les campagnes de mesure importantes, on utilise des dosimètres intégrateurs. Ce sont de petits boîtiers que l'on laisse en place dans le bâtiment pendant quelques semaines, voire une saison (fig. 10.11). Dans ces dosimètres, deux phénomènes sont utilisés pour compter les désintégrations: soit on compte les traces laissées dans une feuille de plastique par le rayonnement alpha produit par la désintégration du radon, soit on mesure la perte de charge électrique d'une feuille de téflon préalablement chargée (électret), perte due au contact avec les ions produits par la désintégration.

Fig. 10.10 Analyseur de radon (photo OFSP).

Fig. 10.11 Dosimètres à radon (photo OFSP).

Les ***composés organiques volatils*** se mesurent soit par l'absorption infrarouge dans la bande correspondant à la liaison C–H, soit par les électrons libérés lors de leur combustion (détecteurs à semiconducteurs, ionisation de flamme). La sensibilité de ces deux méthodes n'étant pas la même pour les différents COV, les résultats relatifs aux COV dans leur ensemble ne sont pas comparables. Il faut aussi remarquer que si la concentration de COV particuliers (par ex. le phénol, le benzène) a tout son sens, la concentration d'un mélange de composés dont la composition n'est pas connue n'a pas de sens en soi. En effet, on peut avoir dans un bâtiment une forte concentration de COV causée principalement par la présence de méthane non toxique, et dans un autre une faible concentration d'un COV particulièrement toxique.

10.7 MESURES ACOUSTIQUES

10.7.1 Mesure de niveau de bruit

La mesure du niveau de bruit ne sert pas seulement à quantifier la gêne due à un bruit. Elle est aussi à la base de la mesure du temps de réverbération (§ 10.7.2) et de l'isolation acoustique aux bruits aériens et aux bruits de choc (§ 10.7.3).

Le niveau de bruit se mesure avec un ***sonomètre***. C'est l'instrument de base de toute mesure de bruit. Il est conçu pour répondre aux sons d'une façon aussi proche que possible de l'oreille humaine. Quels que soient le modèle et la marque d'appareil, le sonomètre est toujours basé sur le schéma de principe présenté à la figure 10.12. Il se compose principalement des 3 éléments suivants: le microphone, l'unité de traitement et l'affichage.

Avant et après chaque série de mesure, le sonomètre doit être étalonné au moyen d'une source sonore étalon, délivrant en général un son pur à 1000 Hz de niveau constant. *Constantes de temps*: Pour permettre la lecture d'un niveau sonore sur un sonomètre, le signal provenant du microphone est intégré pendant un certain temps pour donner une moyenne. Les trois constantes de temps normalisées selon CEI 651 sont données dans le tableau 10.3. La lecture n'est correcte qu'après avoir attendu le temps correspondant.

Tableau 10.3 Temps de réponse normaux des sonomètres.

Constante de temps	Affichage correct après
Impuls: I.	35 ms
Fast: F.	125 ms
Slow: S.	1 s

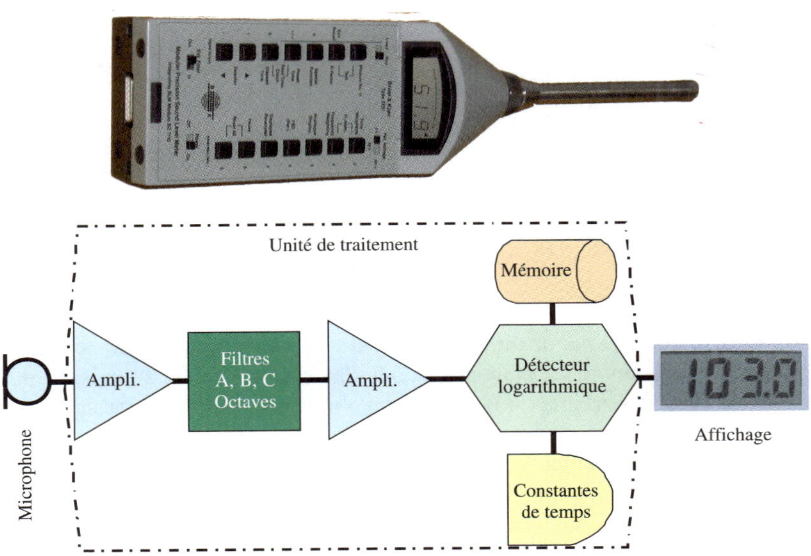

Fig. 10.12 Sonomètre.

Endroit de la mesure: Lors de mesures à l'extérieur, on prêtera une attention particulière aux obstacles importants qui peuvent par absorption, réflexion ou diffraction modifier la répartition des pressions et par là même, avoir une influence sur le résultat des mesures.

Dans les locaux courants, le ***champ sonore*** se présente de la façon suivante (fig. 10.13):

- Près de la source sonore (champ proche), le niveau sonore varie ponctuellement et l'on y fera peu ou pas de mesure. Cette zone s'étend sur une distance égale au double des dimensions de la source ou de la longueur d'onde correspondant à la fréquence mesurée.
- A partir d'une certaine distance les conditions de champ libre sont établies (les niveaux y diminuent de 6 dB par doublement de la distance pour une source ponctuelle et de 3 dB pour une source linéaire). La répartition des niveaux dans cette zone est régulière et les mesures y sont fiables.
- Lorsque l'on s'éloigne encore plus de la source, on se trouve en champ réverbérant ou en champ diffus, où les niveaux devraient être partout les mêmes à partir d'une certaine distance des parois et des obstacles. On y effectuera la plupart des mesures en vérifiant la régularité et l'uniformité des niveaux principalement dans le cas des mesures d'isolation acoustique et de temps de réverbération.

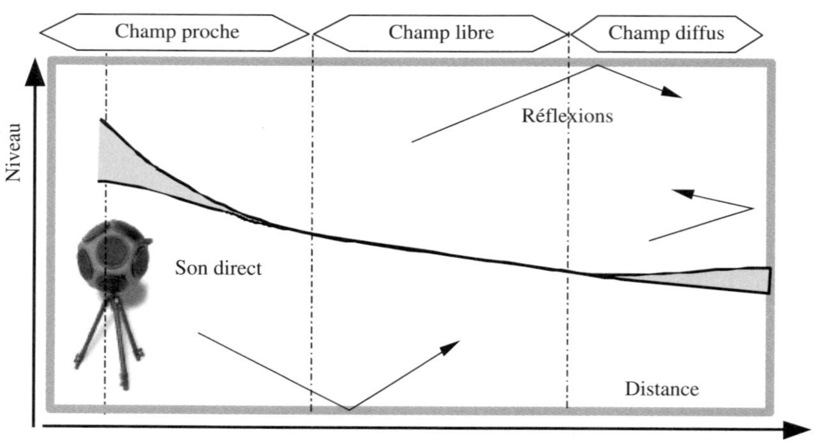

Fig. 10.13 Champ sonore dans un local.

La présence de l'opérateur ou de spectateurs proches du microphone de mesure perturbe le champ sonore et peut provoquer des distorsions se traduisant par des erreurs de mesure importantes. Pour des sons purs, les erreurs de mesures peuvent être très importantes, par exemple de 16 dB à 400 Hz pour une distance de 25 cm!

Afin de réduire l'influence de la présence de l'opérateur placé derrière un microphone de mesure à une valeur admissible de 1 dB, il se tiendra à au moins 1 m de celui-ci.

Bruit de fond: Lorsque le but de la mesure est de déterminer le niveau sonore en provenance d'une source de bruit donnée, l'influence du bruit de fond, c'est-à-dire du bruit qui règne sans la source en fonctionnement, peut être très importante. Si la différence de niveau sonore avec et sans la source en fonctionnement est inférieure à 10 dB, une correction doit être apportée (§ 4.5.2).

Analyse de fréquence: C'est le fait de décomposer un bruit complexe contenant un grand nombre de fréquences en ses différentes composantes spectrales de façon à obtenir le niveau de chacune de celles-ci. A cet effet, les sonomètres peuvent être équipés de filtres.

Filtre par octave: De par la définition d'une octave, les fréquences centrales des filtres passe-bande sont dans le rapport 1:2. En d'autres termes, on passe d'une octave à l'autre en doublant la fréquence:

$$f_2 = 2f_1 \qquad f_3 = 2f_2 = 4f_1 \qquad \text{etc.} \tag{10.11}$$

La largeur de bande est également de une octave.

Le filtre est désigné par la fréquence centrale de sa bande passante. Par exemple, f_{500} désigne un filtre de fréquence centrale de 500 Hz. Les fréquences centrales normalisées selon ISO 266 sont 31,25; 62,5; 125; 250; 500; 1000; 2000; 4000; 8000 et 16 000 Hz.

Filtre par 1/3 d'octave: La largeur de bande d'un filtre par octave étant dans bien des applications beaucoup trop grande, une analyse plus détaillée s'impose. Chaque octave est divisée par 3 d'où le nom de 1/3 d'octave. On passe d'un tiers d'octave au suivant en multipliant la fréquence par la racine cubique de deux (environ 1,26). Les fréquences centrales normalisées sont 31,25; 40; 50; 62.5; 80; 100; 125; 160; 200; 250; 315; 400; 500; 630; 800; 1000; 1250; 1600; 2000; 2500; 3150; 4000; 5000; 6300; 8000; 10 000; 12 600; et 16 000 Hz.

10.7.2 Mesure de temps de réverbération

Objectifs de la mesure

Le temps de réverbération est une information utilisée, dans la plupart des cas, pour estimer la qualité acoustique d'un local en fonction de sa destination. C'est un indicateur du confort acoustique (§ 9.2.3).

Sa mesure a pour but de connaître l'état acoustique d'un local et, si cet état est jugé insatisfaisant, d'évaluer l'importance des corrections à effectuer, puis, après corrections, de contrôler que les résultats obtenus concordent avec les prévisions.

Lors des mesures d'isolation acoustique, le temps de réverbération est utilisé dans un terme correctif permettant de se dégager de l'influence des dimensions et de l'aménagement du local de réception sur le résultat des mesures.

Description de la méthode

Pour mesurer le temps de réverbération, on a besoin d'une source sonore pour générer le son dans le local et d'un sonomètre enregistreur pour enregistrer la décroissance du niveau sonore une fois qu'on a interrompu la source. La source doit être assez puissante dans toutes les gammes de fréquence à mesurer. Un ballon gonflé que l'on fait sauter ou la détonation d'un pistolet à blanc peut être utilisée.

Du fait des échos, le temps de réverbération d'un local dépend partiellement de la position de la source et de celle du microphone de réception. Dans certains cas, la position de la source est évidente (par exemple sur le podium d'une salle de conférence).

Mais souvent il vaut mieux placer la source sonore dans un des coins c'est-à-dire là où toutes les ondes acoustiques ont un maximum de pression.

Le microphone de réception doit être placé à différentes positions, particulièrement dans les locaux de grandes dimensions, parce que le temps de réverbération peut varier de place en place. Suivant les besoins, les temps de réverbération devront être moyennés pour chaque bande de fréquence, soit en déplaçant le microphone en plusieurs expériences, soit en utilisant plusieurs microphones avec un multiplexeur.

Du fait de la décroissance exponentielle de la pression sonore et de la réponse logarithmique de l'équipement d'enregistrement, la décroissance du niveau de bruit sera, en moyenne, une ligne droite sur l'enregistrement (§ 9.2.3). Le temps nécessaire pour réduire le niveau de 60 dB est le temps de réverbération. C'est 60 fois l'inverse de la pente de la droite.

10.7.3 Mesure d'isolation acoustique

Le domaine des mesures d'isolation phonique concerne essentiellement deux voies de propagation (par l'air ou par la structure). La mesure s'effectue sur différents objets:

- un élément structurel entre deux locaux ou entre l'extérieur et l'intérieur (mur, cloison, plancher, façade, toiture),
- un élément particulier (fenêtre, vitrage, gaine de ventilation, porte, faux-plafond, etc.),
- entre deux locaux, contigus ou non.

Dans la plupart des cas, les mesures effectuées in situ montrent des isolements inférieurs à ceux obtenus en laboratoire pour les mêmes éléments, du fait des transmissions par d'autres voies que la voie directe (latérale, par les équipements, par des fissures ou des points faibles etc.). La différence peut être très importante et il y a lieu d'en tenir compte lors de la planification en prenant des marges suffisantes.

Indice d'affaiblissement acoustique R'

L'indice d'affaiblissement acoustique R' caractérise l'affaiblissement des sons aériens produits par un *élément de construction* séparant deux locaux 1 et 2:

$$R' = L_1 - L_2 + 10 \log(S/A_2) \qquad (10.12)$$

où:

L_1 est le niveau sonore dans le local d'émission [dB].
L_2 est le niveau sonore dans le local de réception [dB].
S est l'aire de l'élément séparant les deux locaux [m^2].
A_2 est l'aire d'absorption équivalente du local de réception [m^2].

A_2 est obtenu en mesurant le temps de réverbération T (§ 10.7.2) et en utilisant la formule de Sabine inversée:

$$A = 0{,}163\ V/T \qquad (10.13)$$

L'isolement acoustique brut normalisé D_n' caractérise l'isolement contre les sons aériens *entre deux locaux*. C'est la différence des niveaux acoustiques pour une aire d'absorption de référence A_0 de 10 m^2 dans le local de réception (pièce de 50 à 60 m^3):

$$D_n' = L_1 - L_2 + 10 \log(A_0/A_2) \tag{10.14}$$

La mesure consiste à placer une source de bruit dans le local 1 et à mesurer les niveaux obtenus dans les locaux 1 et 2. Il faut aussi mesurer le temps de réverbération dans le local 2. Ces mesures sont en principe effectuées pour chaque tiers d'octave.

Indice d'affaiblissement apparent pondéré R_w'

En pratique on préfère qu'une quantité unique – plutôt qu'une série de valeurs de R' (ou de D_n') – qualifie l'isolement d'un élément de construction. C'est l'indice R'_w, qui est déterminé par comparaison des valeurs de R' obtenues par les mesures avec une courbe de référence normalisée N_1 (fig. 10.14).

Cette courbe de référence est translatée par bonds de 1 dB jusqu'à ce que ses écarts du côté défavorable avec les valeurs de R' soient inférieurs ou égaux à des tolérances prescrites soit:

- la somme des écarts défavorables aux tiers d'octaves concernés, divisée par le nombre de tiers d'octaves (16) considérés doit être plus petite, mais aussi proche que possible de 2 dB;
- l'écart défavorable maximal ne doit pas dépasser 8 dB.

L'indice R_w' est alors égal à la valeur à 500 Hz de la courbe translatée (fig. 10.14). Plus l'indice est élevé, meilleur est l'isolement, car il représente une différence de niveau.

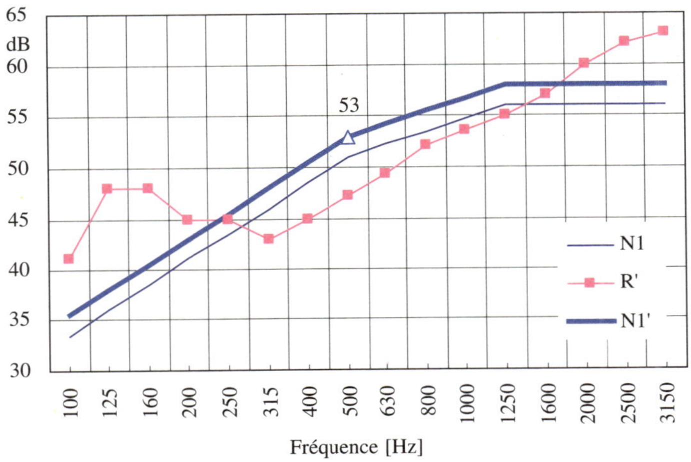

Fig. 10.14 Exemple de diagramme pour la mesure de l'indice d'affaiblissement apparent pondéré. Dans le cas présent, $R_w' = 53$ dB.

Mesure des bruits de choc

Le niveau de bruits de choc L_2' est le niveau de la pression acoustique dans le local de réception, mesuré par octaves ou tiers d'octaves, lorsque le plancher du local d'émission reçoit les chocs d'une machine à frapper normalisée qui est décrite dans la norme ISO 140/6. Cette machine comprend 5 marteaux de 500 g tombant de 4 cm au rythme de 10 coups par seconde (fig. 10.15).

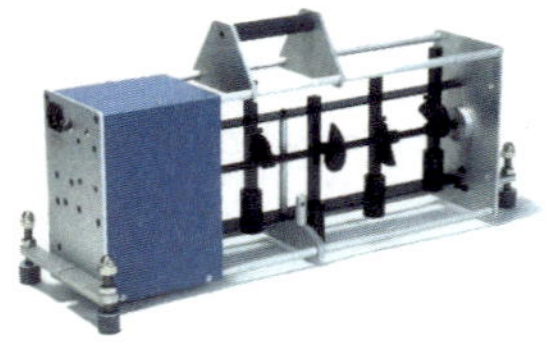

Fig. 10.15 Machine à frapper normalisée selon ISO 140/6.

Le niveau normalisé des bruits de choc L_n' est le niveau de la pression acoustique des bruits de choc pour une aire d'absorption de référence A_0 de 10 m^2 dans le local récepteur :

$$L_n' = L_2' - 10\log(A_0/A) + K \tag{10.15}$$

où :

A_2 est l'aire d'absorption équivalente du local de réception obtenue après mesure des temps de réverbération par la formule de Sabine (§ 9.2.3).

K est le coefficient de correction qui vaut 0 dB pour les mesures par octave et 5 dB (10 log 3) pour les mesures par 1/3 d'octave.

Comme pour l'isolement aux sons aériens, on a souhaité qualifier l'isolement aux bruits de choc (ou de pas) par un indice unique qui est $L_{n,w}'$. L'indice $L_{n,w}'$ est obtenu selon une procédure semblable à celle déterminant l'indice R_w'. Seuls changent la courbe de référence et le fait que cette courbe corresponde à des niveaux et non à des différences de niveaux.

Ceci implique que les écarts défavorables avec les valeurs L_2' se situent en dessus de la courbe de référence. L'indice $L_{n,w}'$ est alors égal à la valeur à 500 Hz de la courbe translatée (fig. 10.16).

Plus l'indice $L_{n,w}'$ est faible, meilleur est l'isolement, car il représente un niveau.

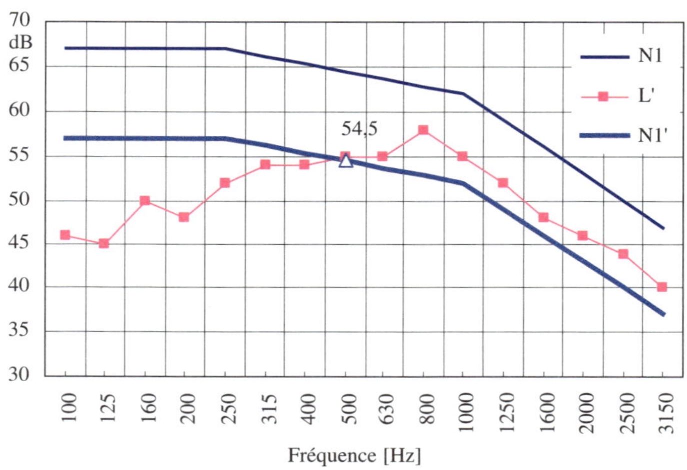

Fig. 10.16 Exemple de diagramme pour la mesure de l'indice isolement aux bruits de choc. Dans le cas présent, $L_w' = 54{,}5$ dB.

10.8 MESURES D'ÉCLAIRAGE

10.8.1 Objectifs de ces mesures

Les caractéristiques les plus importantes quantifiant la qualité de l'éclairage sont l'éclairement local, la luminance des surfaces vues et la répartition de ces caractéristiques.

Ce chapitre décrit les mesures d'éclairement et de luminance. Les définitions de ces grandeurs sont données dans le paragraphe 4.4.1. D'autres mesures sont possibles, notamment en ce qui concerne le spectre de la lumière, qui est la distribution de l'intensité en fonction de la longueur d'onde. Ces mesures ne sont pas décrites ici mais ces renseignements se trouvent dans la littérature spécialisée, par exemple dans (SLG 1992).

Etant donné que le flux lumineux des lampes et des tubes fluorescents diminue avec leur âge, des mesures d'éclairement périodiques à certains endroits judicieusement choisis permettent de déterminer le moment où il convient de remplacer les lampes ou les tubes avant que l'éclairage devienne insuffisant. Cette mesure est particulièrement utile dans les locaux où le remplacement des lampes est coûteux ou compliqué (luminaires peu accessibles, locaux encombrés, etc.). Dans ce cas, il est souvent plus économique de changer d'un coup toutes les lampes ou tous les tubes avant la fin de leur vie. Cette méthode permet d'éviter les multiples interventions ponctuelles nécessaires pour changer une à une les lampes défaillantes.

La mesure de luminance permet d'une part de contrôler individuellement les luminaires et d'autre part de vérifier que les contrastes de lumière se présentant dans le champ visuel ne sont pas trop élevés. Cette dernière vérification concerne surtout le confort visuel.

10.8.2 Mesure d'éclairement

Cette mesure est la plus fréquente dans le domaine de l'éclairagisme. L'appareil nécessaire est le luxmètre, constitué d'une cellule photovoltaïque recouverte d'un filtre correcteur lui donnant la sensibilité de l'œil et d'une lentille lui donnant une sensibilité proportionnelle au cosinus de l'angle d'incidence (fig. 10.17).

Fig. 10.17 Exemple de luxmètre.

La courbe de sensibilité du luxmètre ainsi que sa réponse angulaire doivent être connues. Si elles s'écartent des courbes standard, des corrections doivent être apportées aux résultats.

Endroit des mesures

L'endroit et le plan sur lequel la mesure doit être faite dépendent du but de la mesure. On mesure généralement l'éclairement sur un plan horizontal, le plus souvent à la hauteur du plan de travail. Il peut être utile de mesurer aussi l'éclairement dans un plan vertical.

Pour déterminer une carte de l'éclairement d'une surface donnée, on découpe celle-ci en un certain nombre de carrés égaux. La mesure de l'éclairement se fera au centre de chacun de ces carrés, à une hauteur constante et avec la cellule du luxmètre toujours dans le même plan. La dimension des carrés dépend de la grandeur de la surface, de façon à obtenir au minimum 9 valeurs. Le nombre de valeurs nécessaire dépend de la précision et des détails que l'on désire reporter sur la carte d'éclairement.

En principe, les mesures dans les pièces se font à 85 cm du sol. A l'extérieur ou dans les halles de sport, la mesure se fait au sol ou à 20 cm au-dessus de celui-ci.

Des mesures sur des plans verticaux ou inclinés peuvent aussi se justifier, par exemple dans les musées (tableaux contre les murs), les ateliers de dessin (tables inclinées), les écoles (tableaux noirs), etc.

Prise de la mesure

Le luxmètre ne doit pas être ombragé par des obstacles étrangers à l'objet mesuré. En particulier, la trajectoire des rayons lumineux ne doit pas être perturbée (absorbée ou réfléchie) par le mesureur, par un aide ou par un support d'appareil de mesure. En principe, ces objets étrangers doivent se trouver derrière le plan de la cellule de mesure.

Simultanément aux mesures d'éclairement, dans le cas d'un éclairage artificiel, on mesurera la tension électrique aux bornes des luminaires. En effet, cette tension peut varier dans le temps et entraîner des variations d'éclairement.

L'éclairage artificiel doit être enclenché un temps suffisant avant la mesure, de façon qu'un niveau d'éclairage stationnaire soit atteint. Ce temps est particulièrement long pour les lampes à décharge à haute pression.

Si on mesure un éclairage naturel à l'intérieur d'un bâtiment, il convient de mesurer simultanément (voire d'enregistrer) l'éclairement à l'extérieur, en un lieu dégagé qui peut être le toit du bâtiment ou un endroit dégagé visible de la fenêtre principale du local mesuré. En principe, on mesure l'éclairage naturel par ciel uniformément couvert (soleil invisible). Le rapport de l'éclairement mesuré à l'intérieur à l'éclairement extérieur en champ libre donne le ***facteur de lumière du jour*** (FLJ).

10.8.3 Mesure de luminance

Ces mesures sont destinées à l'estimation du confort visuel, dans un but photographique ou pour la prise d'image avec des caméras de cinéma ou de télévision.

L'instrument utilisé est le luminance-mètre illustré à la figure 10.18. Il est constitué d'un objectif focalisant la lumière provenant d'une direction donnée sur une cellule. Un filtre lui donne la sensibilité spectrale de l'œil (respectivement du film ou du tube vidéo).

Fig. 10.18 Exemple de luminance-mètre.

Suivant le but de la mesure, on place l'instrument à l'endroit de l'œil (respectivement de l'appareil de photo ou de la caméra) en le dirigeant vers l'objet à mesurer.

Les précautions mentionnées au paragraphe 10.8.2 sont aussi valables pour cette mesure.

On peut utiliser le luminance-mètre pour déterminer le coefficient de réflexion de surfaces, par mesure comparative avec une surface de coefficient connu et en admettant que la loi de Lambert soit respectée par les deux surfaces.

10.9 MESURE DE L'ISOLATION THERMIQUE

10.9.1 Objectif de la mesure

Le coefficient de transmission thermique U donne la quantité de chaleur passant par unité de temps au travers d'un mètre carré d'élément de construction si celui-ci est soumis de part et d'autre à une différence de température constante de 1 degré. Il s'exprime en $W/(m^2 \cdot K)$. La mesure du coefficient de transmission thermique U d'un élément de construction inconnu est utile tant pour contrôler l'exécution des travaux que pour le calcul du bilan thermique du bâtiment.

Le coefficient U peut être déterminé de plusieurs manières:

- Si on est sûr que l'exécution et les matériaux d'isolation sont conformes aux plans, le coefficient U s'obtient aisément par le calcul (§ 5.3.1).
- La structure réelle de l'élément de construction, à savoir l'épaisseur des différentes couches et les matériaux utilisés pour chaque couche, peut être déterminée par un sondage. On peut par exemple forer un trou de 10 mm de diamètre et examiner les couches au moyen d'un endoscope. On est alors ramené au cas précédent, et on détermine le coefficient U par le calcul. Cette méthode donne peu de renseignements sur la qualité réelle des matériaux isolants.
- Enfin, si ces deux méthodes ne peuvent pas s'appliquer, on peut mesurer simultanément le flux de chaleur et les températures intérieure et extérieure, et en déduire le coefficient U.

Le calcul du coefficient U sur la base de plans ou d'un sondage ne pose pas de difficultés particulières et il est décrit en détail dans EN-ISO 6946. Cette méthode est la plus rapide et la plus proche des règles donnant des valeurs limites. Il est recommandé de l'utiliser chaque fois que c'est possible, c'est-à-dire tant que l'on peut s'assurer de la composition de l'élément de construction par témoignages dignes de foi ou par un sondage. Cette méthode ne s'applique pas si l'on a des doutes sur la qualité ou l'état des matériaux isolants.

La méthode décrite ci-dessous est la méthode fluxmétrique, qui peut être utilisée dans les autres cas.

10.9.2 Méthode fluxmétrique

Le fluxmètre

Un fluxmètre est une sonde servant à mesurer la densité de flux thermique. Les sondes les plus utilisées actuellement sont formées d'une plaque relativement mince et de senseurs permettant de mesurer la faible différence de température apparaissant entre les deux côtés de la plaque lorsque celle-ci est traversée par un flux de chaleur (fig. 10.19). Le signal électrique délivré par les senseurs croît avec le flux de chaleur.

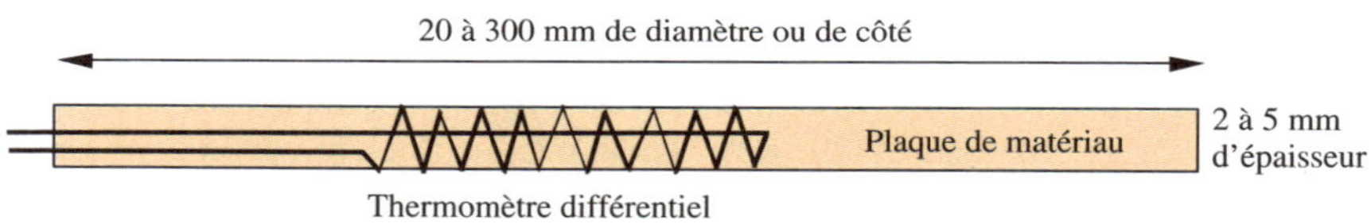

Fig. 10.19 Coupe schématique d'un fluxmètre.

Un bon fluxmètre doit présenter une faible résistance thermique et une bonne sensibilité. Ces deux qualités sont contradictoires, la sensibilité augmentant avec la résistance thermique. Les fluxmètres et les sondes de température doivent présenter des caractéristiques de surface (couleur, rugosité, émissivité) aussi proches que possible de la surface de l'élément mesuré.

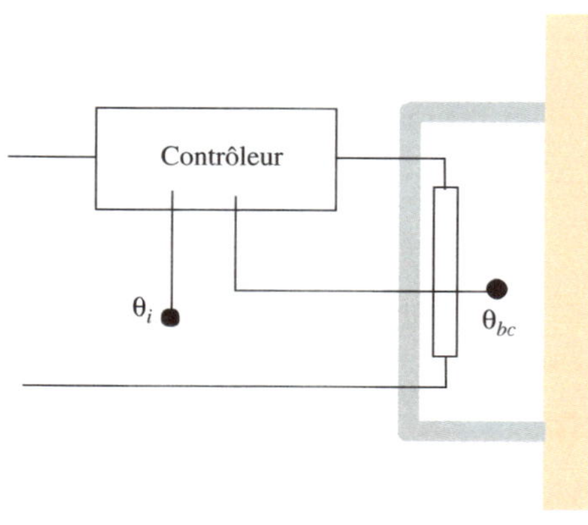

Fig. 10.20 Schéma d'une boîte chaude.

Il est préférable que le fluxmètre soit linéaire (signal délivré proportionnel au flux de chaleur) et indépendant de la température, du moins dans la gamme des températures usuelles dans le bâtiment. Ces deux qualités évitent des corrections fastidieuses lors de l'interprétation.

Une ***boîte chaude*** est une boîte sans fond dont toutes les parois sont bien isolées (fig. 10.20). Cette boîte est plaquée contre la paroi ou l'élément de construction à mesurer, du côté intérieur. Elle contient un corps de chauffe dont la puissance est automatiquement réglée pour que la température dans la boîte soit égale à la température intérieure. Si tel est le cas, le flux de chaleur au travers des parois de la boîte est nul, et toute la puissance de chauffage part dans l'élément mesuré.

Pose des capteurs de mesure

La mesure doit obligatoirement se faire en saison de chauffage. Il est important de poser les sondes de mesure à un endroit représentatif de l'élément à examiner. On évitera la proximité des bords, des ponts thermiques et des corps de chauffe. Un examen thermographique (sect. 10.10) peut faciliter ce choix en visualisant une zone où la température de surface est homogène et identique à celle de la plus grande part de l'élément. On évitera aussi les zones soumises au rayonnement direct pouvant provenir du soleil ou d'autres sources de chaleur variables.

L'utilisation de fluxmètre de grande surface ou d'une boîte chaude permet de mesurer le coefficient moyen de zones inhomogènes. La fiabilité de la mesure peut être améliorée par la pose de plusieurs sondes en plusieurs endroits.

Le fluxmètre doit être parfaitement plaqué contre l'élément de construction, sans lame d'air intermédiaire. On utilisera à cet effet une pâte de contact thermique en couche mince. On placera le fluxmètre du côté de l'élément où la température est la plus stable, en général à l'intérieur du bâtiment, à un endroit protégé des courants d'air.

La pose des fluxmètres modifie l'écoulement de la chaleur dans l'élément à mesurer. De ce fait, le résultat est perturbé par la mesure elle-même. Il faut alors effectuer des corrections sur les résultats bruts pour obtenir des résultats exacts. Pour diminuer ces distorsions des lignes de flux dues à la résistance supplémentaire du fluxmètre, il est recommandé de placer autour du fluxmètre une plaque de garde formée d'un matériau de même épaisseur et de même résistance thermique que le fluxmètre. Cette précaution est particulièrement nécessaire si la surface de l'élément présente une conductibilité thermique égale ou supérieure à celle du fluxmètre. Cette plaque de garde doit avoir des dimensions latérales 3 à 5 fois plus grandes que celles du fluxmètre et doit elle aussi être parfaitement plaquée contre l'élément à mesurer. Une ouverture centrale ayant la forme et les dimensions du fluxmètre permet de loger ce dernier. L'intégration du fluxmètre dans l'élément à mesurer (par exemple dans le crépi), si elle est possible, donne les meilleurs résultats.

Des sondes de température seront placées au même endroit, sur les deux surfaces de l'élément. Il est préférable qu'une des sondes de température soit intégrée au fluxmètre et placée entre la surface de la paroi et le fluxmètre. Cette disposition compense quelque peu la distorsion des lignes de flux dues à la sonde.

Pour des raisons pratiques, en particulier pour diminuer les variations rapides des températures mesurées et obtenir un coefficient U proche de la valeur de calcul, il est préférable de mesurer les températures de surface, ce qui permet de déterminer la résistance thermique totale de surface à surface. Le facteur U est ensuite calculé en tenant compte des résistances de transfert superficielles conventionnelles.

10.9.3 Mesure et interprétation

On enregistre le signal donné par le fluxmètre et les températures de surface intérieure et extérieure. Il peut être utile d'enregistrer simultanément les températures d'air intérieur et extérieur et éventuellement l'ensoleillement de la façade ainsi que le vent. Ces mesures supplémentaires permettent d'obtenir des informations sur les résistances de transfert superficielles.

Le coefficient U est défini en régime stationnaire. Or ce régime n'est pratiquement jamais obtenu dans les bâtiments où l'on doit effectuer les mesures. Les méthodes décrites ci-dessous permettent toutefois d'obtenir des résultats malgré les fluctuations de flux et de températures.

Méthode des moyennes

La méthode utilisée le plus couramment consiste à supposer que, sur une durée de mesure suffisamment longue, la valeur U peut être obtenue en calculant la moyenne du flux et des températures mesurés pendant cette durée. Si l'on effectue n mesures de densité de flux de chaleur q_j et de températures intérieure θ_{ij} et extérieure θ_{ej}, on obtient la conductance par:

$$U = \frac{\sum_j q_j}{\sum_j \theta_{ij} - \theta_{ej}} \tag{10.16}$$

Si ce calcul est opéré après chaque mesure, on observe une convergence du coefficient U ainsi obtenu vers une valeur quasi constante au fur et à mesure que la durée de mesure, donc le nombre de mesures n, augmente (fig. 10.21).

Cette convergence ne signifie pas forcément que la valeur obtenue est égale au coefficient U réel de l'élément. Seuls les critères ci-dessous permettent de s'assurer de la fiabilité du résultat.

Pour les éléments légers, par exemple les vitrages, les panneaux sandwiches de façade et les toitures légères, la moyenne des mesures prises entre quelques heures

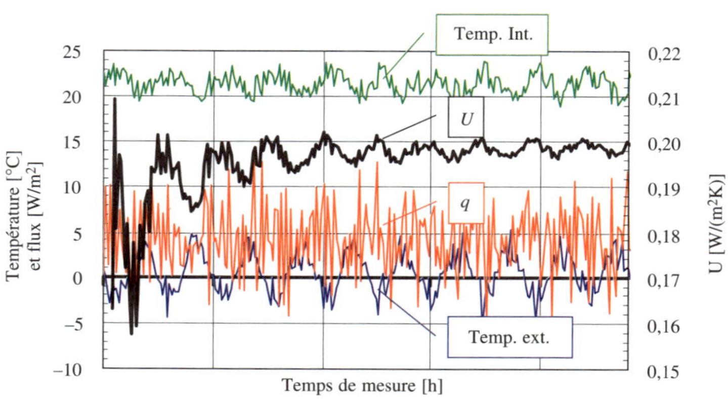

Fig. 10.21 Evolution des grandeurs mesurées en fonction du temps. Le coefficient U calculé par la méthode des moyennes met plusieurs jours à se stabiliser.

après le coucher du soleil et le lever du soleil (que le ciel soit couvert ou non) donne un meilleur résultat que la moyenne de toutes les mesures. En effet, le régime stationnaire peut s'établir pendant la nuit et donner de bonnes valeurs. Pendant le jour, le rayonnement solaire peut perturber la mesure de température sur la surface extérieure (sonde de température de teinte différente à celle de la surface) et changer le coefficient de transfert superficiel.

Cette méthode ne convient pas pour les éléments lourds. En effet, dans les éléments à moyenne ou haute inertie thermique, la durée de la nuit (où les températures sont relativement stables) est insuffisante pour que le régime stationnaire s'établisse. Par contre, les variations des conditions extérieures sont fortement amorties à l'intérieur et n'ont que peu d'action sur le fluxmètre. Dans ce cas, seules des mesures de longue durée permettent d'obtenir des résultats fiables. La durée nécessaire dépend des fluctuations de température intérieure.

Le seul critère intrinsèque (critère provenant de la mesure elle-même) permettant de s'assurer de la fiabilité du résultat est obtenu de la manière suivante:

- découper l'intervalle de mesure de durée t en plusieurs intervalles (par exemple 5) de durée $t/2$, commençant à des instants différents (par exemple $t = 0$, $t/8$, $t/4$, $3/8\ t$ et $t/2$);
- calculer les diverses valeurs de U pour ces diverses périodes;
- si ces valeurs sont proches les unes des autres, la mesure est fiable; l'incertitude peut être déterminée par l'intervalle de confiance de ces mesures.

Ce critère nécessite une période de mesure double du minimum théorique nécessaire mais augmente nettement la confiance dans le résultat.

Pour les éléments lourds, il est essentiel que l'interprétation porte sur des mesures faites durant un nombre entier de jours, c'est-à-dire durant un multiple de 24 heures.

Méthode dynamique

Lorsque la paroi n'est pas en régime stationnaire, seule une partie du flux de chaleur traversant le fluxmètre traverse la paroi. Le solde est accumulé dans la paroi ou, inversement, une partie du flux de chaleur traversant le fluxmètre correspond à de la chaleur extraite de la paroi.

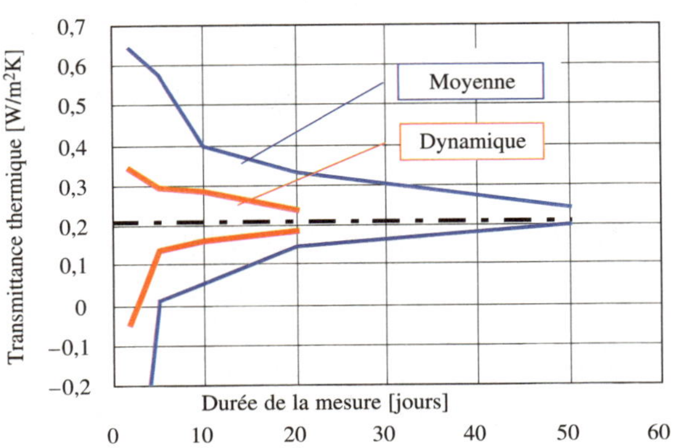

Fig. 10.22 Variation de l'intervalle de confiance de nombreuses mesures de la même paroi lourde en fonction de la durée de la mesure, en utilisant deux méthodes d'interprétation différentes des mêmes mesures brutes.

Les méthodes d'interprétation dynamiques utilisent un modèle dynamique de paroi qui décrit la réponse de la paroi (les flux de chaleur) en fonction de l'évolution des températures intérieure et extérieure. La structure de la paroi n'étant pas connue, celle-ci est modélisée par plusieurs paramètres (capacité et résistances thermiques, constantes de temps, etc.), l'un d'entre eux ou la combinaison de plusieurs d'entre eux étant le coefficient *U*. Tous ces paramètres sont ajustés à l'aide des mesures enregistrées de manière à minimiser la différence entre le flux de chaleur prédit par le modèle et celui mesuré au cours du temps. L'expérience a montré que cette méthode permet d'obtenir, pour les parois lourdes, une mesure suffisamment précise en nettement moins de temps que la méthode des moyennes (fig. 10.22).

10.10 THERMOGRAPHIE

10.10.1 Principe

Une thermocaméra, ou caméra infrarouge, permet de montrer sur un écran une image du rayonnement thermique émis par les surfaces observées dans la bande de 4 à 20 microns de longueur d'onde, donc, dans une certaine mesure, d'en déterminer la température. La thermographie est utilisée dans le bâtiment pour détecter les défauts d'isolation, l'emplacement des conduites de chauffage (notamment de chauffage par le sol) et la détection des fuites d'air.

10.10.2 Défauts d'isolation et humidité

Les défauts d'isolation sont visibles en regardant le bâtiment depuis l'extérieur ou l'intérieur par une journée froide (environ 0°C dehors), le bâtiment étant chauffé. Les zones mal isolées apparaissent plus chaudes à l'extérieur (fig. 10.23) et à l'intérieur

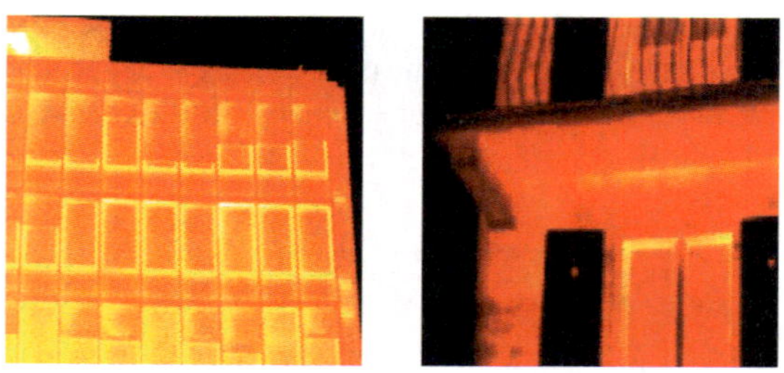

Fig. 10.23 Thermographie de façades d'immeubles montrant les ponts thermiques.

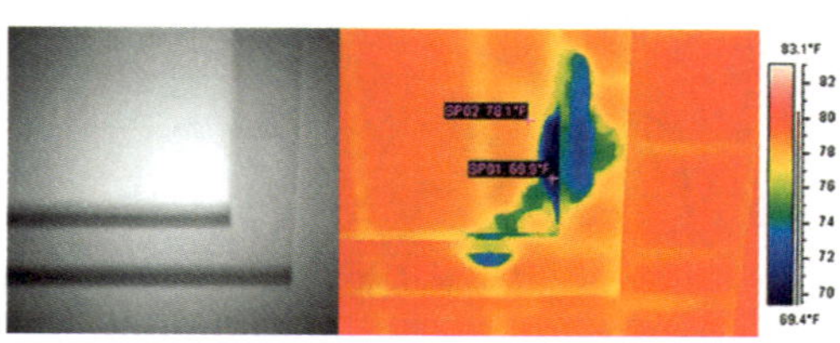

Fig. 10.24 Humidité dans un plafond, refroidissant la surface par évaporation. A gauche, vision normale, à droite, vision infrarouge.

plus froides que les autres. La thermographie permet aussi de détecter des zones humides, car l'évaporation de l'eau refroidit ces zones (fig. 10.24).

Notons qu'il est pratiquement exclu de mesurer l'isolation thermique à l'aide d'une caméra thermographique. En effet, la température de surface dépend non seulement du flux de chaleur traversant la paroi, mais aussi du transfert de chaleur entre la surface et l'ambiance, qui peut être très variable, car il dépend du vent. Il dépend aussi de la géométrie de cette surface (rugosité, angles, etc.).

10.10.3 Détection des fuites d'air

A l'aide du dispositif de la figure 10.4, on met le logement sous dépression, par une journée froide (température extérieure d'au moins 10 K en dessous de la température intérieure). La différence de pression étant maintenue approximativement constante, l'air froid entre par les fuites et refroidit les abords de ces fuites. Ces régions refroidies se repèrent aisément sur l'écran de la thermocaméra et se distinguent, avec un peu d'exercice, des autres ponts thermiques (fig. 10.25, fig. 10.26).

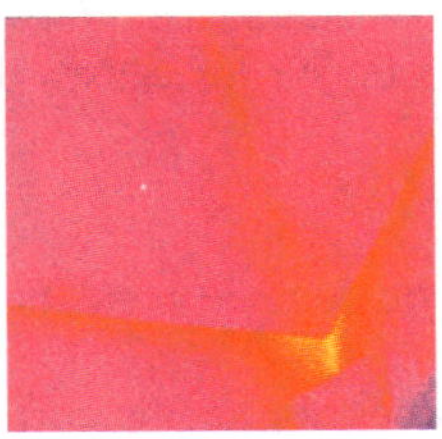

Fig. 10.25 Vue vers le coin formé par les façades et le plafond – toiture d'une villa, pression normale.

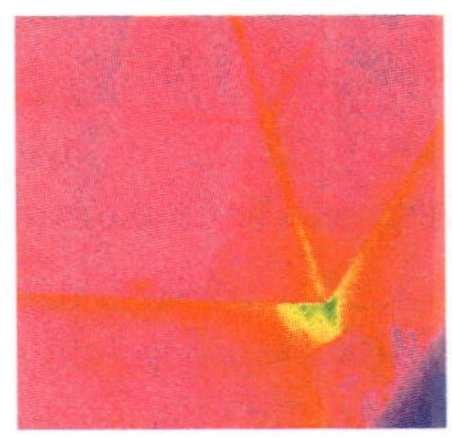

Fig. 10.26 Même vue, l'intérieur étant en dépression. Le refroidissement à l'endroit des fuites est très net.

10.10.4 Précautions et inconvénients

Le ton (plus ou moins gris ou la couleur) d'une petite zone sur l'image est fonction directe de l'intensité du rayonnement reçu de la zone correspondante, qui est traduit en température T par:

$$T_c = \sqrt[4]{\frac{q_r}{\sigma}} = \sqrt[4]{\frac{\varepsilon\sigma T^4}{\sigma}} = T\sqrt[4]{\varepsilon} \tag{10.17}$$

où q_r est la densité de flux de rayonnement infrarouge, σ la constante de Stefan-Bolzman ($\sigma = 5{,}67\ 10^{-8}$ W/m^{2}K) et ε l'émissivité de la surface vue. C'est donc une image de la ***température de couleur*** ou température apparente de la surface. Une zone à faible émissivité (surface métallique par exemple) apparaîtra donc plus froide qu'elle n'est en réalité. De plus, une surface polie réfléchit le rayonnement qu'elle reçoit, et ce rayonnement réfléchi, qui apparaît aussi sur l'image, n'a aucune relation avec la température de la surface. L'interprétation des thermographies demande donc une certaine expertise, et en tous cas une compréhension des phénomènes en cause. Pour obtenir une bonne image, il est nécessaire de peindre les surfaces métalliques (peu importe la couleur) ou de les recouvrir de feuille plastique autocollante avant de les observer.

La température de la surface observée peut dépendre de nombreux phénomènes: sources de chaleur sous-jacentes, défaut d'isolation, évaporation d'eau, rayonnement solaire ou autre incident sur la surface, etc. Il convient donc, dans l'interprétation, de différencier ces causes et de ne pas prendre une cause pour une autre. Par exemple, une façade ventilée apparaît toujours froide, vue de l'extérieur, car le bardage est ventilé par l'air extérieur. Ceci ne signifie pas du tout qu'elle est bien isolée ou exempte de défauts qui, dans ce cas, ne sont visibles que de l'intérieur.

Enfin, cette méthode est relativement chère, autant par le coût du matériel (de l'ordre de € 15 000.– à 50 000.–) que par le temps de travail nécessaire. Ce n'est pas une panacée, et son utilisation peut être comparée à celle du scanner en médecine: il sert à confirmer un diagnostic ou détecter des défauts supposés.

10.11 MESURES CONCERNANT LA CONSOMMATION D'ÉNERGIE

La consommation dépend non seulement de la qualité intrinsèque du bâtiment, mais aussi du comportement des habitants (± 50% par rapport à un comportement moyen). La mesure de la consommation effective permet de détecter des défauts de fonctionnement, et une interprétation subtile permet de poser un diagnostic sur les causes des défauts.

10.11.1 Mesures de consommation

La méthode de mesure de la quantité d'énergie consommée pendant un certain intervalle de temps dépend du vecteur énergétique.

Pour l'électricité et le gaz du réseau, il suffit de lire les compteurs correspondants au début et à la fin de l'intervalle de temps.

La consommation de mazout peut se calculer à partir du sondage de la citerne, au moyen d'une règle préalablement étalonnée. Les jauges à pression installées parfois dans les chaufferies sont souvent imprécises, et les débitmètres à mazout sont assez onéreux et ne fonctionnent que sur de grosses chaudières. La mesure à la jauge n'est toutefois suffisamment précise que pour des périodes de consommation assez longues (minimum un mois). La consommation vaut alors:

Consommation	=	contenu de la citerne au début de la période
	–	contenu à la fin de la période
	+	livraisons de mazout pendant la période considérée.

Si l'on détermine le débit du brûleur à mazout, la consommation peut être mesurée par un compteur d'heures accumulant les temps d'ouverture de la vanne d'admission du mazout au brûleur. La consommation vaut alors, pour une période donnée:

Mazout [l] = débit [l/h] * temps d'ouverture [h]

Pour les combustibles solides (bois, charbon), seule la pesée du combustible consommé permet un contrôle valable.

Les compteurs de chaleur sont très utiles pour répartir les frais de chauffage entre différents consommateurs connectés à la même centrale. Ils doivent toutefois être soigneusement choisis pour que leur domaine d'utilisation (gamme de débit et de différence de température, qualité du fluide) corresponde aux conditions d'emploi. Si ce n'est pas le cas, la précision du comptage en pâtit grandement.

10.11.2 Indice de consommation d'énergie

On obtient cet indice en divisant la consommation annuelle d'énergie totale (de tous les agents énergétiques), exprimée en MJ, par la surface brute de plancher chauffé (murs inclus). Pour transformer les consommations des divers agents énergétiques, données souvent dans diverses unités (litres, kg, kWh, m^3, etc.) en MJ, on multiplie la consommation par le pouvoir calorifique supérieur (PCS) de chaque agent énergétique. Enfin, pour donner un sens global à cette consommation, on multiplie encore la consommation de chaque agent par son facteur d'énergie primaire, à savoir la quantité d'énergie totale qu'il faut pour extraire, transformer, transporter et livrer un kWh de cet agent énergétique au bâtiment. L'annexe A11 donne le PCS, le facteur d'énergie primaire et la production de gaz à effet de serre des principaux agents énergétiques.

Cette mesure simple a surtout un but statistique servant en première analyse. La comparaison de cet indice avec les valeurs statistiques connues permet de savoir si le bâtiment est un gros ou un petit consommateur, et est à la base des certificats énergétiques des bâtiments (CEN, 2006; SIA, 2008).

10.11.3 Signature énergétique

Pour un diagnostic plus fin, la consommation d'énergie doit être mesurée à intervalles plus courts que l'année. Pour ce faire, on relève périodiquement les consommations de combustibles et/ou d'électricité utilisés pour le chauffage. La période de mesure est typiquement une semaine pour les mesures manuelles, mais peut être plus courte (1 heure) pour les mesures automatiques. La température extérieure moyenne pendant la même période est obtenue soit par une mesure automatique, soit puisée dans les publications météorologiques, pour la station météorologique la plus proche. On trouve aussi dans le commerce des appareils mesurant la température moyenne ou plus exactement la différence de température cumulée, exprimée en degrés-heures.

Pour chaque période de mesure, on reporte un point sur un diagramme avec la température extérieure moyenne en abscisse et la puissance moyenne (énergie consommée divisée par la durée de la période) en ordonnée.

Pendant la saison de chauffage, après un certain nombre de périodes, on peut tracer une droite passant le mieux possible au travers du nuage de points obtenus (fig. 10.27).

Cette droite est caractérisée par la puissance P_0 à 0°C et la pente H, appelée signature énergétique du bâtiment. Elle peut être représentée par la formule:

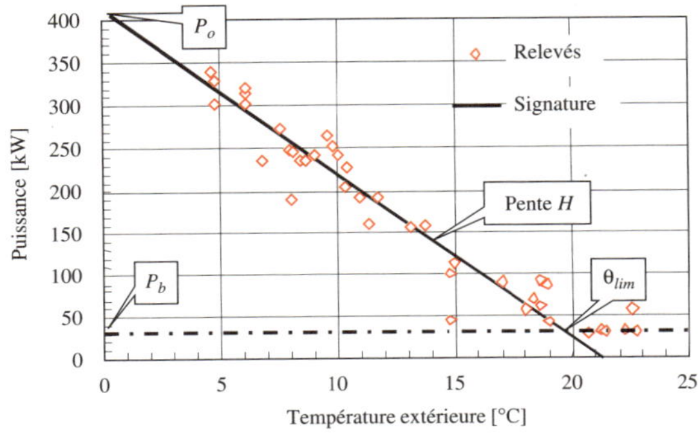

Fig. 10.27 Signature énergétique, principe.

$$P = P_0 - H <\theta> \qquad (10.18)$$

où $<\theta>$ est la température extérieure moyenne de la période de mesure considérée.

La pente reflète la sensibilité du bâtiment à la température extérieure: plus la pente est grande, plus l'isolation est faible.

Les relevés en dehors de la saison de chauffage permettent de connaître la puissance moyenne totale de base, P_b, pour la production d'eau chaude et le maintien en température de la chaufferie. L'intersection de la signature et de la droite horizontale à puissance P_b correspond à la température θ_{lim} à laquelle le chauffage devient inutile.

Comparons l'équation de la signature au bilan thermique moyen du bâtiment:

$$P = H\,(<\theta_i> - <\theta>) + P_a - \eta A_e I_s \qquad (10.19)$$

où H représente les besoins thermiques bruts spécifiques du bâtiment en W/K. On voit que H est effectivement le coefficient de déperditions thermiques du bâtiment. $<\theta_i>$ est la température intérieure moyenne; P_a comprend la puissance nécessaire pour les autres utilisations (eau chaude sanitaire) et les pertes de transformation. En première approximation, cette puissance est indépendante de la température extérieure. A_e est la surface efficace de captage solaire et I_s le flux du rayonnement solaire.

On voit que la puissance à 0°C correspond à:

$$P_0 = H <\theta_i> + P_a - \eta A_e\, I_s \qquad (10.20)$$

Des mesures supplémentaires (rendement de la chaudière, pertes de maintien en température, consommation hors chauffage) permettent de connaître la quantité d'énergie P_a perdue par transformation et celle qui est nécessaire pour les autres besoins que le chauffage. En particulier, des mesures identiques faites en été montrent que la pente est nulle (droite horizontale). La puissance moyenne d'été correspond aux besoins d'énergie de chauffage pour l'eau chaude sanitaire et pour les pertes de transformation. Toutes ces données sont précieuses pour déterminer un bilan énergétique complet.

La consommation annuelle peut se calculer à partir de ces deux paramètres P_0 et H, de la température extérieure moyenne $<\theta_e>$ pendant la saison de chauffage et de la durée t de la saison de chauffage. On peut ainsi obtenir une estimation de l'indice sans attendre une année entière de consommation:

$$E = (P_0 - H <\theta_e>)\, t \qquad (10.21)$$

L'expérience montre cependant que, pour les maisons solaires passives, les bâtiments peu étanches et d'autres cas spéciaux, les points de mesure ne sont pas parfaitement alignés sur la droite de signature énergétique. Ceci provient de la sensibilité du bâtiment au rayonnement solaire, au vent ou à d'autres influences. Par exemple, la puissance nécessaire pour le chauffage est plus faible les jours ensoleillés que les autres jours, même à température extérieure constante.

10.12 MISE EN SERVICE

10.12.1 Cahier des charges

La mise en service consiste à vérifier si le bâtiment et ses installations techniques sont correctement construits et fonctionnent convenablement. Il est important de rappeler que seul un cahier des charges joint à la mise en soumission, clair et précis en ce qui concerne les performances requises, permet ensuite d'exiger que ces exigences soient remplies. Ce cahier des charges devrait notamment mentionner les performances qui doivent être mesurées lors de la mise en service. Mentionnons notamment:

- Isolation thermique: valeur minimale du coefficient de transmission thermique *U* des divers éléments de l'enveloppe, essentiellement déterminée par l'épaisseur et la qualité de l'isolant pour les parois opaques, et par le type de vitrage et de cadre pour les fenêtres.
- Perméabilité à l'air de l'enveloppe: valeur maximale (§ 6.2.3).
- Système de ventilation: ouvertures de ventilation naturelle (pose correcte, étanchéité en position fermée), débits d'air des installations de ventilation mécaniques.
- Equilibrage du réseau de distribution du chauffage central à eau, de manière que chaque radiateur reçoive sa quote-part de chaleur. En principe, cet équilibrage est compris dans les prestations de l'installateur, mais il est utile de contrôler qu'il est réellement effectué.
- Température de l'eau chaude (55 à 60°C) qui doit être ni trop basse (inconfort, risque de prolifération de légionelles), ni trop haute (gaspillage, corrosion).
- Indice d'atténuation acoustique des parois et des vitrages.

Ces performances font partie des exigences des normes donnant les règles de l'art dans le bâtiment (SIA 1988; SIA 1999; SIA 2001). En Suisse par exemple, le bilan thermique du bâtiment, calculé selon la norme SIA 380/1, fait partie du dossier de mise à l'enquête, et engage donc l'architecte à veiller à une exécution conforme à ce dossier. L'expérience montre toutefois que les exigences sont mieux respectées et les litiges plus facilement réglés si les performances requises sont clairement décrites dans la mise en soumission des travaux.

10.12.2 Examens pour la mise en service

Lors de la mise en service, il n'est pas nécessaire de tout vérifier par des mesures, car la plupart des exigences se vérifient d'elles-mêmes par les occupants pendant le délai de garantie. En cas de plainte, un examen, voire une mesure précise s'impose pour vérifier le bien-fondé de la plainte et pour déceler les causes du défaut.

Il convient toutefois de vérifier à la remise du bâtiment ou du composant de bâtiment les performances qui ne sont pas immédiatement vérifiables par l'occupant. Il s'agit notamment des débits d'air et de l'efficacité des installations de ventilation mécanique, des performances des installations de transformation et de récupération d'énergie et de la perméabilité de l'enveloppe.

10.13 RÉSUMÉ

10.13.1 Buts des mesures de diagnostic

Des examens sont utiles lors de la mise en service, pour savoir si le bâtiment fonctionne comme prévu, et pendant l'utilisation, pour contrôler sa bonne marche au cours du temps ou pour trouver les causes de problèmes. Pour que les mesures de diagnostic soient efficaces, il est essentiel de définir avant tout les objectifs du diagnostic et les informations à obtenir. On s'assure aussi que les mesures apporteront toute l'information utile en définissant la méthode d'interprétation avant d'effectuer les mesures.

10.13.2 Mesures possibles

Les mesures possibles sont nombreuses. Celles décrites dans cet ouvrage sont les suivantes:

- Mesures relatives au bien-être des occupants: traitement des plaintes, questionnaires, mesure du confort thermique.
- Mesure relatives à l'aération: perméabilité à l'air de l'enveloppe des bâtiments, débits d'air, qualité de l'air.
- Mesures acoustiques: niveau acoustique, temps de réverbération, isolation aux bruits aériens et aux bruits de choc.
- Mesures d'éclairage: éclairement, luminance.
- Mesure de l'isolation thermique des composants de bâtiments, détection des défauts par thermographie.
- Mesures concernant la consommation d'énergie: consommations, indice de dépense d'énergie, signature énergétique.

10.13.3 Cahier des charges

Seul un cahier des charges joint à la mise en soumission ou à la commande, clair et précis en ce qui concerne les performances requises, permet ensuite d'exiger que ces exigences soient remplies. Ce cahier des charges devrait notamment mentionner les performances qui seront mesurées lors de la mise en service.

10.14 BIBLIOGRAPHIE

CEN, 2006, EN 15217 Energy performance of buildings – Methods for expressing energy performance and for energy certification of buildings, Brussels, CEN.

Fanger P.O. (1988). «Introduction of the olf and decipol units to quantify air pollution perceived by human indoors and outdoors..» *Energy and Buildings* **12**: 1-6.

Roulet C.-A., Ed. (1989). *Mesures in situ en énergétique du bâtiment*. Planification, énergie et bâtiment. Zurich, SIA, Zurich.

Roulet C.-A. et Foradini F. (2002). «Simple and Cheap Air Change Rate Measurement Using CO2 Concentration Decays.» *Int. J. of Ventilation* **1**(1): 39.

Roulet C.-A. et Vandaele L. (1991). *Airflow patterns within buildings – measurement techniques*. AIVC, Order at inive@bbri.be.

Roulet C.-A., Pibiri M.-C., *et al.* (2001). *Diagnostic des installations de ventilation – Méthodes et quelques résultats*. CIFQ 2001 – Ve Colloque Interuniversitaire Franco-Québecois – Thermique des Systèmes, Lyon, INSA de Lyon.

SIA (1988). *SIA181: Recommandation concernant l'isolation acoustique dans les maisons d'habitation*. Zurich, SIA.

SIA (1999). *SIA 180: Isolation thermique et protection contre l'humidité dans les bâtiments*. Zurich, SIA.

SIA (2001). *SIA 380/1: L'énergie thermique dans le bâtiment*. Zurich, SIA: 55.

SIA (2008). Cahier technique SIA 2031: Certificat énergétique des bâtiments, SIA, Zurich.

SLG (1992). *Handbuch für Beleuchtung*. Landsberg, Ecomed Fachverlag.

ANNEXES

A.1 ENQUÊTE SUR LA QUALITÉ DE L'AIR DANS LES BÂTIMENTS DE BUREAUX

Questionnaire N° ☐ Heure ☐☐ ☐☐
(Horloge 24 Heures)

Age ☐☐ Homme ☐ Femme ☐

Position de votre place de travail: Etage ☐ N° de pièce ☐

Orientation de la façade principale (fenêtre)

Nord	Est	Sud	Ouest

1 Depuis combien de temps, approximativement, étiez-vous assis(e) à ce bureau avant de commencer à remplir ce questionnaire?
Ne tenez pas compte des interruptions de courte durée. ☐☐ heures

2 A quoi consacrez-vous la majeure partie de votre travail? *(cochez une case)*

Tâches de direction, d'organisation ☐

Tâche de spécialiste (telle que ingénieur, médecin, juriste, informaticien) ☐

Tâches de secrétariat et d'administration ☐

Autre tâche (précisez) ☐

Années Mois*

3 Depuis combien de temps travaillez-vous dans ce bâtiment? ☐☐ ☐☐
**Ne notez pas les mois si plus de 2 ans*

4 Depuis combien de temps travaillez-vous dans cette pièce? ☐☐ ☐☐

En moyenne, sur la base des derniers 30 jours :

5 Combien de temps passez-vous à votre bureau, par jour ouvrable ? [ ][ ] heures

6 Combien d'heures par semaine effectuez-vous un travail rémunéré ? (y compris le temps passé en dehors de ce bâtiment) [ ][ ] heures

7 Combien d'heures par semaine passez-vous devant un écran ? [ ][ ] heures

8 Durant les derniers 30 jours, combien de jours avez-vous passé dans ce bâtiment ? [ ][ ] jours

9 Pendant votre travail, combien d'autres personnes occupent votre bureau ? [ ][ ] personnes

10 Il y a-t-il une fenêtre dans votre bureau ? oui | non
Si NON, passez à la page suivante

11 A quelle distance, approximativement, est la plus proche fenêtre ? [ ][ ] mètres

12 Ouvrez vous parfois une fenêtre de votre bureau ? oui | non

Votre santé

1 En cet instant précis, avez-vous **les yeux secs** ? oui | non

Si oui, ce symptôme a-t-il diminué ou empiré depuis que vous êtes dans ce bâtiment ? Diminué 1 | Inchangé 2 | Empiré 3

Cochez la case correspondant à la sévérité de ce symptôme : très faible | 1 | 2 | 3 | 4 | 5 | 6 | 7 | très sévère

2 En cet instant précis, avez-vous **les yeux larmoyants** ? oui | non

Si oui, ce symptôme a-t-il diminué ou empiré depuis que vous êtes dans ce bâtiment ? Diminué 1 | Inchangé 2 | Empiré 3

Cochez la case correspondant à la sévérité de ce symptôme : très faible | 1 | 2 | 3 | 4 | 5 | 6 | 7 | très sévère

3 En cet instant précis, avez-vous **le nez bouché** ? oui | non

Si oui, ce symptôme a-t-il diminué ou empiré depuis que vous êtes dans ce bâtiment ? Diminué 1 | Inchangé 2 | Empiré 3

Cochez la case correspondant à la sévérité de ce symptôme : très faible | 1 | 2 | 3 | 4 | 5 | 6 | 7 | très sévère

4 En cet instant précis, avez-vous l**e nez qui coule?** oui | non

Si oui, ce symptôme a-t-il diminué ou empiré depuis que vous êtes dans ce bâtiment?	Diminué 1	Inchangé 2	Empiré 3

Cochez la case correspondant à la sévérité de ce symptôme

très faible	1	2	3	4	5	6	7	très sévère

5 En cet instant précis, avez-vous **la gorge sèche ou irritée**? | oui | non |

Si oui, ce symptôme a-t-il diminué ou empiré depuis que vous êtes dans ce bâtiment?	Diminué 1	Inchangé 2	Empiré 3

Cochez la case correspondant à la sévérité de ce symptôme

très faible	1	2	3	4	5	6	7	très sévère

6 En cet instant précis, avez-vous **la poitrine oppressée ou des difficultés respiratoires**? | oui | non |

Si oui, ce symptôme a-t-il diminué ou empiré depuis que vous êtes dans ce bâtiment?	Diminué 1	Inchangé 2	Empiré 3

Cochez la case correspondant à la sévérité de ce symptôme

très faible	1	2	3	4	5	6	7	très sévère

7 En cet instant précis, avez-vous **des symptômes grippaux**? | oui | non |

Si oui, ce symptôme a-t-il diminué ou empiré depuis que vous êtes dans ce bâtiment?	Diminué 1	Inchangé 2	Empiré 3

Cochez la case correspondant à la sévérité de ce symptôme

très faible	1	2	3	4	5	6	7	très sévère

8 En cet instant précis, avez-vous **la peau sèche**? | oui | non |

Si oui, ce symptôme a-t-il diminué ou empiré depuis que vous êtes dans ce bâtiment?	Diminué 1	Inchangé 2	Empiré 3

Cochez la case correspondant à la sévérité de ce symptôme

très faible	1	2	3	4	5	6	7	très sévère

9 En cet instant précis, avez-vous **la peau irritée ou des éruptions**? | oui | non |

Si oui, ce symptôme a-t-il diminué ou empiré depuis que vous êtes dans ce bâtiment?	Diminué 1	Inchangé 2	Empiré 3

Cochez la case correspondant à la sévérité de ce symptôme

très faible	1	2	3	4	5	6	7	très sévère

10 En cet instant précis, avez-vous **mal à la tête**? | oui | non |

Si oui, ce symptôme a-t-il diminué ou empiré depuis que vous êtes dans ce bâtiment?	Diminué 1	Inchangé 2	Empiré 3

Cochez la case correspondant à la sévérité de ce symptôme — très faible | 1 | 2 | 3 | 4 | 5 | 6 | 7 | très sévère

11 En cet instant précis, êtes vous **fatigué ou apathique**? | oui | non |

Si oui, ce symptôme a-t-il diminué ou empiré depuis que vous êtes dans ce bâtiment?	Diminué 1	Inchangé 2	Empiré 3

Cochez la case correspondant à la sévérité de ce symptôme — très faible | 1 | 2 | 3 | 4 | 5 | 6 | 7 | très sévère

12 En cet instant précis, ressentez vous un **symptôme non mentionné** ci-dessus? | oui | non |

Si oui, décrivez le:

Si oui, ce symptôme a-t-il diminué ou empiré depuis que vous êtes dans ce bâtiment?	Diminué 1	Inchangé 2	Empiré 3

Cochez la case correspondant à la sévérité de ce symptôme — très faible | 1 | 2 | 3 | 4 | 5 | 6 | 7 | très sévère

Votre confort

1 Comment qualifiez-vous le confort thermique dans votre bureau en ce moment?

Froid	Frais	A peine frais	Neutre	A peine chaud	Chaud	Trop chaud
1	2	3	4	5	6	7

2 Comment jugez-vous la qualité de l'air dans votre bureau en ce moment?
Veuillez cochez une case

5	Tout à fait acceptable
1	Juste acceptable
–1	Juste inacceptable
–5	Tout à fait inacceptable

3 Comment qualifiez-vous le climat intérieur et les conditions de travail régnant actuellement dans votre bureau ?
Veuillez cocher une case par ligne.
Les cases encadrées représentent, sur chaque échelle, la valeur idéale.

Température	Confortable	1	2	3	4	5	6	7	Inconfortable
Mouvements d'air	Air stagnant	1	2	3	4	5	6	7	Courants d'air
Sécheresse, humidité de l'air	Sec	1	2	3	4	5	6	7	Humide
Qualité de l'air	Frais	1	2	3	4	5	6	7	Etouffant
Odeur dans l'air	Insignifiante	1	2	3	4	5	6	7	Horrible
Eclairage	Trop sombre	1	2	3	4	5	6	7	Trop clair
Eclairage	Stable	1	2	3	4	5	6	7	Clignotant
Eclairage	Sans éblouissement	1	2	3	4	5	6	7	Eblouissant
Eclairage	Trop uniforme	1	2	3	4	5	6	7	Trop irrégulier
Eclairage, en général	Satisfaisant	1	2	3	4	5	6	7	Insatisfaisant
Bruit de la ventilation	Aucun bruit	1	2	3	4	5	6	7	Trop de bruit
Autres bruits	Pas d'autres bruits	1	2	3	4	5	6	7	Trop de bruits
Bruit en général	Satisfaisant	1	2	3	4	5	6	7	Insatisfaisant

Dans votre bureau, dans quelle mesure pouvez-vous influencer les fonctions suivantes ?
Cochez une case par ligne

1 Température	Aucune influence	1	2	3	4	5	6	7	Contrôle total
2 Ventilation, aération	Aucune influence	1	2	3	4	5	6	7	Contrôle total
3 Eclairage	Aucune influence	1	2	3	4	5	6	7	Contrôle total
4 Comment qualifiez-vous la propreté dans votre bureau ?	Insatisfaisante	1	2	3	4	5	6	7	Satisfaisante

5 Il y a-t-il des fumeurs dans votre environnement immédiat ? | oui | non |

6 Il y a-t-il d'autres aspects de votre environnement de travail que vous désireriez commenter? | oui | non |

Si oui, faites le ci-dessous

____

____

____

____

____

Quelques questions personnelles

1	Avez vous souffert d'asthme?	oui	non
2	Avez vous souffert d'eczéma?	oui	non
3	Avez vous souffert du rhume des foins?	oui	non
4	Etes-vous fumeur, maintenant? oui — Fumez-vous dans cette pièce?	oui	non
	non — Fumiez-vous régulièrement par le passé?	oui	non

Nom (facultatif) ______________________________

Votre nom n'est pas indispensable, et vous êtes libre de le mettre ou non. Il nous aiderait à mieux tenir compte des remarques importantes.

Voici la fin du questionnaire. Merci pour votre peine et votre temps.

A.2 ÉQUATION DE FANGER

Il est usuel de quantifier la sensation de confort en utilisant deux paramètres permettant de mesurer le confort thermique (Fanger 1982), (ISO 1993):

Le *vote moyen prévisible*, appelé PMV (*Predicted Mean Vote*), qui est l'appréciation moyenne d'une population dans un environnement donné, sur l'échelle allant de –3 (très froid) à + 3 (très chaud) en passant par 0 (confortable).

Le *pourcentage prévisible d'insatisfaits*, appelé PPD (*Predicted Percentage of Dissatisfied*) qui exprime la part des sujets insatisfaits dans une condition donnée. La relation entre le PPD et le PMV est la suivante:

$$PPD = 1 - 0{,}95 \exp(-0{,}003353\ PMV^4 - 0{,}2179\ PMV^2) \qquad (A.2.1)$$

Fanger [1982] a établi une équation prédisant le PMV à partir des paramètres de confort qui sont énumérés dans le tableau A.1.

Tableau A.1 Paramètres influant le confort thermique.

Température de l'air	θ_a [°C] ou T_a [K]
Température radiante moyenne	θ_{mrt} [°C] ou T_{mrt} [K]
Vitesse relative de l'air	v [m/s]
Pression partielle de vapeur d'eau	p [Pa]
Activité métabolique du sujet	M [Watt]
Son travail mécanique fourni	W [Watt]
Surface de peau du sujet	A [m^2]
Activité spécifique du sujet	$m = M/A$ [W/m^2]
Son travail spécifique	$w = W/A$ [W/m^2]
La résistance thermique des habits	R [m^2 K/W]
ou l'habillement	[Clo] = $R/0{,}155$
La fraction de la surface habillée	f

L'équation de Fanger est donnée ci-dessous. Dans cette équation, toutes les variables sont exprimées en unités SI:

$$\begin{aligned} PMV = {} & (0{,}303 \exp(-0{,}036\, m) + 0{,}028) \\ & [m-w - 0{,}00305\,(5733 - 6{,}99\,(m-w) - p) - 0{,}42\,(m - w - 58{,}15) \\ & - 0{,}000017\, m\,(5867 - p) - 0{,}0014\, m\,(307 - T_a D) - F] \end{aligned} \qquad (A.2.2)$$

où la fonction d'habillement F est donnée par:

$$F = 3{,}96\ 10^{-8} f(T_{cl}^4 - T_{mrt}^4) + f\,h\,(T_{cl} - T_a) \qquad (A.2.3)$$

Pour le coefficient h de transfert thermique des habits, on prend celle des deux expressions ci-dessous qui donne la valeur la plus grande:

$$h = 2{,}38\,(T_{cl} - T_a)^{1/4} \quad \text{ou} \quad h = 12{,}06\,\sqrt{v} \qquad (A.2.4)$$

La température (absolue) des habits T_{cl} est donnée en résolvant l'équation implicite:

$$T_{cl} = 308{,}9 - 0{,}028\,(m - w) - R\,F \qquad \text{(A.2.5)}$$

La fraction de surface habillée f peut être estimée par:

$$f = 1{,}00 + 1{,}290\,R \quad \text{si} \quad R < 0{,}078 \text{ m}^2\,\text{K/W} \qquad \text{(A.2.6)}$$
$$f = 1{,}05 + 0{,}645\,R \quad \text{si} \quad R > 0{,}078 \text{ m}^2\,\text{K/W}$$

A.3 PRESSION DE SATURATION DE LA VAPEUR D'EAU EN Pa

v		Température									
[g/m³]	[°C]	,0	,1	,2	,3	,4	,5	,6	,7	,8	,9
0,6	–25	63	63	62	61	61	60	59	59	58	58
0,9	–20	103	102	101	100	99	98	97	96	95	95
1,4	–15	165	164	162	161	159	158	156	155	153	152
1,5	–14	181	179	178	176	174	173	171	170	168	167
1,7	–13	198	196	195	193	191	189	188	186	184	183
1,8	–12	217	215	213	211	209	207	206	204	202	200
2,0	–11	237	235	233	231	229	227	225	223	221	219
2,1	–10	259	257	255	253	250	248	246	244	242	239
2,3	–9	283	281	279	276	274	271	269	266	264	262
2,5	–8	309	307	304	301	299	296	294	291	289	286
2,7	–7	338	335	332	329	326	323	320	318	315	312
3,0	–6	368	365	362	359	356	353	350	347	344	341
3,2	–5	401	398	394	391	388	384	381	378	375	371
3,5	–4	437	433	430	426	422	419	415	412	408	405
3,8	–3	475	471	467	464	460	456	452	448	444	441
4,1	–2	517	513	508	504	500	496	492	488	483	479
4,5	–1	562	557	553	548	544	539	535	530	526	521
4,8	–0	610,5	605	600	596	591	586	581	576	571	567
4,8	0	610,5	615	619	624	629	633	638	642	647	652
5,2	1	656	661	666	671	676	681	685	690	695	700
5,6	2	705	710	716	721	726	731	736	741	747	752
5,9	3	757	763	768	774	779	785	790	796	802	807
6,4	4	813	819	824	830	836	842	848	854	860	866
6,8	5	872	878	884	890	897	903	909	915	922	928
7,3	6	935	941	948	954	961	968	974	981	988	995
7,7	7	1001	1008	1015	1022	1029	1036	1043	1051	1058	1065
8,3	8	1072	1080	1087	1094	1102	1109	1117	1125	1132	1140
8,8	9	1148	1155	1163	1171	1179	1187	1195	1203	1211	1219
9,4	10	1227	1236	1244	1252	1261	1269	1278	1286	1295	1303

v		Température									
[g/m³]	[°C]	,0	,1	,2	,3	,4	,5	,6	,7	,8	,9
10,0	11	1312	1321	1330	1339	1347	1356	1365	1374	1384	1393
10,7	12	1402	1411	1421	1430	1439	1449	1458	1468	1478	1487
11,3	13	1497	1507	1517	1527	1537	1547	1557	1567	1577	1588
12,1	14	1598	1608	1619	1629	1640	1651	1661	1672	1683	1694
12,8	15	1705	1716	1727	1738	1749	1760	1772	1783	1794	1806
13,6	16	1818	1829	1841	1853	1864	1876	1888	1900	1912	1925
14,5	17	1937	1949	1962	1974	1987	1999	2012	2025	2037	2050
15,4	18	2063	2076	2089	2102	2116	2129	2142	2156	2169	2183
16,3	19	2196	2210	2224	2238	2252	2266	2280	2294	2308	2323
17,3	20	2337	2352	2366	2381	2396	2411	2426	2440	2456	2471
18,3	21	2486	2501	2517	2532	2548	2563	2579	2595	2611	2627
19,4	22	2643	2659	2675	2692	2708	2724	2741	2758	2774	2791
20,5	23	2808	2825	2842	2860	2877	2894	2912	2929	2947	2965
21,7	24	2983	3001	3019	3037	3055	3073	3092	3110	3129	3148
23,0	25	3166	3185	3204	3223	3243	3262	3281	3301	3320	3340
24,3	26	3360	3380	3400	3420	3440	3461	3481	3502	3522	3543
25,7	27	3564	3585	3606	3627	3648	3670	3691	3713	3735	3756
27,2	28	3778	3800	3823	3845	3867	3890	3912	3935	3958	3981
28,7	29	4004	4027	4050	4074	4097	4121	4145	4169	4193	4217
30,3	30	4241	4266	4290	4315	4340	4364	4389	4415	4440	4465

Teneur en eau en g/m³

A.4 DIAGRAMME DE CARRIER

Exemple : L'air à 20°C et 50 % d'humidité relative a une pression de vapeur d'eau de 1170 Pa environ ; son point de rosée est à environ 9,3°C.

Le tableau de l'annexe A.3 et ce diagramme ont été calculés à l'aide des formules empiriques suivantes :

- en dessous de 0°C

$$p_{sat} = 610,5 \exp\left(\frac{22,5 \cdot \theta}{273 + \theta}\right)$$

- à 0°C et au-dessus

$$p_{sat} = 610,5 \exp\left(\frac{17,27 \cdot \theta}{237,3 + \theta}\right)$$

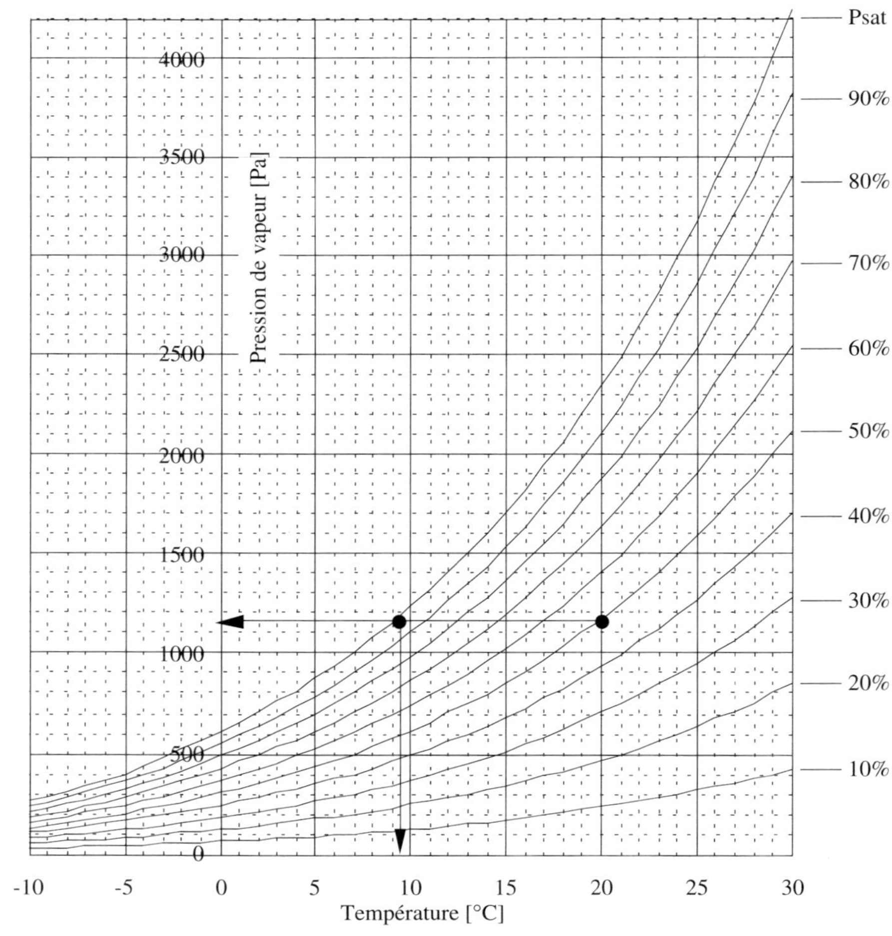

A.5 CARACTÉRISTIQUES DE QUELQUES MATÉRIAUX

Matériau	Masse volumique [kg/m³] ρ	Chaleur spécifique [J/(kg·K)] c	Conductivité thermique [W/m.K] λ	Diffusivité thermique [mm²/s] a	Profondeur de pénétration [cm] δ	Effusivité thermique $Ws^{1/2}/[m^2K]$ b	Capacité de stockage spécifique [kJ/m²K] χ	Résistance à la diffusion de vapeur d'eau (–) μ
Acier	7850	830	58	8,89	49	19 440	2280	infini
Air immobile	1	1000	0,03	21	91	5	1	1
Aluminium	2750	830	204	89,4	157	21 578	2530	infini
Béton	2400	1000	1,80	0,75	14	2078	244	70-150
Béton cellulaire	600	1000	0,17	0,28	9	319	37	5-10
Brique	1100	940	0,44	0,43	11	675	79	4-6
Eau	1000	4180	0,59	0,14	6	1570	184	–
Laine minérale	100	1000	0,04	0,40	10	63	7	5-10
Molasse	2200	940	2,0	0,97	16	2034	238	20
Mortier	1900	1000	1	0,53	12	1378	162	15-35
Neige	500	2000	0,69	0,67	14	831	97	–
Plâtre	1200	830	0,58	0,58	13	760	89	10-20
Plot de ciment	1200	1000	0,70	0,58	13	917	107	10-15
Polystyrène expansé	20	1370	0,04	1,46	20	33	4	20-100
Sapin	500	2500	0,15	0,12	6	433	51	20-40
Verre	2500	720	0,81	0,45	11	1207	142	infini

Pour les grandeurs dynamiques δ et χ, la période est 24 heures ou 86 400 secondes.
Pour la diffusivité thermique a: 1 mm²/s = 10^{-6} m²/s.
La résistance à la diffusion de vapeur d'eau dépend de la porosité, donc de la densité du matériau.

A.6 CARACTÉRISTIQUES DE VITRAGES

Type de vitrage	U	g	τ	g/U
Vitrage simple VS	5,60	84%	90%	0,15
Double fenêtre (2 VS)	2,70	75%	81%	0,26
Double vitrage (DV) avec air sec	2,90	75%	81%	0,24
Double vitrage (DV) avec argon	2,70	75%	81%	0,26
DV avec couche sélective et air sec	1,60	67%	78%	0,39
DV avec couche sélective et argon	1,30	67%	78%	0,48
DV avec couche sélective et xénon	0,90	67%	78%	0,69
Triple vitrage (TV) avec air sec	2,00	70%	74%	0,31
Vitrage simple VS, avec couche sélective IR	4,30	69%	73%	0,15
Triple vitrage (TV) avec argon	1,90	70%	74%	0,33
TV avec 2 couches sélectives et air sec	1,10	50%	68%	0,39
TV avec 2 couches sélectives et argon	0,90	50%	68%	0,48
TV avec 2 couches sélectives et xénon	0,40	50%	68%	1,08
DV avec couche sélective et réfléchissante 1	1,90	33%	40%	0,12
DV avec couche sélective et réfléchissante 2	1,80	28%	18%	0,11
DV avec vitrage absorbant la lumière 1	2,90	48%	40%	0,11
DV avec vitrage absorbant la lumière 2	2,80	31%	18%	0,08
DV avec vitrage absorbant la lumière 3	2,50	21%	7%	0,06
DV avec vitrage réfléchissant 1	2,90	33%	40%	0,08
DV avec vitrage réfléchissant 2	2,80	28%	18%	0,07
DV avec vitrage réfléchissant 3	2,50	16%	7%	0,05
Pavés de verre	3,00	65%	75%	0,15

Propriétés thermiques de divers vitrages. Les lignes correspondant aux vitrages actuellement recommandés sont teintées. Ces valeurs correspondent à des vitrages génériques. Les valeurs exactes des produits de marque peuvent en différer légèrement.

- U coefficient de transmission thermique, en $W/(m^2K)$.
- g coefficient de transmission énergétique global pour le rayonnement solaire perpendiculaire au vitrage.
- τ facteur de transmission lumineuse.
- g/U rapport de deux coefficients, l'un représentant les gains solaires passifs potentiels et l'autre la déperdition thermique potentielle en saison froide.

A.7 RENDEMENT LUMINEUX DE DIVERSES SOURCES

A.7.1 Ampoules à incandescence, 220 V

Type de lampe	Puissance [W]	Flux lumineux [lm]	η_L [lm/W]
Ampoules usuelles	25	185	7
	40	320	8
	60	500	8
	100	1000	10
	200	2500	10
Ampoules au krypton	25	270	11
	40	465	12
	60	780	13
	100	1460	15
Petites ampoules forme goutte	15	110	7
	25	200	8
	40	380	10
Soffite	40	320	8
	60	490	8
	100	900	9

A.7.2 Lampes quartz-halogène

Type de lampe	Puissance	Flux [lm]	η_L [lm/W]
Tubes 220 V	500	10 000	20
	750	15 000	20
	1000	22 000	22
	2000	44 000	22
Ampoules basse tension	10	140	14
	20	200	15
	50	850	17
	100	2000	20

A.7.3 Tubes fluorescents

(Puissance consommée sans et avec accessoires tels que self, starter, etc.)

Longueur	Diamètre	Puissance		η_L
[mm]	[mm]	Sans	avec	[lm/W]
136	16	4	10	12 à 15
212	16	6	12	18 à 25
288	16	8	14	21 à 32
517	16	13	19	26 à 47
470	26	10	14	32 à 36
720	26	16	21	38 à 45
895	26	30	39	38 à 54
361	38	14	25	18 à 28
970	38	25	32	38 à 56
970	38	40	51	35 à 55
1200	38	40	50	32 à 64
1047	38	42	52	38 à 61
1500	38	65	78	33 à 64

Le rendement lumineux dépend du spectre du tube.

A.7.4 Tubes au sodium, basse pression

Longueur	Diamètre	Puissance		
[mm]	[mm]	sans	avec	[lm/W]
310	54	35	56	82
425	54	55	76	100
528	68	90	113	110
775	68	135	175	123
1120	68	180	220	150
1200	45	200	235	132

A.7.5 Lampes à décharge de mercure, haute pression

Diamètre	Puissance		Flux	
[mm]	sans	avec	[lm]	[lm/W]
55	50	59	2000	34
70	80	89	3800	43
75	125	137	6300	46
90	250	266	13 500	51
120	400	425	23 000	54
150	700	735	40 000	54
165	1000	1045	55 000	53
* 90	175	200	12 000	60
* 90	250	275	20 000	72

*: avec halogène.

A.8 INDICE D'EFFICACITÉ POUR L'ISOLATION AUX BRUITS DE CHOC

Revêtement	ΔL dB(A)
Chape flottante en mortier de ciment de 40 mm sur fibres minérales de10 mm	23 à 28
Chape flottante en mortier de ciment de 40 mm sur fibres minérales de 20 mm	22 à 26
Chape flottante en mortier de ciment de 40 mm sur 10 mm de fibres végétales	10 à 12
Parquet à lambourdes flottantes sur bandes de feutre liégé bitumé ou sur panneaux légers en fibres de bois imprégnées au brai Parquet par panneaux flottant sur panneaux légers en fibres de bois imprégnées au brai	14 à 17
Parquet mosaïque collé sur liège aggloméré (e = 2 à 4 mm)	12
Grès cérame associé à une sous couche isolante	4 à 13
Parquet mosaïque collé	3 à 4
Dalles vinyliques	
– amiante sans sous-couche (1-5 à 3-5 mm	1
– sans sous-couche ou lés (1-5 à 3-5 mm)	2 à 3
– sur sous-couche mélange vinylique (4 à 6 mm)	8 à 15
– expansées sans relief	14
Revêtements vinyliques	
– sur feutre synthétique (2-2 à 3-5 mm)	10 à 14
– associés à une sous-couche posée tendue	18 à 24
– à base de caoutchouc	6 à 15
– à base de linoléum (2 à 4 mm)	5 à 6
– à base de liège (revêtu ou non de PVC)	8 à 9
– coulés polyuréthane et granulés caoutchouc	11 à 14
Tapis vinyliques	
– sur feutre de jute (1 à 4-5 mm)	13 à 19
– sur semelles PVC alvéolaire (2-5 à 4-5 mm)	13 à 21
– décor à relief – sous-couche expansée (2 à 2-5 mm)	12 à 17
Revêtements textiles	
– aiguilletés plats	14 à 22
– aiguilletés avec sous-couche mousse	25 à 34
– moquettes collées	21 à 36
– moquettes tendues sur thibaude	41 à 43

A.9 INDICE D'AFFAIBLISSEMENT ACOUSTIQUE DE QUELQUES PORTES

1	Porte simple en sapin de 20 mm sur cadre de 36 mm, battue simple, seuil et serrure ordinaire	24±3 dB
2	Comme 1, épaisseur 40 mm	27±2 dB
3	Comme 2, mais avec feutre d'étanchéité dans les battues	30±2 dB
4	Double porte de type 2, avec espace de 40 cm entre elles, seuil en bois dur	33±2 dB
5	Comme 4, mais avec feutre d'étanchéité dans les battues	36±2 dB
6	Porte acoustique avec cadre isolé, construction multicouches, joint de bonne qualité, serrure non traversante, verrouillage renforcé	38±2 dB
7	Porte spéciale lourde avec cadre isolé, battue spéciale, joint de bonne qualité, serrure non traversante, verrouillage triple	44±2 dB
8	Double porte de type 7, avec espace de 40 cm entre elles	60±2 dB

A.10 COEFFICIENTS D'ABSORPTION ACOUSTIQUE

Fréquence	125	250	500	1000	2000	4000
Plafonds						
Plafond de gypse suspendu surface lisses	0,25	0,20	0,10	0,05	0,05	0,10
Plafond de plâtre suspendu (25 mm)	0,10	0,08	0,05	0,05	0,04	0,04
Plafond acoust. métal perf. (7 %) sans absorbant	0,06	0,11	0,09	1,15	0,15	0,16
Plafond acoust. métal perf. (7 %) abs. 8 mm	0,32	0,66	0,53	0,81	0,97	0,80
Plafond acoust. métal perf. (7 %) abs. 15 mm	0,10	0,27	0,32	0,56	0,65	0,47
Plafond acoust. métal perf. (7 %) abs. 25 mm	0,40	0,85	0,82	0,97	1,00	0,82
Plafond acoust. métal perf. (12 %) abs. 25 mm	0,40	0,80	0,80	1,00	1,00	0,80
Plafond acoust. Panneaux de bois lisses	0,57	0,37	0,13	0,07	0,06	0,03
Lattis sur natte poreuse (lattes jointes)	0,47	0,67	0,30	0,15	0,08	0,10
Lattis sur natte poreuse (lat. espace 1 cm)	0,24	0,60	1,07	0,65	0,27	0,30
Lattis sur natte poreuse (lat. espace 2 cm)	0,26	0,52	1,05	0,90	0,45	0,52
Lattis sur natte poreuse (lat. espace 6 cm)	0,25	0,57	0,92	0,98	0,67	0,65
Murs						
Crépi lisse sur mur brique ou béton	0,01	0,01	0,02	0,02	0,03	0,04
Crépi rustique grossier	0,03	0,03	0,03	0,03	0,04	0,07
Béton brut de coffrage (rugueux)	0,02	0,02	0,03	0,03	0,04	0,07
Béton lisse ou laqué	0,01	0,01	0,01	0,02	0,02	0,02
Briques à trous contre un mur	0,13	0,22	0,68	0,27	0,38	0,56
Br. à tr. + 70 mm d'esp. br. – mur	0,13	0,22	0,27	0,37	0,41	0,56
Br. à tr. + 25 mm air + Vetroflex 45 mm	0,62	0,92	0,92	0,95	0,85	0,82
Br. à tr. + Vetroflex 45 mm + 25 mm air	0,65	0,93	0,78	0,80	0,65	0,66
Br. à tr. + 5 mm air + Vetroflex 45 mm	0,60	0,96	0,82	0,85	0,65	0,72
Vetroflex 45 mm	0,23	0,52	0,88	1,05	1,00	1,10
Enduit de plâtre	0,02	0,02	0,03	0,03	0,03	0,03
Maçonnerie nue	0,03	0,03	0,03	0,03	0,04	0,05
Parois revêtues de bois sur lambourdes	0,40	0,30	0,20	0,10	0,10	0,20
Parois + panneaux fibres bois sur lambourdes	0,40	0,30	0,20	0,10	0,10	0,20
Panneaux acoustiques de 2 cm colles	0,10	0,15	0,40	0,60	0,70	0,70
Panneaux acoust, de 2 cm sur lambourde	0,20	0,30	0,60	0,70	0,70	0,70
Panneaux cartons 1 cm lisses	0,25	0,20	0,10	0,05	0,05	0,10
Panneaux plâtre 1 cm lisses	0,25	0,20	0,10	0,05	0,05	0,10
Panneaux perforés (épaisseur 25 mm)	0,30	0,50	0,70	0,90	0,60	0,50
Isolant poreux	0,25	0,57	0,80	0,98	0,98	1,10
Aggloméré longs copeaux (épaisseur 25 mm)	0,30	0,40	0,60	0,80	0,80	0,50
Aggloméré fibres végétales (épaiss. 12 mm)	0,10	0,20	0,30	0,30	0,40	0,30
Aggloméré d'ouate minérale (légers)	0,20	0,30	0,50	0,60	0,70	0,80
Aggloméré d'ouate minérale (lourds)	0,60	0,80	0,90	0,90	0,90	0,90

Fréquence	125	250	500	1000	2000	4000
Sols						
Carrelage de céramique	0,01	0,01	0,02	0,02	0,03	0,03
Carrelage de fibres agglomérées	0,03	0,03	0,05	0,05	0,05	0,05
Marbre poli	0,01	0,01	0,02	0,02	0,03	0,03
Revêtement de sol collé (bois liège caoutchouc)	0,02	0,03	0,04	0,05	0,05	0,10
Sol tapis feutre 5,6 mm 1,45 kg/m^2	0,05	0,06	0,10	0,19	0,39	0,59
Tapis caoutchouc ou analogue	0,05	0,05	0,10	0,10	0,10	0,10
Parquet bien cire ou plastifie	0,05	0,05	0,05	0,05	0,05	0,05
Fenêtres et rideaux						
Tentures légères en cretonne	0,05	0,15	0,15	0,15	0,10	0,05
Rideaux de velours mince pli simple	0,08	0,30	0,50	0,50	0,60	0,60
Rideaux épaisseur moyenne	0,10	0,15	0,30	0,40	0,50	0,60
Rideaux de velours épais double pli	0,50	0,50	0,70	0,90	0,90	0,90
Store en toile cirée lisse	0,05	0,07	0,10	0,15	0,19	0,15
Vitrages simples (fenêtres fermées)	0,06	0,04	0,03	0,02	0,02	0,02
Vitrages doubles (fenêtres fermées)	0,10	0,04	0,03	0,02	0,02	0,02
Vitres ouvertes	1,10	1,10	1,10	1,10	1,10	1,10
Mobilier	0,00	0,00	0,00	0,00	0,00	0,00
Portes en bois	0,20	0,15	0,10	0,10	0,05	0,05
Armoires en bois	0,20	0,15	0,10	0,10	0,05	0,05
Panneaux bois (portes ou tables)	0,20	0,15	0,10	0,10	0,05	0,10
Décors de scène	0,05	0,15	0,15	0,15	0,10	0,05
Divers						
Eau (bassins de piscine)	0,01	0,01	0,01	0,01	0,02	0,02
Tableaux noirs (bois)	0,20	0,15	0,10	0,10	0,05	0,10
Tôle profilée lisse	0,06	0,20	0,15	0,14	0,10	0,05
Occupants (surface absorbante en m^2 par personne)						
Debout	0,15	0,30	0,50	0,55	0,60	0,50
Sur sièges en bois	0,10	0,10	0,20	0,15	0,10	0,20
Sur sièges rembourrés	0,14	0,29	0,48	0,52	0,55	0,45
Orchestre sur podium avec instruments	0,40	0,80	1,00	1,40	1,30	1,20

A.11 INDICE DE CONSOMMATION D'ÉNERGIE

Ce formulaire s'applique aux cas courants (villas, immeubles à logements multiples, bureaux) dont l'utilisation est permanente et la hauteur d'étage normale (< 3 m), Pour les cas spéciaux, se référer à (SIA, 2008).

Consommation d'énergie

Ces consommations sont à mesurer sur une année entière, de préférence d'été à été. Pour les combustibles stockables, on tiendra compte des stocks en début et en fin d'année :

Consommation = Quantité en stock au début de l'année
– quantité en stock à la fin de l'année
+ quantités achetées en cours d'année

Les consommations annuelles de chaque agent énergétique sont multipliées par un coefficient permettant de passer de la quantité consommée sur place à la consommation d'énergie primaire correspondante.

Mazout extra léger	:	.litres	x	45 =	.... MJ
	ou :	.kg	x	53 =	.... MJ
Gaz naturel	:	.kWh	x	4,2 =	.... MJ
	ou :	.m^3	x	46 =	.... MJ
Electricité	:	.kWh	x	10,7 =	.... MJ
Bois de sapin sec	:	.stère	x	5900 =	.... MJ
Bois de feuillus	:	.stère	x	6400 =	.... MJ
Consommation annuelle totale d'énergie	....				.... MJ

Pour les autres agents, voir le tableau A.11.1

Surface brute de plancher chauffé

Les dimensions sont mesurées à l'extérieur du bâtiment, murs inclus, et comprennent tous les locaux et étages chauffés.

Surface brute de plancher chauffé (SBPC) .... = ...

$$\text{IDE} = \frac{\text{Consommation Annuelle Totale}}{\text{SBPC}} = \ldots\ldots \text{ MJ/m}^2$$

Evaluation du résultat

Plus de 1000 MJ/m^2 : Des mesures rentables peuvent être prises, une étude devrait être faite en vue d'une rénovation énergétique.

De 500 à 1000 MJ/m^2 : Chiffre courant pour des habitations du siècle passé bien conçues, mais trop élevé pour une construction récente.

Moins de 500 MJ/m^2 : Pratiquement conforme aux normes actuelles.

Moins de 250 MJ/m^2 : Faible consommateur, ou haute performance énergétique

Tableau A.11.1 Masse volumique, pouvoir calorifique, facteurs d'énergie primaire totaux, part renouvelable et coefficients d'émission de gaz à effet de serre (SIA, 2008).

	Masse volumique	Pouvoir calorifique supérieur	Facteur d'énergie primaire	Fraction d'énergie renouvelable	Emission de gaz à effet de serre
Carburants liquides	kg/m3	MJ/kg	–		kg CO_2/MJ
Huile de chauffage EL	840	44,8	1,24	0,7%	0,082
Propane	510	50,0	1,15	0,5%	0,067
Butane	580	49,5	1,15	0,5%	0,067
Carburants solides	kg/m3	MJ/kg	–		kg CO_2/MJ
Coke	760	28,8	1,66	0,7%	0,120
Briquettes de lignite	700-000	21,2	1,19	0,6%	0,107
Bois en bûches1)	540-780	16,2-16,9	1,06	95,2%	0,003
Bois en plaquettes sèches 1)	675-975	13,0-13,7	1,14	94,6%	0,003
Bois en plaquettes fraîches 1)	675-975	9,3	1,14	94,6%	0,003
Pellets	1200	20,2	1,22	83,0%	0,010
Carburants gaseux 2)	kg/m^3	MJ/m^3	–		kg CO_2/MJ
Gaz naturel	0,76	40,3	1,15	0,5%	0,067
Propane	2,01	100,9	1,15	0,5%	0,067
Butane	2,70	133,9	1,15	0,5%	0,067
Biogaz (40-75% Méthane) 3)	1,01-1,46	15,9-29,9	0,48	82%	0,038
Chauffage urbain, moyenne 4)			0,85	7,0%	0,044
Electricité consommée en Suisse			2,97	14,9%	0,045

1) La masse volumique et le pouvoir calorifique dépendent de l'espèce de bois et de son humidité
2) Valeurs aux conditions normales (0°C, 101300 Pa)
3) La masse volumique décroit et le pouvoir calorifique croit en fonction de la teneur en méthane
4) Ces valeurs sont basées sur la consommation moyenne d'agents énergétiques des fournisseurs suisses de chaleur et une perte de distribution de 20%.

INDEX

A

absorbeur, 191
absorption acoustique, 283
acclimatation, 96
accumulateur de chaleur, 195
acoustique, 144, 281
absorption, 283
– et isolation thermique, 299
– interne, 282
– isolation, 287
– matériau, 286
activité métabolique, 86
aération, 98, 221
âge de l'air, 224
air, 98
– âge de l'–, 224
– assèchement de l'–, 207
Airless, 236
amiante, 67
anémomètre, 311
anhydrides, 48
anidolique, 273
applications des matériaux isolants, 144
apports solaires, 167
architecture et confort, 1
assèchement de l'air, 207
asymétrie de température radiante, 95
atténuation à la source, 289
Avogadro (nombre), 40

B

barrière vapeur, 265
bâtiment malsain, 303
bâtonnets, 104
batterie
– de chauffage, 205, 242
– de refroidissement, 204, 242
besoins nets de chaleur, 158
béton cellulaire, 134
bio-contaminant, 72
biofiltre, 246
boîte chaude, 327
bords des vitrages, 157
bouteille, 137
bruit(s), 113
– aérien, 288, 290
– blanc, 113
– d'impact, 288, 298
– de choc – mesure, 321
– de fond, 318
– extérieur, 294
– rose, 114
BSI, 22
Building Symptom Index, 22

C

célérité, 282
cadres des fenêtres, 157
cahier des charges, 335
candela, 106
capacité thermique, 164, 167
capillarité, 253
capteur
– à concentration, 191
– héliothermique, 191
– plan, 191
cellulose, 133
chaleur, 85, 100
– spécifique, 86, 162
champ(s)
– central, 111
– électromagnétiques, 68
– sonore, 318
chape flottante, 298

châssis tombants, 230
chaudières, 182
– à condensation, 183
chauffage
– de l'air, 206
– de locaux, 197
– de piscines, 196
– solaire passif, 167
chauffe-eau
– à thermosiphon, 196
– solaire, 194
clapet, 204
clo, 94
coefficient
– d'absorption, 192, 283
– de performance, 187, 212
– de transmission énergétique, 179
– de transmission énergétique global, 156
– de transmission thermique, 124, 325
– U, 124, 325
combinaison
– de parois, 293
combustible, 182
comportement, 175
composé(s) organique(s) volatil(es), 50, 244, 316
concentration, 40
– constante, 313
– tolérable, 41
condensation, 150, 254
conditionnement de l'air, 203
conduction, 86, 127
conductivité thermique, 162
– apparente, 128
conduit
– d'air, 241
– de ventilation, 233
cônes, 104
confort, 1, 90
– acoustique, 112, 120
– adaptatif, 96
– thermique, 119, 123
– visuel, 120
confort aéraulique, 98
consommation d'énergie, 208
constante
– de temps, 166, 317
– de temps nominale, 225
– des gaz parfaits, 258
contraste, 111
contrôle, 119, 120
– des débits, 222
– du rayonnement solaire, 177
convection, 86, 127
couleurs, 104
courants d'air, 101
COV, 50, 316
critères de confort, 2

D

débit d'air, 311
– pur, 99
– spécifique, 225, 312
décibel, 114
décrément logarithmique, 312
degré de sensibilité au bruit, 294
densité de flux de chaleur, 86
déperdition de chaleur, 148
déplacement
– ventilation par –, 225
détection des fuites d'air, 331
Dewar, 137
diagnostic, 301
diagramme
– de Carrier, 205
– de fréquences cumulées, 200
– polaire, 279
diffraction, 283
diffusion de vapeur d'eau, 131, 259, 263
diffusivité thermique, 163
dimensionnement, 199
– chauffe-eau solaire, 202
– générateurs de chaleur, 201
– piscine, 203
dioxyde de carbone, 45
dispositifs de ventilation, 232

E

eau de condensation, 261
éblouissement, 111
échangeur de chaleur, 182, 242
– rotatif, 243
éclairage, 323
– artificiel, 275
– latéral, 268
– mesures, 323
– naturel, 267
– qualité de l', 267
– zénithal, 268
éclairement, 107, 109, 279
– mesure, 323
effet de cheminée, 227, 228
efficacité
– de la ventilation, 224
– nominale de l'échangeur, 210
effusivité thermique, 163
énergie
– finale, 181
– solaire, 167, 189
enthalpie, 206
enveloppe du bâtiment, 223

environnement acoustique, 281
épaisseur
– efficace, 165
– équivalente, 260
– optimale d'isolant, 159
équation de Fanger, 343
ergorama, 111
étanchéité à l'air, 141, 223
évaporation-condensation, 86, 127

F
façade légère, 142
facteur
– de lumière du jour, 269, 324
– de température superficielle, 127
– de transmission, 156
Fanger, 90, 303, 343
fenêtres, 153, 230
feuille d'étanchéité, 254
fibre(s), 67
– de verre, 132
– organique, 133
filtre, 204, 238, 245, 319
Fletcher et Munson, 115
FLJ, 269, 324
fluide caloporteur, 182
flux
– de chaleur, 86, 124, 182
– lumineux, 106
fluxmètre, 326
formaldéhyde, 52
formule de Sabine, 284
fréquence, 113, 282
fuites, 223
fumée, 55

G
gains solaires, 167
gaz, 315
– carbonique, 99, 314, 315
– lourd, 138
– traceur, 311
géothermie, 198
Glaser, 260
guillotine, 231

H
habillement, 94
homéotherme, 86
homogénéisation de l'isolation, 161
huiles essentielles, 247
humidificateur, 205, 240
humidité, 251
– absolue, 258
– dans les logements, 255
– du sol, 253
hygroréglable, 232

I
IDE, 30, 333, 354
immission, 294
indice
– d'affaiblissement acoustique, 292, 320
– d'efficacité, 299
– de dépense d'énergie, 30, 333, 354
inertie thermique, 162, 166, 170, 173
injection
– constante, 313
– d'isolant, 142
installation
– de chauffage, 181
– de conditionnement d'air, 203
– solaire, 190
intensité
– de turbulence, 102
– lumineuse, 106
isolant thermique et acoustique, 299
isolation
– acoustique, 287
– extérieure, 152
– extérieure compacte, 142
– injectée, 142
– intérieure, 148, 152
– mince réfléchissante, 136
– phonique, 320
– sous vide, 137
– thermique, 124, 158
– transparente, 143
isolement acoustique, 320

L
laine de roche, 132
lampe
– à incandescence, 276
– au sodium, 276
– quartz-iode, 276
LesoCool, 176
liège, 135
limite d'immission, 294
loi
– de Fechner, 114
– de la masse, 290
– de Lambert, 108
longueur d'onde, 282
lumen, 106
lumiduc, 268, 274
luminance, 107, 111
– mesure, 324
luminance-mètre, 324
lux, 107
luxmètre, 323

M
masse
– loi de la, 290
– volumique, 162
matériau, 127
– acoustique, 286
– d'isolation, 127
– fibreux, 132, 287
MCS, 57
mélange total, 225
mélatonine, 70
membrane, 287
mesure
– active ou passive, 123
– de consommation d'énergie, 332
– du confort, 90
met, 93
métabolisme, 86, 93
méthode de Glaser, 260
Minergie®, 126
miroirs anidoliques, 273
mise en service, 334
moisissure, 150, 254
mole, 40
moteurs de l'aération, 227
mousse
– de verre, 133
– isolante, 134

N
nanogel de silice, 138
nappe phréatique, 253
niveau(x)
– acoustique, 114
– d'évaluation acoustique, 116
– d'exposition sonore SEL, 116
– d'isolation thermique, 127
– de bruit, 317
– de dépassement, 116
– de pression sonore, 114
– neutre, 229, 310
– sonore équivalent, 116
– sonore pondéré, 115
nombre d'Avogadro, 40

O
odeur(s), 43, 99, 100
olf, 44
optique acoustique, 282
ouvertures de ventilation, 230
ouvrant
– à la française, 230
– basculant, 231
– pivotant, 231
– projetant, 230
oxydes d'azote, 48
oxygène, 99
ozone, 49

P
paille agglomérée, 135
panneau radiant, 216
panorama, 111
paroi
– anti-bruit, 295
– homogène, 139
– radiante, 215
– ventilée, 140
perlite, 134
perméabilité
– à l'air, 307
– de l'enveloppe, 308
– spécifique, 223, 309
pertes de combustion, 183
photométrie, 105
piscines, 196, 203
Pitot (tube de), 311
plainte, 302
plaisir, 2
plancher, 141
plomb, 56
pluie, 252
PMV, 91, 343
pol, 44
polluant, 222
pollution, 236
polyéthylène, 134
polystyrène, 134
– extrudé, 140
polyuréthane, 134
pompes à chaleur, 186
pont thermique, 145
pourcentage prévisible d'insatisfaits, 91, 343
PPD, 91, 343
pressurisation, 307
prix de l'énergie, 160
profondeur de pénétration, 164
protection
– contre l'humidité, 252
– contre la pluie, 252
– incendie, 144
– solaire, 170, 173, 178
puits canadiens, 234
PVC, 134

Q
qualité
– de l'air, 120, 222
– de l'éclairage, 267

R
radon, 62, 316
rayonnement, 86, 127
– solaire, 96, 168
re-circulation, 209
recommandations
– éclairage, 268
– humidité, 265
– ventilation mécanique, 249
récupération de chaleur, 204, 209, 243
réfrigération, 216
refroidissement
– de l'air, 206
– passif, 171
remontées capillaires, 253
rendement
– annuel, 185
– de Carnot, 187
– de chaudière, 185
– de ventilation, 225
– du capteur solaire, 193
– global, 182
– global de récupération, 210
– lumineux, 106, 278
– optique, 192
résistance
– à la chaleur, 131
– au feu, 130
– mécanique, 130
– superficielle, 165
– thermique, 124
résonateur, 287
risque unité, 41

S
Sabine (formule de –), 284
salle sourde, 118
SBS, 21, 303
sécurité, 175
sensibilisation chimique multiple, 57
sensibilité
– au bruit, 294
– spectrale, 105
seuil de douleur, 115
SIA 180, 125, 223
SIA 380/1, 125
signature énergétique, 333
solaire, 189, 191
– passif, 167, 169
– protection, 178
solvants, 51
son, 113
sonomètre, 317
sources de pollution, 222, 236
spectre, 103
– du son, 113
stabilité dimensionnelle, 131
stockage saisonnier, 198
surchauffe, 170
surface
– absorbante, 283
– sélective, 155
syndrome du bâtiment malsain, 21, 303
système olfactif, 41

T
tabac, 55
taux, 184
– d'autonomie, 271
– de charge, 184
– de couverture solaire, 203
– de renouvellement d'air, 225, 312
teinte, 103
température
– de couleur, 105, 109, 331
– du sol, 96
– opérative, 91
– radiante, 92
– superficielle, 127
temps
– de réverbération, 118, 284, 319
– de transit, 283
thermographie, 330
thermosiphon, 196
tirage, 227, 228
toiture
– inversée, 140
– plate, 139
– ventilée, 140
transmission lumineuse, 179
transport
– convectif, 253
– de chaleur, 86, 214
tube de Pitot, 311
tube fluorescent, 276
turbulence, 102

U
urbanisme et bruit, 296
urée-formaldéhyde, 135

V
vantaux coulissants, 231
vapeur d'eau, 99, 100
variation du niveau, 118
vase de Dewar, 137
vent, 227, 228
ventilateur, 204, 227
ventilation
– efficacité de la –, 224

– en piston, 225
– mécanique, 236
– naturelle, 226
– nocturne, 172
– par déplacement, 225
vermiculite, 133
vitesse du son, 282
vitrages, 154
– antisolaires, 179
vote moyen prévisible, 91, 343

Z

zénithal – éclairage, 268
zone
– de condensation, 261
– morte, 225